油藏单元与精细勘探

YOUCANG DANYUAN YU JINGXI KANTAN

吕传炳　梁星如　庞雄奇　◎等著

石油工业出版社

内容提要

本书主要介绍冀中坳陷老区富油带实施整体再评价的做法及技术流程，论述了老区精细勘探开发研究中的油藏单元分析方法等关键技术，以及在复式油气聚集带岩性油藏的形成模式及应用成效，最后提出了老区富油带深化勘探开发的潜力与方向。

本书既可以作为石油地质等相关专业科研人员的工作参考书，也可以作为相关院校高层次人才培养，尤其是研究生培养的教学参考书。

图书在版编目（CIP）数据

油藏单元与精细勘探 / 吕传炳等著 .
—北京：石油工业出版社，2023.4
ISBN 978-7-5183-4535-9

Ⅰ. ①油… Ⅱ. ①吕… Ⅲ. ①油气藏 –油气勘探–案例 Ⅳ. ① P618.130.8

中国国家版本馆 CIP 数据核字（2023）第 042163 号

出版发行：石油工业出版社
（北京安定门外安华里 2 区 1 号　100011）
网　址：www.petropub.com
编辑部：（010）64523760　　图书营销中心：（010）64523633
经　　销：全国新华书店
印　　刷：北京中石油彩色印刷有限责任公司

2023 年 4 月第 1 版　2023 年 4 月第 1 次印刷
787×1092 毫米　开本：1/16　印张：15
字数：320 千字

定价：120.00 元

《油藏单元与精细勘探》

编写组

组　　长：吕传炳

副 组 长：梁星如　庞雄奇

成　　员：黄志佳　付亮亮　李　昆　杨经栋　蒲龙川
韩军铮　黄　宇　庞　宏　陈君青　王世超
崔　刚　陈再贺　窦连彬　汤小琪　冉爱华
刘蓓蓓　李云峰　王朝辉　韩春元　李　辉
高　澜　王津津　邓柳萍　李熹微　郭志杰
任丽霞　周丙部　周洪锋　万　敏

序

随着我国对油气资源的需求量加大，油气勘探在不断地向两个方向发展。一是突破了经典油气地质理论的束缚，在曾经认为不可能形成油气藏的勘探禁区发现了越来越多的非常规油气资源；二是加快了老油区剩余油气资源的挖潜勘探与研究工作并取得重大成效，《油藏单元与精细勘探》就是这方面研究取得的代表性成果，展示出广阔的发展前景。

《油藏单元与精细勘探》介绍了华北油田的科研工作者与中国石油大学（北京）的师生们自“十二五”以来合作取得的科技成果，重点论述了经典圈闭控藏理论在指导陆相地质条件下油气勘探开发遇到的挑战并在解决相关难题的过程中取得的创新成果，主要体现在三个方面：

一是发现了复式油气聚集区构造和断块圈闭内油藏单元的存在，该专著给出了油藏单元的科学定义并揭示了其地质特征与成因机制，提出了判别标准和预测方法，突破了构造圈闭指导找油找气在油气勘探中的局限性，为准确认识复式油气藏提供了科学依据，发展和完善了成熟探区油气深化勘探理论。

二是形成了高勘探程度区油藏单元判别和剖析工作流程，破解了复杂地层岩性油气藏勘探难题，研发并形成了油藏单元剖析和评价方法，为成熟探区复杂类型油气藏精细评价和深化勘探提供了新方法、开拓了新途径。

三是展示了老油区剩余资源潜力和深化勘探的巨大成效。近五年应用油藏单元新方法新技术在渤海湾盆地冀中坳陷老油区新增储量和产能分别超过1亿吨和150万吨，约占全油区新增探明储量和新增产能的76.4%和53.5%，对油区稳产和增产发挥了不可或缺的关键作用。它们表明，油藏单元概念与精细勘探技术对于推广到整个渤海湾盆地，乃至全球其他类似盆地的油气增储上产都具有十分重要的经济价值和地质意义。

《油藏单元与精细勘探》通过全面、系统、深入的论述，为我国老油区深化勘探和增储上产提供了一种值得广泛推广和学习借鉴的新方法和新技术，为从事相关研究的科研人员提供了弥足珍贵的参考资料。相信该书的问世能为我国老油区整体再评价以及增储上产起到积极的推动作用。

中国科学院院士 贾承造

前言

渤海湾盆地冀中坳陷地质条件复杂，随着勘探开发程度越来越高，增储难度不断加大。华北油田在经历潜山油气藏勘探开发的辉煌后，面临资源接替严重不足，原油产量快速递减的巨大挑战。事实上，老区油气剩余资源潜力丰富，仍是油田产量的“压舱石”和增储上产的主战场，如何提高精细勘探成效是老油区面临的突出难题。本书主要概括了渤海湾盆地冀中坳陷勘探开发历程及其取得的新认识、新方法、新成果，为中国和世界类似地区的油气挖潜勘探提供了启迪。

自从美国学者怀特（White）于1885年提出浮力运移油气成藏理论和莱复生（Levorsen）于1954年提出圈闭找油找气及其分类理论以来，世界各国都加强了各种类型圈闭的油气勘探。单一圈闭中形成的油气藏在《石油地质学》教科书中被认为是地下油气富集的最小单元，这一概念和模式在陆相断陷盆地油气深化勘探中遇到了越来越多的挑战。通常情况下，圈闭找油的基本流程是首先找到圈闭构造，然后钻探圈闭的顶部并在取得成功后再逐步向圈闭周边钻探含油气边界，如果圈闭顶部没有发现油气就会放弃圈闭构造。这一方法在指导冀中坳陷油气勘探开发实践过程中出现了偏差：在构造圈闭高点发现有油气时，在构造圈闭周边并不一定能够发现油气；在构造圈闭高点没有油气时，在构造圈闭低部位发现了油气；在构造圈闭低部位未发现油气时，在构造圈闭之外的洼槽区或斜坡区发现了油气；在构造圈闭内油气水界面之外，发现了新的油气聚集和分布。总之，圈闭内的油气聚集并没有像教科书中定义圈闭概念时所阐述的那样呈现出统一的油水边界和统一的压力系统。我们通过多年的探索和研究发现圈闭之中还存在油藏单元，不同的油藏单元呈现出不同的聚油气特征。如何剖析油藏单元的地质特征和含油气性特征并进一步指导挖掘剩余储量为我们提出了新挑战。

中国石油华北油田公司依托“十二五”中国石油天然气集团公司重大专项平台组织了中国石油华北油田公司各相关单位、中国石油大学（北京）等相关专业的研究人员，基于油藏单元概念，经过持续攻关研究，提出了重新开展油气地质特征及成藏条件研究、重新认识成藏模式及富集规律、重新评估资源潜力及勘探方向的工作要求，在此基础上落实剩余油气资源开发并开展整体部署和实施滚动勘探。我们在研究过程中发现复式油气聚集带局部构造（断块）上的油气聚集具有多藏伴生、复式聚集的特征。在含油圈闭内因受储层非均质性的影响，我们将发育更为次一级的含油气地质体定义为油藏单元并提出了判别标准、划分方法和评价技术。油藏单元分析方法就是通过解剖已知油藏，精细划分油藏单元；以油藏单元为研究对象，准确揭示成因机制，重新认识油藏特征；分析主控因素，重建区带油气富集模式；按照新的地质认识，重新认识潜力方向，指导精细勘探开发。通过油藏单元划分和剖析，发现构造圈闭中发育有岩性油藏，改变了原来对构造油藏的认识；同一构造或断块内发育有多个油气藏，为多藏伴生的复式油气藏，且岩性、构造—岩性油气藏无论是油气藏个数还是储量，都占比较大，是挖潜增储的主体。为此，通过大量实例分析和总结，构建了“相构配置满盆成藏”的地层岩性油藏一般成因模式。这些新概念、新方法、新模式不仅为准确认识复式油气藏奠定了理论基础，也丰富完善了地层岩性油气藏的成藏理论。

“油藏单元”新概念的提出及“油藏单元”剖析方法的建立，解决了制约复杂地质条件下油气藏勘探开发成效的瓶颈问题，是准确揭示复杂类型油气藏地质特征和富集规律的“金钥匙”。通过老区整体再评价的研究与实施，取得了良好效益，走出了一条老区规模增储上产的新路子。近五年在冀中坳陷老区新增探明油气储量超过1亿吨，新建产能超过150万吨，分别占全部新增探明储量和新增产能的76.4%和53.5%，成效十分显著，推广价值大。笔者希望，“油藏单元”地质新概念和地质剖析新方法不仅可以在冀中探区广泛推广应用，而且能够在中国东部乃至全球具有类似地质条件的含油气盆地大力推广应用，为剩余油气资源挖潜勘探和增储上产做出新的更大贡献。

本书由吕传炳、庞雄奇、梁星如等确定写作提纲并组织完成。具体编写工作由中国石油华北油田公司科研人员与中国石油大学（北京）的老师们集体完成。全书共分五章，第一章由吕传炳、梁星如、庞雄奇、庞宏、陈君青、黄宇、杨经栋、李熹微等编写；第二章由吕传炳、付亮亮、黄志佳、蒲龙川、韩军铮、王朝辉、王世超、王津津、郭志杰等编写；第三章由吕传炳、付亮亮、李昆、韩军铮、黄宇、邓柳萍等编写；第四章由吕传炳、黄志佳、梁星如、李昆、黄宇、冉爱华、陈再贺、刘蓓蓓、汤小琪、崔刚、李云峰、高澜、韩春元、窦连彬、李辉、任丽霞、周丙部、周洪锋、万敏等编写；第五章由庞雄奇、吕传炳、梁星如、庞宏、陈君青、黄宇等编写；全书由吕传炳、梁星如、庞雄奇、黄志佳、黄宇统稿和定稿。中国石油大学（北京）研究生郑定业、张兴文、李昌容、国芳馨、刘晓涵、张心罡、吴松、王恩泽、吴卓雅协助进行统稿和文字加工工作，本书是集体智慧的结晶，中国石油华北油田公司、中国石油大学（北京）等百名科研人员参与了研究及素材提供，此对他们表示衷心感谢。

限于笔者的研究和表述水平，专著中难免存在局限性或不足，甚至这样或那样的错误，敬请读者批评指正。

目录

第一章　老区富油带精细勘探开发新思路

21世纪以来，我国石油工业发展速度较快，但由于国民经济快速发展，导致原油需求不断攀升，石油供应的对外依存度面临着不断扩大的严峻形势。对于高勘探开发程度的老油田，如何有效开展勘探开发工作，进一步挖掘老区剩余资源潜力，不断获得新发现，保持资源良性接替和产量的稳定增长，发挥原油产量的“压舱石”和增储上产的主战场作用，是石油勘探开发科研人员共同面对的关键问题。华北油田在冀中、二连的老区富油带通过整体再评价的方式，创新思路、创新方法、创新技术，实施评价增储和勘探开发一体化，取得了增储建产的良好成效，开辟了老区富油带整体再评价的新局面，为类似油田的精细勘探评价、开发起到了重要的示范作用。

以冀中坳陷为例，冀中坳陷位于渤海湾盆地西部，勘探面积约3.2104km^2，经过65年的勘探，发现了廊固、霸县、饶阳、深县、束鹿和晋县等主要富油气凹陷，古近系的沙三段、沙一段为最主要的烃源层，新生古储和自生自储是发现储量最多、石油资源最丰富的成藏组合，冀中坳陷具有“环状富集、满洼含油，多类型、多层系复式聚集”的富集规律。

随着勘探的不断深入，冀中坳陷老油区出现了产量递减、资源接替不足的情况，老探区面临着许多新挑战。由于老区剩余资源潜力仍然丰富，为进一步挖掘老区剩余资源潜力，华北油田开展了以区带“整体”的视角“重新”开展研究，对富油老区进行重新开展成藏条件研究、重新认识油气成藏规律、重新确定油气资源潜力和方向的研究，并提出了油藏单元分析的精细找油方法，取得了老区增储上产、保持稳产的显著成效。

第一节　含油气盆地的类型及特点

作为人类赖以生存和发展的重要化石能源，石油和天然气的发展已经成为各国政府及研究机构不可忽视的课题。然而，油气在生成、排出到储集在不同沉积层系都要汇聚在盆地内部，从而形成各种含油气盆地，这些含油气盆地大多形成了复式油气聚集的特征，油气藏类型复杂多样。前人针对含油气盆地的分类进行过大量的研究[1]，每种分类都有自己独特的优势，但也存在一些局限。本节按盆地结构特征将其划分为：克拉通盆地、断陷盆地和前陆盆地三种[2]。

一、克拉通盆地

全球克拉通盆地主要分布于古生界及部分中生界。油气田层位上分布具有多时代层段的特征。从寒武系到白垩系等各个层系都发现了油气田。目前发现油气田最多、储量最大的层系主要有：石炭系—二叠系、侏罗系—白垩系、寒武系—奥陶系。勘探结果表明，全球克拉通盆地大油气田主要分布于古隆起区、古斜坡区、断裂带及不整合面附近。

（1）古隆起区控油气分布。古生代隆起形成有两种：一种是古生代沉积时就是隆起区，如塔里木盆地的沙雅隆起；另一种是古生代沉积后由于构造运动形成隆起区（带）。但两种隆起都是油气聚集的有利地区。塔里木盆地沙雅隆起自加里东期到燕山期的历次构造变动中，一直处于构造变动的隆起部位，有利于接受两侧生油坳陷不同时期的油气[3-4]。在早古生代，东南侧的满加尔坳陷发育有利于生油的巨厚寒武系—奥陶系盆地相沉积；北侧的库车坳陷发育有三叠系—侏罗系烃源岩，隆起成为油气运移指向区（图 1-1）。

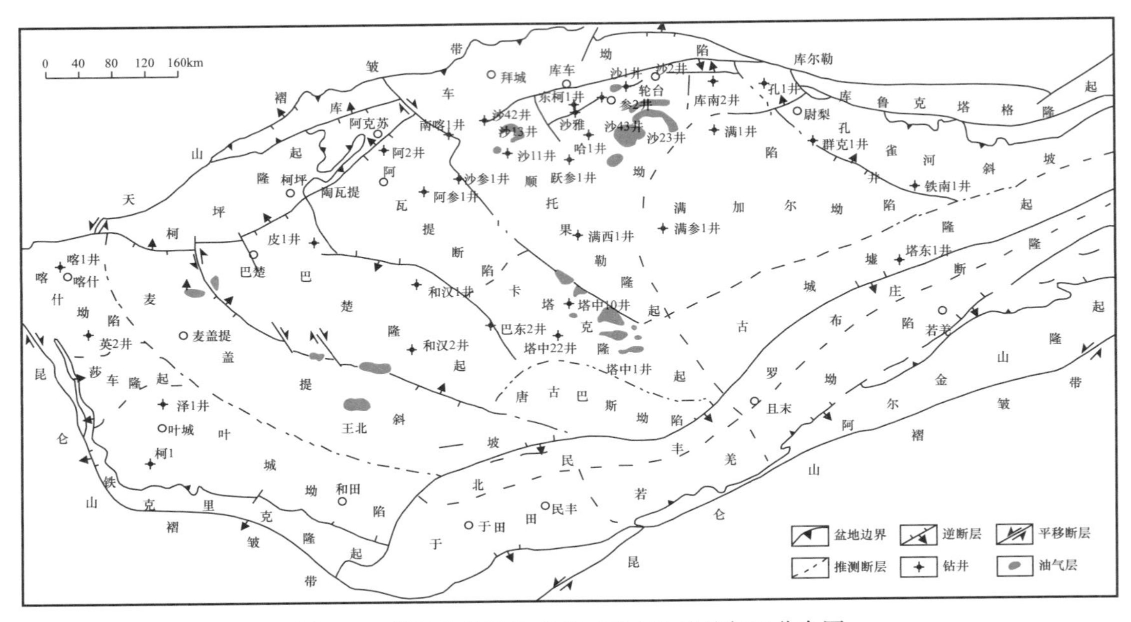

图 1-1　塔里木盆地构造分区及古生界油气田分布图

（2）古斜坡控油气分布。古斜坡一般处于古隆起和坳陷区之间的过渡带，从油气源分析，坳陷内生成的油气首先向斜坡部位运移，如有较好储层和圈闭即可成藏。另外古斜坡区从古地理条件分析易形成生物礁（滩）相或颗粒状碳酸盐岩，储集性能好于盆地相，有利于储集油气。因此，古斜坡是寻找古生代油气田的有利地区。美国二叠盆地埃普科油气田位于西得克萨斯州，是一个与二叠系不整合面有关的油气圈闭，处于中央隆起区上，大多数油气田位于该隆起的斜坡上，其产层为奥陶系—泥盆系的碳酸盐岩[2]。埃伦伯格白云岩是奥陶系的主要产层，该岩层的孔隙性和裂隙性较好。前二叠系不整合面与碳酸盐岩的单斜构成一个幅度不大的突起，油气受该突起控制（图 1-2）。

（3）断裂控油气分布。断裂对隆坳构造格局形成、局部构造、输导油气、改善储集性能、封闭油气均起到非常重要的控制作用。俄罗斯伏尔加—乌拉尔地区的尤基德油气田[5]，断裂 P_2-P_3 断开了上泥盆统砂岩，并形成断背斜构造。天然气沿断裂运移到上泥盆统断背斜中，砂岩富集成藏（图 1-3）。

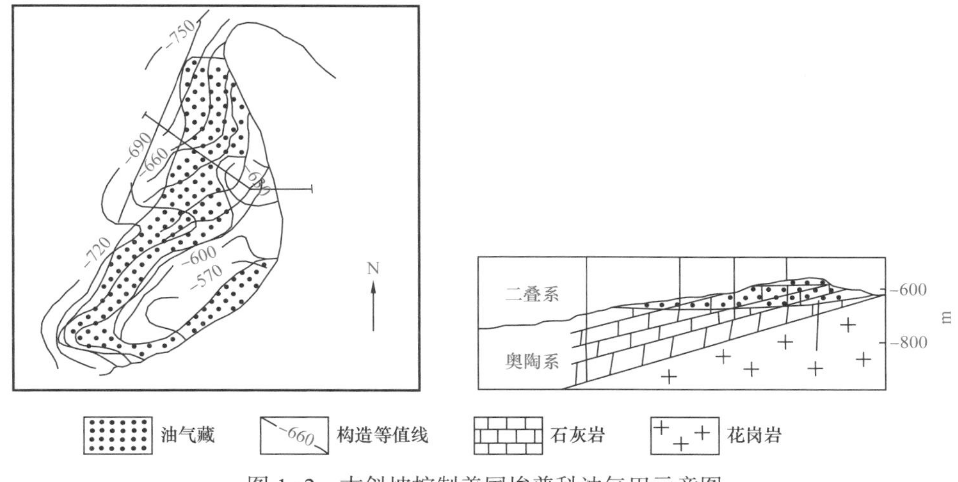

图 1-2　古斜坡控制美国埃普科油气田示意图

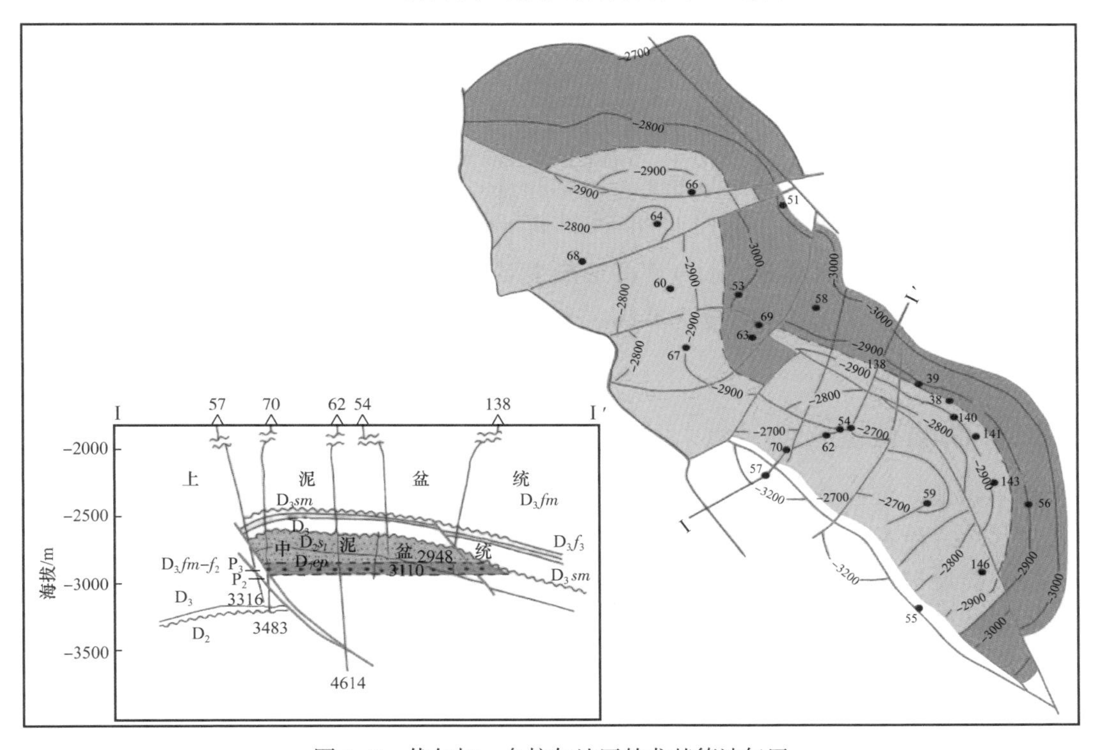

图 1-3　伏尔加—乌拉尔地区的尤基德油气田

（4）不整合面控油气分布。对于中国各地块区域性不整合面，以加里东中期构造运动形成的奥陶系顶部不整合面，华力西期早期运动形成的志留系—泥盆系顶部不整合面和华力西末期运动形成的二叠系顶部不整合面对油气运移聚集最为重要。在不整合面上、下发现了一系列油气田的事实，有力地说明了不整合控油的重要性。不整合面控油具有以下特点：① 不整合面是油气运移的通道；② 不整合面沟通储油层导致多层系聚集油气。如塔里木盆地阿瓦提[6]和满加尔坳陷[7]的寒武系—奥陶系主生油层，在其北的沙雅隆起南部奥陶系顶部的不整合面与志留系—泥盆系的不同层位、不同岩性及不同类型圈闭沟通[8]（图 1-4）。

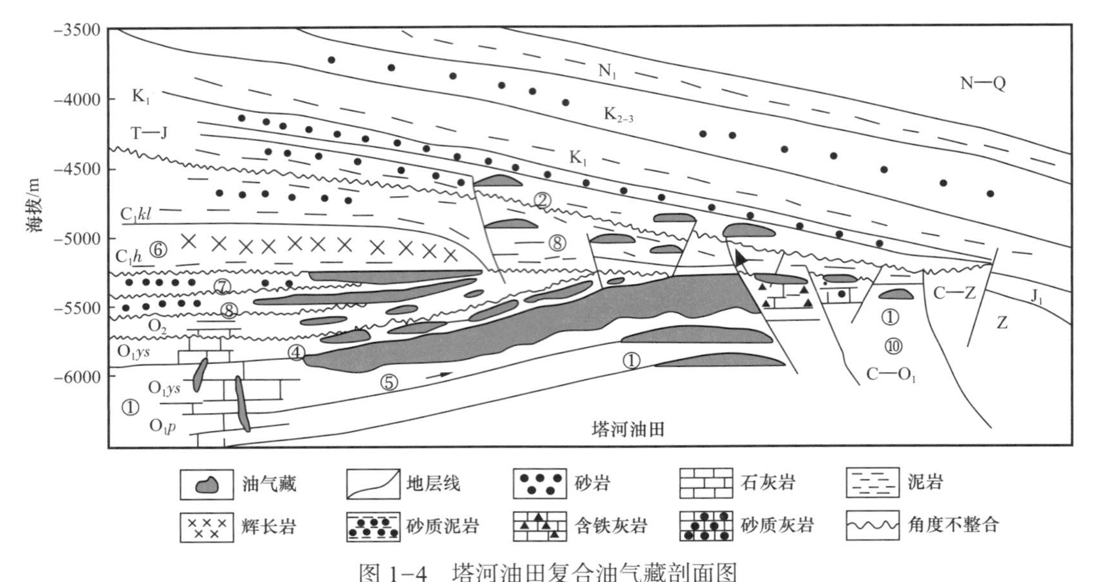

图 1-4　塔河油田复合油气藏剖面图

①—内幕背斜油气藏；②，③—石炭系—三叠系次生油气藏；④—间房组层状孔隙型储集油气藏；⑤—鹰山组岩溶；⑥，⑦—东河砂岩、志留系砂岩尖灭型油气藏；⑧—石炭系盐体

研究表明，克拉通盆地大油气田的形成主要受古隆起区、古斜坡区、断裂带及不整合控制，油藏分布大多表现为纵向叠加、平面连片，油藏类型复杂多样，形成复式油气聚集的特征。

二、断陷盆地

断陷盆地发育在全球各地块和大陆边缘。该类盆地主要发育于中新生代，油气主要分布在盆地的陡坡带、凹陷带及缓坡带。

（1）陡坡带控油气分布。长期发育的控坳大断裂，不但控制了沉积，而且由于重力和扭张应力场的作用，形成了形式多样的构造样式。由于受次级断层持续活动的影响，发育出高低不平、宽窄不一的断阶。这种特殊的古地貌景观决定了该带沉积具有近物源、多物源、沉积厚度大、相变快的特点。陡坡带主要发育冲积扇、洪积扇和三角洲等沉积体系。研究发现，低位扇砂体具有储集性能好、近油源和圈闭条件好的特点，是油藏的最有利储集体（图 1-5）。

（2）凹陷带控油气分布。凹陷带一般是盆地的沉降中心，多为深湖相沉积区，也是盆地的油源中心。缓坡带、中央隆起带的三角洲和扇三角洲前缘砂体等储集体垮塌沉积可发育大量浊积砂体，形成众多的岩性相对较细的原生砂岩油气藏，其油藏规模与洼陷及砂体大小有直接关系。俄罗斯萨哈林盆地中新生代有二期断裂，第一期为古近纪末，这期断裂把白垩系—古近系断开，遭到不同程度的剥蚀。新近纪为坳陷型，广泛覆盖于白垩系—古近系之上，新近纪末发生第二期断裂油气田，油气田目前主要分布于断裂附近的坳陷槽内[10-11]（图 1-6）。

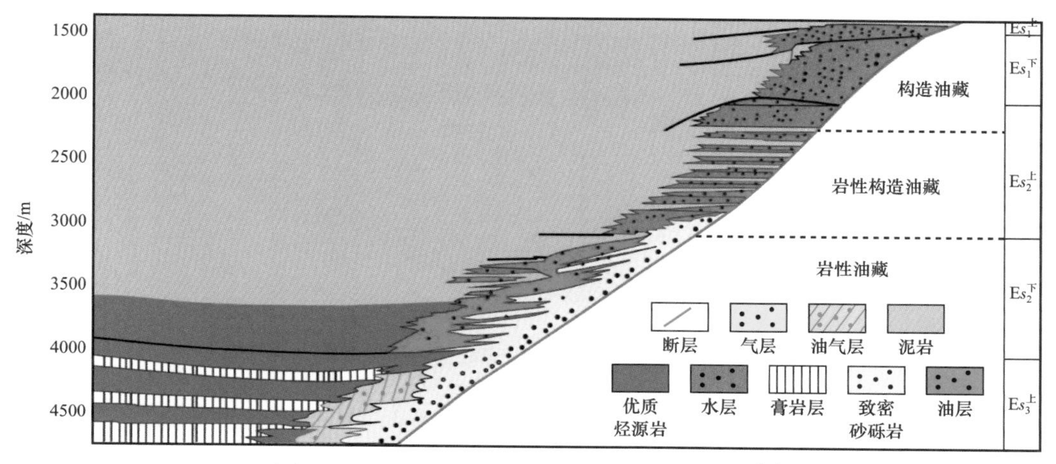

图 1-5 胜利油田陡坡带砂砾岩油气藏剖面图[9]

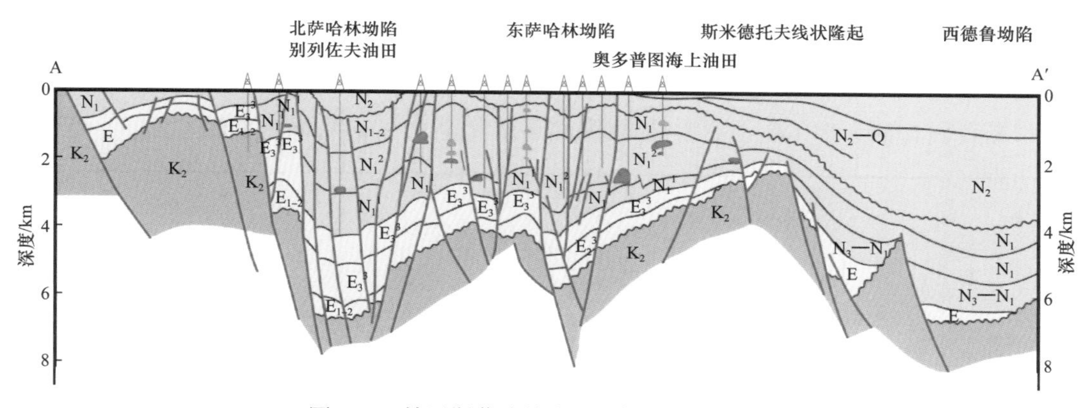

图 1-6 俄罗斯萨哈林盆地油气田分布剖面图

（3）缓坡带控油气分布。该类构造带外接隆起，内邻坳陷，地层现今坡度小（0°～30°），构造变动持续缓慢，其基本的构造特征是大型的鼻状构造和盆倾断层，存在多个不整合面，并发育大量的冲积扇，因此成藏条件极为有利。而且断层对沉积具有一定的控制作用。该地区扇三角洲、低位扇等发育，是寻找中等规模构造—岩性油气藏的有利场所。中亚地区卡拉库姆盆地发育在上古生代二叠系之后的中新生代断坳型盆地[12-13]，盆地于三叠系—侏罗纪为断陷发育期，白垩纪—古近系—新近纪为坳陷型沉积并广泛覆盖在侏罗系—三叠系之上，构成完好的断坳陷型盆地。目前仅在侏罗系—白垩系发现多个油气田，横向分布在坳陷内隆起部分等（图 1-7）。

断陷盆地构造活动比较频繁，断层发育，长期发育的控坳大断裂不但控制了沉积，形成了形式多样的构造样式，而且受次级断层持续活动和古地貌景观影响，沉积具有近物源、多物源、沉积厚度大、相变快的特点。油藏规模与洼陷及砂体大小有直接关系，油气主要分布在盆地的陡坡带、凹陷带及缓坡带，形成了典型的复式油气聚集，油藏类型十分复杂。

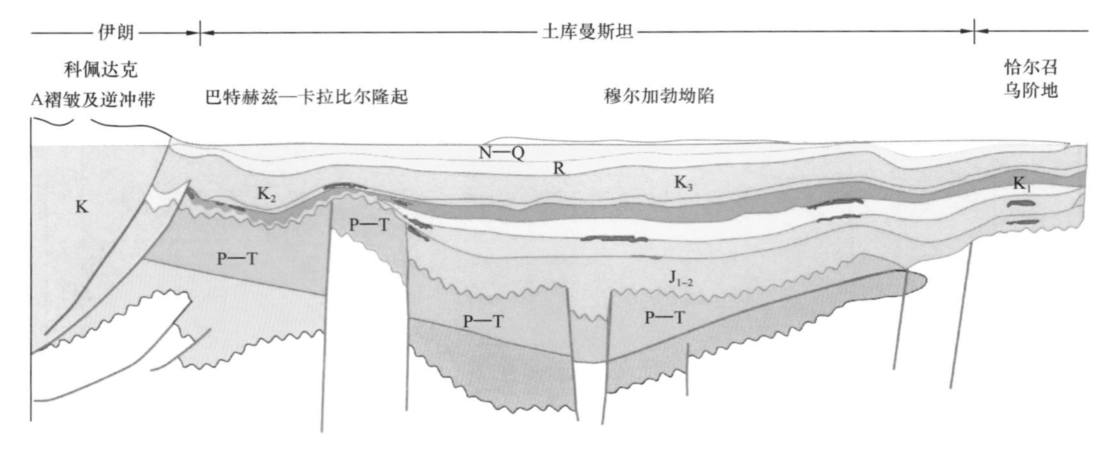

图 1-7　中亚地区卡拉库姆盆地油气田分布剖面图

三、前陆盆地

前陆盆地油气主要分布在前陆盆地的 3 个构造带内，即断褶带、斜坡带以及逆掩带内。构造十分破碎，油藏地质条件十分复杂，主要含油构造带也都形成了复式成藏的特征。

（1）前陆褶皱带控油气分布。油气田主要分布在山前断褶带 2～3 排断裂构造带内，而且以断背斜含油为主（图 1-8）。如中国准噶尔盆地[14]、乌鲁木齐前陆盆地[15]等。

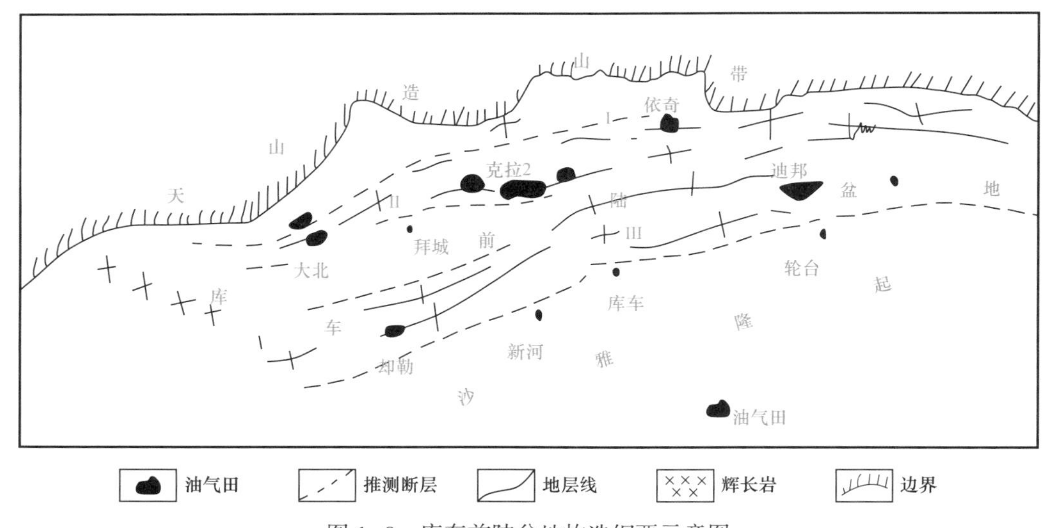

图 1-8　库车前陆盆地构造纲要示意图

（2）前陆斜坡带控油气分布。前陆斜坡带，如中国乌鲁木齐前陆盆地的永进[16]、董 1 油气田[17]，库车前陆盆地的却勒[18]、牙哈油气田[19]（图 1-9）。

（3）前陆逆掩带控油气分布。逆掩带因地质条件十分复杂，并且受勘探技术所限，目前仅在中国西部酒西前陆逆掩带志留系—下白垩系油田[20]及柴达木盆地西北缘古近系油气田[21]（图 1-10，图 1-11），发现了油气聚集。

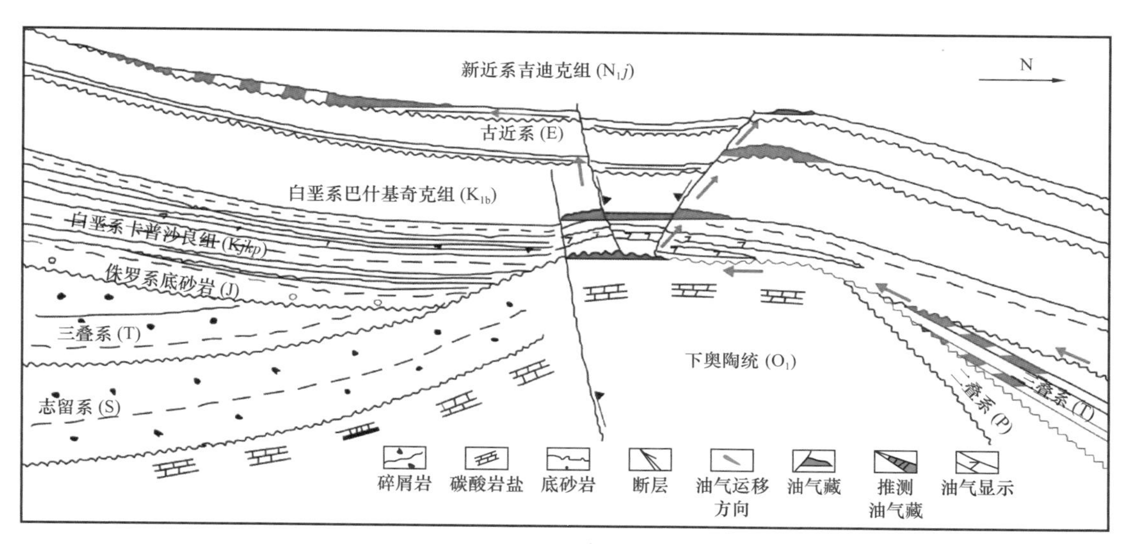

图 1-9　牙哈油气田油气成藏模式图

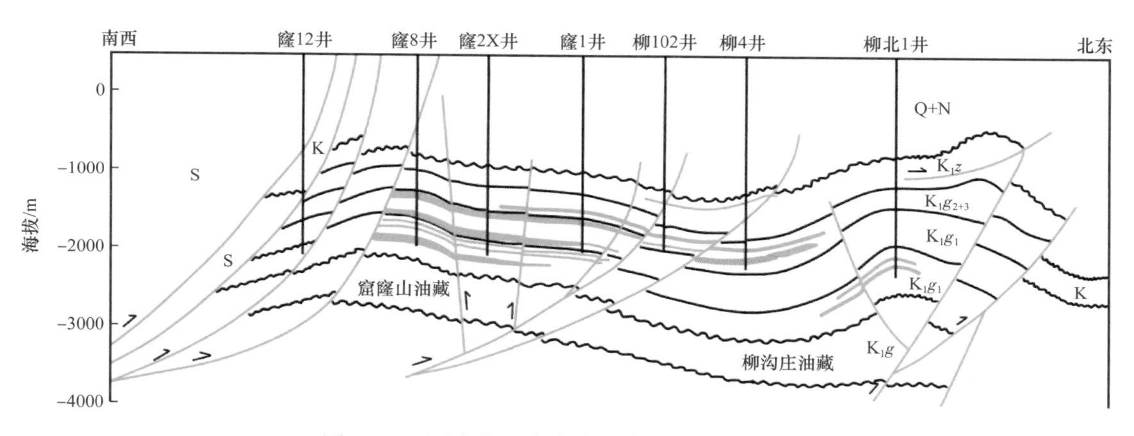

图 1-10　酒泉盆地南缘前陆冲断带油气藏剖面

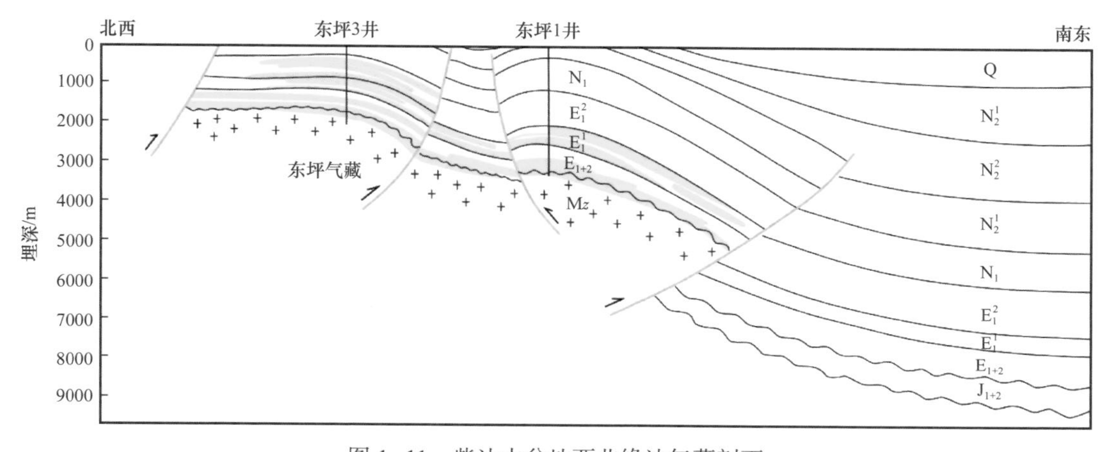

图 1-11　柴达木盆地西北缘油气藏剖面

第二节　冀中坳陷油气聚集特征

世界上的主要含油气盆地中，不论是克拉通盆地、断陷盆地，还是前陆盆地，由于地质条件的复杂性，都具有油气呈环凹分布、纵横向含油气差异性大、油气藏类型复杂多样以及多层系复式聚集的特征。下面以渤海湾断陷盆地为例来分析油气聚集的基本特征。

一、油气呈环凹（洼）分布

渤海湾盆地位于中国东部，属于中国东部华夏裂谷系，是一个典型的断陷盆地，西至太行山前断层，东至郯庐断裂带。盆内由冀中坳陷、黄骅坳陷、临清坳陷、下辽河坳陷、辽东湾坳陷、渤中坳陷、济阳坳陷、昌潍坳陷、汤阴地堑、邱县凹陷、东濮凹陷等11个负向构造单元，构成3个裂陷带和1个裂陷区，被邢衡隆起、内黄隆起、沙垒田隆起、沧县隆起、埕宁隆起等5个正向构造单元分隔[22]。

渤海湾盆地富含多个含油气坳陷，包括冀中坳陷、黄骅坳陷、渤中坳陷、辽河坳陷、济阳坳陷、临清坳陷等。它们分别形成了6个相对独立、有较高油气产能的油气区。每个坳陷又有若干个生油凹陷。围绕这些生油凹陷，分布着众多的油气田，表现为油气呈环凹（洼）分布的特点。

以冀中坳陷为例，其是在华北古地台基底上发育起来的中—新生代沉积坳陷。受构造演化作用影响，形成了构造单元复杂多样的构造格局。运用历史分析法综合分析，以古近系—新近系发育特征为主，结合前人的划分方案和生产实用的方便，将冀中坳陷划分出12个凹陷，面积26029km^2；划分出7个凸起，面积5530km^2（图1-12）。冀中坳陷各构造单元的展布具有东西分带的特征，呈现出“一凸两凹”，即中央凸起带将冀中坳陷分为西部凹陷带和东部凹陷带。坳陷内以大兴凸起—容城凸起—高阳低凸起—藁城低凸起为界，分为西部凹陷带和东部凹陷带两大次级负向构造单元[23]。东部凹陷带是主要的含油气凹陷，各油气田环绕廊固、霸县、饶阳、深县、束鹿、晋县等凹陷分布。

二、纵横向含油气差异性大

渤海湾盆地冀中坳陷自太古宙以来，经历了地槽及前地槽发展阶段、地台发展阶段和裂谷发展阶段等三个构造演化阶段，造成构造单元复杂多样。特别是在裂谷盆地发展阶段，本区由相对稳定的地台发育阶段转入活动性较强的裂谷盆地发育阶段。构造活动强烈，褶皱、断裂发育，地层不整合频繁出现，岩浆活动加剧，大地热流增高。其间经历了燕山运动和喜马拉雅运动。

燕山运动是冀中坳陷乃至华北地区的一次重要的构造运动，使华北古地台区解体，由稳定的地台发育阶段进入了地台活化阶段[24]。构造运动的激烈期是中侏罗世末至晚侏

图 1-12　渤海湾盆地冀中坳陷构造单元划分与油藏分布图

罗世末，这个时期发生了强烈的褶皱和岩浆活动[25]。自白垩纪后构造活动逐渐减弱。喜马拉雅运动是裂谷盆地发育的主要时期，发育了巨厚的古近系—新近系沉积，厚度超过8000m，为河湖相碎屑岩，建造了巨厚的烃源层，是油气勘探的主要目的层系。

坳陷内发育多套含油气储层，发育四套烃源层。冀中油气区中—新元古界总体岩性特征是厚度巨大的碳酸盐岩为主的含少量碎屑岩的沉积，局部夹火山岩。下古生界寒武系主要以浅海碳酸盐岩沉积为主，岩性以石灰岩、白云岩夹泥页岩为主，横向变化比较稳定。奥陶系是一套典型的浅海碳酸盐岩沉积，也是一套有利的含油气层系。上古生界石炭系本区同华北地台一样，普遍缺失早石炭世至晚石炭世早期的沉积，仅存上统本溪组和太原组，为频繁交互的海陆过渡相沉积，岩性是以碎屑岩为主夹多层碳酸盐岩和煤层，底部普遍发育铝土质泥岩，与下伏奥陶系呈平行不整合接触，顶部与上覆二叠系为连续过渡的整合接触。二叠系为一套以陆相碎屑岩为主的沉积，由下统山西组、下石盒子组和上统上石盒子组、石千峰组组成，岩性为灰白—黄绿—杂色—红色—紫红色为主的砂泥岩，下部含煤层。底部为砂岩或砂砾岩，与下伏石炭系太原组整合接触，顶部与上覆中—新生界呈整合或不整合接触。冀中坳陷中生界大都缺失，仅在局部区域零星分布。新生界本区古近系—新近系自下而上形成了4个沉积旋回，孔店组至沙四段下亚段、中亚段为第一沉积旋回；沙四段上亚段至沙二段下亚段为第二沉积旋回；沙二段上亚段至东营组为第三沉积旋回，其中又可细分为两个次级沉积旋回，即沙二段上亚段至沙一段旋回（本区古近—新近系主要的含油层系）和东营组沉积旋回；新近系馆陶组和明化镇组为第四个沉积旋回（图1-13）。

冀中坳陷主要发育古近系泥岩和石炭系—二叠系煤系两大类共四套烃源层。其中古近系烃源岩为冀中坳陷的主体，有$Es_1^{下}$、Es_3和Es_4–Ek组烃源岩[26-27]。其中第一套$Es_1^{下}$：分布范围广，但厚度小。在中部饶阳凹陷最为发育，是饶阳凹陷重要的烃源层，为一套由富氢页岩、鲕灰岩、泥质白云岩、暗色泥岩组成的浅湖—较深湖相沉积的富氢烃源层[28]。沉积水体呈咸化—半咸化强还原环境。其次是束鹿凹陷和坝县凹陷，暗色泥岩厚度一般为100～506m，富氢页岩厚度一般为25～51m。第二套Es_3：是冀中坳陷主要生油层段。整个冀中东部凹陷带内Es_3暗色泥岩都很发育，北厚南薄。北部廊固凹陷暗色泥岩最厚，可达2400m以上，主要集中在Es_3中、下，较深湖相发育。霸县凹陷夹多层页岩和碳质泥岩，饶阳凹陷、深县—束鹿凹陷为暗色泥岩与砂岩互层，以浅湖相沉积为主，厚度一般为500～600m。第三套Es_4–Ek组：暗色泥岩主要分布在廊固凹陷、霸县凹陷、晋县凹陷及饶阳凹陷南部，北厚南薄。北部廊固凹陷厚度最大可达2000m。孔店组上不含膏盐岩，沙四段中上部夹砂砾岩和火山喷发岩，南部晋县凹陷北部是一套含膏盐岩、碳酸盐的盐湖相沉积，暗色泥岩最厚可达600m。中部广大地区暗色泥岩不发育，厚度只有几十米或一二百米。廊固凹陷、霸县凹陷沙四段—孔店组按烃源岩质量可划分为沙四段上亚段和沙四段中亚段—孔店组两套。第四套C–P煤系烃源层：煤系烃源层包括煤岩和暗色泥岩两种类型，主要分布在大城凸起、霸县凹陷苏桥—文安地区、廊固凹陷河西务地区及武清凹陷。大城凸起为聚煤中心，霸县凹陷苏桥—文安地区煤层厚度10～25m，廊固

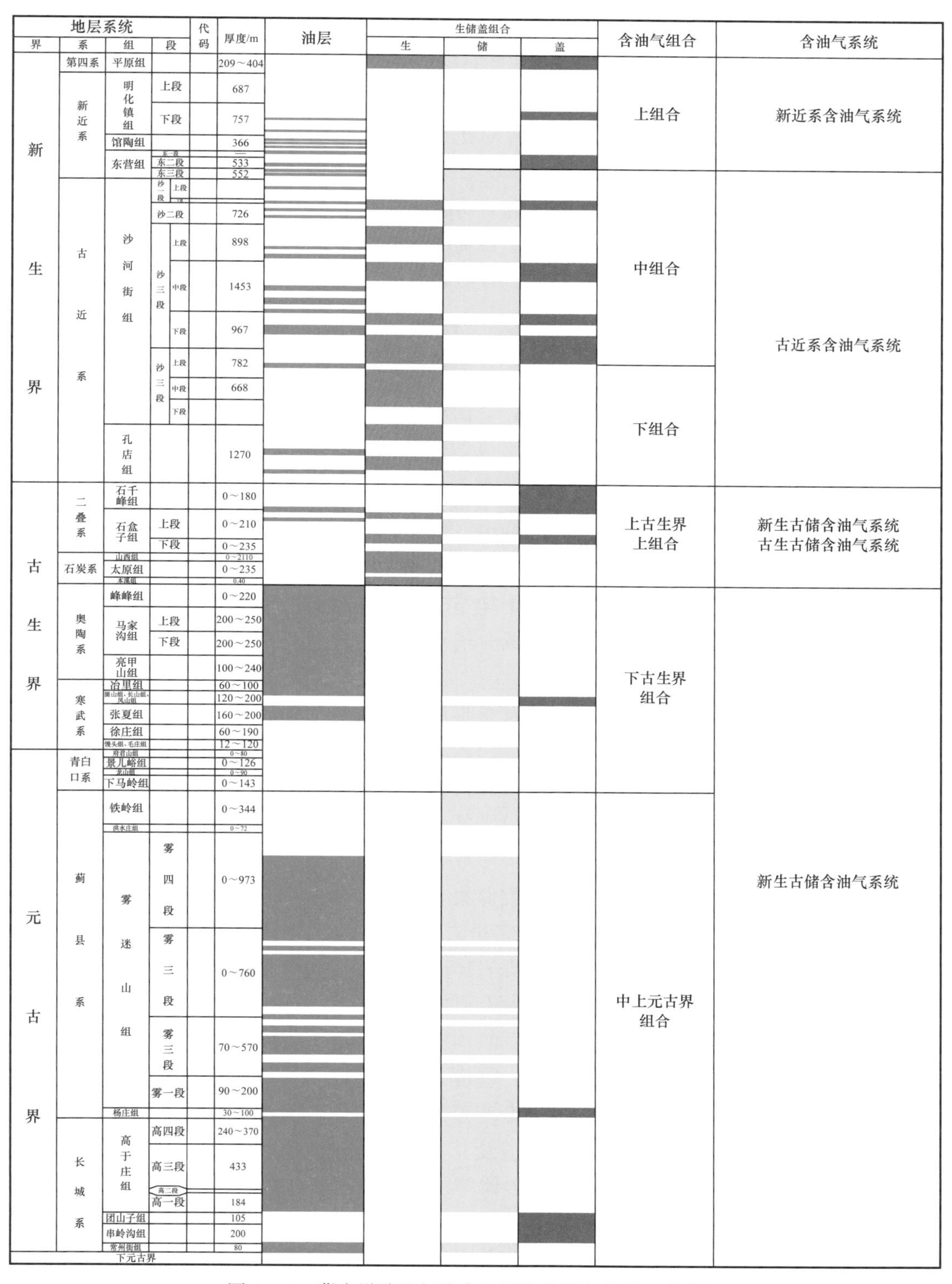

图 1-13　冀中坳陷油气综合地层柱状图与源储组合特征

凹陷河西务地区煤层厚度一般为10～15m，武清凹陷一般在10m左右。暗色泥岩在文安斜坡和武清凹陷最厚，一般在200m左右。

根据四套烃源岩地化指标综合判断，沙河街组沙三段烃源岩丰度高、类型好、演化适中，是冀中坳陷的主要生油层段，油源对比也表明，目前发现的油藏主要来自沙三段烃源岩。沙一下亚段生油各项指标最好，为一套优质烃源岩，但受热演化程度制约，只能作为次要生油层。沙四段—孔店组烃源岩有机质丰度相对较低，且类型较差，但热演化程度较高，可作为良好的气源岩。C-P系为一套煤系烃源岩，分布较为局限，主要分布在廊固凹陷东部、霸县凹陷文安斜坡，且以霸县凹陷苏桥—文安地区最厚，是苏桥地区天然气的主要贡献者。

储层类型多样，物性条件差异大。冀中坳陷主要发育海相碳酸盐岩储层、碎屑岩储层、火山岩储层、变质岩储层等四类储集层系。其中，中元古界—下古生界海相碳酸盐岩、新生界碎屑岩（以砂岩为主）储层分布广、厚度大、物性好，是主要的储油层；石炭系—二叠系碎屑岩，古近系湖相碳酸盐岩、火成岩，太古宇变质岩等储层分布局限，是次要储油层。

从储层的储集空间及发育分布特征分析，冀中坳陷中上元古界—下古生界潜山海相碳酸盐岩油气储层主要分布于中元古界长城系高于庄组、蓟县系雾迷山组、下古生界寒武系府君山组和奥陶系，单井日产油数十吨至千吨，是冀中最重要的油气储层，均为浅海至滨海大陆架相碳酸盐岩沉积。矿物成分简单、结构构造复杂、岩石类型多样，沉积旋回韵律性强。

本区三套主力潜山碳酸盐岩储层的发育程度与储集特征受岩性、埋深、层位及盖层条件制约。奥陶系以泥晶灰岩为主夹少量白云岩，若上无石炭系—二叠系覆盖，则岩溶发育，多构成溶洞裂缝型储集类型；若上有石炭系—二叠系覆盖或埋藏较深，岩溶不发育，多为微裂缝型储集类型；高于庄组角砾状白云岩，可形成似孔隙型储集类型；雾迷山组为泥质白云岩与藻云岩频繁互层，多形成孔洞缝复合型储集类型。碎屑岩是冀中坳陷古近系分布最广、最具储集意义的一类储集岩。据统计，碎屑岩中探明的地质储量约占古近系总探明地质储量的98%，其他储集岩类仅约占2%。研究表明，冀中坳陷受构造、沉积控制，发育有洪（冲）积扇砂砾岩体、河道砂体、辫状河三角洲砂体、扇三角洲砂体、近岸水下扇砂体、滩坝砂体、浊积砂体等多成因沉积砂体。

潜山储层储集空间包括孔、洞、缝三类，物性变化很大，没有规律性。

从储层物性条件看，根据砂体成因、规模、储油物性和油气产能分析，古近系碎屑岩储集物性随层位变老和埋深加大呈逐渐变差趋势。不同成因类型的砂体繁多，其储层物性变化总趋势是：好储层包括辫状河道及其三角洲分流水道、扇三角洲分流水道、近岸水下扇的扇中分流水道、河流相河道砂体等，其孔隙度最高38%，平均大于20%；渗透率最高7300mD，平均200～1000mD，具高孔隙度中高渗透率特点。较好储层包括辫状河三角洲前缘楔状砂、扇三角洲前缘楔状砂、近岸水下扇扇端、湖相滩砂等砂体，其孔隙度最高30%，平均10%～20%，渗透率最高达416mD，平均10～100mD，属中低孔中低渗储层。差储层包括湖底扇、冲洪积扇等砂体，孔隙度平均小于10%，渗透率平均小于1mD，属特低孔特低渗储层。

冀中坳陷潜山与碎屑岩储层为最重要的两类储层。潜山碳酸盐岩储层往往是遭受淋滤溶蚀或因构造应力产生大量裂隙，因而储集能力强，且不因埋深加大而减小，是目前冀中坳陷最为高产、高效的储层。碎屑岩储层物性较好，往往与烃源岩相伴生，具有“近水楼台”的优势，且近年来中深层研究结果也表明[29-30]，受超压的影响深部砂岩储层仍具备储集能力，这使碎屑岩储集下限相对以往向下大大延伸。在潜山已达到很高勘探程度的现实情况下，碎屑岩尤其是古近系中深层碎屑岩储层将是未来勘探所要寻找的重点储层。

总之，由于构造演化、地层及生油层的分布、储层分布及物性变化的差异性，形成了油气聚集在纵向上不同层位、平面上不同区带含油气差异性大的特征。潜山地层中上元古界雾迷山组产量高，例如任丘潜山油田；平面上冀中坳陷的东部凹陷带包括廊固凹陷、霸县凹陷、饶阳凹陷等含油性好，油气富集程度高，是勘探开发的有利目标。

三、油气藏类型复杂多样

在构造演化背景下，渤海湾盆地发育了一套中上元古界—古生界稳定台地沉积及中—新生代陆内裂谷沉积。据钻井结果统计，渤海湾盆地沉积地层包括：太古宇—元古宇混合岩、花岗岩系；上元古界石英砂岩、白云质灰岩；下古生界寒武系—奥陶系海相碳酸盐岩；上古生界石炭系—二叠系海陆交互相及陆相含碳酸盐岩和煤层的红色碎屑岩系；中生界侏罗系—白垩系为陆相含煤红色碎屑岩及火山岩系。

构造—沉积联合控制下，渤海湾盆地发育一系列油气成藏组合，盆地内油气藏类型种类繁多，总体上可分为四类：构造（断块）油气藏、地层油气藏、岩性油气藏和潜山油气藏，展现出良好的油气成藏潜力。

冀中坳陷位于渤海湾盆地西部，其石油地质特征、油气聚集特征、油藏类型等都表现得十分复杂。冀中坳陷的勘探开发也已经历了40多年，大部分含油气构造带已进入高勘探程度阶段，是勘探开发程度比较高的成熟探区。冀中坳陷油藏类型复杂多样，除潜山油藏外，碎屑岩油藏包括构造油藏、断块油藏、地层油藏、岩性油藏等类型。

四、多层系复式聚集

渤海湾盆地是典型断陷盆地，冀中坳陷位于盆地西部，在持续拉张沉降的背景下，形成了隆凹相间的断陷格局，断裂系统复杂、构造样式丰富多彩。受构造特征及沉积演化的影响，冀中坳陷具有“环状富集、满洼含油、多类型、多层系复式聚集”的富集规律。纵向上除潜山地层外，古近系砂砾岩等储层从沙四段、沙三段、沙二段、沙一段、东营组到新近系的馆陶组、明化镇组都形成了油气聚集成藏，不同类型的油气藏纵向叠置、平面叠加连片，形成了一系列受生油洼槽分布控制的不同构造类型的复式油气聚集带，油田地质特征十分复杂，主要表现为以下3点：[31]

（1）潜山以断块山为主，埋藏较深，规模不等；潜山上覆地层断层发育，构造破碎，圈闭规模小。形成于不同时期、不同规模的断层在砂岩油藏中普遍分布且十分发育，据统计，单井钻遇断点最多的可达4个，一般2～3个，断层是油藏形成和富集的重要条件。由于构造运动复杂、多期叠合，断层的存在产生了众多规模不等的断块，构成了基本的储集单元，形成了一系列复杂断块油藏，这些油藏由于破碎、圈闭规模小，无论油层分布还是油水关系，都表现得异常复杂。

（2）储层横向变化快，物性差异大，油井生产能力差异大。潜山地层为孔隙、裂缝双重介质，储层物性差异大，一般以碳酸盐岩为主的潜山地层储层物性好，产量高；而以石灰岩为主的地层物性相对较差。砂岩储层具有三种基本的沉积相类型，包括河流相、湖泊近岸滩坝相、三角洲相，一般具有宏观非均质性强、储层厚度变化大、连续性差的特点。砂岩储层以长石砂岩为主，岩性多为细砂岩和粉砂岩，储层粒径大多集中在0.11～0.15mm之间，原生粒间孔隙不发育，物性条件较差，据统计油藏储层孔隙度一般在10%～20%之间，渗透率一般小于100mD，根据岩心分析资料，按单层统计，低渗透和特低渗透层占总层数的90%以上。由于储层物性较差，且连通状况不好，水驱效率为50%～70%，一般情况下油井产能不高，一般单井产能都小于10t，开发条件十分复杂。

（3）油藏类型多样，且油水关系复杂，油藏认识与动静态资料存在许多矛盾。冀中坳陷的勘探开发也已经历了40多年，大部分含油气构造带已进入高勘探程度阶段，是勘探开发程度比较高的成熟探区。冀中坳陷油藏类型多种多样，除潜山油藏外，碎屑岩油藏包括构造油藏、断块油藏、地层油藏、岩性油藏等类型。在古近系、新近系的砂岩油藏含油层系多，井段长，油水关系复杂，除潜山地层外自下而上依次是古近系的沙四段—孔店组、沙三段、沙二段、沙一段、东营组、馆陶组和明化镇组，含油井段长，大多数油田含油井段达1000m以上，部分达到1700m。断块间含油差异性大、无统一油水界面，油水层间互、油水关系十分复杂，造成油藏认识与动静态资料存在许多矛盾，还需要不断深化成藏条件、油藏特征及富集规律的再认识。

第三节　地质条件复杂性决定了勘探开发工作的阶段性

复杂的地质条件决定了含油盆地勘探开发工作的阶段性。中国陆相含油气盆地复杂的地质条件决定了勘探开发工作的复杂性，地质认识不可能一次到位，而是循序渐进、不断深化的过程。伴随着每一次认识的突破，都会带来新一轮的大发现和储量增长高峰。

以冀中坳陷为例，其勘探开发历程是一个实践—认识—再实践—再认识的过程，也是一个艰难、曲折的摸索过程，几经起伏，有取得重大勘探开发成果的辉煌时期。在1975年7月任4井获高产工业油流后，经历了40余年的大规模勘探开发工作，大致经历了潜山油藏勘探开发阶段、古近系—新近系构造油藏勘探开发阶段、地层岩性油藏勘探与滚动勘探开发阶段、整体再评价等四个阶段。

一、潜山油藏为主体的勘探开发阶段

1975—1985 年期间，冀中坳陷的勘探开发主要以潜山为主。1975 年 7 月任 4 井于 3151.5m 进入中元古界雾迷山组，到 3200.64m 完钻，酸化后试油，20mm 油嘴防喷求产，日产油 1014t，发现了任丘雾迷山组碳酸盐岩潜山高产大油田，开辟了潜山找油新领域，并建立了“新生古储”成藏新模式。继任丘潜山油田发现之后，除采取“占山头、打高点、探含油边界”的布井方法，部署探井、评价井，整体评价扩大蓟县系雾迷山组碳酸盐岩潜山油气藏外，积极甩开勘探，猛攻潜山，还对寒武系府君山组、奥陶系马家沟组、亮甲山组等层系进行勘探，相继发现了雁翎、薛庄、八里庄、八里庄西、留北、河间、南孟、龙虎庄、苏桥等一大批潜山油气田，累计探明储量近 6×10^8t，实现了潜山油藏的大发现。

同时，在任 4 井突破后，采取“稀井高产”的古潜山开发布井方案，一年内投产潜山井 17 口，当年建成 1000×10^4t 的生产能力，至 1979 年上升到年最高产油量 1733×10^4t，这在中国石油勘探开发史上是空前的，为我国原油年产量上亿吨和国民经济发展做出了重要贡献。此后，潜山油藏的开发大致经历了“投产高产、调整控制、快速递减和缓慢递减（稳定生产）”四个阶段，根据油藏开发不同阶段暴露的主要矛盾，加强油藏开发机理与政策研究，持续开展动静态综合分析，采取针对性措施，有效改善了水驱开发效果，实现了潜山油藏的高效开发。但也存在递减快、资源接替不足的严重问题，寻找古近系—新近系储量资源就势在必行。

多年潜山油藏的勘探开发，形成了具有华北特色的成藏理论，即“新生古储”潜山成藏理论，它是以基底不整合面以上的新生界古近系为烃源层，基底不整合面以下古老的中—新元古界和古生界孔、洞、缝十分发育的碳酸盐岩为储层，形成了底水块状，具有孔隙、裂缝双重储集空间的古潜山大油田，初期产量高，但递减快，由于油藏内缝洞发育的不均匀性，会使一个高产潜山上出现低产区块或低产井，油井生产能力差别大，后期含水是影响油藏稳产的主要因素。

二、古近系—新近系构造油藏勘探开发阶段

从 20 世纪 80 年代初期开始就开展了对古近系—新近系构造油藏的勘探开发，一直到 2000 年前后是构造油藏勘探开发的主要阶段。该阶段的勘探开发工作也是波折起伏的，早期在潜山勘探的同时，古近系—新近系勘探开发也见到明显效果，发现了一批以构造为主的古近系—新近系油田和油藏，如别古庄、岔河集、中岔口、柳泉及刘李庄等。但随着潜山勘探不断深入，发现难度越来越大、越来越困难，同时油田产量快速递减，资源不足的矛盾十分突出。此后，在认真总结勘探开发经验和教训的基础上，实现了 3 个大的转变：勘探的重点由潜山转向古近系—新近系；加大地震工作量的投入，转变地震勘探准备严重不足的状况；由勘探潜山的工作方法转变为适应勘探古近系—新近系地下复杂情况的工作方法。同时，加深对斜坡油气分布规律和未熟—低熟油成藏特点的研究，更好地指导勘探实践。面对现实、正视困难，在困难中求发展，经过多年复杂断块

油藏的勘探开发，先后找到并开发了肃宁—大王庄、留路、南马庄—河间、文安、高阳、留楚等千万吨级复杂断块油田，也发现了赵州桥、高邑、荆丘、榆科等中等规模的含油构造。至1989年古近系—新近系原油产量首次超过潜山，这对快速递减的潜山产量起到了接替作用，从而遏制了油田产量持续下滑，为油田稳产 500×10^4t 奠定了基础。

勘探开发成果表明，冀中坳陷油气藏分布受构造单元控制，油气围绕生油中心呈环带状分布，这也是陆相盆地油气分布的突出特点。该阶段主要形成了油气聚集受大断裂控制，纵向上形成不同类型的油气藏上下叠置，横向形成不同层位含油连片，构成下生上储的复式油气聚集理论和斜坡带鼻状构造聚油的地质认识，为构造油藏的勘探开发起到了重要的指导作用。同时形成了复杂断块油藏勘探开发配套技术，包括三维地震采集、处理技术，地震资料精细解释技术，多靶点、大位移钻井技术，测井技术，测试技术，复杂断块的精细油藏描述技术及开发技术等。

但随着构造油藏勘探程度越来越高，进一步资源发现难度越来越大，油田产量始终处于递减状态，必须要有新的思路和方法，以解决油田资源接替的困难。

三、地层岩性油藏勘探及滚动勘探开发阶段

该阶段大致从20世纪90年代末期开始至2010年。该阶段预探研究重点由构造（断块）油藏勘探转向地层岩性油藏勘探，实施下洼找油。主要应用层序地层学理论和地震资料储层预测技术等在马西洼槽、留西断槽带、文安斜坡等发现了一批地层岩性油藏，上报了一定规模的预测储量、控制储量，提出了陆相断陷“洼槽聚油”的地质认识，发展了洼槽找油理论。但评价、开发实践证明，这些地层岩性油藏的主控因素认识并不准确，储量升级率、动用率都较低，还需要有新的方法精细认识复杂地层岩性油藏的主控因素和分布特征。

开发研究主要负责老区内部的挖潜，主要以滚动勘探开发的方式，是以出油井点和具体油藏为研究对象，取得了滚动勘探开发的良好成效，有效缓解了资源接替紧张的矛盾，实现了由“等米下锅”向“找米下锅”的过渡。这期间在冀中坳陷深南油田的泽10断块、泽70断块，武强油田的强2断块、南马庄油田的西6断块等以开发资料为线索，围绕已开发油藏和出油井点开展精细研究，实施扩边、扩块、扩层，增储建产同步进行，发现了多个增储在（300～500）$\times 10^4$t 之间的整装区块，滚动增储成效显著。1996—2002年间滚动区块新增探明储量占油田新增储量的19.1%（图1-14），初步缓解了油田资源接替不足的矛盾，证实老区资源潜力仍然比较大。

随着2003年探明储量任务全部由油田开发系统上报，油藏评价进入了一般评价与滚动评价相结合的立体滚动阶段（2003—2009年）。在该阶段一方面就是在预探发现的控制储量、预测储量（或有重大发现）的基础上，经初步分析认为具有开采价值后，进入油藏评价阶段。其主要任务是编制油藏评价部署方案；进行油藏技术经济评价；对于具有经济开发价值的油藏，提交探明储量，编制油田开发方案，指导评价建产实施，实现增储上产一体化。另一方面就是继续加大老区的滚动增储研究力度，统筹一般评价与滚

动评价，实施立体滚动，坚持勘探开发一体化的研究思路，实现了增储上产的同步增长。滚动增储效果进一步显现，该阶段滚动增储探明储量占油田新增探明储量上升到 49.1%（图 1–15），进一步证实了老区增储的巨大潜力。

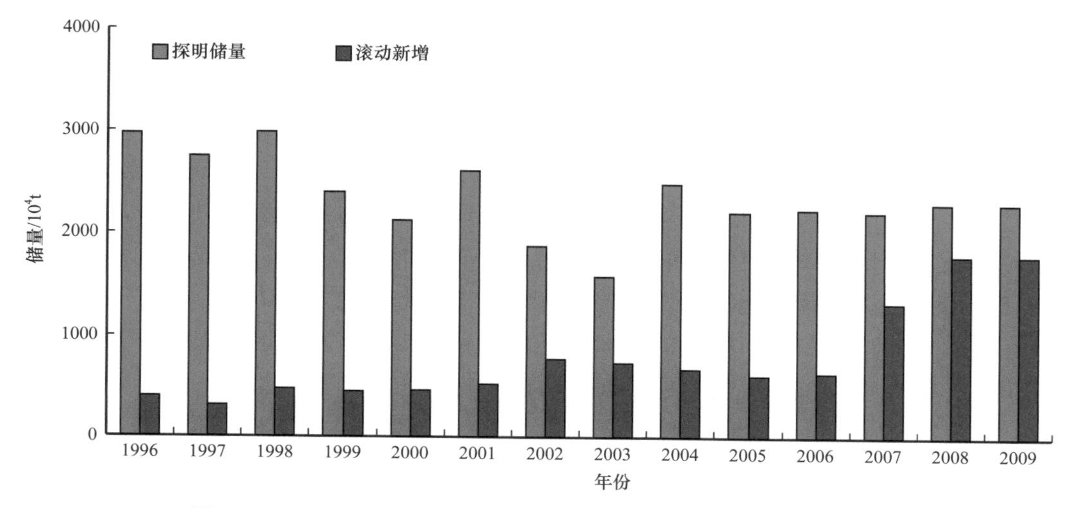

图 1–14 1996—2009 年滚动探明储量占油田新增探明储量构成图

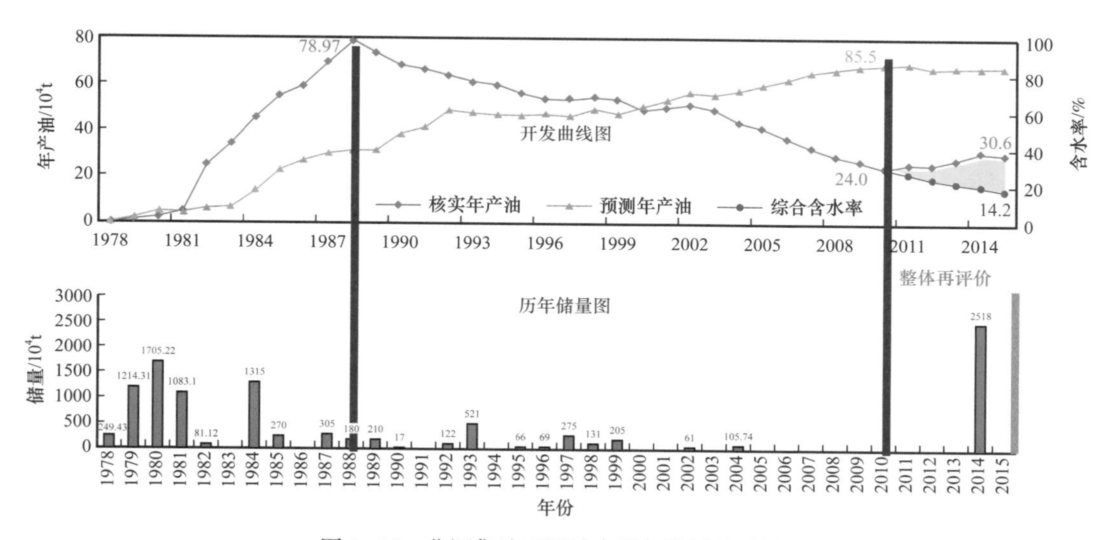

图 1–15 岔河集油田原油产量与增储关系图

老区带历经多年的勘探开发，虽然滚动开发工作取得了较好成效，但一些深层矛盾和局限性也逐渐显现，缺乏区带系统的整体研究，没有地质规律认识的深化和提升。如果再按照传统的滚动评价方法去开展工作，很难取得大的成效。同时老区富油带存在“一个好背景两个大矛盾”，即具有良好的成藏背景，很多原有认识与现有资料、开发动静态存在明显矛盾。因此，转变思路，敢于否定过去、敢于超越前人；创新方法，突破瓶颈技术，在老油区以勘探的视角“整体”和“重新”开展研究，是实现高勘探程度阶段突破的重要途径。

四、整体再评价阶段

从2010年开始至2020年，为了更有效地挖掘老区剩余资源潜力，进一步转变思路，创新方法，老区富油带进入了整体再评价阶段。富油气区带整体再评价是针对具有一定资源潜力、已开发多年且存在一定的动静态矛盾的老油区，依托全新的三维地震资料和先进适用的工艺技术，开展的新一轮次面向整个区带、多层系、多领域的油藏整体评价[32]。目的是在老区富油带重新开展成藏条件再研究、重新开展成藏模式及油气富集规律再认识、重新开展资源潜力再评价和目标优选，通过评价建产一体化实施，实现规模增储上产。

富油区带整体再评价研究的思路转变主要体现在研究对象由单一油藏、局部目标向区带整体转变，拓展找油空间；研究内容由具体油藏特征向强化区带成藏条件及富集规律再认识转变，以新认识撬动新发现；评价建产工作方式由“接力式”向“互融式”转变，在评价中建产、在建产中增储，加快资源转化。因此，富油区带整体再评价不是以往评价工作的简单延续和重复，而是在丰富的勘探开发资料基础上，立足区带重新开展的新一轮油气成藏系统的研究和再认识，是对传统油藏评价工作思路和工作方法的创新。

首先是以霸县凹陷岔河集油田为示范[33]，通过开展“六重”研究，重新地震资料采集与处理；重新构造精细解释；重新地层对比与油层组划分；重新构建沉积体系；重新建立解释图版；重新储量计算，实现储量归位。整体评价，重新认识资源潜力，制订增储建产及老油田调整实施方案，评价建产与开发调整整体部署，分步实施，累计新钻井128口，新增探明储量2518×10^4t，新建产能21.5×10^4t，使油田产量止跌回升，年产油量从24×10^4t上升到30×10^4t（图1-15），重新焕发了老油田的活力。

岔河集整体再评价示范区取得了突出的增储上产效果，不仅展示了老油田仍然存在巨大潜力，而且也证明了富油区带整体再评价是加快资源转化、提高开发整体效益的有效方法。此后相继在冀中坳陷蠡县斜坡、大王庄复杂断块构造带、束鹿斜坡等开展整体再评价研究，并取得了重大发现，特别是利用“相构配置、满盆成藏”的地层岩性油藏一般成因模式的指导，实现了老探区地层岩性油藏精细评价的新突破，到2020年年底老区富油带累计新增探明储量1.7×10^8t，对原油生产规模保持基本稳定做出了突出贡献，探索出了一条老区带增储上产的新路子。

第四节　富油区带整体再评价的实践与认识

一、老探区精细勘探开发面临的新挑战

1. 油气资源接替与需求的挑战

冀中坳陷石油资源主要分布在古近系和新近系，目前在古近系—新近系和潜山均获得规模储量，处于构造、潜山圈闭勘探晚期，岩性—地层圈闭勘探中期；总体进入勘探中期，虽然储量增长处于高峰阶段，但其石油探明地质储量与产量的实际增长趋势以及

对于未来预测结果仍不乐观，在未来的勘探开发中面临着巨大挑战。第四次资源评价表明：总资源量达 24.8×10^8t，转化率 43.1%，剩余资源量 14.1×10^8t（图 1-16）。剩余潜力主要集中在饶阳、霸县、廊固等富油凹陷，由于构造油藏认识程度高，剩余潜力主体是以地层岩性为代表的复杂类型油藏。近年来冀中探区新增探明储量中，地层岩性油藏占比在 90% 以上。

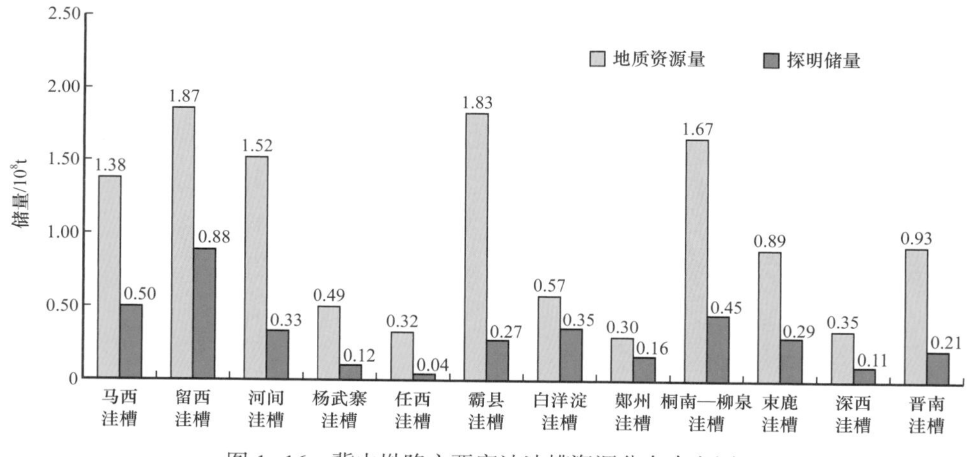

图 1-16　冀中坳陷主要富油洼槽资源分布直方图

国内经济需求强劲，对外依存度逐年增加，原油对外依存度 2019 年达 72%，天然气对外依存度 2019 年达 43%。国内原油产量小幅波动，东部老油田产量逐年下降，面临着产量递减的巨大压力，给中国石油原油产量的稳定和提升产生了较大影响，面临着资源接替不足，产量持续递减与保障国家能源安全的挑战。华北油田尽管剩余资源潜力大，虽然 2014 年以来实际新增探明储量相比于第四次资源评价更为乐观，但由于目前我国及世界对油气田勘探的紧迫性，对冀中坳陷的实际探明储量以及该油田未来的持续发展还给予了极大的希望和期待。为了使华北油田的探明储量持续保持在较高水平，亟需对已发现油气田进行富集规律的再认识和再评价，以期发现具有一定规模可动用储量，以保证原油生产规模保持基本稳定。

2. 勘探开发成本不断增加与低油价下企业经营效益提升的挑战

受复杂的国际政治经济形势影响，近年来油价波动大，特别是探区自身复杂的油藏特征相互交织，资源品位劣质化，以及人工成本和原材料的价格变化，给进一步深化勘探开发工作带来了勘探开发成本不断增加与低油价下企业经营效益提升的巨大挑战。数据表明，中国石油开发投资持续增长，百万吨产能投资 2019 年比 2000 年上升了约 3 倍；完全成本也持续攀升，2019 年桶油成本比 2008 年增长了 3.8 倍，且华北油田公司近 10 年一直保持高位波动，平均 52.6 美元 /bbl；操作成本持续攀升，2019 年桶油成本比 2008 年增长 2.1 倍；折旧折耗桶油 2019 年比 2008 年增长 2.5 倍。由于勘探开发成本不断增加，在一定程度上影响了勘探开发的实际工作量的需求，特别是老油田投入不足，造成了老区资源接替不足，原油产量递减快，开发难度日益增大。

3. 复杂类型油藏地质认识不足及技术瓶颈与加快剩余资源转化的挑战

冀中坳陷剩余资源潜力主体为地层岩性类复杂油藏，成因复杂、隐蔽性强，发现难度大，以地层岩性油藏为主体，地质认识不深入，当前的勘探理论、方法、技术适应性不强。主要面临着认识之困：表现为剩余潜力赋存部位和空间分布不清楚；勘探开发过程中仍存在很多认识矛盾，如构造圈闭中发现了大量岩性油藏、构造圈闭中高油低水的矛盾和溢出点之外出油等。

理论之困：表现为现有的地层岩性油藏勘探理论大多是根据特定油藏总结而来，对地层岩性油藏成藏机理和富集主控因素研究不深，缺乏一般性指导意义，适用性不强。

方法之困：老区大量例子表明大多岩性油藏发现存在一定的偶然性，钻探成功率不高；地层岩性油藏勘探技术适应性不强，现用层序地层学、储层预测、岩性圈闭识别预测准确性较差，尚未形成一套具有普遍指导意义、可操作性强的技术方法。

二、整体再评价的做法与工作流程

1. 主要做法

富油区带是指含油凹陷内经过多年勘探开发证实油气资源丰富、地质条件及油藏成因复杂的二级构造单元，具有典型的复式油气聚集特征，纵向上多套含油层系相互叠置，平面上不同类型油藏叠合连片，剩余资源潜力大。富油区带整体再评价工作是对老探区以勘探开发一体化为核心，在勘探研究认识基础上，利用丰富的油田开发资料，重新开展面向整个区带，多层系、多领域、全方位精细区带评价研究工作，根据成藏条件及富集规律的重新认识，挖掘富油区带剩余资源潜力，实现新一轮规模增储上产目标。冀中坳陷在老区富油区带整体再评价研究的主要内容包括：（1）开展整体再评价富油区带的筛选工作，优选确定整体再评价目标区带；（2）建立评价目标区带基础资料信息库，实现多专业的资料共享；（3）通过对动、静态资料的梳理和分析，发现矛盾，找准制约整体再评价的关键问题，制订研究思路和对策，确定解决问题的技术方法；（4）根据研究思路和研究内容，开展资料处理解释和动态资料分析研究、老井复查等，确定需要补录的各类资料；（5）开展地质和油藏的综合研究，包括全区带含油气系统、层序地层学、构造、沉积、储层、圈闭、油藏、油层等多项研究工作，以及多学科多专业之间的相互补充、完善和印证，并将多种研究成果进行综合，得到和形成新的认识，指导目标优选和井位优选；（6）在新认识指导下确定部署实施方案，实施过程中要统筹整体部署新增储量探明和未动用储量有效动用，统筹考虑新建产能和改善老油田开发效果，同时要积极采用先进适用的钻完井和工艺改造技术提高单井产量，实现增储上产一体化、地质工程一体化、新建与老油田调整同步，提升开发水平与效益。

通过不断探索和实践，形成了一套老探区整体再评价的有效做法。

1）转变思路，总体规划全面推进整体再评价

思路清则方向明，首先就是要摸清、了解老区带、老油藏“家底”，立足富油区带，梳理资源潜力，明确研究方向，总体规划全面推进整体再评价。通过富油区带整体再评价部署专题研讨会对30余个区带逐一进行分析梳理，按照勘探开发程度、剩余资源潜力、增储建产效益、工作量平衡等因素，优选蠡县斜坡、肃宁大王庄、河西务、束鹿凹陷、阿南等17个区带作为整体再评价目标。

2）创新方法，总结制订整体再评价工作程序，建立“三重一整体”工作流程，确定技术解决方案

方法新则困局破，在已有资料、认识、经验工作基础上，如果不推陈出新，富油区带再评价工作很容易故步自封，只有老“药方”加上新“秘方”，冲破思维樊篱，运用全新油藏评价方法，才能解决老区带的新问题。在重翻老“家底”的基础上，总结制订了以“三重一整体”为技术路线和工作程序，合力攻坚来破题解困，找到解决“问题和难点”的药方，建立起老区富油带整体再评价的技术解决方案。

3）创新技术，立足“阵地战”，聚焦瓶颈攻关研发特色技术，形成配套技术

技术新则质量高，深耕富油区带“阵地战”，从解剖已知油藏入手，提出了“油藏单元”的概念及油藏单元分析方法，助力成藏新模式和富集规律的新认识。在此基础上，通过配套技术应用，整体部署，重点突出，集中优势兵力打好“阵地战”，力求发现整装规模储量。

4）精细老区重新地质认识，助力老油藏“二次开发”提质增效

方式优则效益提，构建整体再评价对区带重新地质认识的整体应用及方式优化，有效激发一体化活力，保障、加快资源落实和转化，推动老油田的重新认识和二次开发同步部署、同步实施。地质构造复杂、勘探开发程度高、增储上产难度大，是老富油区带的特征。这样的特性需要集各方智慧，合力攻坚来破题解困。华北油田针对实际状况，在富油区带整体再评价实践中深化勘探开发一体化和评价建产一体化工作机制，注重老区带滚动评价的整体性和进攻性，强化油藏评价与产能建设紧密结合、地质与工程技术紧密结合，强化地质认识创新与老油藏“二次开发”同步实施，增储与建产相互促进，有效缓解开发矛盾。科学、合理、经济地重新评价富油区带，把现有资源发挥出最大优势，实现油藏开发最优化，实现企业效益最大化，将助推油田质量效益双提升。

2. 工作流程

富油区带整体再评价研究形成了“三重一整体”技术路线与工作流程，具体如图1–17所示。

1）重新开展成藏条件研究

（1）构造特征再认识。

① 区域构造特征研究。

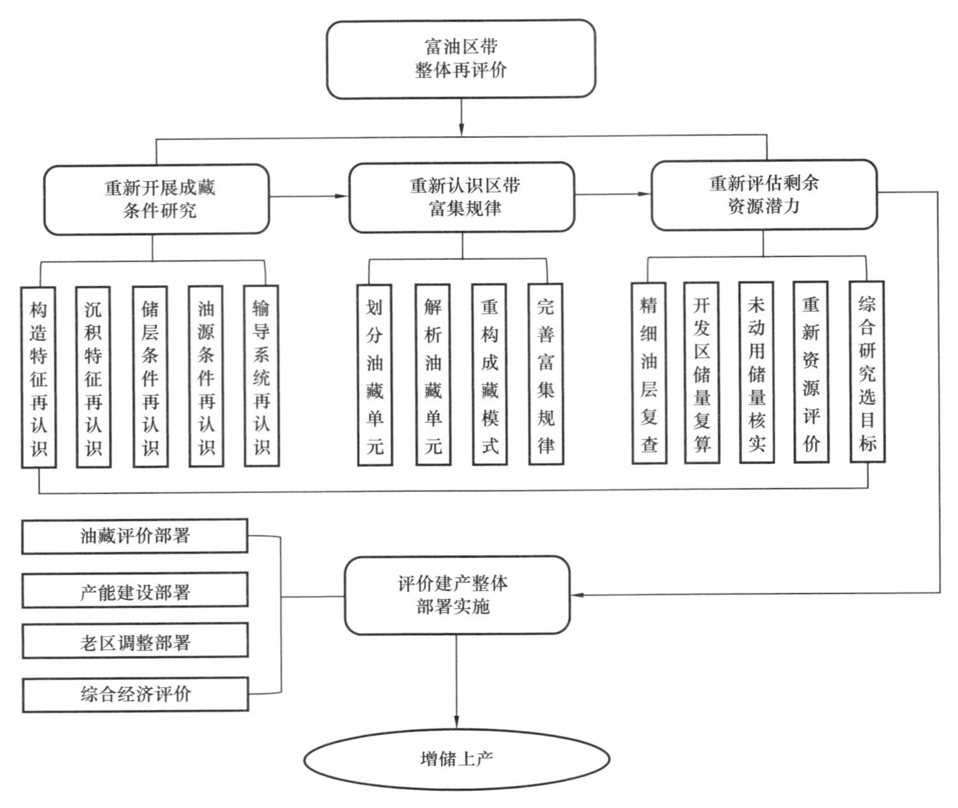

图 1–17　富油区带整体再评价工作流程

a. 针对区带主要含油层系对应的重点构造层，编制区域构造图。

b. 针对不同构造层断裂体系和整体构造面貌进行描述，分析前后认识变化。

c. 开展区域构造发育史研究，分析不同构造层圈闭形成及演变。

② 有利目标区构造特征精细研究。

a. 利用三维地震及钻井资料，精细构造解释，能够识别出 10m 以上微幅构造，断距识别精度达到 20m 以上，分油层组编制油层顶面构造图（等值线间隔为 10m 或 5m）。

b. 对区内主要含油层系断裂组合、断层性质、走向、断距、封闭性等要素进行描述，对比分析认识变化情况。

c. 对区内主要含油层系构造类型、方向、倾角、闭合高度、闭合面积等特征进行描述，对比分析认识变化情况。

d. 对未钻探圈闭进行评价。

（2）沉积特征再认识。

① 完善区域沉积相研究。

a. 在以往区域沉积相研究成果基础上，结合开发井和三维地震资料，按照油气田开发阶段陆相碎屑岩储层沉积相描述方法，深化不同层系区域沉积相研究，编制相关沉积相成果图。

b. 对不同层系沉积物源方向、沉积相类型及模式、储层展布特征、优势相带等要素进行描述，分析认识变化情况。

c. 研究区域上不同时期地层沉积演化史，描述岩相古地理背景及沉积体系演化特征。

d. 研究沉积相带及岩性变化对圈闭形成的控制作用。

② 油田开发区沉积微相研究。

a. 针对不同含油层系选择主力含油小层开展沉积微相研究，利用钻井取心、录井资料、测井相分析等资料，精细小层对比，建立单井、连井相剖面，编制油藏区沉积微相模式图。

b. 对不同含油小层微相类型、储集性能、连通状况、平面展布等要素进行描述，分析沉积微相对含油性及油水关系的影响。

c. 对井控程度不足区域，开展相控储层预测研究，预测有利微相展布。

③ 储层条件再认识。

a. 对区域主要含油层系储层开展岩石学、沉积、裂缝、储层分布、微观孔隙结构、物性及渗流、非均质性、敏感性特征等八个方面研究。

b. 针对低渗透储层，根据储层改造技术发展状况，重新建立有效储层下限标准，修改测井解释图版，编制有效储层平面等值线分布图。

④ 油源条件再认识。

a. 收集梳理区带所处凹陷油源条件综合评价成果，明确不同层系油藏的油源、区带剩余资源量及剩余潜力类型。

b. 针对四新勘探（评价）取得重要突破的区带，重新开展资源评价研究。根据最新地质认识和成藏理论，重新评估区带油气资源量和富集模式，明确勘探方向。

⑤ 输导系统再认识。

根据区域构造研究新成果，结合已发现油藏位置和分布特征，研究不同层系油藏的油气来源及成藏时期。综合分析生油岩、储层、断裂系统、不整合面等要素配置关系，搞清油气疏导系统对油藏形成的控制作用。

2）重新认识区带富集规律

富油区带油气富集具有多藏伴生的特点，油藏类型及油水关系复杂，认识难度大。解剖已知油藏，划分油藏单元，以不同类型油藏单元为研究对象是准确揭示区带油气富集规律的有效方法。

（1）划分油藏单元。

① 选择区带已开发代表性油藏，开展目标层系精细地层对比和小层划分，编制主力含油小层构造图。

② 以主力含油小层为单元开展沉积微相研究，编制沉积微相图，初步确定含油砂体连通关系和分布特征。

③ 含油砂体沉积微相图与对应的构造图叠合，并结合油水关系修正含油砂体连通关系和边界控制条件。

④ 综合分析各含油砂体纵横向连通关系，按照同一油藏储层相互连通、具有统一油水界面的原则，识别划分油藏单元。

（2）解析油藏单元。

① 分油层组分断块统计描述油藏单元数量、油藏类型、平面展布、油水界面、储量规模等特征。

② 开展油藏单元分类，研究不同类型油藏单元自身储盖组合、圈闭类型、形成机制和主控因素。

③ 分析描述区域沉积体系、构造背景对油藏单元形成的控制作用及油藏单元之间的成因联系。

④ 与原有地质认识对比，总结圈闭条件、油藏特征、成藏机制、主控因素等方面的新认识。

（3）重构成藏模式。

在油藏单元研究取得新的地质认识基础上，结合区带构造、沉积、油源等成藏基本条件，综合分析同一层系各油藏单元的分布特征和不同层系油藏单元的组合关系及成因联系，重新构建油藏富集模式，编制相关成果图件。

（4）完善富集规律。

归纳总结区带油气成藏条件、成因机制和富集主控因素的新认识，重点描述构造、断层、沉积、油源等对油气富集控制作用及油藏宏观分布特征，完善区带富集规律认识。

3）重新评估剩余资源潜力

根据区带油藏特征和富集规律新认识，重新开展区带剩余潜力综合分析，明确油藏评价、产能建设和老油田调整方向和有利目标，为评价建产整体部署奠定基础。

（1）精细油层复查。

根据油藏单元划分过程中发现的油水关系矛盾，结合勘探开发动静态资料，分层系重建测井解释标准和解释图版，开展老井复查，重新认识油层。

（2）开发区储量复算。

系统梳理油田开发区已上报探明储量状况及开发矛盾，重新划分储量计算单元，进行储量复算归位。

（3）未动用储量核实。

按照新的地质认识和油层复查结果，开展未动用储量再评价，选择老井重新试油，核实地质储量。

（4）重新资源评价。

按照区带成藏条件和富集规律新认识，聚焦地层岩性油藏在凹陷内不同部位广泛存在的分布特点，重新开展成藏模拟评价，落实资源量及剩余资源潜力。

（5）综合研究选目标。

开展剩余潜力综合研究，按照油藏评价、产能建设和老油田调整进行分类评价，落实增储上产有利目标。

4）评价建产整体部署实施

从区带整体出发，油藏评价、产能建设和老油田调整一体化部署实施，加强跟踪分析调整，实现增储上产同步推进，提高油田开发整体效益。

（1）油藏评价部署。

在区带有利评价目标研究基础上，编制整体评价部署方案和实施要求，取全取准各类资料，编制重点区块开发概念设计。

（2）产能建设部署。

油藏评价取得新发现后，产能建设及时跟进，结合试油、试采成果和邻近区块开发状况分析，提出区带产能建设部署意见，并按要求编制初步开发方案。

（3）老区调整部署。

根据油田开发状况，结合剩余资源潜力认识，按新建与恢复相结合原则，编制老区综合调整部署方案。

（4）综合经济评价。

根据油藏评价、产能建设和老油田调整部署，预测新增储量、产能和产量实施效果，整体开展综合经济评价，为实施决策提供依据。

三、整体再评价的成果认识

2010年以来，在冀中坳陷立足富油区带持续开展整体再评价，创新了对老区带油气富集规律的新认识；突破原有砂岩构造成藏模式束缚，构建新的岩性、地层油气藏成藏模式，有效地指导了井位的部署及实施。正是因为这些创新，华北油田在老区累计发现新增探明储量超 1.7×10^8t，近几年来每年都能探明一个储量 2000×10^4t 级的整装增储区带。如在蠡县斜坡坚定斜坡带低幅度岩性构造油藏勘探的信心，在斜坡带构造研究较为深入的有利条件下，在区域地质综合研究的基础上，对斜坡的砂岩油藏进行地质综合研究评价，构造、岩性并重，加强沉积体系、沉积相带的重新研究，强化整体评价建产部署实施，取得增储、建产双丰收，整体评价增储超过 6550×10^4t，年产量从 20×10^4t 左右快速升到 50×10^4t（图 1–18）。

在大王庄地区，通过精细解剖重点已知油藏，划分油藏单元，开展油藏单元成藏模式与主控因素研究，对油藏类型、成藏模式及富集规律方面取得了重要认识，对低勘探开发程度的构造翼部和中深层两个领域有了重新定位，认识到在构造翼部有 $\mathrm{E}d$–$\mathrm{E}s_1{}^{上}$含油连片的潜力，中深层有整体含油的潜力，是下步有利评价方向，从而对大王庄油田进行了整体评价建产部署，分层次分批滚动实施，新增探明地质储量 4947×10^4t，原油产量实现反转式增长，年产油量由 24×10^4t 上升到 47×10^4t（图 1–19），使一个勘探开发 40 余年的老油田重新焕发青春，具有重要的现实意义。

在蠡县斜坡、大王庄、束鹿斜坡等老区富油带，通过开展整体再评价实现了富油区带整体再评价研究方法的突破，形成了整体再评价的配套技术序列，推动了评价研究的技术进步；也正是因为这些创新，才让以往似乎山穷水尽的找油之路越走越宽，才能换

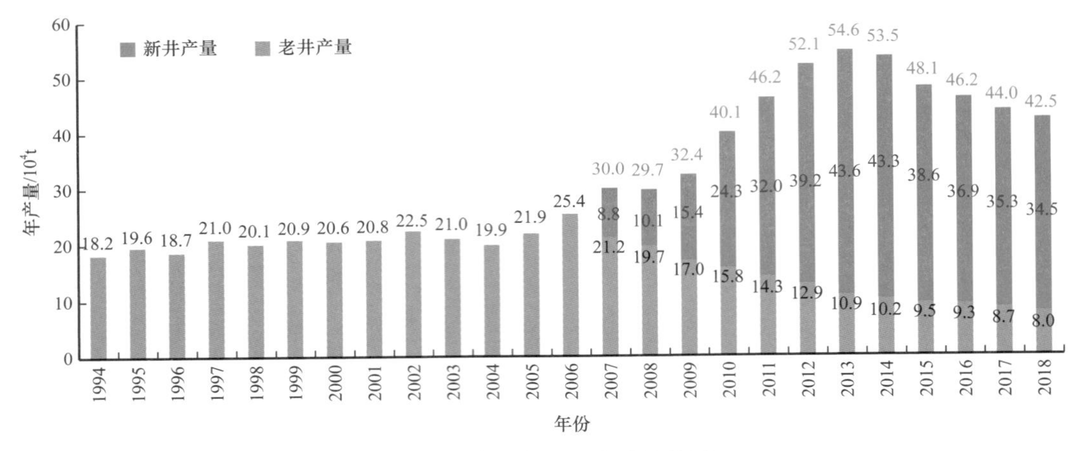

图 1-18　蠡县斜坡年产油柱状图

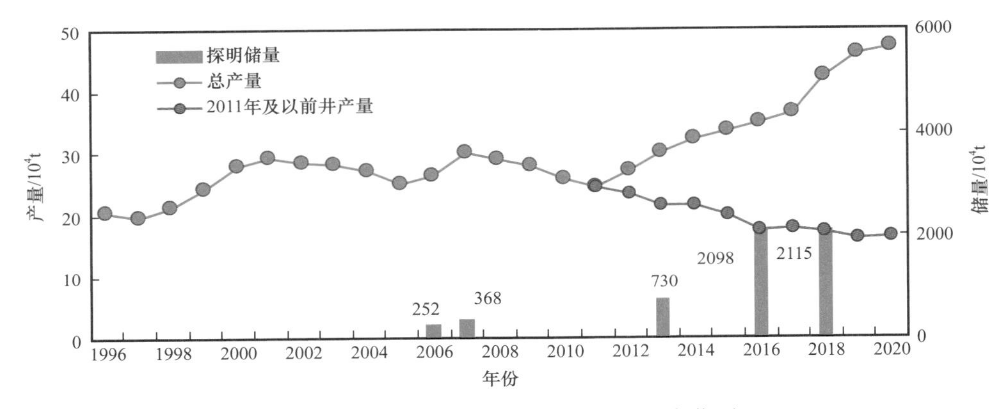

图 1-19　大王庄油田历年储量与产量变化图

来一次次的“柳暗花明”；有力支撑了油田产量走出“锅底”，开辟了老油田增储上产的新途径。通过实践与分析，取得了老探区实施整体再评价、实现增储上产一体化的几点认识。

1. 富油区带整体再评价是老油区增储上产的有效途径

“十二五”以来，华北油田全面推进富油区带整体再评价工作，在蠡县斜坡等区带取得了重大突破，发现了一批优质可动用储量，占同期探明储量的 60% 以上，已成为油田增储上产的主要方式。岔河集、大王庄都是会战初期发现的主力砂岩油田，经过近 40 年勘探开发，产量递减严重，通过实施整体再评价，均实现了产量止跌回升，老油田激发了新活力。

2. 评价建产一体化工作模式是有效推进整体再评价的有效方式

华北油田整体再评价之所以能够全面展开，且取得了突出成效，主要得益于坚持推行评价建产一体化工作模式。油藏评价与产能建设变“接力式”为“互融式”，在评价中建产，在建产中增储，加深了油藏认识，加快了资源转化，增加了储量落实程度，提高了储量动用率。不仅较好地解决了产能建设“找米下锅”的问题，而且也保障了储量任务的完成。

3. 地质认识创新是整体再评价取得大发现的“金钥匙”

富油区带复杂的地质条件决定了勘探开发必须遵循认识—实践—再认识—再实践的过程，每一轮地质认识的突破都会带来新发现。蠡县斜坡岩性油藏模式的新认识，新增探明储量 6550×10^4t，建成了一个年产 50×10^4t 的原油生产基地。车城油田“牙刷状”油藏模式、地层超覆油藏模式与成藏机理新认识，不仅取得了突出的增储上产效果，更重要的是指明了一个新的找油方向。

“新认识”“新模式”绝大多数都隐藏在已知油藏中，重要的是在发现以后要善于形成模式、总结规律，反过来指导找油，扩大成果。因此详细解剖已开发油藏，深入研究其背后的成藏机理与控制因素，是创新地质认识的必由之路。

4. 技术创新，先进适用的配套技术是提高增储建产成效的必要手段

需求驱动创新，创新带来效益，富油区带整体再评价的持续创新实践中，创新提出了复式油气聚集带“油藏单元”分析方法及评价技术，这对老区油气分布规律的再认识、资源潜力再评价和评价目标的优选具有关键作用；攻关形成了断陷盆地高勘探程度阶段地层—岩性油藏勘探方法及评价技术，对成熟探区深化岩性油藏精细勘探具有重要指导意义，大大拓展了在构造中低部位找油的领域，取得了老探区的规模增储，助推了老油田原油产量的规模回升。在华北油田富油区带整体再评价工作实践中，一批先进适用的特色技术应运而生、大显身手。复杂断块油藏构造精细解释技术、岩性圈闭识别与描述技术、低渗透油藏储层改造技术，解决了长期制约油气藏发现和高效开发的瓶颈问题，大大提高了工作成效。

在工作实践中体会到，技术发展不仅要注重先进性，更要注重针对性、适用性和经济性。技术研发不搞广种薄收，要找准瓶颈，精准发力，重点突破；技术引进不追风赶潮，结合自身条件，选择适用技术，务求实效；技术方案不求高大上，要立足成熟技术，强调配套完善，既要地质效果，更要经济效益，应全生命周期有效。

第五节　剩余潜力以地层岩性油藏为主体

世界上一些主要产油国的勘探历程表明，地层岩性油藏等隐蔽油藏虽然勘探难度较大，但在复式含油气盆地中所占储量比例却很大，与构造油藏相比，最高可达 1∶1。冀中坳陷以复式油气聚集为特征，以往在这一理论指导下发现并开发了一系列复式油气藏，但大多以构造油藏来认识和上报探明储量。但开发资料证实其与原探明储量的油藏认识差异较大，由原来单一油藏的认识变为多藏伴生的复式油藏、含油断块内构造油藏和岩性油藏共存，且岩性、构造—岩性油藏是主要油藏发育模式。如饶阳凹陷大王庄构造带

沙一上亚段的构造油藏，通过对留485油藏开发后的精细解剖，发现该油藏是由一系列不同油藏单元构成的复式油藏。同样在冀中坳陷的岔河集油田、榆科油田等通过解剖已知油藏，分析认为各单元含油分布受沉积控制作用强，储层分布和砂体尖灭是油藏分布和富集的主要控制因素，岩性、构造—岩性油藏是主要油藏类型。

通过老区富油带整体油藏评价研究与实施，在饶阳凹陷的蠡县斜坡、大王庄构造带、束鹿凹陷的西斜坡、霸县凹陷的文安斜坡等，不仅实现了规模增储，而且新增探明储量大多来自地层岩性油藏，表明老区还有较大的剩余潜力，潜力的主体分布在地层岩性油藏。综合分析，老探区还存在大量的地层岩性圈闭，增储上产潜力大，是进一步深化勘探开发的主要领域。

在陆相含油气盆地中，由于复杂断块区岩性油藏分布更加广泛，数量多、规模较小，多以复式油藏的方式赋存地下。地层岩性油藏因其具有一定的隐蔽性，勘探评价的难度较大，但在一个探区进入勘探的中后期后，随着技术的不断进步、方法的不断完善和提高，对老区油气藏形成条件和分布规律在认识上也在不断深化，地层岩性油藏等隐蔽性油藏在石油勘探中的地位亦日趋重要。传统的多藏叠合笼统研究掩盖了油藏单元的类型和分布特征，造成了对地层岩性油藏成因机制及富集规律认识不深入，缺乏有效模式指导，中小规模的地层岩性油藏难于发现，老区深入挖潜难度大，需要有效模式指导。

传统油气地质理论认为，国内公认的油气聚集与分布单元由含油气盆地、油气系统、油气聚集带、油气田、油气藏组成[34]，但在高勘探程度的老油田应用教科书中油气藏划分方法时与实际勘探相矛盾，同一个油藏内部砂体分布非均质性强，油水分布关系复杂，往往存在多个油水界面。国外学者将其从大到小分为Sedimentary basin、Petroleum system、Play、Prospect、Flow unit[35]。国外则将Flow unit（流动单元）作为储层划分的最小级别的单元。Flow unit（流动单元）定义为纵、横向上连续的储层，具有相似的渗透性、孔隙度和层理特征，其划分依据不仅依赖于储层砂体所处位置，更需要结合岩石物理性质（孔隙度、渗透率）等[36-39]。虽然流动单元对于储层划分的精细程度有着极大的推进作用，但是由于其在划分的时候不考虑生、储、盖等成藏要素和油水分布关系，而是根据储层内不同砂体的孔、渗特征直接划分，导致其在油气田勘探开发上存在一定的局限。

石油地质学发展至今还不足百年，所有的油气勘探认识还处于初级阶段。随着勘探力度的不断增大，人们对石油地质的认识不断加深，传统的认知及模式也将不断得以打破并完善。但是凭借几十年勘探、开发、生产经验，华北油田利用精细勘探的发现及拓展，使很多勘探老区重新焕发了生机。通过对很多“采油难、出水不出油”的井区利用新的思路、新的技术、新的认识，重新厘定了油水边界，大大提高了开发井的采油量以及油气储量。

为此，在富油区带整体再评价的研究与实施中，完善和发展了油气复式聚集的地质理论，为区别复式油藏提出了油藏单元的概念，并总结了一整套区别于典型油气藏以及流动单元的油气勘探技术——油藏单元分析方法，形成了完整的指导高勘探程度老油田剩余油气勘探开发的理论体系。这一方法不仅在油田生产上具有重大指导价值，而且对于石油地质学理论的发展也具有划时代意义，对老探区的精细勘探，对老油藏提高采收率，实现储量大幅增长，产量快速上升都具有良好的指导作用。

第二章　油藏单元分析方法

断陷盆地具有典型复式油气聚集特征，同一构造单元上同层系油气藏多藏伴生、成因复杂、认识难度大。传统油藏研究方法通常以层系或油层组为对象，多藏笼统分析，用构造模式认识油藏，造成地层岩性等复杂类型油气藏地质认识存在误区，制约了老区勘探发现。油藏单元分析方法在理论上突破了经典石油地质理论中圈闭概念的束缚，明确了复式油气藏概念，并提出了油藏单元的新概念。这一研究成果不仅对准确认识复杂类型油气藏、丰富完善油气聚集理论具有重要意义，同时探索出了一种成熟探区岩性油藏勘探新思路。

第一节　油藏单元分析方法提出的背景

一、含油气盆地油气聚集基本特征

世界上含油气盆地类型多样，地质特征不同，成藏条件各异，但油气聚集基本规律相同：环凹分布、复式聚集。

1. 油气田围绕生油中心环状分布

环凹分布是“源控论”的通俗表达。20 世纪 60 年代，胡朝元等根据在松辽盆地的研究，正式提出油气运移距离短、油源区控制油气田分布的“源控论”。

源控论在渤海湾盆地油气勘探过程中得到进一步深化，强调“油气田环绕生油中心分布，并受生油区的严格控制，油气藏分布围绕生油中心呈环带状分布”。油源条件不仅控制油气田分布，同时控制油气藏富集程度。

源控论对我国油气勘探发挥了重要的指导作用。继大庆油田之后，我国东部中生界、新生界陆相沉积盆地先后发现了胜利、华北、河南、大港、辽河、江苏等一大批油田。近年来，在“源控论”指导下，我国中西部四川、塔里木、准噶尔、鄂尔多斯等盆地相继取得重大油气勘探发现。

2. 油气复式聚集特征

20 世纪 80 年代，李德生、胡见义等地质学者根据渤海湾盆地多断陷、多断块、多含油气层系和多种油气藏类型的特点，总结了断陷盆地油气藏形成的条件和分布规律，提出了“复式油气聚集带”的概念，形成了“复式油气聚集（区）带”地质理论[40-41]。

在含油气断陷盆地中，由于断块活动、断层发育，岩性岩相变化、地层超覆和沉积间断等因素，在二级构造带的背景上发育多种类型圈闭，形成的不同类型油气藏成群成带分布，构成不同层系、不同成因油气藏叠置连片的含油气带，称为复式油气聚集（区）带。

1）油气藏类型及分布特点

油气藏是油气聚集的一个基本单元，依附于一定的油气藏类型组合，并有一定的展布规律。渤海湾盆地油气藏以圈闭形态为分类标准，以圈闭成因为划分亚类的标准，大致可分为五大类十五亚类。其中同生断层逆牵引背斜、块断隆起披覆构造和古潜山等三种类型油气藏是本区主要的油气藏类型。渤海湾盆地油气藏类型分布特点：油气藏类型受盆地不同的含油气结构层系控制；在平面上油气藏类型受构造圈闭或地层岩性圈闭分带性控制；在纵向上原生性油气藏分布受生油岩有机质热演化程度控制，主要与“液态窗”分布范围有关，油气藏分布序列是气藏—油气藏—油藏—凝析气藏—气藏[42-46]。

2）复式油气聚集（区）带类型及分布

复式油气聚集（区）带是指储油圈闭具有一定的地质成因联系，有相同的油气运移和聚集过程，形成了以一种油气藏类型为主，而以其他类型油气藏为辅的多种类型油气藏的群集体，具有成群成带分布特点，在平面上构成了不同层系、不同类型圈闭油气藏叠置连片的含油气带。渤海湾盆地内常见 8 种类型复式油气聚集（区）带：逆牵引背斜油藏、挤压背斜构造油气藏、底辟隆起油藏、披覆构造油藏、地层超覆油气藏、地层超覆不整合油气藏、“基岩”块体油气藏、地层不整合油藏以及砂岩上倾尖灭油藏。

3）油气富集区形成的基本条件

渤海湾盆地中的每个油气富集区都有一种主要油气藏类型，而辅以其他类型油气藏。其形成的基本条件是：油气富集区的油气藏都围绕生油中心呈环带状分布，并受生油区的控制；油气富集区都是以一种主要圈闭类型与储集岩体（包括三角洲砂体、湖底扇砂体、湖相粒屑灰岩分布区和碳酸盐岩古岩溶或裂隙发育区）有机配合而形成；油气富集区受生油岩成熟期和构造圈闭形成期的良好配置而形成；最主要的或规模较大的油气富集区，大多分布在盆地内部的渐新世早中期发育的断陷内。

渤海湾盆地油气分布大体可归纳为四种类型油气富集区：

（1）同生断层逆牵引背斜和同生断层底辟隆起油气藏类型的复式油气富集区，同生断层披覆构造油气藏为主的复式油气富集区；

（2）地层超覆不整合“基岩”块体油气藏为主要类型的复式油气富集区；

（3）多层系多种油气藏类型复合油气富集区；

（4）在一个油气富集区中，在不同构造部位不同层系中发育了特定的油气藏类型，一般都是由构造、岩性、断层和地层不整合等多种因素控制，形成了多种类型油气藏的复合富集区。

4）含油气单元序列

渤海湾盆地含油气地质单元序列可按层级依次划分为：含油气盆地（或裂谷系）构

造沉积体系、含油气断陷、含油气系统、含油气聚集（区）带、油气藏。

渤海湾盆地油气所在地质单元正是由不同级次控制的，不同级次含油气地质单元内在地质因素及其对油气的控制作用是不相同的，必须依次研究与勘探，掌握石油地质和油气藏分布的基本特点，以高效地发现油气田。

含油气单元序列就其每个单元的研究内容和勘探阶段的工作内容应依次进行，一旦某一阶段勘探发现油气藏，部分地区或层系可以跨越单元序列和阶段进行研究和勘探，但从整体上讲，各含油气单元研究和勘探的内容仍应有计划地进行，以有效地在全区和各个层系进行评价和更全面地发现油气田。

5）油气复式富集特征新认识

断陷盆地由于断裂活动强烈，岩性、岩相变化大，地层超覆和沉积间断多，油气富集的基本特征是在二级构造带上多藏共生，复式聚集。二级构造带上发育多种成因类型圈闭，环生油洼陷形成不同成因、不同类型油气藏成群成带分布，不同层系叠置连片，称为复式油气聚集（区）带。含油层系多，油藏类型多，油藏数量多是复式油气聚集带油气富集的基本特征[47-49]。

20 世纪 80 年代，基于渤海湾盆地勘探实践形成了复式油气聚集（区）带理论[50-51]（以下称复式油气聚集带）。该理论系统总结了断陷盆地基本石油地质条件和油气宏观分布特征，重点强调区带上不同层系、不同类型油气藏的成因联系及分布规律，而对局部构造上同层位油藏的发育特点和形成机制研究不多。勘探开发工作实践中不难发现，早期以构造圈闭为目标进行钻探，同时也找到了大量非构造油藏。这一结果似乎非常出人意料，但在断陷盆地中却普遍存在，油藏类型矛盾、油水关系矛盾比比皆是，增加了油藏认识的复杂性。

渤海湾盆地大量的勘探开发资料研究表明，已发现含油构造绝大多数都具有多藏伴生的特点，即同一构造内，同层位发育多个油水系统各自独立的油藏，油藏个体多、小而碎、形态不一、类型各异[52]，普遍具有层状特征（图 2-1）。这一结论不仅与早期的油藏认识存在很大差别，而且与现有石油地质理论中圈闭与油藏关系相矛盾。

事实上，这种多藏伴生的富集特征是圈闭成因复杂性的直接表现。含油层系地层自身岩性岩相变化形成的储盖及遮挡条件在构造活动作用下，可形成复杂的圈闭组合，从而决定了局部构造上同层位多藏伴生是油气聚集的基本样式，尤其是在断陷盆地表现得更加明显。

复式油气聚集带勘探理论在我国东部陆相复杂断陷盆地的勘探中起了决定性指导意义。随着物探技术和钻采工艺技术的提高，渤海湾盆地内快速发现了一系列新的复式油气聚集带。复式油气聚集带的概念来源于渤海湾断陷盆地，其他类型的盆地也有相似的聚集特点，只是复杂程度不同而已。

复式油气聚集带理论重点强调区带上不同层系、不同类型的油气藏形成的区域成藏富集主控条件和宏观分布规律，在中国东部陆相复杂断陷盆地的勘探中起到了决定性指导意义。然而，这种基于二级构造带的分类方式，虽然强调了成因的相似性，但只是从

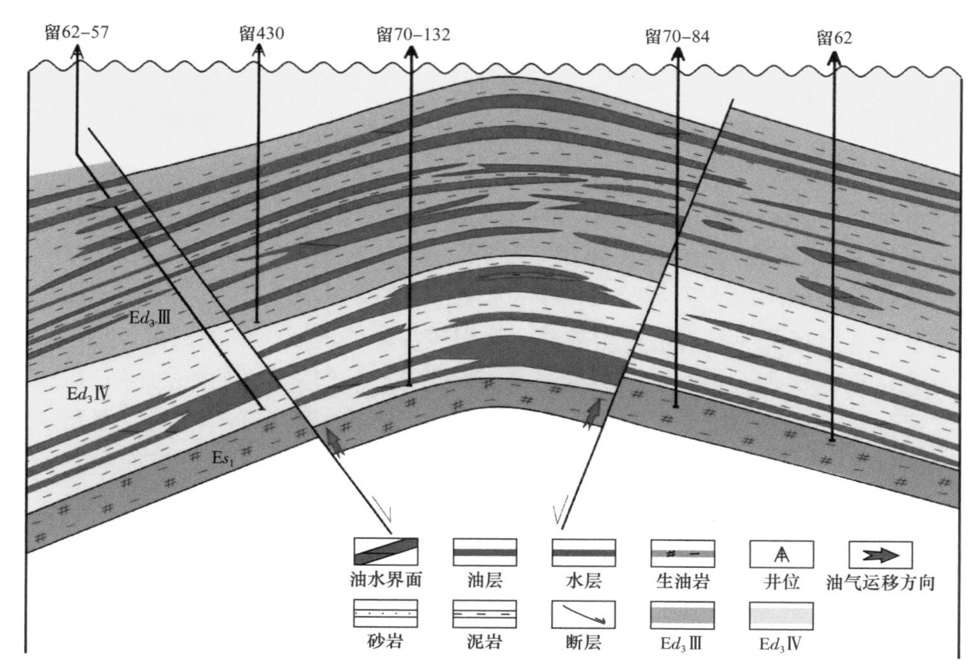

图 2-1　大王庄背斜东营组油藏剖面图

宏观的角度对成藏要素进行综合分析、描述，缺少对真正意义上的成因单元的深入解剖分析，对具体油藏地质特征和成因机制认识不深入、不准确。油气聚集单元划分方案中，油气藏的概念并不是理论意义上的单体油藏（最小聚集单元），而是代表同一圈闭背景内多个单体油藏的成藏组合，与石油地质理论中的油藏概念混淆。随着勘探进程的不断深入，复式油气聚集带理论中的局限性也必须在与时俱进中不断发展完善。

二、油藏研究存在的问题与认识误区

自然界中的油藏复杂而隐蔽，通过钻井资料直接看到的往往是油（气）层而不是油（气）藏。长期以来，油（气）藏研究的对象通常是油层或油层组而不是真正意义上的油（气）藏。油（气）藏概念被忽略、圈闭与油（气）藏概念分离，从而造成很多认识矛盾，尤其是复杂类型油（气）藏成因机制与富集主控因素不清，制约了成藏理论认识和勘探发现。

1. 将油层组或油层当作油藏研究

按照通用石油地质理论，油藏定义为石油在单一圈闭内的聚集，具有统一的压力系统和油水界面[40]，是石油聚集的基本单元。在自然界中，单体油藏规模差别很大，储量大的可达数十亿吨，小的只有数万吨或者更小，但是无论规模大小，都有其特定的成因条件和本质属性，是研究油藏特征的必然载体。

按照碎屑岩油藏描述规范，油层组是指在三级旋回中沉积环境、分布状况、岩石性质、物性特征和油品性质比较接近的含油层段。油层组之间应有相对较厚且稳定分布的隔层分隔开。

油层组与油藏是完全不同的概念，油藏是客观存在的聚集单元，油层组是为了细化研究人为划定的。一个油层组一般是多个油藏的油层组合，也可能是一个油藏内的部分油层组合。

勘探阶段由于受取得资料和认识的局限，经常简单地以油层组和圈闭为单元来研究油藏，这种做法不仅存在概念上的错误，而且多藏组合叠加的结果很大程度上掩盖了真正的油（气）藏类型（以下称油藏）、成藏机理和主控因素，得出的地质认识往往是宏观规律基本正确，微观机理不清楚；构造油藏认识较深入，地层岩性油气藏认识不准确。

开发阶段人们更加关注的是油层而不是油藏。这一阶段精细研究油层分布和非均质性，尽管增加了大量动静态资料，却很少从区带整体考虑重新开展油藏成因和富集规律研究，油水关系和连通关系等矛盾依然存在，主要成藏地质认识很大程度上仍停留在勘探阶段。在多藏伴生的复式油气藏背景下，把分属于不同油藏的油层和砂体混在一起研究，容易造成油层分布和连通关系的误判，其结果必然影响开发效果。

2. 片面强调构造对油藏的主控作用

圈闭是指储层中能够阻止油气运移，并使油气聚集的一种场所。圈闭三要素为储层、盖层和遮挡条件。理论上圈闭与油藏是一一对应关系，且类型一致。构造是指地壳中的岩层在地壳运动的作用下发生变形与变位而遗留下来的形态。构造圈闭是最常见和最容易识别的圈闭类型。

构造控油的理念根深蒂固。长期以来习惯性认为背斜、断鼻、断块等正向构造是形成圈闭的决定性因素，而弱构造区、负向构造都是油气藏形成的不利区。圈闭与构造概念混淆，通常认为寻找圈闭就是落实构造，重点研究地层产状及断层组合，其他圈闭要素的研究往往流于形式。用断层解决油水关系矛盾，实施钻探的圈闭中，如果发现了油水关系矛盾，往往用断层的方式解决。

忽视沉积因素对圈闭的控制作用。除典型的岩性、地层油气藏外，很少关注沉积因素在圈闭形成中的控制作用，沉积研究仅停留在区域储盖组合分析上。在一些证实的复杂类型油气藏发育区，由于很少开展单体油藏解剖分析，在成因机理不清楚的情况下，仍然强调构造在油藏成因中的重要作用，造成了更多的地质认识矛盾。

从圈闭形成的要素可以看出，任何圈闭的形成都受构造和沉积双重因素控制，片面强调构造控藏作用，忽略沉积作用的影响，很大程度上制约了地层岩性油气藏的发现和勘探进程。

3. 油藏类型判断依据不准确

同一断块内同层位没有油水关系矛盾，就定义为构造油藏；当油水关系复杂时，则定义为岩性油藏，用井控来确定油层分布。这种做法存在概念性错误，按照油藏定义，任何单体油藏都具有统一的油水界面和压力系统，油水关系复杂不是划分岩性油藏的标准，而是多藏伴生复式聚集的表现；没有油水关系矛盾，不一定是同一油藏，也不一定是构造油藏。

4. 勘探实践中油气藏概念与石油地质理论不一致

勘探目标圈闭与油藏概念分离。大量的勘探实践表明，勘探目标圈闭和钻遇的油气藏并不是一一对应关系，同一圈闭内发育多个油气藏，构造圈闭内发育岩性油气藏等，这些情况不仅存在油水关系、油柱高度、油藏类型等地质认识矛盾，也与石油地质理论中油藏与圈闭一一对应关系矛盾（图 2-2）。

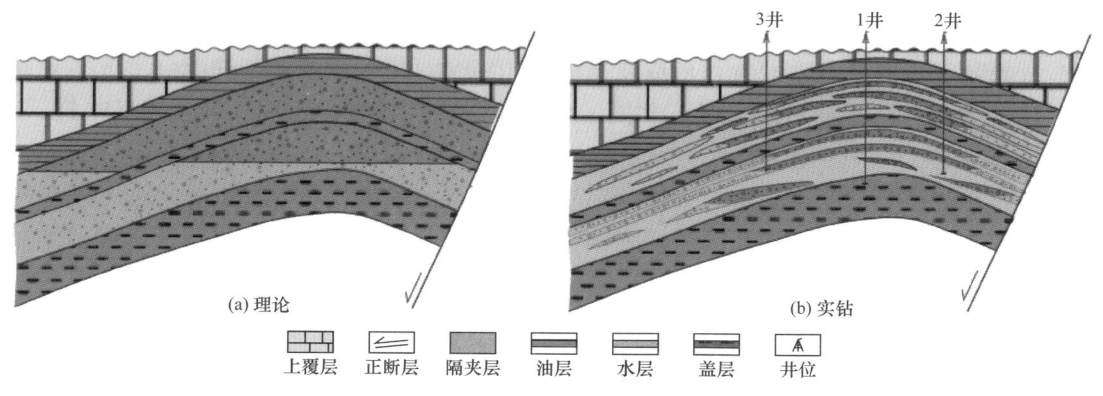

图 2-2　油藏与圈闭的关系

事实上，勘探实践中的油气藏概念并不是理论意义上的单一油气藏，而是同一构造单元内具有共同成因背景的多个油气藏的成藏组合。同样，实际勘探中寻找的圈闭也不是单一油藏对应的圈闭，而是在一定构造背景下，受沉积体系岩性岩相变化控制形成的复杂圈闭组合，是一种广义的圈闭。同一构造单元内的成藏组合是一个客观存在的成因聚集单元，多藏共生是最显著的特点。

油藏研究中将同一构造单元内的成藏组合称为油藏，与理论上油藏概念混淆，很大程度上制约了具体油藏特征和成因机理认识，急需建立专属概念予以澄清。

综上所述，成熟探区剩余潜力的主体是地层岩性类油气藏，成因类型复杂，勘探难度大。急需从油藏概念出发，建立科学有效的油藏研究方法，深化完善成藏理论认识，探索有针对性的勘探方法和配套技术，大力推进老区精细勘探与整体再评价，为保障国家能源安全奠定资源基础。

第二节　油藏单元分析方法的内涵

断陷盆地是中国重要的含油气盆地类型，具有典型的复式油气聚集特征[40-46]，在经历了长期的勘探开发之后，总体进入了成熟勘探阶段，但勘探程度和地质认识存在不均衡性，主要表现为正向构造勘探程度高，斜坡带、断阶带和洼槽区勘探程度低；构造类油藏认识程度高，而地层岩性等隐蔽性油气藏认识程度相对较低，是剩余资源潜力主体[47-49]，如何高效探明此类剩余油气资源，对保障国家能源安全意义重大，是当前油气勘探面临的主要挑战之一。

一、油（气）藏单元和复式油气藏概念的提出

大量已发现油藏重新精细解剖表明，在二级构造带的局部构造上同层系油藏发育也具有多藏伴生复式聚集的特征。同一勘探目标圈闭内，同层位发育多个油（气）水系统各自独立的油藏，油气藏单体往往规模较小、类型多样，多藏伴生形成富集[52-56]。

事实上，这种多藏伴生的富集特征是圈闭成因复杂性的直接表现，勘探目标圈闭内构造背景与沉积体系有效配置可形成复杂的圈闭组合，与区域成藏条件配合形成多藏共生的成藏组合，这些成藏组合具有共同的成因背景，是各类盆地油气聚集的基本样式，尤其是在断陷盆地表现得更加明显。

因此在油藏和油气聚集带之间还存在一个油气聚集的地质单元，也就是油气勘探的具体目标，石油地质理论中尚无专门术语描述，为了准确描述油藏聚集特征，提出了油气藏单元和复式油气藏新概念。笔者已在石油学报 2020 年第 2 期《断陷盆地油藏单元分析方法及其勘探开发意义》一文中正式发表[57]。

1. 复式油气藏概念定义的不明确

在中国油气勘探生产和地质理论研究领域，复式油气聚集带、复式油气田、复式油气藏等术语由于概念含义接近、经常混合使用，容易造成混淆[52-53]。尤其是复式油气藏在文献中多有出现，但多数缺乏明确定义，分析其含义与复式油气聚集带概念雷同[52]，只有个别文献对复式油气藏给出了定义，但其内涵也与复式油气聚集带概念雷同[53]。另外，复式油气聚集带描述的是二级构造带上油气藏的富集特征，而局部构造上同层系成藏组合具有共同的成因背景，是油气勘探的具体目标，目前还没有专门术语表述，迫切需要进行细分研究。鉴于复式油气藏原含义与复式油气聚集带雷同，有必要对复式油气藏进行重新定义。

2. 油（气）藏单元与复式油气藏的概念

油（气）藏单元是指含油气构造带的局部构造单元上，同层系成因背景相同的油气成藏组合中，具有独立油气水系统的单体油气藏。每个油（气）藏单元（以下称油藏单元）都有自身独立的圈闭条件。

复式油气藏是指含油气构造带的局部构造单元上，同层系发育的成因背景相同、油水系统各自独立的油气藏单元构成的成藏组合（图 2-3）。需要指出的是，“复式油气藏”一词在文献中多有出现，但没有明确定义，文献中含义基本与复式油气聚集带雷同，因此给予重新定义和规范。

油藏单元是为了准确认识复式油（气）藏而提出的衍生概念，与油（气）藏（以下称油藏）定义既有相通又有区别。油藏的概念有两层含义，一是表达石油聚集的最小单元，二是泛指石油矿藏。实际应用中，第一种含义在油藏研究中常常被忽略，应用更多

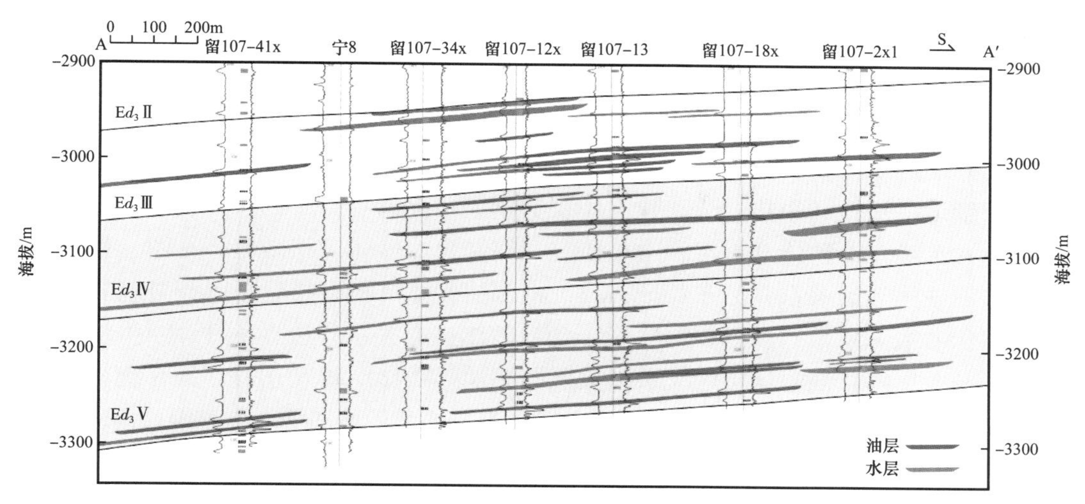

图 2-3　留 107 井区油藏单元剖面图

的是第二层含义。油藏单元在表达最小聚集单元上与油藏是一致的，而且只有一层含义，同时强调多藏伴生复式聚集的特点，对油藏研究具有更强的针对性。

复式油气藏（复式油藏）是同一构造单元内由共同成因背景控制下多个油气藏单元集合而成的广义油气藏，油水系统复杂，油藏类型多样，是介于油藏和油气聚集带间的聚集单元。

二、油藏单元分析方法

针对多藏笼统研究造成的油藏特征认识不清问题，在提出复式油藏及油藏单元概念的基础上，创建了一种严格按照油藏定义，以油藏单元为对象的复式油藏研究新方法，为准确认识复杂类型油气藏富集规律奠定了理论基础。

1. 方法内涵

油藏单元分析方法与传统油藏研究的主要区别在于强调严格按照油藏定义首先将复式油气藏准确划分，然后针对油藏单元开展精细研究，从而达到准确认识复式油气藏的目的。将这种对油藏单元研究的方法称为油藏单元分析法。该研究方法的主要内容包括：（1）选取已开发油藏，按油藏定义精细划分油藏单元；（2）以油藏单元为研究对象，开展油藏特征再认识，准确揭示各类油藏单元成藏条件与成因机制；（3）分析复式油气藏主控因素，重建区带富集模式；（4）按照新的地质认识，重新评价区带勘探潜力，明确精细勘探目标；（5）完善油田地质工作流程，准确确定油层分布与连通关系，实现高效开发。

2. 研究内容与流程

1）油藏单元划分

复式油气藏一般由多个油藏单元组成，只有在开发井网条件下才能达到识别复式油气藏和精细划分油藏单元的目的。按照油藏定义，开发区块内如果一口井同层系发育多套油水系统，或多井钻遇的同一层位油层表现出油水关系矛盾，一定是有多个油藏存在，也就证明该层系为复式油气藏。

油藏单元划分就是对同一断块内、同一层位多井钻遇的油层按照油藏的定义进行分析归位，并准确划分出不同油藏单元及其分布关系，具体划分方法为：（1）针对目标层系开展精细地层对比和小层划分，建立小层数据表，编制主力含油小层构造图；（2）以小层为单元选择含油砂体开展沉积微相研究，编制含油砂体沉积微相分布图，初步确定各小层含油砂体连通关系和分布特征；（3）将含油砂体沉积微相分布图与对应的构造图叠合，结合油水关系矛盾和沉积模式修正含油砂体连通关系和边界条件；（4）综合分析纵向上、平面上各含油砂体接触关系，按照同一油气藏储层相互连通、具有统一油水界面的原则，识别划分油藏单元，确定油藏单元边界、油水界面和平面分布图。

以大王庄油田留 485 断块 $Es_1^{上}$油藏为例，简要介绍油藏单元识别与划分流程。

（1）针对目标层系开展精细地层对比和小层划分，确定各井钻遇油层与邻井对应关系，建立小层数据表。

（2）根据精细小层对比结果，编制各含油小层顶面构造图。结合目的层段区域沉积相研究，利用三维地震、单井等资料，以含油小层为单元开展沉积微相研究，编制小层沉积微相图。同时，根据动静态资料开展油层复查，编制小层含油性分析统计图。

（3）叠合同一含油小层顶面构造图、砂体平面分布图、含油性分析统计图，编制含油小层油层平面分布图；结合油水关系矛盾和沉积模式修正含油砂体连通关系和边界条件。

（4）根据油水关系、隔夹层的厚度与平面分布特点，按照同一油藏储层相互连通、具有统一油水界面的原则，将含油砂体在空间上组合归位，识别划分油（气）藏单元，编制油藏单元平面分布图，明确每个油藏单元分布范围、边界条件和油水界面。

2）油藏特征再认识

油藏特征的再认识即为：以油藏单元为研究对象，研究油藏单元平面和剖面分布特征，建立井间油层连通关系，分析油藏类型，确定油水界面；研究不同油藏单元组合关系、分布特点；分单元计算地质储量。与原有地质认识对比，重点明确圈闭特征、油藏类型、连通关系、地质储量等方面的新认识，去伪存真，准确描述复式油气藏特征。

3）富集规律再认识

富集规律再认识即为：研究不同类型油藏单元圈闭条件，找出沉积体系及构造背景与各类圈闭之间的成因联系；研究圈闭与油源及输导系统配置关系，解析油藏单元形成机理；综合研究区域构造、沉积、油源等宏观成藏条件，准确揭示复式油气藏富集主控因素，重建油藏富集模式，总结区带分布规律。

4）实施精细勘探

根据油藏单元研究所得到的油藏成因机制及富集模式新认识，完善资源评价方法，结合区带基本石油地质条件，重新开展剩余潜力评价，编制精细勘探部署。重点在构造圈闭不发育的断阶带、低部位、洼槽区等低勘探程度区域，类比已知油藏模式，将构造图与沉积相图叠置，预测有利钻探目标，开展成藏条件综合评价，实施精细勘探。

5）实施精益开发

针对复式油气藏多藏伴生的地质特点，完善油田地质工作方法，增加油藏单元划分环节，在同一油藏单元内开展油层分布与储层非均质性研究，夯实开发方案基础；对于已经投入开发的老油田，尤其是油水关系复杂的复式油气藏，运用油藏单元分析方法重新开展精细研究，修正油层分布和连通关系，编制开发调整方案，实施精益开发（图2-4）。

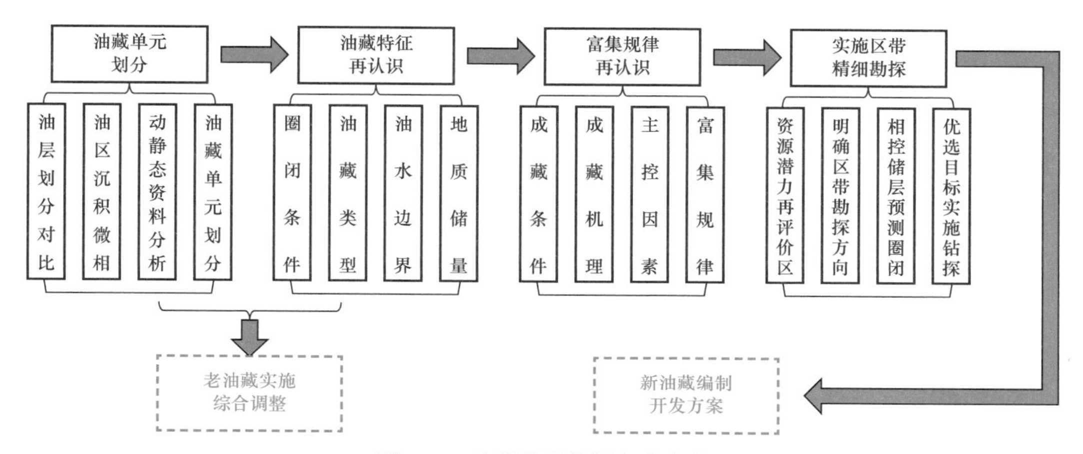

图2-4　油藏单元分析方法流程

3. 用途及意义

复式油气藏、油藏单元和子圈闭等新概念的提出，以及油藏单元分析方法的创建，对完善石油地质理论、指导勘探实践具有重要意义。

1）为准确揭示复式油气藏特征及成因机制提供了理论基础和有效方法

复式油气藏具有多藏伴生、组合富集的特点，是含油气盆地油气聚集的基本样式。虽然有利于提高勘探成效，但同时也增加了油藏认识的复杂性。

本书完善了含油气盆地油气聚集单元序列，由五级细分为六级，分别是含油气盆地、含油气系统、油气聚集带、油气田、复式油气藏和油藏单元（油气藏）；明确了复式油气藏与圈闭（圈闭组合）、油藏单元与子圈闭的对应关系，准确揭示复式油藏成因机制及富集规律，解决了石油地质理论与勘探实践中油藏与圈闭概念不清的矛盾；为准确认识和描述复式油藏奠定了理论基础。这一成果不仅丰富和完善了油气聚集理论，而且对勘探实践具有现实指导意义。

2）油藏单元分析方法为研究、认识复杂类型油气藏提供了一种新的有效方法

针对传统油藏研究方法的局限性，提出了严格按照油藏定义识别划分油藏单元，以油藏单元为研究对象，准确揭示了复杂类型油气藏的成因机制及富集模式，解决了勘探

开发实践中的许多地质认识矛盾，如油水关系矛盾、油藏类型矛盾、含油幅度矛盾等，并在实际勘探应用中取得了突出成效。

3）完善油田地质工作方法和流程，探索形成了一套成熟探区精细勘探新方法

油藏单元分析方法土生土长于华北油田富油区带整体再评价工作实践，经过多年的探索、总结、提升，方法体系日臻成熟，已在华北油田全面推广应用，相关论文已发表，专利已授权，以油藏单元分析方法为核心内容的《富油区带整体再评价技术规范》于2020年6月作为华北油田公司标准发布实施，并于2022年7月作为中国石油天然气集团有限公司标准发布。

目前中国断陷盆地总体勘探程度很高，剩余潜力主体为更加隐蔽的岩性—地层等复杂类型油藏，如何高效探明这部分油气资源，是当前油气勘探面临的主要挑战之一。笔者提出的油藏单元分析方法给出了一种解决方案：从油藏概念出发，精细解剖已知油藏，以油藏单元为研究对象破解各种类型油藏成因机制和富集规律，重建区带地质认识，重新评价区带资源潜力，实施精细勘探。

第三节　油藏单元分析实例

一、留485断块 Ed_3—$Es_1{}^{上}$油藏

留485断块位于大王庄背斜核部，1983年在沙一上亚段和东三段上报探明地质储量417×10^4t。早期勘探认识认为，$Es_1{}^{上}$圈闭条件为反向断层控制的断鼻圈闭，油层集中分布在Ⅲ油层组，河口坝及水下分流河道砂体，砂体厚度大，分布稳定，形成了具有统一油水界面的构造油藏，油水界面3450m。Ed_3为被断层分割的断鼻圈闭，沉积环境为三角洲平原亚相，发育分流河道、河漫滩砂体，横向变化快，连通性差。纵向上油水层间互，横向上油层变化大，油水关系复杂，按照井控确定含油面积，油藏类型属于岩性—构造油藏。

开发阶段油藏描述则通过精细对比，划分小层，编制油层分布图和连通图。由于没有按照油藏定义开展油藏单元划分，油层分布和连通关系仍然存在认识矛盾，如Ed_3Ⅲ油层组8小层、$Es_1{}^{上}$Ⅲ油层组同一砂带内存在高水低油的矛盾，区带成藏认识仍然停留在早期勘探阶段。

油藏单元分析新认识则认为，$Es_1{}^{上}$经过重新解剖后，Ⅲ油层组底部油藏类型仍为构造油藏，只是被内部断层复杂化，同一断块内油水关系一致。而其他油层组油水关系复杂，每个油层组都存在多个油藏单元，如Ⅱ油层组2小层划分为9个油藏单元，分布受互不连通的水下分流河道砂体控制，每个油藏单元均具有相互独立的油水系统。油藏单元与原来的断鼻圈闭不是简单的对应关系，自身具有独立的圈闭条件，是条带状砂体侧向变化、上倾尖灭，与断层合理配置的结果。Ed_3则具有典型的复式油藏特征，5个油层组共发育82个油藏单元，其中77个为岩性油藏和构造—岩性油藏、5个为岩性—构造油

藏。如Ⅴ油层组 7 小层平面上发育 10 个油藏单元，均为构造—岩性油藏。油藏单元圈闭的成因为河流相砂体与断层有效配置，断砂耦合是圈闭形成的基本模式。

二、留 107 断块 Ed_3 岩性油藏

勘探早期认识认为，Ed_3 岩性油藏构造上位于大王庄背斜北翼低部位的断阶带上，地层北倾，Ed_3 没有构造圈闭，是钻探深层圈闭时“意外”发现的岩性油藏，经过滚动开发，按井控分油层组上报探明地质储量 252.4×10^4t。

开发阶段根据油藏描述成果，将砂体平面图、油层分布图和构造图叠置，存在大量油水关系矛盾，说明砂体展布与地下真实情况不符。如 Ed_3 Ⅲ油层组 5 小层同一砂带内，油层分布不连续，构造上存在油水关系矛盾。Ⅴ油层组 6 小层也存在相似的矛盾。

油藏单元分析新认识认为，岩性类油藏同样具有多藏伴生的复式油藏特征。5 个油层组共发育 46 个油藏单元，全部为岩性油藏及构造—岩性油藏。如Ⅴ油层组 6 小层平面上发育了 3 个油藏单元，油水界面均不一致，为构造—岩性油藏。油藏单元自身圈闭条件是由沉积体系与构造背景配置形成的，河流相砂体展布方向与构造走向接近垂直，断层和砂体有效配置形成岩性圈闭及构造—岩性圈闭。

三、路 27 断块新近系油藏

路 27 断块位于留北构造带东北部留路断层下降盘，主要含油层系为新近系馆陶组和明化镇组。勘探阶段油藏认识认为，N*g* 组圈闭条件为同沉积断层控制的断鼻，产状平缓，幅度小；油层段为辫状河沉积，砂层发育，单层厚度大；油层分布集中，为典型的构造油藏。N*m* 组圈闭与 N*g* 组有较好的继承性，为顺向断层控制的断鼻；沉积类型为曲流河，砂体单层厚度小，分布不稳定；油藏类型为层状构造油藏。

开发阶段根据油藏描述成果，砂体与油层分布仍存在大量认识矛盾，如 N*g* Ⅱ油层组 4 小层、N*mx* Ⅲ油层组 4 小层同一砂带内构造上存在油水关系矛盾。这种矛盾的存在说明沉积微相展布需要在油藏单元约束下重新刻画，同时也存在油层复查的潜力。油藏单元分析新认识应用油藏单元分析法重新解剖老油藏，发现新近系并非简单统一的构造油藏，油藏类型多样复杂，许多地质认识发生了巨大的变化。N*g* 组表现为复式油藏特征。4 个油层组划分为 8 个油藏单元，其中 1 个为构造油藏，2 个为岩性油藏、其余为岩性—构造油藏和构造—岩性油藏，各自具有独立的油水系统。构造类油藏圈闭条件与断鼻构造具有较好的继承性，而岩性类油藏圈闭条件与断鼻构造差异较大，是河流相砂体与构造形态和断层有效配置而形成。N*mx* 4 个油层组划分为 16 个油藏单元，其中 10 个为岩性—构造油藏，6 个为构造—岩性油藏，每个油藏单元都有各自独立的圈闭条件和油水系统，圈闭形成是曲流河砂体与构造背景有效配置的结果，与原来的构造圈闭控油反差巨大。

应用油藏单元分析法，准确刻画了砂体展布，同时解决了原来的油水矛盾。通过重新认识油水关系，开展油层复查，新近系共升级油层 527.6m/128 层，实施 24 井次，平均单井日增油 5t，老油区复算增储 567×10^4t，钻探井位 25 口，新近系日产油量由 285t 逆

势上涨至420t。新井平均日产油达到10t，2021—2022年共复查补孔15井次，平均单井日增油6t，阶段累计增油1.5×10^4t。留北油田日产油量由125t逆势上涨至200t，实现了高效稳健上产。

四、油藏解剖地质新认识

通过对大量不同类型已知油藏解剖分析，地质认识发生了巨大的变化。

1. 单一油藏变复式油气藏

断块内以前认为的以油层组为单元连片分布的单一油藏实际上多为多藏伴生的复式油气藏，甚至同一小层内也表现为多藏伴生的特点，油藏单元规模小、数量多，这是造成油水关系复杂的真正原因。

2. 含油断块内构造油藏和岩性油藏共存

与原来的构造油藏和岩性—构造油藏结论反差巨大。构造类油藏单元数量少，单体储量规模较大；岩性类油藏单元在个数上占优势，但单体储量规模小。

3. 油藏分布受沉积体系控制明显

油层分布纵向上表现为层状特征和油水间互；平面上沿砂体展布方向相对稳定，垂直砂体方向变化。

4. 油藏单元自身具有独立的圈闭条件

构造类油藏单元圈闭条件与原构造有较好的继承性，地层岩性类油藏单元圈闭条件变化较大，反映出完全不同的成因机制。

第三章　成藏理论新认识与特色技术

运用油藏单元分析方法对早期发现的各类油藏按照储量单元重新进行解剖分析，取得了许多新的地质认识。有些认识是颠覆性的，也是开拓性的。准确揭示了以地层岩性油藏为代表的复杂类型油藏的地质特征、成因机制及富集规律，探索形成了一套成熟探区复杂类型油藏精细勘探评价新的解决方案。

第一节　复式油气藏是含油气盆地油气富集的基本样式

全球沉积盆地共约有数千个，不同类型的沉积盆地其演化特征、沉积体系及油气分布规律等均有着很大差别，因而研究盆地的类型及油气分布规律，对今后油气勘探开发工作具有重要指导作用。康玉柱院士等专家学者结合对全球主要大型盆地的研究成果，提出了将沉积盆地划分为：前陆盆地、断陷盆地和克拉通盆地等三大类型[2]。

中国有各类盆地 400 多个，现已发现 500 多个油气田。大多数已发现的油气田均分布在克拉通盆地、断陷盆地和前陆盆地中，三类盆地的储量占全国油气储量的 85% 以上。因此，认真总结三类盆地油气分布规律和控制因素，对我国油气勘探具有重要意义。

一、不同类型含油气盆地及其聚集特点

1. 前陆盆地构造带类型及复式油藏模式

塔里木盆地、准噶尔盆地、柴达木盆地等九大前陆盆地在中国西北部地区十分发育，自 1984 年塔里木盆地沙参 2 井古生代海相碳酸盐岩层获得高产油气后，先后在塔里木的塔中、准噶尔盆地的玛湖等多个地区发现了许多大型油气田，引起人们的广泛注意。

前陆盆地各类构造带主要有以下三大类型，包括前陆带、凹（坳）陷背斜带、斜坡构造带，其中前陆带还可分为前陆隆起带、前陆逆冲断裂带和前陆逆冲前锋带三个亚带。

1）前陆带及其典型复式油气藏

中国西北部含油气盆地的前陆带主要分布在塔里木盆地西南缘和北缘、准噶尔盆地西北缘和南缘、吐哈盆地北缘、酒泉盆地南缘以及柴达木盆地北缘。

（1）前陆隆起带。

塔里木盆地塔北隆起是前陆型含油气盆地中最为典型的前陆隆起带实例。

塔北前陆隆起带位于塔里木盆地的北部前陆带，北邻库车坳陷，南邻北部坳陷，呈东西向带状分布，长约 480km，宽 70～110km，面积约 36000km^2。在震旦系、寒武系、

奥陶系、三叠系、侏罗系、白垩系、古近系及新近系等8个层系获得了工业油气流，已成为塔里木盆地油气勘探和开发的重点地区。勘探开发实践证明塔北前陆隆起带含有八类二级构造带及复式油气藏（图3-1），是一个典型的复式油气藏聚集带。

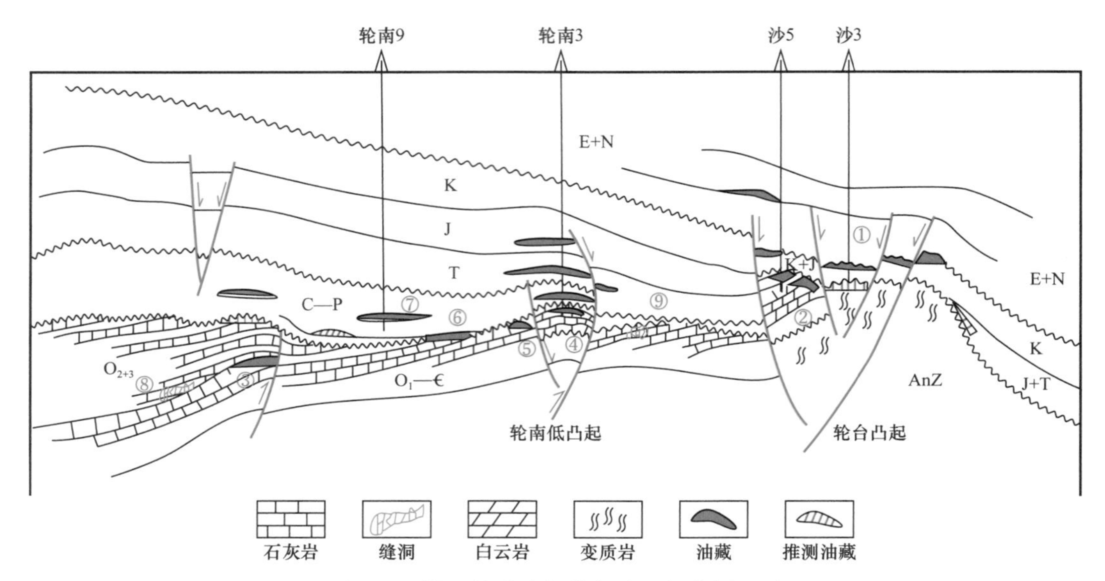

图3-1　塔北前陆隆起带复式油气藏剖面图

（2）前陆逆冲断裂带。

前陆逆冲断裂带简称前陆冲断带，中国西北部的前陆冲断带多以底卷入的厚皮构造样式为主，其他类型构造为辅。这些构造带在油气运移聚集过程中，必然形成以一种类型为主、其他类型为辅的多种类型油气藏群体。它们纵向上相互叠置，平面上由不同层系不同圈闭类型油气藏相互连片而形成含油气带，也可称之为复式油气藏构造带。

中国西北部的前陆冲断带主要分布在准噶尔盆地西北缘和南缘、酒泉盆地南缘，共发现了四个前陆冲断带（图3-2）。

准噶尔盆地西北缘前陆冲断带，包括红车前陆冲断带和克乌—乌夏前陆冲断带，由一组北东向展布的前陆逆冲断裂组成，习惯上称车—夏断阶带，长300km，水平滑动9～25km。这两个构造带中以克—乌前陆冲断带较为典型，整个冲断带是由一系列舌状滑脱体联合组成的推覆构造带。由切割的叠加断片组成的封闭性断块圈闭为主，横向上连片，纵向上各层系相互叠置，成为油气高度集聚区。

（3）前陆逆冲前锋带。

前陆逆冲前锋带与前陆逆冲带所不同的是在浅层构造层中充填了塑性岩，从而形成以盖层滑脱的薄皮构造为主、其他类型构造为辅的地质结构。在中国西北部发现了两个这样的构造带，一个位于吐哈盆地台北凹陷，另一个分布在塔里木盆地库车坳陷。

吐哈盆地台北凹陷前陆逆冲前锋带由北而南形成两排构造带，即由第一前锋滑脱压扭断展背斜带（温吉桑构造带）和第二前峰滑脱逆冲断展背斜带（七克台构造带）组成（图3-3）。

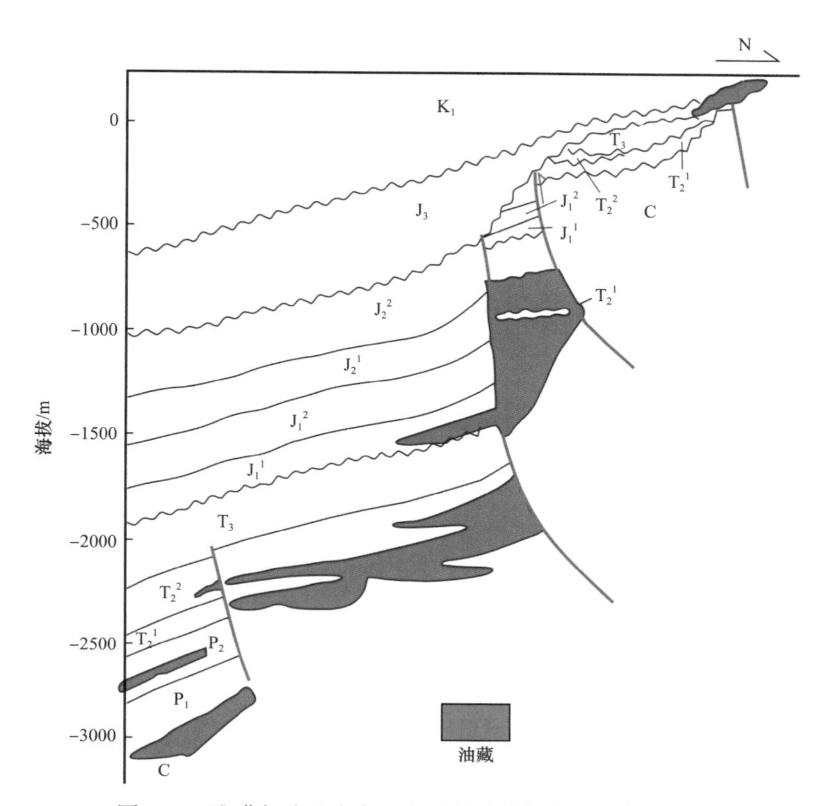

图 3-2　准噶尔盆地克乌—乌夏断阶带复式油气藏剖面图

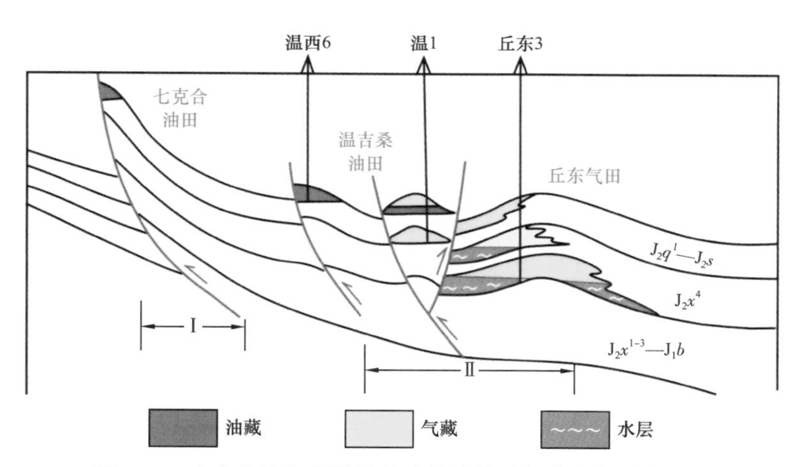

图 3-3　吐哈盆地台北凹陷逆冲前锋带及复式油气藏剖面图

温吉桑构造带是一个具有代表性的压扭背斜型复式油气聚集带实例。已探明 6 个油田和一个气田，共包括 16 个油藏和 8 个凝析气藏。其中构造油气藏 11 个，岩性油气藏 2 个，复合气藏 11 个，构成了多种油气藏类型共存、轻质油气与凝析油气同聚的复式油气聚集带。

2）凹（坳）陷背斜带及其典型复式油气藏

中国西部的凹陷背斜带与中国东部一样，同样具有良好的成烃条件，其地层发育较齐全，在深凹中央形成一系列生、储、盖、圈、保等最有利的成藏构造。这类构造带的典型实例之一为塔里木盆地英吉苏凹陷中部的英南构造带，另外还包括塔里木盆地满加尔凹陷哈德逊东河砂岩不整合超覆尖灭带和准噶尔盆地漠区坳陷的莫西断鼻等。

英南构造位于凹陷中央（凹中隆），呈北西—南东向展布的背冲构造样式，主要形成于燕山期，英南2气藏可划分为三个主要气层，为纵向叠加复式气藏（图3-4）。

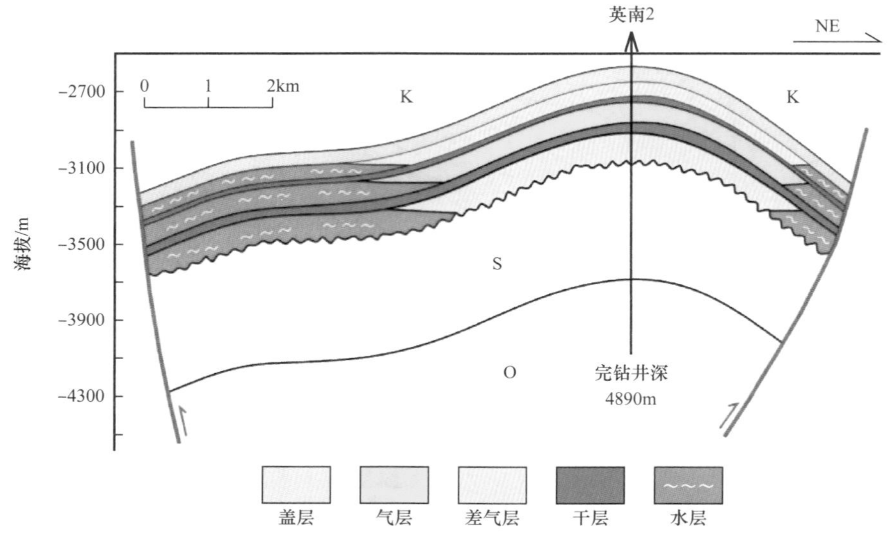

图3-4　英南2号构造复式气藏剖面图
（据塔里木油田勘探开发研究院，转引于王志勇，2003）

3）斜坡构造带及其典型复式油气藏

斜坡构造带受盆地基岩走向的控制，宽缓的斜坡带在不同地质时期时陆时海（湖）的古地理环境下，地层接触关系有超覆、有剥蚀，各层段总体上向盆地边缘减薄，甚至尖灭缺失。该类构造带以柴达木盆地西斜坡构造带为代表，它由地层不整合圈闭和地层超覆圈闭形成复合构造样式。这些构造样式纵向上相互叠置，平面上复合连片，控制了复式油气藏的形成（图3-5）。

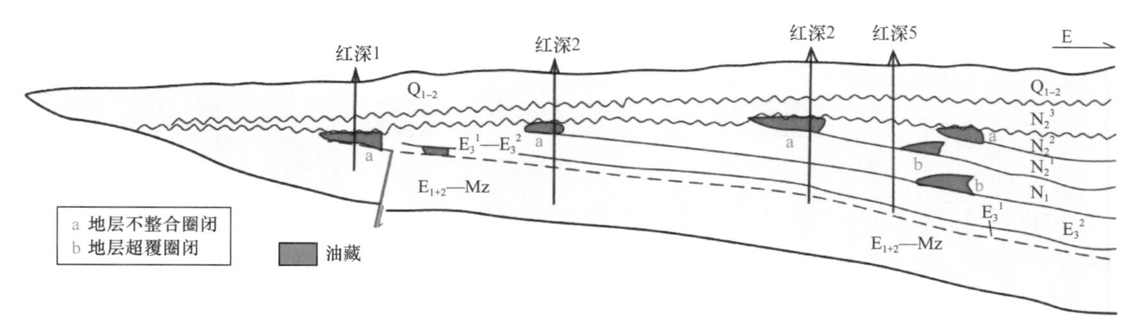

图3-5　柴达木盆地西斜坡复式油气藏剖面图

2. 断陷盆地构造带类型及复式油藏模式

以松辽盆地、渤海湾盆地、沁水盆地、南华北盆地、江汉盆地、苏北盆地等为代表，在中国东部的大兴安岭—吕梁山—武当山以东的陆域地区十分发育。

断陷盆地一般可划分为陡坡带、洼陷带、中央背斜带和缓坡带等4个构造单元，现以渤海湾盆地冀中坳陷为例，论述其油气分布规律及成藏模式（图3−6）。冀中坳陷受区域古地形背景控制，古近系存在北部的燕山褶皱带、西部的太行山隆起—大兴凸起、南部宁晋—新河凸起和东部沧县隆起四大主要物源区。这些物源区多长期继承性发育，控制了冀中坳陷古近系沉积体系的总体展布格局。

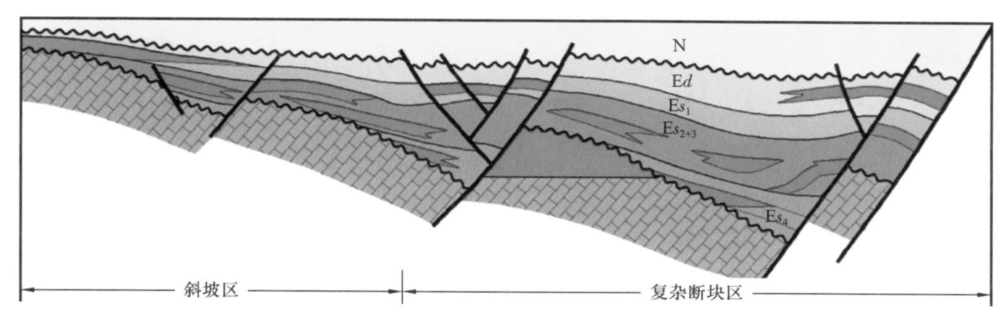

图3−6 冀中坳陷断陷盆地油气分布模式图

1）陡坡带及其典型复式油气藏

边界大断裂不但控制断陷盆地的构造，而且还控制着古近系的沉积体系。陡坡带受次级断裂持续活动的影响，往往还发育一系列规模不等的断阶。陡坡带在古地理环境中多沉积近源、多源、厚度巨大（3000～5000m）、相变剧烈的冲积扇、冲洪积扇和三角洲等碎屑岩沉积体系。

勘探开发实践证实，在冀中坳陷的大兴断层下降盘发育有多个近岸水下扇，多个扇体呈裙边状沿断裂带分布于湖盆边缘，在剖面上多期扇体相互叠加呈楔状深入湖盆。扇中部位砂体物性好，多是油气富集的有利部位，纵向上多期油藏叠加形成了复式油气藏（图3−7）。

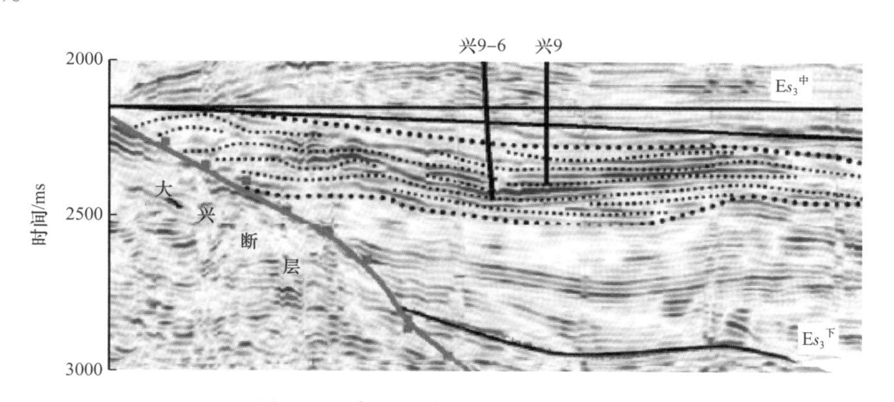

图3−7 廊固凹陷陡坡带地震反演图

2）洼陷带及其典型复式油气藏

洼陷带也称洼槽区，该带一般是盆地的沉积中心，发育深水湖相烃源岩，为中央隆起带、缓坡带和陡坡带中的各种砂体和其他圈闭提供丰富的烃源。冀中坳陷的马西洼槽区沙二段、沙三段为源内性反向断块成藏模式（图3-8）。主洼槽区反向断层发育，其上升盘形成一系列反向断块，上升盘的沙二段、沙三段三角洲前缘砂体与下降盘沙一段泥岩对接，形成良好侧向封堵条件。纵向上多套储盖组合形成了多套油水系统的复式油气藏。

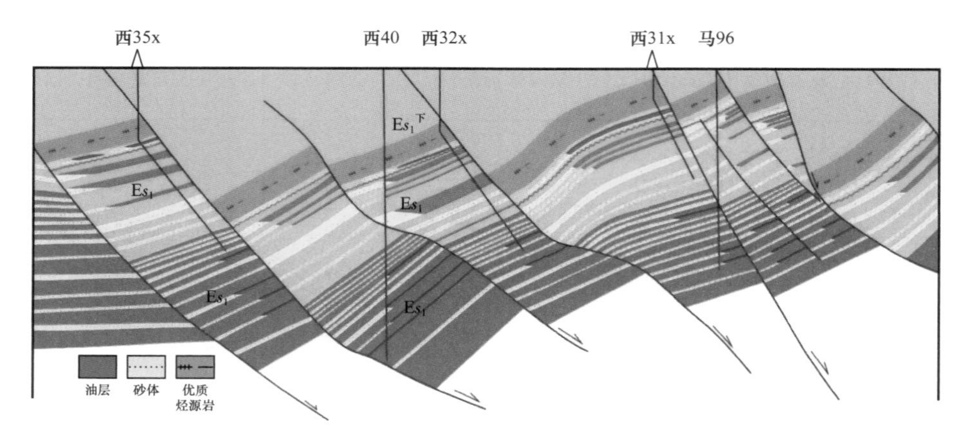

图3-8　马西洼槽带及复式油藏模式

3）中央背斜带及其典型复式油气藏

我国东部断陷盆地在新生代断陷活动强烈，往往在开阔凹陷中形成大型的中央构造带。饶阳坳陷的任丘潜山中央背斜带就是由于任西断裂持续活动引发上覆的沙河街组拱张而形成，背斜顶部断层极为发育，使构造复杂化，形成多种圈闭类型（背斜、鼻状构造、断块等），构成了以构造油气藏、岩性—构造油气藏为主的复式油气聚集带（图3-9）。

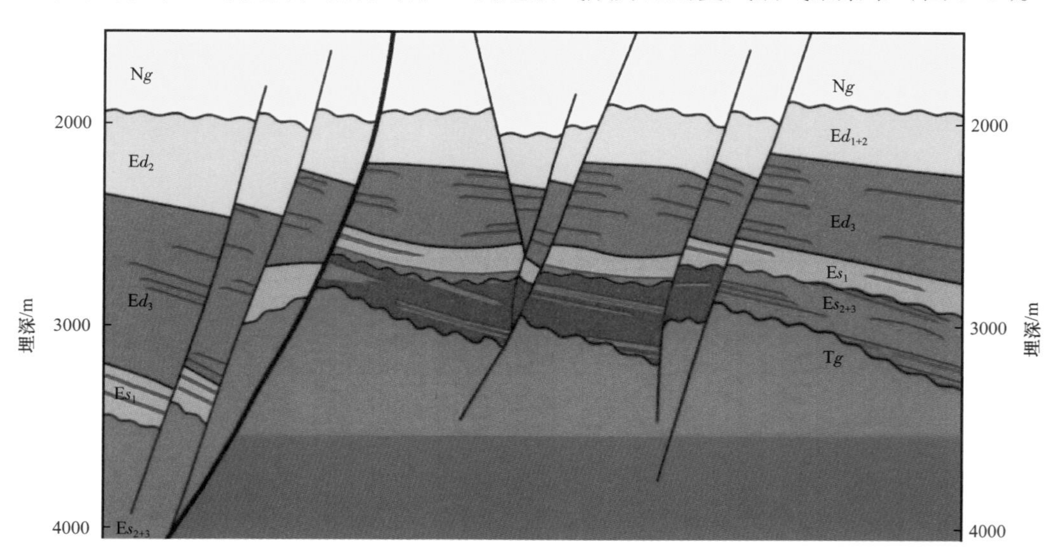

图3-9　任丘古近系—新近系复式油藏模式图

此外，近几年还在沙三段、沙二段中发现了众多以透镜体为主的岩性油气藏（任108、任60等油藏），它们都具有高压高产的特点。

4）缓坡带及其典型复式油气藏

缓坡带平时也称斜坡带，缓坡带外接凸起，内邻洼陷，地层倾角小，一般为0°～20°，构造变动弱且持续缓慢，不整合面、大型的鼻状构造和盆倾断层发育是其基本的构造特征。

冀中坳陷的蠡县斜坡为一北东走向的古近系继承性斜坡，勘探面积2000km²，相继发现了东营组、沙一上亚段、沙一下亚段、沙二段、沙三段等五套含油层系，探明储量2284×10^4t。斜坡带“超覆、剥蚀、尖灭复合”，形成了以地层—岩性油藏为主的复式油气藏（图3-10）。

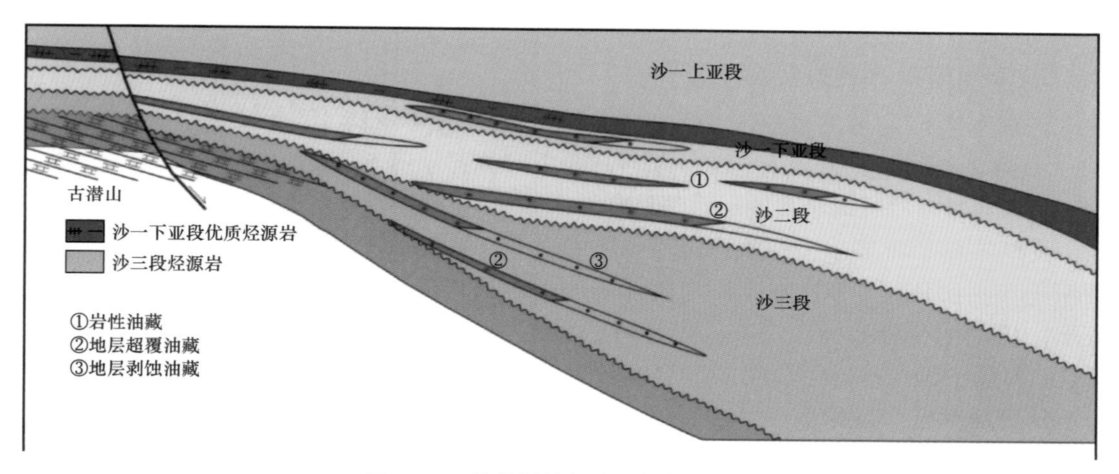

图3-10　蠡县斜坡复式油气藏模式图

3. 克拉通盆地构造带类型及复式油藏模式

以塔里木、鄂尔多斯和四川盆地为代表的古生代克拉通盆地在中国十分发育，其含油构造以古隆起、斜坡带为主。

1）中央隆起带及其典型复式油气藏

西北部五大含油气盆地中仅在塔里木、准噶尔两个盆地发育了中央隆起带。

塔里木盆地中央隆起带（简称塔中隆起带）位于塔里木盆地腹部，北邻北部坳陷，南为塔西南—塘古孜巴斯坳陷，总体上呈东西向横贯盆地中央，面积约11.08×10^4km²。该隆起带可以进一步划分为巴楚凸起、塔中低凸起和塔东低凸起3个二级构造单元。

塔中低凸起位于塔中隆起带的中段，总体上呈北西西向展布，面积2.75×10^4km²。该地区已成为塔里木盆地一个重要的石油勘探开发区。

塔中低凸起受多期构造变形、多沉积体系及复杂的成岩改造作用，形成了多种类型油气藏，它们纵向上叠加、横向上连片，形成复式油气藏（图3-11）。

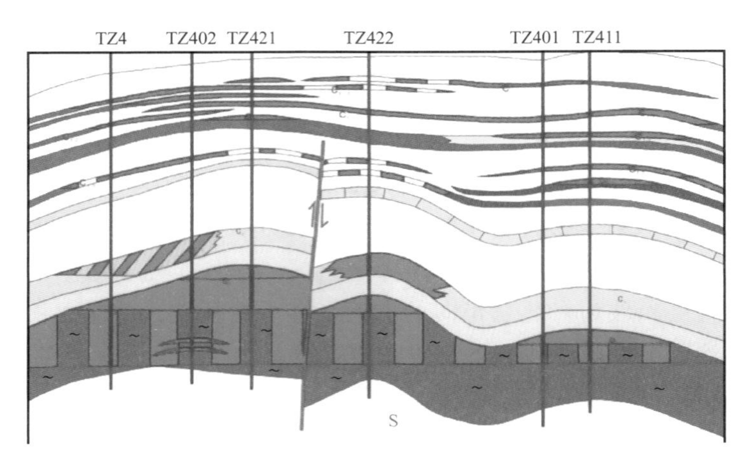

图 3-11　塔中隆起带塔中 4 井复式油气藏模式

2）斜坡带及其典型复式油气藏

以鄂尔多斯盆地的伊陕斜坡最为典型，该斜坡面积 $13\times10^4km^2$，约占盆底面积的 1/2，发现了奥陶系、石炭系、二叠系、三叠系和侏罗系等 5 套含油气层系，为典型的复式油气聚集带，并且每个含油层系都具有复式油气藏的特点。

安塞油田位于鄂尔多斯盆地伊陕斜坡中南部。伊陕斜坡为一平缓的近南北向展布的西倾单斜，倾角仅 0.5°左右，平均坡降 8～10m/km，局部发育鼻状隆起。长 6 油层组是安塞油田的主要产油层位之一，埋藏深度一般为 1100～1400m。其储层物性较差，属于低孔、低渗的地层—岩性油藏（图 3-12）。

精细解剖已开发油藏证实：长 6_1—长 6_3 砂层组受沉积微相作用控制明显，垂直物源方向砂体变化快，平行于物源方向砂体分布稳定；各小层油藏均具有复式油藏特征；具有多套油水系统。

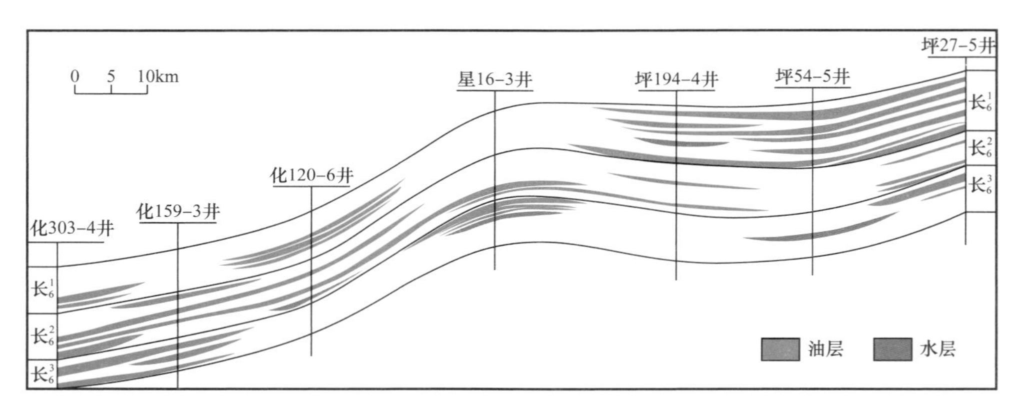

图 3-12　安塞油田长 $_6$ 油藏剖面

4. 已探明油藏绝大多数具有复式油藏特征

应用油藏单元分析方法对大量已开发油藏重新进行精细解剖研究发现，绝大多数具有复式油藏特征，不仅准确揭示了各类油藏单元地质特征及成因机理，而且对复式油气藏也有了更全面深刻的认识，许多理论及地质认识矛盾得到了有效解决。以渤海湾盆地冀中坳陷为例，在已探明各类油藏中选择有代表性的油藏开展油藏单元解剖，发现绝大多数具有多藏伴生的复式油藏特征。

1）断块构造油藏

京11断块位于河西务构造带南部，是由两条封闭性大断层所控制的断鼻型构造油气藏；主要含油层系为沙四上亚段；沉积相为滨浅湖相沉积，主要发育滨浅湖坝砂、滩砂以及砂坪微相。应用油藏单元分析法重新解剖老油藏，认识京11断块Ⅰ—Ⅲ砂层组为具有统一油水界面的块状油藏，Ⅳ—Ⅶ砂层组为层状油藏，在主控油断层存在“牙刷状油藏”，纵向上多藏共生，存在多套油水系统。

荆丘构造带晋45断块位于新河大断裂下降盘的断阶带，是受近东西走向的荆丘断层控制的鼻状构造油藏，主要含油层系为Es_2、Es_3，主要物源来自凹陷东部的新河、衡水凸起，主要发育三角洲前缘沉积。应用油藏单元分析法重新解剖老油藏，平面上沿砂体展布方向相对稳定，垂直砂体方向变化；断块内同一含油层系具有多个油层组，具有多套油水系统，每个油水系统相互独立，具有复式油藏特征。

2）复杂断块油藏

岔河集构造带位于霸县凹陷西部背斜带，整体为一大型滚动背斜构造带，主要含油层系为东营组、沙河街组，主要沉积物源来自西部，Ed_2—$Es_1{}^{上}$发育浅水三角洲沉积，平面上多呈窄条状分布、相变快。应用油藏单元分析法重新解剖老油藏，油层沿砂体展布方向相对稳定，纵向上多层叠置，具有多套油水系统，每个油层组均表现为多藏共生的特征，油藏类型为构造—岩性油藏。

留70断块位于大王庄构造带核部，整体为被断层复杂化的背斜构造，主要含油层系为东三段、沙一上亚段，沉积相为浅水三角洲沉积，主要发育三角洲分流河道砂体，单砂体厚度薄，平面上多呈窄条状分布、相变快。应用油藏单元分析法重新解剖老油藏，纵向上油水层间互，具有多套油水系统，每个油层组均表现为多藏共生的特征，平面上油藏边界受构造、岩性双重因素控制，油藏类型为岩性—构造油藏、构造—岩性油藏。

3）新近系油藏

路6断块、路27断块位于留北油田东部，为留路断层控制的小型逆牵引背斜，发育新近系明化镇组、馆陶组两套油层。新近系为河流相，以心滩、边滩沉积为主。传统认识认为新近系为典型的构造油藏，断层与油源沟通配置为成藏的主控因素。应用油藏单元分析法重新解剖老油藏，发现新近系并非简单统一的构造油藏，油藏类型复杂多样。Ng、Nmx每个油层组均细分为多个油藏单元，平面上各单元表现出不同的油水界面，油藏类型以岩性油藏和构造—岩性复合油藏为主。

4）岩性油藏

中岔口断块位于柳泉构造带南端，主力开发层系为沙三中亚段及沙三下亚段；沉积相为三角洲沉积，主要发育三角洲前缘沙坝微相，砂体厚度薄。应用油藏单元分析法重新解剖老油藏，发现砂体呈北北西方向展布，与北东方向断裂组合近似垂直，由东向西沿上倾方向减薄尖灭；发育多个油藏单元，每个油藏单元油水系统相互独立；为砂体与构造配置形成的构造岩性复式油藏。

5）地层超覆油藏

束21断块位于束鹿凹陷西斜坡北部，地层向西侧高部位超覆，向东倾伏，断层与砂体共同形成地层岩性圈闭。主要含油层系为NgⅠ、NgⅢ油层组，主要发育辫状河心滩砂体，多期砂体发育。应用油藏单元分析法解剖束21断块，为复式油藏，构造与砂体共同形成了束21区块地层超覆岩性圈闭，构建了馆陶组“古堵新储”的地层超覆油藏新模式，一定程度上改变了馆陶组均为构造油藏的常规认识。

6）地层不整合油藏

冀中潜山为典型的地层不整合油藏，碳酸盐岩储层具有孔缝（洞）双重介质特征，一般形成块状底水的单一油藏，但在一定条件下，也可以形成复式油藏。如任丘雾迷山和任丘奥陶系油藏，把潜山看作同一层系，两个油藏成因背景相同，符合复式油藏概念。其他单独成藏的潜山油藏可以看作只有一个单元的复式油藏特例。

二、复式油气藏基本地质特征

大量的文献调研资料表明，油气复式聚集是不同类型的含油气盆地的共同特征，在二级构造带上表现为不同层系不同成因、不同类型油气藏成群成带分布，不同层系叠加连片，具有多藏共生、复式聚集特点；在同一构造单元上，同层系具有共同成因背景的油藏单元成群发育，集合富集，同样具有多藏伴生、复式聚集的特征。这些油气藏个体多、小而碎、形态不一、类型各异，这一特征与早期勘探阶段的油藏认识存在巨大差异；断陷盆地表现最为明显，其他类型盆地只是复杂程度不同而已，除元古宇或古生界的潜山油藏外，单独发育的油藏则是极少数的。复式油气藏的基本地质特征如下。

（1）多藏共生多套油水系统。多藏共生是复式油气藏的典型特点。判定多藏存在的依据有两个，即是否具有多套油水系统和油层间空间上是否相互连通。

当同一构造单元内同层系油层表现出多套油水系统或油水关系复杂时，即为典型的复式油藏特征。

当油气充满程度较高时，常表现为多套油层叠置，即便没有发现油水界面，也可以通过油层间是否有较稳定的隔层存在，来判断是否有多个油藏存在。稳定隔层条件下多油层组分布是复式油藏的另一特征。

（2）油藏单元普遍具有层状特征。油藏单元分布受沉积类型和砂体发育状况控制，纵向上多藏叠置，普遍具有层状特征，平面上多呈条带状分布，油层沿砂体展布方向相对稳定，垂直砂体方向变化较大。

（3）油藏单元具有自身独立的圈闭条件。油藏单元圈闭与勘探目标圈闭并不是简单的对应关系，具有自身独立的圈闭条件。构造类油藏单元与勘探目标圈闭类型相同，形态和遮挡条件具有较好的继承性；地层岩性类油藏单元圈闭条件变化较大，断砂耦合是常见的成因模式，主要圈闭类型为岩性圈闭和岩性构造圈闭。

（4）油藏单元以某种特定的油藏类型为主体。研究资料表明，同一复式油藏中可发育一种类型的油藏单元，也可发育多种类型的油藏单元。发育多种油藏单元的复式油藏中，往往以某种类型的油藏单元为主体，这是特定的构造背景和沉积条件决定了复式油藏的成因类型。

三、复式油气藏成因机制

复式油气藏的形成机理是由圈闭成因的复杂性所决定的。从圈闭的形成要素可以看出任何圈闭的形成都是受构造和沉积双重因素控制的，构造因素包括地层产状、形态、断层、不整合面等，沉积因素包括储层、盖层、尖灭线、超覆线等。

沉积体系纵向和横向上的岩性岩相变化可形成众多小型的储盖组合和岩性尖灭，与构造背景配置可形成复杂的圈闭组合，圈闭组合的复杂程度与构造背景和沉积条件的复杂程度相关。在同一构造单元同层系特定的沉积相条件下形成的圈闭组合成因背景相同，单一圈闭各自独立、互不连通，遇到合适的油源条件便形成了特定的成藏组合，即复式油藏。

四、复式油气藏富集模式

单一油气藏单元通常情况下规模小，难以发现，自身一般不能形成富集，复式油气藏多藏共生的成因机制不仅大幅提升了油气富集程度，同时也解决了单一圈闭难以识别的勘探难题。复式油气藏既是一个客观的聚集单元，也是勘探实践中的具体钻探目标。

大量的研究资料表明，勘探实践中的油藏概念，并不是理论意义的单一油藏，而是同一构造单元形成的复式油气藏或其中的一部分。同样，实际勘探中寻找的圈闭也不是单一油藏所对应的圈闭，常常是与沉积作用配置形成的圈闭组合。

按照复式油气藏概念，运用油藏单元分析方法对已知油藏解剖，原来的理论概念及地质认识矛盾迎刃而解。勘探实践中的油藏实际上与复式油气藏对应，石油地质理论上的油藏概念与油藏单元对应。

所谓的油水关系，油柱高度、油藏类型等地质认识矛盾都是复式油气藏特征的具体体现。同一构造单元内，同层系发育多个油藏单元、多套油水系统，甚至油水关系复杂。

五、地质新认识及其理论意义

陆相断陷盆地复式油气藏特征最为典型，其他类型盆地也普遍具有复式聚集的特点，只是复杂程度不同而已。复式油气藏特定成因的成藏组合是含油气盆地油气富集的基本样式。不同构造单元、不同层系发育的复式油气藏有机组合形成复式油气聚集带。据此，将油气聚集单元进一步细分为油气藏单元（油气藏）、复式油气藏、油气聚集带、含油气系统和含油气盆地。

油藏单元和复式油藏概念的提出，以及有关复式油藏的全新地质认识，不仅是对复式油气聚集带理论的深化和发展，也把其适用范围由断陷盆地扩展到了其他类型盆地。

该新认识的意义如下:(1)有效解决了勘探开发中诸多认识矛盾,如澄清了构造与圈闭关系、构造油藏与岩性油藏共生问题,真实反映了油气富集特征及规律;(2)复杂断块区岩性油藏是主要发育模式,构造翼部也能形成岩性油气富集,大大拓展了老区找油新领域;(3)老区还有巨大资源潜力,潜力的主体为地层岩性油藏。

第二节　地层岩性油气藏基本成因模式

一、地层岩性油气藏的概念与分类

过去对于构造油气藏以外的油气藏类型多笼统称为非构造油气藏或隐蔽油气藏,地层岩性油气藏最早被笼统归属于非构造油气藏或隐蔽油气藏这个相对模糊的概念中。

目前我国在这类油气藏的勘探实际生产中,隐蔽油气藏、非构造油气藏、地层岩性油气藏等术语,时有泛指所有非构造成因的油气藏,有时也包括地球物理技术难以识别的构造油气藏,存在相互混淆和歧义。针对这种情况,2002 年贾承造提出用地层岩性油气藏这一概念来描述这类油气藏,并指出该领域潜力巨大,是今后油气勘探的重点。

关于地层岩性油气藏的分类,最早是采用由莱复生于 1954 提出的圈闭分类方案。半个世纪以来,国内外学者提出了十几种有关地层岩性圈闭(油气藏)的分类方案,不同概念之间存在相互隶属与包含关系(表 3-1)。2001 年,美国石油地质学家协会(AAPG)重新出版了莱复生的《石油地质学》(*Geology of Petroleum*),维持了莱复生关于圈闭的分类方案,圈闭类型分为构造圈闭、地层岩性圈闭、复合圈闭和流体圈闭。地层岩性圈闭包括了沉积、成岩、剥蚀或沉积间断作用为主控因素形成的圈闭,分为原生圈闭及次生圈闭。原生地层岩性圈闭由岩石的沉积作用和(或)成岩作用形成;次生地层岩性圈闭是由发育在储层沉积和成岩作用以后的某种地层异常或变化所产生的圈闭,一般与不整合共存,可称为不整合圈闭。由圈闭分类方案的历史沿革来看,莱复生分类方案是石油地质界最权威的主流分类方案。本书将地层岩性圈闭(油气藏)分为岩性型、地层型和复合型三大类(表 3-1),沿用 2009 年邹才能等的分类方案。

表 3-1　国内地层岩性圈闭(油气藏)分类方案历史沿革表

<table>
<tr><td>分类方案</td><td colspan="5">圈闭分类</td></tr>
<tr><td rowspan="2">张厚福等
(1981,1989)</td><td colspan="2">地层圈闭</td><td colspan="3" rowspan="2">构造圈闭</td></tr>
<tr><td>原生砂岩体型、生物礁块型</td><td>地层不整合遮挡型、地层超覆不整合型</td></tr>
<tr><td rowspan="2">胡见义等
(1984,1986)</td><td colspan="4">非构造圈闭</td><td rowspan="2">构造圈闭</td></tr>
<tr><td>岩性圈闭</td><td>地层圈闭</td><td>混合圈闭</td><td>水动力圈闭</td></tr>
<tr><td rowspan="2">邹才能等
(2009)</td><td colspan="2">地层岩性圈闭</td><td colspan="2">复合圈闭</td><td rowspan="2">构造圈闭</td></tr>
<tr><td>岩性圈闭</td><td>地层圈闭</td><td>构造—岩性圈闭</td><td>构造—地层圈闭</td></tr>
</table>

二、国内地层岩性油气藏研究现状

20 世纪 80 年代以来，地层岩性油气藏勘探理论与技术取得了较大进展。如李丕龙等提出了陆相断陷盆地富油气凹陷砂砾岩隐蔽油气藏的地质理论与勘探方法；贾承造等提出了地层岩性油气藏形成条件与分布规律，有力地推动了地层岩性油气藏的勘探进程。

1. 李丕龙等断陷盆地隐蔽油气藏勘探理论

2004 年，李丕龙等以渤海湾盆地济阳坳陷为例，对断陷盆地隐蔽油气藏进行了系统探究：从断陷盆地隐蔽油气藏勘探实际出发，以隐蔽油气藏形成的主控因素为主线，系统分析了以断裂为主要表现形式的构造运动对沉积（储层）的控制作用，建立了断陷盆地“断坡控砂”模式；研究了断陷盆地输导体系类型及构成要素，提出了“网毯式”“T 型”“阶梯型”和“裂隙型”输导体系及其空间构成的复式输导关系；系统分析了“相”“势”在油气成藏中的作用及耦合关系，提出了“相势控藏”的理论认识。

1）断坡控砂

陆相断陷盆地不同的断裂形成的大量“断阶”或“断裂坡折带”，统称为“断坡”。陆相断陷盆地中的“断坡”制约着盆地充填可容纳空间的变化，控制着低位域、高位域三角洲—岸线体系的发育部位，对沉积体系的发育和砂体分布起着重要的控制作用。

2）复式输导

油气运移聚集的输导体系是指连接烃源岩与圈闭的油气运移通道的空间组合体，其静态要素主要包括骨架砂体（储层）、层序界面（不整合面）、断层及裂缝。构建了网毯式、T 型、阶梯型和裂隙型 4 种输导体系。

断陷盆地不同阶段、不同的构造部位发育不同类型的输导体系，共同组成断陷盆地复式输导体系网络。

陡坡带：以 T 型输导体系为主。

中央背斜带：以网毯式输导体系为主。

洼陷带：以裂隙型输导体系为主。

缓坡带：以阶梯型输导体系为主。

3）相势控藏

断陷盆地异常高压（势）和沉积体系（相）是控藏的主要因素：“势”指异常高压，压力场、地温场和地应力场的分布及彼此相互耦合的关系直接影响着油气的运移与聚集；“相”指沉积体系，断陷盆地沉积体系类型宏观上控制着隐蔽油气藏的类型及空间展布。

相势控藏模式是指断陷盆地隐蔽油气藏的形成均受“相—势”控制，只有“相—势”耦合时，才能成藏。不同层系、不同构造部位，形成不同的相势控藏模式，压力封存箱内形成高势岩性油藏区，压力封存箱外形成常势地层、岩性油藏区。高势—高孔、高势—低孔、低势—高孔均可成藏，低势—低孔不能成藏。

2. 贾承造等陆相盆地地层岩性油气藏勘探技术

2007年，贾承造等系统分析了陆相地层岩性油气藏的形成条件与分布规律：陆相盆地构造运动频繁，不整合与沉积间断多，砂体类型多、规模较小、相变快，具有形成各种类型地层岩性油气藏的有利条件；首次提出基于构造—层序成藏组合的地层岩性油气藏区带概念，揭示并建立了中国陆上4类盆地14种构造—层序组合模式；砂体形成受“三因素”控制，盆地边缘斜坡区、同生断裂带和盆内水体深度分别控制了砂体规模、走向和类型，可形成多层系、多种成因类型叠合的砂岩复合体，为大面积地层岩性油气藏形成奠定了基础；陆相地层岩性油气藏主要围绕“三大界面”分布，岩性油气藏主要聚集在最大洪泛面附近，地层油气藏分布于不整合面上下，断裂面不仅控制砂体发育，还是油气纵向运移的主干通道，对地层岩性油气藏形成与分布也有重要的控制作用；地层岩性油气藏高产富集区块主要受“五带”控制，这五带是有利沉积相带、地层尖灭带、断裂发育带、次生孔隙发育带及稠油沥青封堵等流体性质变化带；富油气凹陷生烃潜量大，围绕生烃中心分布的多种类型砂体，与特定的聚油构造背景相配合，可以形成多层系、多种类型油气藏叠合连片的复式油气聚集区，四种主要盆地类型具有“四个规律”的特点。

1）创建了“构造—层序成藏组合”模式，建立了4类盆地14种构造—层序成藏组合模式

典型实例如下。

（1）陆相断陷型盆地——多坡折缓坡—湖侵域和高位域河流三角洲组合。

以辽河坳陷西部凹陷西斜坡为典型代表，北北东向早期西掉、后期东掉断裂系将斜坡切割成高、中、低3带。缓坡带的第一个二级层序整体表现为层层超覆，主要形成地层超覆及潜山油藏；缓坡带边缘形成稠油带，高台阶形成地层不整合和复合油藏；中台阶形成复合油藏和岩性油藏；下台阶发育浊积体岩性油藏。

（2）陆相坳陷型盆地——长轴缓坡—湖侵域和低位域河流三角洲组合。

以松辽盆地长轴缓坡方向发育的北部大型河流三角洲体系为典型代表，大面积分布的河流三角洲沉积层序覆盖于长轴缓坡带的不同正向和负向沉积单元内，形成构造、岩性、断层—岩性复合等多种类型油气藏。

2）地层岩性油气藏十个控制要素、“三大界面”

十个要素控制地层岩性圈闭形成：“六线”（岩性尖灭线、地层超覆线、地层剥蚀线、物性变化线、流体突变线、构造等高线）、“四面”（断层面、不整合面、洪泛面、顶底板面）。

“三大界面”控制地层岩性油气藏的宏观分布：最大洪泛面控制烃源层、区域盖层和岩性油气藏的宏观分布；区域性不整合面控制储集体、输导层及大型地层油气藏的分布；断层面控制油气运聚、储层改造和侧向封堵。

3）揭示了4类盆地油气富集规律

4类盆地油气富集规律如下：陆相坳陷型盆地大型浅水三角洲“前缘带大面积成藏”的规律，陆相断陷型盆地富油气凹陷“满凹含油”规律，陆相前陆盆地“冲断带扇体控藏”，斜坡三角洲“平原—前缘带控气”的规律，海相克拉通盆地“台缘带礁滩控油气”规律。

4）创新了系统的勘探程序与技术序列

分别为区带、圈闭评价技术和规范标准，三类储集体高分辨率地震采集与处理技术，中低孔渗储层预测技术，火山岩气藏高效钻采工程技术。

这些理论重点强调了典型地层岩性油气藏形成的基本地质条件和宏观分布规律，核心勘探技术为层序地层学和三维地震储层预测，对于新探区或大型地层岩性油气藏勘探具有明确的指导意义。

但成熟探区总体勘探程度相对较高，剩余潜力更加复杂和隐蔽，地层岩性油藏分布广泛，在盆地中任何部位均有发育，以构造岩性复合油藏为主体，规模小、数量多、叠加连片，成藏机理有待进一步深化研究。层序地层学和地震储层预测技术对识别与评价中、小规模地层岩性圈闭适用性不强。

近年来，在对冀中探区早期发现的油藏进行精细解剖分析的基础上，重新定义了复式油藏，并创建了油藏单元分析方法，对地层岩性油藏成藏机制和富集主控因素有了突破性认识，建立了地层岩性油藏基本成因模式，形成了一套成熟探区地层岩性油藏精细勘探评价新思路。

三、地层岩性油气藏是含油气盆地内基本的油藏类型

长期以来，人们一直认为含油气盆地中构造类油藏占主体，发现难度小、勘探效益高。随着勘探开发程度不断提高，新发现储量中岩性、地层类油藏占比大幅增加。同时大量油藏单元分析表明早期发现的构造油藏实际上很多是岩性、地层类油藏构成的复式油藏。随着地质认识的不断深入，越来越多的证据表明，地层岩性油气藏是含油气盆地内基本的油藏类型。

1. 各类含油气盆地均发现大量的地层岩性油（气）藏

陆相盆地构造运动频繁，不整合与沉积间断多，砂体类型多，相变快，规模较小，具有形成各种地层岩性油气藏的有利条件。近年来，各类含油气盆地中地层岩性油气藏都取得了重要发现。

统计资料表明，我国陆上油气勘探已进入地层岩性油气藏勘探的新阶段，大多数盆地地层岩性油气藏已成为近年储量增长的主体。2016—2021年，中国石油天然气股份有限公司累计探明石油地质储量46.53×10^8t，年均探明石油地质储量7.75×10^8t，其中地层岩性油气藏平均占比86.5%，占比远超构造油藏及其他类型油藏，地层岩性油气藏已经成为目前油气勘探领域的重点对象（图3-13）。

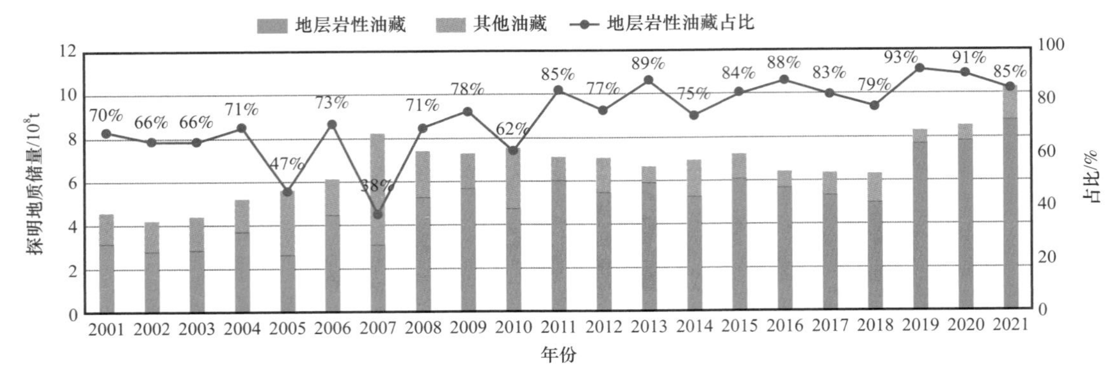

图 3-13 中国石油地层岩性油气藏储量增长趋势图

松辽盆地为大型克拉通坳陷盆地，盆地内发育了成排分布的宽缓背斜构造带，形成了大庆油田。而西部斜坡区和洼陷区构造圈闭不发育、在各种三角洲沉积体系内发育大量砂岩透镜体及上倾尖灭砂岩体，形成了大量的地层岩性油藏。

塔里木盆地库车坳陷为前陆型盆地，由冲断带、背斜带、凹陷带、前隆带和斜坡带等不同地质单元组成，构造运动的变形强度由逆冲带到盆地斜坡依次变弱。在背斜带和前隆带形成了克拉 2、迪那等巨型构造油气田；而在洼陷带和斜坡带有利于地层岩性油气藏的发育，因此形成了轮南大型油气田。

鄂尔多斯盆地西缘冲断带、晋西挠褶带构造发育，形成了胜利井、马家滩等以构造型气藏为主的气田；而盆地腹部地层极为平缓，上古生界大型三角洲普遍发育，因此发现了以岩性圈闭为主的苏里格等多个大型气田。这说明虽然鄂尔多斯盆地腹部构造油气藏极不发育，但是却有利于形成大规模的地层岩性油气藏。

2. 含油气盆地内不同部位均有地层岩性油气藏富集

勘探实践证明，在各类含油气盆地的不同构造部位，均能形成地层岩性油气藏，该内容已在本章第一节中论述，不再赘述。

3. 早期发现的构造类油藏很多是以地层岩性类油藏单元为主体的复式油气藏

根据冀中坳陷研究资料，早期发现的各类油气藏绝大多数为多藏伴生的复式油气藏，油藏单元分析后，油藏特征和富集主控因素发生了巨大变化。如大王庄构造带留 485 断块，沙一上亚段被认为是构造油藏，东三段为岩性构造油藏，油藏单元解剖分析后，含油断块内构造油藏和岩性油藏共存。构造类油藏单元数量少，单体储量规模较大；岩性类油藏单元在个数上占优势，但单体储量规模小。沙一上亚段构造类油藏单元个数占比为 6.1%，储量占比为 69.5%；岩性类油藏单元个数占比为 60.4%，储量占比为 30.5%。东三段岩性类油藏单元个数占比高达 93.9%，储量占比为 87.3%（表 3-2）。

大量研究资料表明，地层岩性类油气藏分布更加广泛，无论数量和储量均占主体地位。不仅可以在盆地的各个部位发育，还可以在正向构造背景下与构造油藏共存共生。老探区剩余潜力的主体是地层岩性油气藏，由于地质认识局限，剩余资源量可能严重低估，随着勘探进程的深入和勘探技术的发展，将有更多的地层岩性油气藏被发现。

表 3-2 留 107 断块和留 485 断块油藏类型和占比分析表

断块	油藏	油藏单元数量 / 个	储量 / 10^4t	构造类油藏单元（构造、岩性—构造）				岩性类油藏单元（岩性、构造—岩性）			
				数量 / 个	数量占比 / %	储量 / 10^4t	储量占比 / %	数量 / 个	数量占比 / %	储量 / 10^4t	储量占比 / %
留 107	东三段	46	205.00	0	0	0	0	46	100.0	205.00	100.0
留 485	东三段	82	363.67	5	6.1	46.33	12.7	77	93.9	317.34	87.3
	沙一上亚段	58	396.11	23	39.6	275.18	69.5	35	60.4	120.93	30.5

四、地层岩性油气藏基本成因模式

从圈闭的成因要素可以看出，任何圈闭都是沉积和构造共同作用的结果，构造圈闭依赖相对稳定的储盖条件，而岩性岩相变化快更容易形成地层岩性圈闭。自然界中，沉积体岩性岩相“变化”是绝对的，而“稳定”是相对的，因此形成地层岩性圈闭的概率更大，场景更多，而构造圈闭则是特定条件下的“产物”，甚至是地层岩性圈闭的组成部分，这从成因机理上说明了地层岩性油气藏是含油气盆地内基本的油藏类型。

勘探实践证明，地层岩性油气藏分布广泛，不仅可在岩性尖灭带、地层超覆带、区域不整合面等特定场景发育典型的、大型的地层岩性油气藏，而且在盆地的不同部位发现了大量的中小规模地层岩性类油气藏。早期构造油藏勘探方法同时也发现了大量的地层岩性油气藏，通过油藏单元解剖分析，地层岩性油藏单元有自身独立的圈闭条件，多为沉积微相砂体尖灭和断层与砂体耦合形成的岩性圈闭及构造岩性圈闭，沉积相和构造背景有效配置是圈闭形成的基本模式。

当前流行的“四面、六线、十要素”地层岩性油气藏勘探方法并没有给出通用的成因模式，事实上，十要素可分为沉积条件和构造条件两大类，圈闭形成也是沉积相与构造背景有效配置的结果。

综上所述，“相构配置”是地层岩性油气藏圈闭形成的通用模式，沉积盆地不同构造发育的不同类型储集岩体与构造背景有效配置可形成大量的地层岩性类圈闭，遇到合适的油源条件便可富集成藏，这就是地层岩性油气藏“满盆成藏”的地质基础。

成因模式里的“相”泛指沉积体系，有成因联系的三维岩性岩相组合，“构”是指圈闭形成的构造背景，包括构造形态、断层、剥蚀面及超覆面等。

1.“相构配置”揭示了地层岩性油气藏圈闭形成的内在本质

一是圈闭的形成受沉积体系和构造背景双重因素控制。长期以来人们对沉积在圈闭形成过程中的作用重视程度不够，构造控藏的观念根深蒂固。事实上，任何类型的圈闭都是沉积体系与构造背景合理配置的结果，两者缺一不可。对于地层岩性类圈闭来说，沉积所起的作用更大，勘探实践中经常看到的构造圈闭中发现了大量岩性油藏，就是沉积控制圈闭形成的最好证据。

二是阐明了油源及运聚条件的有效配置也是沉积与构造共同作用的结果。生油岩及其分布、输导系统以及运聚时空关系都是在区域构造活动和沉积作用下形成的。

2.“满盆成藏”强调了地层岩性油气藏分布的普遍性和广阔的勘探前景

一是强调地层岩性油气藏成因和分布的普遍性。在盆地的任何构造部位与合适的沉积体系有效配置都有可能形成地层岩性油藏富集，这一理念将大幅拓展老探区找油领域和勘探视野，过去认为的不利区、盲区，甚至是禁区都可能成为地层岩性油气藏勘探的有利区和富集区。

二是按照“满盆成藏”的理念重新开展盆地模拟和区带评价，老探区剩余资源潜力将大幅度增加，对国家油气资源接替和保障能源安全具有深远的战略意义。

三是“满盆成藏”蕴含一种勘探思想，过去构造油藏勘探方法未获得突破的凹陷、区带和层系可以按照地层岩性油气藏的思路实施勘探，有望获得突破。

3. 基本成因模式或一般成因模式是强调模式具有普遍指导意义和通用性

一是成因条件更普遍，任何沉积相类型和任何构造背景配置均可形成地层岩性油气藏富集。

二是模式适应性更普遍，不仅适合规模整装典型地层岩性油气藏，也适应中小规模，甚至和构造油藏伴生的地层岩性油气藏，更具一般性和代表性。

三是明确了寻找地层岩性圈闭的基本思路，有效解决了地层岩性油气藏分布在哪，如何寻找的勘探难题。

地层岩性油气藏可进一步细分为岩性油气藏、地层油气藏和地层岩性构造三因素组合形成的多种复合油气藏。在陆相盆地中，由于构造和沉积作用的复杂性，多因素组合形成的复合油气藏更为常见。

五、地层岩性油气藏富集主控因素

1. 油源条件是地层岩性油气藏富集的物质基础

最大湖泛面控制了烃源岩和区域盖层的发育与分布，剖面上多种沉积体（三角洲、扇三角洲、浊积扇等）在最大湖泛面上下成群成带分布，砂岩与烃源岩指状交互接触，或被烃源岩包裹，有利于岩性油气藏形成。平面上油气藏围绕生油中心呈环状分布，具有近源成藏优势。断层和区域不整合面的发育，与储层接触可形成有效的疏导系统，使油气向更远的距离运移，在相邻的非生油层系富集形成地层岩性油气藏。

2. 沉积相是控制地层岩性油气藏形成与富集的内在因素

沉积盆地演化过程中，沉积体系的岩性岩相变化不仅控制了烃源岩及储层的分布，也是油气运移的主要控制因素。储层既是圈闭储集油气的介质，也是形成油气疏导系统的重要载体。一定层序组合下，沉积体系纵向和横向上岩性岩相变化形成了砂泥岩互层的储盖组合和尖灭线、超覆线等横向遮挡条件，与构造背景配置可形成各种地层岩性圈闭。

沉积相类型及储层展布方向等决定了岩性圈闭形成的概率。河流、浅水三角洲、扇三角洲等相变较快的沉积类型易形成岩性圈闭、构造岩性圈闭砂体展布方向如下：与构造走向之夹角接近垂直（60°～120°）时最容易形成砂体上倾尖灭的岩性圈闭或砂体上倾方向断层遮挡、侧向尖灭的构造岩性圈闭；夹角接近平行（小于30°或大于150°）时，既不利于岩性圈闭形成，也不利于构造岩性圈闭形成；夹角在30°～60°或120°～150°之间时，形成岩性圈闭及构造岩性圈闭条件中等。砂地比：大于60%时，砂体空间叠置连通概率较大，形成岩性圈闭条件差；小于30%时，砂体侧向连续性差，易形成岩性圈闭，但圈闭规模一般较小；当砂地比在30%～60%之间时，最有利于形成岩性圈闭及构造岩性圈闭。

3. 构造背景是地层岩性油气藏形成的必要条件

研究地层岩性圈闭往往忽略了构造的作用，其实任何地层岩性圈闭都是在一定的构造背景上形成的，构造背景是圈闭的重要组成部分，即便典型的岩性圈闭、地层超覆圈闭和地层不整合圈闭也是如此。储层尖灭体产状和分布、地层不整合面本身就是构造背景的一部分。

区域不整合面控制地层超覆及地层剥蚀油气藏的形成与富集。地层不整合面上下是高能相带储集体发育的有利部位，不整合面因风化淋滤作用对储层物性有明显的改造作用。其次，区域不整合面通常沟通油源的油气运移通道。最后，不整合面上下在特定沉积层序储盖组合下可形成大型的地层不整合和地层超覆圈闭，成为地层油气藏聚集的有利场所。

断层在地层岩性油气藏形成过程中起着十分重要的作用。断层活动期可作为油气运移通道沟通油源，停止活动后断层面闭合，可作为地层岩性圈闭的遮挡条件。由于断层的加入，地层岩性圈闭形成概率大幅增加。

正向构造带是地层岩性油气藏富集的有利条件。正向构造背景不仅有利于构造圈闭的形成，在一定条件下也可以形成地层岩性圈闭。同时也是区域油气运移的指向，有利于油气藏富集。

斜坡带位于湖盆式凹陷边缘，受构造升降与水进水退影响，沉积体岩性岩相变化大，纵向上沉积间断多，有利于形成不同类型的地层岩性圈闭，为地层岩性油气藏的形成与富集创造了条件。中央隆起带翼部断阶带与斜坡带沉积特点相似，虽然处于构造低部位，但由于断层较发育和近源的特点，同样具备形成地层岩性油气藏的有利条件。

沉积洼槽等负向构造区，在水下扇、浊积扇等特定沉积条件配置下，也可以成为地层岩性油气藏形成富集的有利区。

总之，“相构配置”是地层岩性油气藏形成与富集的决定性因素。“四面、六线”是强调地层岩性类油藏形成的基本条件，属于单因素分析，对一个特定油藏来讲，并不需要“十大要素”面面俱到，重要的是这些要素之间如何有效配置才能成藏富集。在区域成藏条件一定的情况下，决定地层岩性油气藏形成与富集的主控因素是圈闭的发育状况。

“相构配置”是地层岩性圈闭形成的必备条件，任何沉积类型与任何构造背景有效配置都有可能形成地层岩性圈闭，这就是地层岩性油藏“满盆成藏”的内在原因。

地层岩性油气藏一般成因模式和富集主控因素的创新认识具有通用性和普遍的指导意义，不仅是对成藏理论的完善和发展有借鉴作用，而且展示了成熟探区精细勘探评价新思路。

第三节　地层岩性油气藏精细勘探评价新技术

一、当前主流地层岩性油气藏勘探技术

2007 年贾承造、赵文智、邹才能等在《地层岩性油气藏地质理论与勘探技术》一文中详细阐述了地层岩性油气藏勘探程序与技术序列：四图叠合区带评价方法和五步流程十图一表圈闭评价程序。

四图叠合区带评价方法：以含油气系统为单元，三级层序沉积相图、有效烃源岩分布图、构造图、油气田叠置综合评价图四图叠合确定有利区带，“分带”预测圈闭类型。

五步流程十图一表圈闭评价程序如下。

第一步：定类型，圈闭类型确定（沉积特征分析）。

沉积相地质分析—沉积相平面图（地质测井、地震相）。

区域构造特征分析—构造图（盆地、区带）。

第二步：定可行性，圈闭评价基础（资料品质评价）。

优选地震资料处理流程，评价地震资料品质，确定岩性圈闭识别的可行性（用典型地震地质解释剖面图说明）。

第三步：定边界，圈闭形态描述。

构造精细解释—圈闭顶（或底）面构造图（三维可视化解释）。

储层横向预测—储层厚度、物性图、属性图（属性、反演）。

储集体与构造叠合图—圈闭形态、静态参数。

第四步：定有效性，圈闭成藏分析。

封堵条件分析—断层性质、顶、底板和储集体厚度分布等。

成藏条件分析—输导体系、成藏期次、保存与改造等。

含油气性分析—烃类检测地震预测图。

第五步：定钻探目标，圈闭综合评价（确定钻探目标）。

圈闭综合评价图、表—面积、幅度、厚度、埋深、孔渗、圈闭资源量等。

上述勘探方法核心技术是层序地层学和储层预测，受地震资料精度限制，该方法更适用于勘探早期寻找典型的、大型的地层岩性油气藏。成熟探区剩余潜力的主体为中小型地层岩性类油气藏，分布更加广泛，可在凹陷任何构造部位发育，经常与构造油藏共生，属典型的隐蔽性油气藏。虽然在前期勘探多有发现，但由于缺乏油藏单元分析，成藏规律被构造油藏所掩盖，因此没有形成有针对性的勘探方法。根据油藏单元分析研究成果和“相构配置、满盆成藏”地层岩性油气藏成藏理论新认识，形成了以油藏单元识别与划分技术、断陷盆地地层岩性油气藏精细勘探技术和沉积微相精细刻画与相控岩性圈闭预测技术为主体的地层岩性油气藏勘探新技术。

二、油藏单元识别与划分技术

1. 技术背景与需求

1）现阶段技术瓶颈

按照通用石油地质理论，油气藏的定义为油气在单一圈闭内的聚集，具有统一的流体界面和压力系统，是油气聚集的基本单元。在自然界中，由于圈闭条件及储集空间的差别，油气藏的规模大小差异悬殊。以冀中凹陷为例，既有单体储量数亿吨的任丘古潜山油藏，也有储量规模仅有数百吨的单体砂岩油藏（图 3-14）。

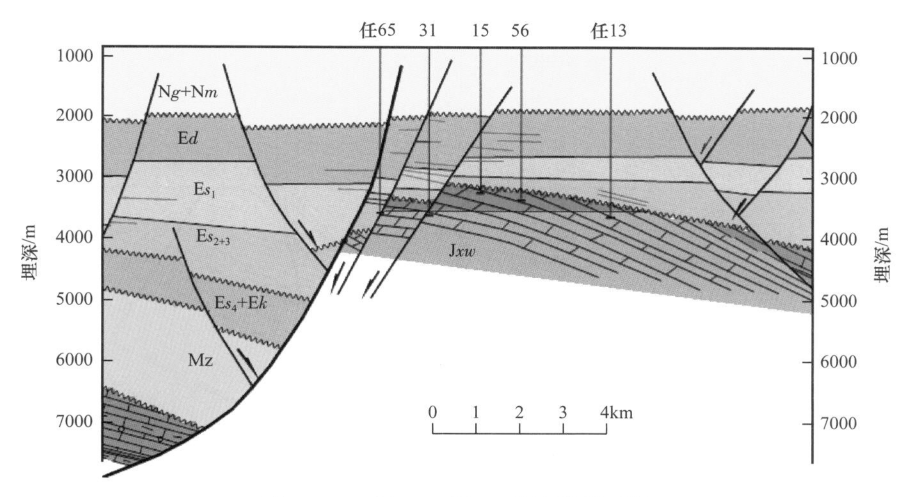

图 3-14　任 65—任 13 井油藏剖面图

据渤海湾盆地复式油气聚集带勘探理论，在断陷盆地中，由于断块活动强烈，岩性岩相变化大，地层超覆和沉积间断多，二级构造带上发育多种类型圈闭，形成的不同类型油气藏成群成带分布，不同层系油气藏叠置连片，这样的含油气带，称为复式油气聚集带。这一理论在盆地勘探早期寻找构造和大型地层岩性油气藏过程中取得了辉煌的成果，但随着勘探开发程度不断提高，勘探对象变为更加隐蔽的中小型地层岩性油气藏，勘探难度逐渐增加。

事实上，复式油气聚集带的局部构造上，同一层系或油层组往往有多个成因条件相似、流体系统各自独立的油气藏单体相伴而生，多藏集合形成富集，把这样的油气藏集合体称之为复式油气藏。把复式油气藏内具有独立流体系统的单体油气藏定义为油气藏单元。在早期以构造为主的大尺度的研究过程中，能够较为精确地对构造圈闭进行刻画，但随着勘探开发的程度加深，特别是勘探开发的对象向单层厚度不超过 10m 的砂岩储层转变过程中，对于薄层岩性圈闭、微幅度构造圈闭等隐蔽型的油藏勘探开发，原有的技术方法逐渐暴露出相关的弊病，目前已有的研究方法已不能满足现阶段精细勘探开发的要求。

2）产生的原因

影响油田精细勘探开发的原因主要有内因和外因两个方面。内因是勘探开发的对象发生了明显的变化，由过去的以构造为主体，转向了岩性、地层、低幅度圈闭，这类圈闭本身在地质上就属于隐蔽型的圈闭，这类油气藏发现的难度较大。在渤海湾盆地中，特别是古近系以来的砂岩沉积环境中，由于本身为小型断陷盆地及湖相—河流相的沉积环境，导致平面上储层的变化较大，常表现为在一个构造圈闭内，存在多个独立的岩性圈闭，形成一个圈闭内钻遇多套油水系统，按照传统定义应分属于不同油气藏。一个二级构造带上由于构造、岩相的变化，会发育多种类型圈闭，这两个要素的叠加，导致在一个二级构造上，形成的不同类型油气藏成群成带分布，不同层系油气藏叠置连片，这样的含油气带已经不能用单一的油藏来解释了，为准确描述这种复杂关系，将这种特点形成的多油藏组合称为复式油气聚集带（图 3-15）。

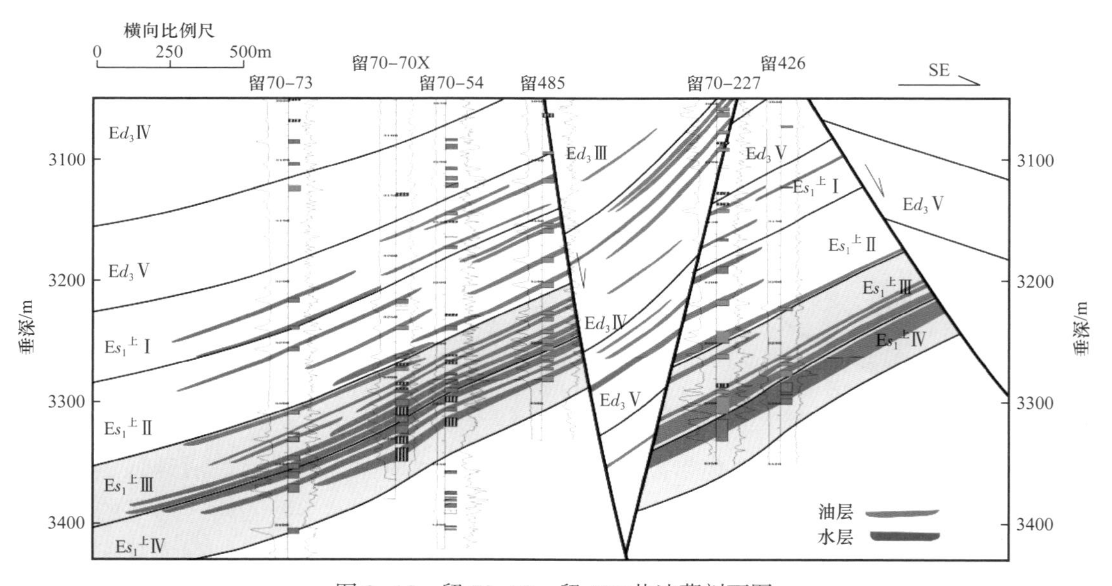

图 3-15　留 70-73—留 426 井油藏剖面图

二是外因限制，目前受制于物探技术及效益的问题，影响油藏精细研究尺度主要有以下三个方面的原因。

第一方面是地震资料品质已经不能满足储层纵向描述的精度。地震资料是认识地下构造、描述储层的重要资料，具有横向连续性好、纵向具有一定精度的特征。冀中地区三维地震采集多始于20世纪90年代，虽历经多轮次的采集、针对性处理，但是受制于地质条件和资料的限制，以饶阳凹陷为例，目标层段的资料主频多在20～28Hz之间，理论上可识别的单层厚度在25～35m之间，而这一层段多以薄互层砂泥岩为主，单一储层厚度主要集中在2～8m之间（图3-16），难以通过三维地震定量描述储层的空间特征。

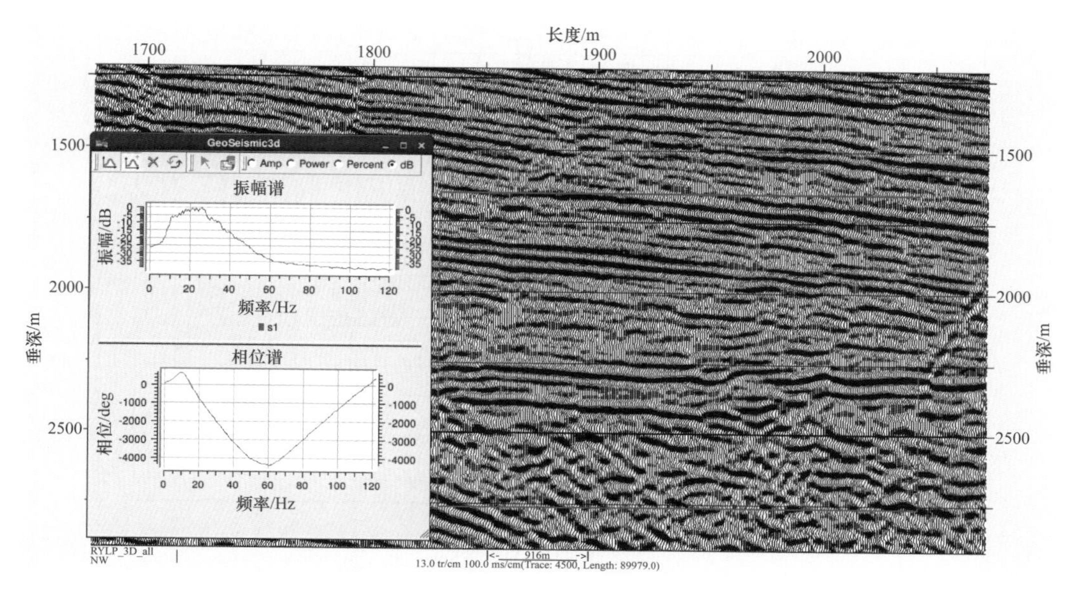

图3-16　冀中凹陷某地区三维地震资料分析

第二方面，沉积环境的复杂和多变导致储层描述难度增加。渤海湾盆地多为陆相沉积环境下的断陷盆地，盆地规模小，广泛发育河流相、湖泊相沉积环境，在一个500～1000km^{2}的范围内，沉积相、亚相、微相变化较快，相带的快速转换给研究带来了巨大的挑战。同时在纵向上，沉积旋回也发育多个期次，仅以冀中凹陷的古近系沙河街组到东营组为例，在不足2000m的井段内发育二级旋回2个、三级旋回6个，复杂的沉积旋回期次，导致该区储层的特征变化也很快，既有常规碎屑岩储层，也广泛发育有白云岩、石灰岩等碳酸盐岩储层（图3-17）。

第三方面，不同历史时期所形成的资料不统一性导致尺度标准需要统一。冀中凹陷作为渤海湾地区较早投入勘探开发的凹陷，历经40余年的开发建设，历经不同的技术系列，所形成的相关资料标准不统一、精度不相同。同时多年的开发使得地下渗流环境、流体性质都发生了不同程度的变化，如何把不同时间、不同空间的相关研究资料统一到一个尺度来分析，也是制约对油层、油藏识别的突出难题。

3）技术的重要意义

在复式油气聚集带勘探开发过程中，对于复式油气藏很少开展基于油气藏单元的解剖分析，从而造成地质认识不深入或存在误区。

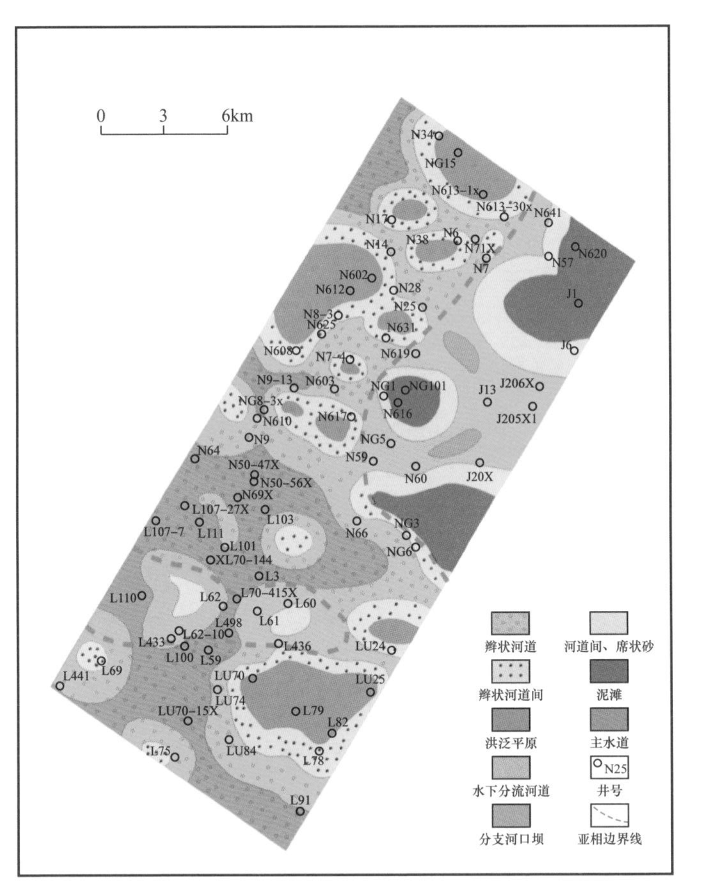

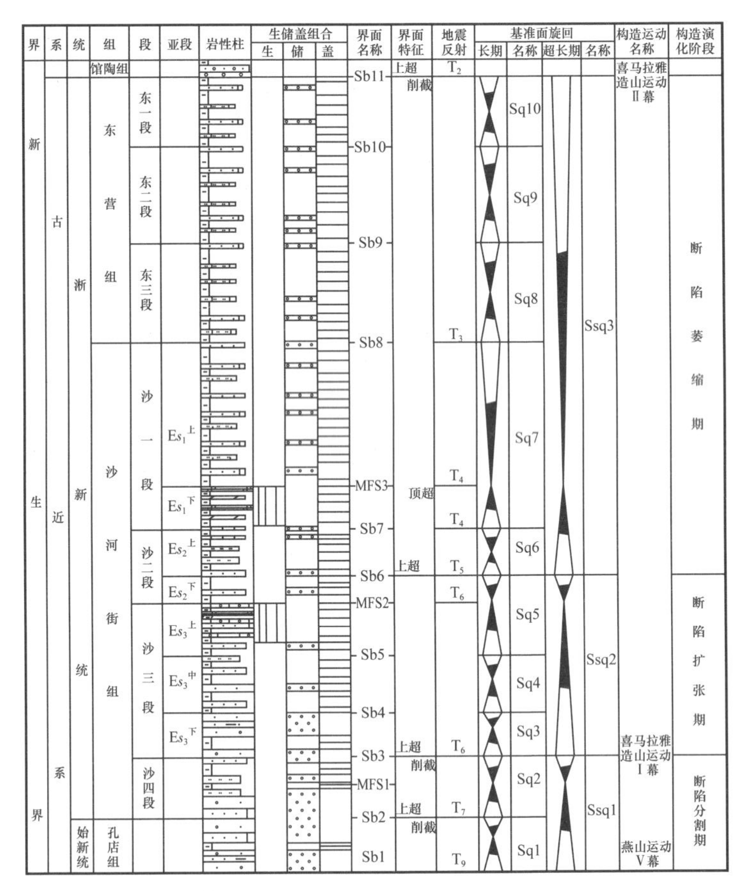

图 3-17　肃宁—大王庄油田沙一上亚段沉积模式图

在勘探阶段受取得资料和认识的限制，除少量整装油气藏外，很难准确划分出油气藏单元来，研究对象主要是含油气层系或油气层组，实际上研究的是复式油气藏的组合特征。这种组合叠加的结果很大程度上掩盖了真正的油气藏类型、成藏机理和富集规律，得出的地质认识往往是宏观特征基本正确、微观机理说不清楚，因此也未能针对复式油气藏形成一套行之有效的找油气理论和勘探方法。老探区复式油气聚集带构造类油气藏和大型地层岩性油气藏勘探程度已经很高，但对复式油气藏认识和勘探程度并不高，这类油气藏以岩性和构造岩性油气藏为主，油气藏单元规模小，隐蔽性强，多藏伴生形成富集，剩余潜力巨大，是今后精细勘探的重点对象。

在油气田开发阶段，传统的油田地质工作方法在不进行油气藏单元划分的情况下直接开展油气层和砂体的研究，方法本身存在流程上的缺陷。在复式油气聚集带多藏伴生的背景下，把分属于不同油气藏的油层和砂体混在一起研究，容易造成油层分布和连通关系的误判，影响开发效果。

综上所述，复式油气藏在断陷盆地复式油气聚集带内广泛存在，但由于缺乏基于不同类型油气藏单元的精细研究工作，造成对此类油气藏地质特征和成因机理认识不深入，影响了勘探开发效果。因此，精细划分油气藏单元，针对不同类型油气藏单元开展分析评价，是准确认识复式油气藏的基础，也是必由之路，对深化复式油气聚集带成藏规律研究，有效指导勘探开发工作具有重要意义。

2. 研究内涵

1）主要技术思路

油气藏成藏按照传统的石油地质学认为，其关键要素无外乎“生油条件、储集条件、盖层条件、圈闭条件、油气运移条件、油气保存条件”，或者说是“烃源岩条件、油气汇聚条件、油气保存条件”三个核心要素。这些关键要素是以沉积条件、构造条件两大要素为核心。因此研究的技术思路以油气藏单元的定义为出发点，以油气成藏的关键要素为核心，以沉积相、地球物理、测井等资料为基础，综合利用各资料的互补性与优势，开展对于各独立油藏的储层、盖层、烃源岩条件、油气疏导条件、圈闭遮挡及保存条件等多要素的分析，以图件的直观展示描述出油藏形成的关键要素，实现对各油藏单元的描述与划分。

2）研究方法

（1）基于沉积微相的储层空间构型研究。

储层与相邻盖层、侧向封堵条件是油藏单元描述的基本与核心，除了构造要素外，储层的空间变化是形成圈闭最重要的要素。但是由于受沉积环境、沉积规模的影响，储层在空间的展布特征也是不同的，脱离了沉积相的储层描述必定是不全面的，甚至是错误的。以青海湖现代沉积为例，在 4600km^2 的区域内，发育 21 种沉积亚相，砂体的展布方向和形态各异，可导致研究方向偏差（图 3-18）。无论是地震资料还是单井资料，其在纵向和横向上均存在着一定的局限性，因此基于沉积相的储层构型研究可以有效指导后

期精细储层描述，但必须了解该区的物源方向和储层在纵向、横向上的发育展布特征及内在联系。

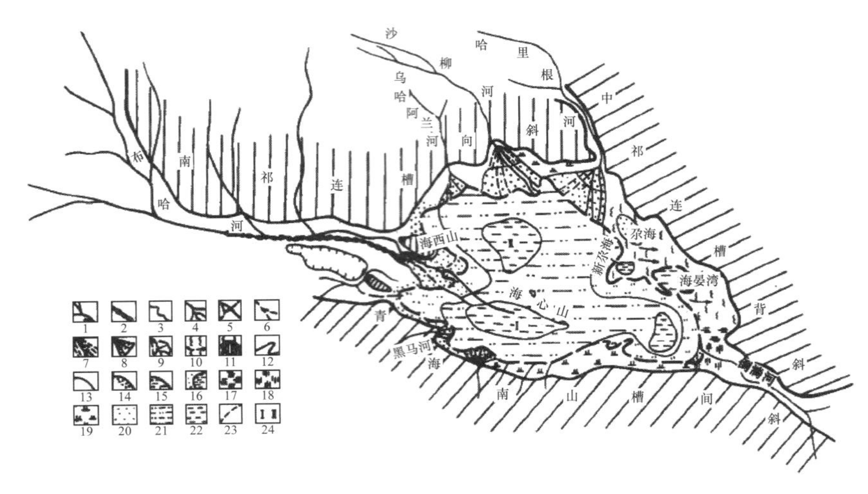

图 3–18　青海湖沉积体系展布图

1—山间河道；2—辫状河；3—曲流河；4—分流河道；5—水下河；6—废弃河道；7—冲积扇相；8—扇三角洲相；9—三角洲相；10—风成沙堆积相；11—潟湖相；12—沙嘴沉积；13—沙滩沉积；14—砾石滩沉积；15—泥滩沉积；16—湖湾相；17—沼泽相；18—盐碱滩；19—冲积平原；20—浅湖相；21—半深湖相；22—深湖相；23—湖岸线；24—坳陷区

（2）三维地震资料的精细储层描述方法。

三维地震资料具有平面连续性好，纵向具有一定垂向分辨能力的优势，是地下储层构型研究的最重要手段之一，受垂向分辨率的影响，其可分辨的地层厚度是存在一定的局限性的，目前的资料品质无法满足储层刻画的需要。但从地震资料的形成机理来看，其中最重要的是地下相邻的地质体具有明显的声阻抗差异。1988 年 Wagoner 提出，以侵蚀面或无沉积作用面，或者与之可对比的整合面为界的、重复的、成因上有联系的年代地层格架，以及沉积层序内部岩石间的关系为基础的层序地层学研究方法，为利用三维地震资料来对储层的精细描述，提供了重要的指导作用。可以利用如 90°相位转换、地层切片、时频分析等技术，实现对储层的精细描述。

（3）油层精细解释方法。

储层的含油性是研究油藏中各储层关系的重要依据，但受沉积环境、地层水矿化度、储层物性、不同时代技术局限性、甚至不同解释人员的习惯和标准等限制，在对储层的含油性判断上存在着一定的不确定性，特别是近年来，在基于地质认识的油层复查上，发现了一批典型的解释不符合项。

如果单纯依靠测井或者录井的解释结果，对于油层的识别上还存有较大偏差，因此必须在开展油藏单元的分析之前，综合利用井对比结果，突出测井、录井、生产动态等多方面资料的组合应用，将储层的含油性摸排准确，开展油层的精细解释。

（4）油源条件及油气疏导条件研究。

烃源岩作为一切油气运移的起点，其时空展布规律是控制油气资源分配的基础条件。

充分认识烃源岩的空间分布，不仅是在早期评价勘探风险和盆地油气资源潜力的关键所在，更是在油田开发后期重新认识资源潜力的重要参考指标。优质烃源岩不仅在陆相盆地大油气田聚集成藏的过程中具有重要的烃类供给作用，而且也是各个富油凹陷生烃的物质基础。油气田的大小及分布受到优质烃源岩的规模及分布范围控制作用明显。

油气疏导条件是油气成藏中的关键环节，无论是断层、储层、不整合面，其与油源及储层的配置关系及供给能力直接决定了油气在何处聚集、在何处富集，需要重点研究不同断层类型、断层走向、掉向、断面形态对于油气疏导的影响，研究断层发育规模及时期与烃源岩及储层间的配置关系；研究储层、不整合面的油气疏导方式及能力，判断优势的油气运移指向。

（5）油气封堵条件及能力研究。

油气封堵条件，是油气能否在圈闭中有效储存和聚集的关键要素，常规的研究过程中依据油藏圈闭类型的定义，重点研究构造、地层、岩性的控制作用，构造及地层要素相对来讲其可识别的精度较好，但是其封堵能力的好坏缺乏一定的判别手段；而岩性因素中由于隐蔽性强，研究难度较大，特别是目前一些过去认为的砂岩、石灰岩储层表现出对油气的封堵，这类现象值得深思和详细研究（束鹿凹陷角砾岩研究、寒武系地层遮挡条件研究）（图 3-19）。

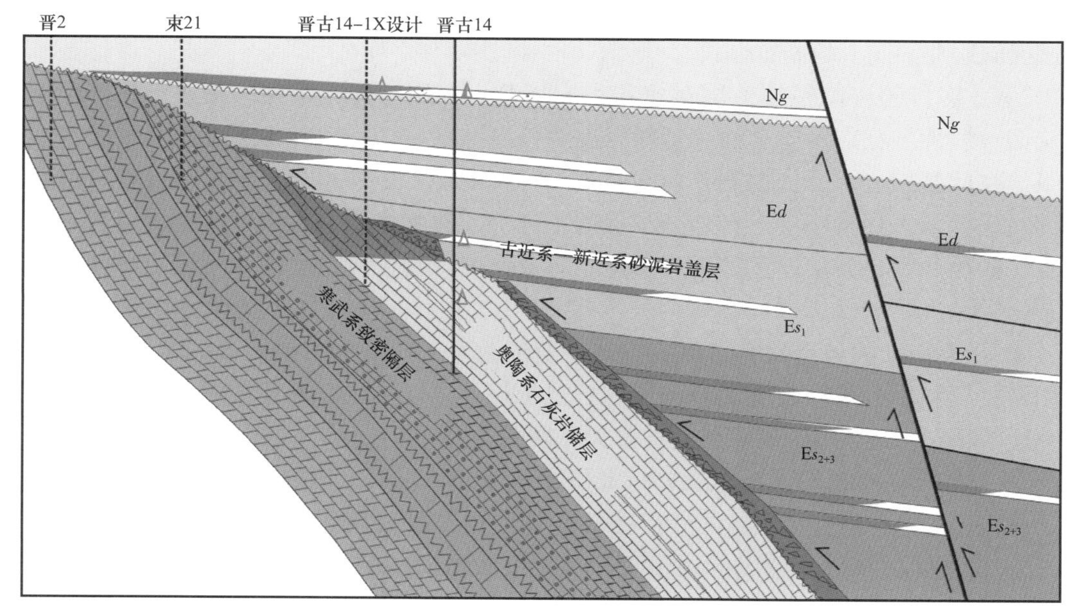

图 3-19　束鹿斜坡油气成藏模式图

（6）油藏单元描述方法研究。

油藏单元描述方法，必须依托上述 5 个方面的专题研究之后，方可对各油藏单元准确归位，其研究过程是反复迭代、修改的过程。研究中必须对于油藏单元所形成的储层、圈闭、油源、供油通道等条件进行准确的分析判断，摸清油藏所形成的主要控制要素，从而准确认识油藏的类型，指导评价建产及油田开发工作（图 3-20）。

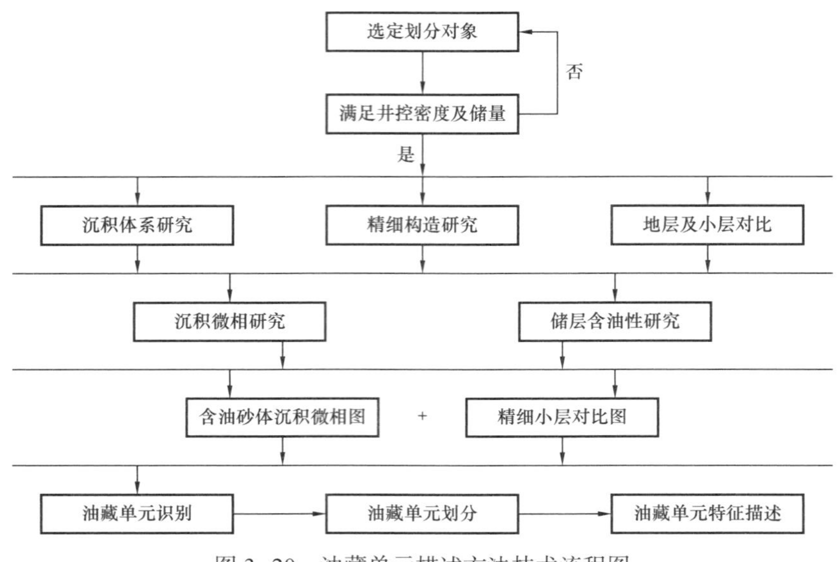

图 3-20　油藏单元描述方法技术流程图

① 选定需要开展油藏单元划分的对象，要求必须选择有一定井网密度和储量规模的区域。

② 开展区域沉积相相关研究，掌握区域沉积背景资料及拟研究区所处沉积体系，掌握该区储层在空间上的展布模式。

③ 开展目的层段精细地层对比和小层划分。利用测井、录井、钻井资料，依据沉积旋回、岩性特征、不整合面、特殊岩性等信息，确定区域对比标志，划分油层组或砂层组。在此基础之上，依据测井曲线特征、沉积韵律、岩性组合、地层厚度等资料确定辅助对比标志，划分小层。在划分小层的基础上，建立小层数据表，主要内容包括小层编号、砂层井段、砂层厚度、解释结论、有效厚度、物性参数等，初步确定砂体的对应关系。

④ 开展精细的构造研究。以三维地质资料为基础，开展目的层段的精细构造解释，利用钻井资料，井震结合落实目的层的构造特征，可以采用三维地质建模的方式建立起研究区的精细构造模型，实现构造的海拔深度图。

⑤ 开展拟研究层段的沉积微相特征研究，综合利用三维地震、测井、录井等相关信息，确定储层的构型特征及空间展布规律，完成各层段的沉积微相图。

⑥ 将单井解释砂体厚度标注于沉积微相平面图上，在相控条件下勾绘厚度等值线，编制砂体平面分布图；将单井油气层解释结论和有效厚度标注在砂体平面图上，勾绘含油气边界和厚度等值线，完成油气层与砂层分布叠加图。

⑦ 将相控下的油气层与砂层分布叠加图与所在层面的构造图进行叠合，根据构造的高低情况，按照同一油气藏具有统一油气水界面、同一连通砂体内高部位为油气低部位为水的原则，分析是否存在油气水关系矛盾；存在油气水界面高度关系矛盾的，一定是砂体连通关系认识出现错误，应根据沉积相模式重新修正砂体边界和连通关系，最终完

成含油气砂体沉积微相展布图。

⑧ 在上述制图的基础之上，按照同一油气藏储层相互连通的原则，综合分析纵向上相邻含油气砂体分布特征、接触关系、油气水界面等资料，将含油气砂体组合归位，划分油气藏单元。对各油气藏单元进行描述，要素包括圈闭条件、油气藏类型、油气水界面、地质储量等，建立油气藏单元信息表。

3. 技术的特点与应用条件

1）新技术特色

一是整体性，主要体现在研究对象的整体性，将复式油气藏作为整体研究对象加以分析，以局部构造为一个研究对象，围绕一个构造内的复式油气藏开展整体解剖；研究要素的整体性，将油气成藏的各个要素统一考虑，从烃源岩条件、油气供给条件、储层及盖层条件、圈闭要素整体考虑，以油藏的定义为根本出发点，对油藏单元形成的要素整体考虑；研究方法的整体性，综合考虑构造、沉积对地质情况的影响，运用地震、测井、录井、生产动态资料等多方法开展研究，避免单一研究方法造成的认识局限。

二是精细性，主要体现在研究尺度的精细性，研究尺度上以小层为基础开展研究，既考虑目前资料所能够分辨的纵向尺度，又可以兼顾平面研究的需要。所描述的油藏单元，既能够作为评价建产的主要对象，也可兼顾后期开发的需要。再有就是体现在研究过程的精细性，既要对资料的历史性、延续性进行分析，又要考虑到资料应用的全面和准确。

三是直观性，研究过程以结构化流程图的方式进行说明，研究成果以直观的图件和数据表进行展示，同时辅以精细的地质建模，油藏单元识别及划分成果按照机械化制图的方式完成，所得到的成果直观性强，可通用使用，方便研究人员的资料留存与共享。

2）技术解决的关键问题

（1）储层空间构型研究。

由于沉积过程在一定时间段的连续性，其形成的储层往往是多期叠加的，在垂向和平面上多呈现复合的形式，因此在尺度上的划分往往是缺乏一定判别标准的，特别是储层与围岩交替发育的区域，围岩的遮挡封盖条件难以定量地描述；其次对于储层的研究无论是依靠沉积相成果还是地球物理成果，受资料分布样点的不同、资料品质的限制，在空间上准确描述储层的形态难度很大。

鉴于以上难点，储层空间的构型必须建立一个相对统一的固定标准，方便对储层在纵向和平面上能够有效地识别边界。对于在同一沉积体系内的储层，要根据其所在沉积相、微相的认识，建立储层空间分布的标准模型，同时依据野外露头、室内模拟实验及理论公式总结形成储层在空间厚、宽、长间的相对关系，储层展布的形态规律，相对准确地描述储层在空间的展布形态。

（2）油层精细解释。

储层的含油性研究是油藏研究的基础，但不同地质情况下，储层的含油性评价标准也不完全相同。以冀中凹陷为例，含油地层覆盖新生代古近系、新近系、古生代、元古宇，储层岩石类型涵盖碳酸盐岩、碎屑岩，储层孔隙类型包含裂缝型、孔隙型，储层物性涵盖高孔高渗到低孔低渗、特低孔特低渗，地层水的矿化度从几千到几万跨度非常大，因此其含油性的判断也存在着较大的差别，往往一口井在纵向上要建立多个含油性标准。同时由于勘探开发的时间跨度大，在不同时间段、不同的测量仪器，甚至不同的解释人员其对同一个储层含油性的认识也存在着较大的差别，如何能够准确地对储层含油性进行判断，其难度也是非常大的（此段需应用大量的实际资料加以证明）。

鉴于以上难点，要建立起油层的动静态解释结果归位。一是综合利用录井、气测、特殊方法测井，建立分层系、分断块的油层解释标准（宁 9 断块不同层系分层解释标准前后对比）（图 3-21）。二是根据储层改造、邻井的生产动态数据，从原始状态和目前特点，对储层的原始情况、目前的动态变化准确定义，实现油层的精细动静态解释（留 107-71 井压裂前后、宁 50 井水淹层的识别举例）。

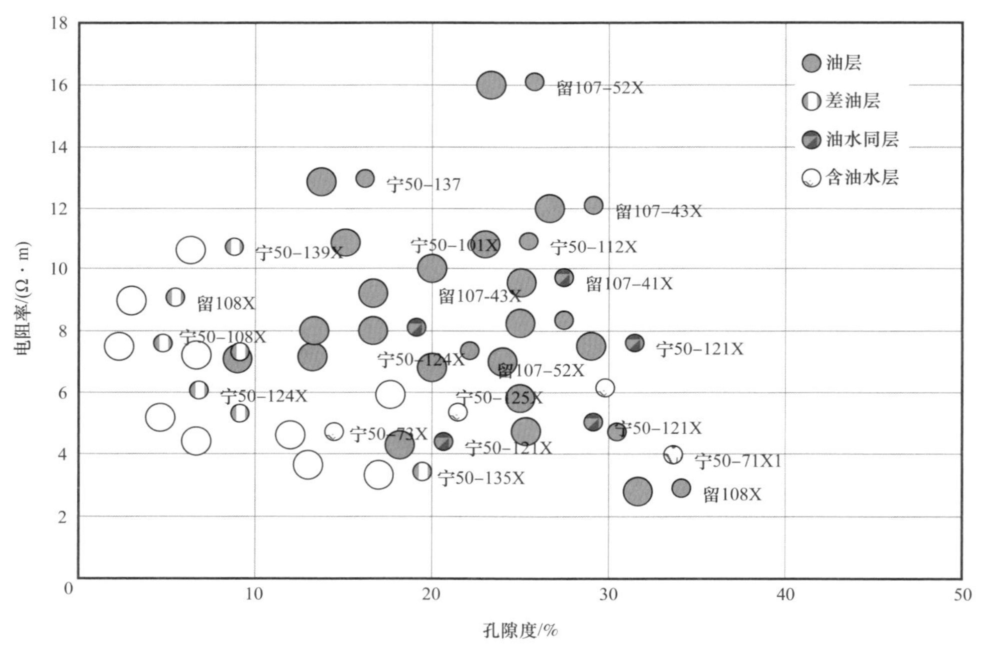

图 3-21　宁 9 断块 Ed_3 V 油层组电阻率—孔隙度交会图

（3）油藏单元划分技术。

油藏或者说油藏单元的定义，其中重要的一点就是具有统一的压力系统和油气水界面，但是对于压力系统和油气水界面的认识难度也是非常大的。在局部构造内，由于地质背景相似，因此其压力系统的分布也是非常相近的，在原始状态下很难依靠压力情况对油藏单元是属于单个还是多个做出判断，而在开发后期由于地层压力受开采、注水等因素的影响，同一油藏单元内压力情况也可能出现不同的分布特点，因此单纯依靠压力情况对是否属于同一油藏单元判断存在着较大的难度。同样，依靠油气水界面的分析判断是否属于同一油藏单元也存在着一定的难度，主要体现在能否准确地将储层在空间上的形态准确刻画出来，在一个连通的储层内其油气水界面应该是相对统一的，而不连通储层其油气水界面也可能表现为相同的参数特征。因此在对油气水界面判断之前必须对储层的连通性做出准确的判断。在油藏单元的描述中，不同油藏单元的划分归位研究是一个难点。

3）技术适用条件及所需资料

由于油藏单元的主要研究对象是复式油气藏，如果要达到研究的精度，必须满足一系列前期的地质技术要求，主要体现在以下三个方面。

一是需要有一定的区域背景资料：在划分油藏单元之前，必须保证拟划分的油藏单元研究区域具备一定的地质研究基础，一方面要有研究区所在的构造单元的区域沉积研究资料，包括所处的沉积体系环境，纵向、平面的沉积演化情况，主要含油气储层的沉积相类型；另一方面要掌握区域的整体构造背景，包括断裂的平面、纵向发育情况，断裂发育的期次研究结果。

二是要有一定的井控密度：由于油藏单元需要应用大量的实钻井资料，因此需要对研究区的井网密度有相对严格的约定。体现在目的层段的井网密度必须能够满足储层的平面构型研究，具体就是井网密度一定要小于该区储层的最小平面大小。

三是该区的基础资料要相对丰富：复式油藏下，油藏单元的划分是一件需要反复迭代、重复验证的工作，因此该区的研究基础资料必须相对丰富。三维地震资料，单井的钻井、录井、固井、分析化验资料是必不可少的资料基础。除此之外地层水的分析化验资料，岩心资料，压力监测资料，生产动态资料，工程工艺资料也是验证油藏单元划分是否合理的重要参考资料。

三、断陷盆地地层岩性油气藏精细勘探技术

该技术方法包括解剖已开发油气藏的目标层系油气层，划分得到多个油气藏单元；根据所述油气藏单元确定出油气藏单元对应的成藏机理信息；根据成藏机理信息多层系分析所述油气藏单元，确定复式油气藏的富集模式信息；根据所述成藏机理信息以及富集模式信息进行区带评价，预测岩性油气藏的勘探方向。该技术解决了层序地层学和常规储层预测技术在高勘探程度阶段的断陷盆地寻找中小型岩性油气藏不适用的技术难题，为此类岩性油气藏高效勘探开发奠定了基础。

1. 技术背景与需求

根据渤海湾盆地复式油气聚集带勘探理论，在断陷盆地中，由于断块活动强烈，岩性岩相变化大，地层超覆和沉积间断多，二级构造带上发育多种类型圈闭，形成的不同类型油气藏成群成带分布，不同层系油气藏叠置连片，这样的含油气带，称为复式油气聚集带。

在断陷盆地复式油气聚集带勘探开发过程中，往往对油气藏单元解剖分析重视不够，

而是将复式油气藏当作单一油气藏来研究，从而造成地质认识不深入或存在误区。勘探阶段受取得资料和认识的限制，研究对象主要是含油层系或油层组，实际上研究的是多油气藏的组合特征。这种组合叠加的结果很大程度上掩盖了真正的油藏类型、成藏机理和控制因素，得出的地质认识往往是宏观规律基本正确、微观机理不清楚；构造油气藏认识较准确，地层岩性油气藏认识不深入。我国主要断陷盆地在经历了长期的勘探开发工作之后，对于构造类油藏认识和勘探程度已经很高，而地层岩性油藏认识程度相对较低，是剩余潜力的主体，以复式油藏的形式赋存地下，对其成藏机理和富集规律研究不深，尚未形成一套行之有效的找油方法。

当前地层岩性油藏主流研究方法有层序地层学和常规储层反演技术。层序地层学是20世纪80年代后期由Vail等在研究被动大陆边缘海相沉积中创立并发展起来的一门学科，在储层预测和地层、岩性等圈闭识别方面提供了一种新的预测分析方法，为大规模岩性油气藏的勘探奠定了基础。该方法对于海相沉积大规模岩性圈闭预测适用性较强，而对于陆相盆地河湖沉积形成的中小规模地层岩性圈闭适用性较差。常规储层反演技术通过地震、测井资料为约束建立地质模型，用测井、地震、地质等资料对初始波阻抗结果进行模型检验，利用模型反演结果预测储层平面分布。受陆相沉积储层规模小、相变快和常规地震资料品质不高等因素限制，除少量大型岩性圈闭之外，预测精度不高，同时，由于缺乏相应成藏理论支撑，单项技术很难得到满意的应用效果。文献上发表的有关岩性油气藏勘探方法，要么讲的是具体区块、单项技术，限制了推广应用；要么讲的是理念、思路和原则，到处有油，无从下手，可操作性不强。

因此，如何提供一种新的方案，以解决层序地层学和常规储层预测技术在高勘探程度阶段的复式油气聚集带内寻找中小型岩性油气藏不适用的问题是本领域亟待解决的技术难题。

基本勘探思路：聚焦富油气区带，选择有代表性的已开发油藏开展油藏单元解剖分析，重新认识油藏特征，重建地层岩性油藏富集模式。根据新的成藏认识重新开展区带地层岩性油藏勘探潜力评价，预测有利勘探方向。按照“相构配置”的方法预测有利圈闭，结合区域成藏条件和区带成藏模式，开展含油性评价，确定钻探井位。

2. 主要技术内容与流程

一种断陷盆地复式油气聚集带岩性油气藏的勘探方法，解决了层序地层学和常规储层预测技术在高勘探程度阶段的复式油气聚集带内寻找中小型岩性油气藏不适用的技术难题，为此类岩性油气藏高效勘探开发奠定了基础。

断陷盆地岩性油气藏的勘探方法包括以下六点。（1）油藏单元建模式：解剖已开发油气藏的目标层系油气层，划分得到多个油气藏单元。（2）区带潜力再评价：包括确定油气藏单元对应的成藏机理信息；根据成藏机理信息多层系分析油气藏单元，确定复式油气藏的富集模式信息；根据成藏机理信息以及富集模式信息进行区带评价，预测岩性油气藏的勘探方向。（3）细分砂层组做构造：包括选择主力含油砂层组，精细落实其顶面构造图。（4）沉积微相控砂体：包括选择主力含油砂层组，精准刻画沉积微相。（5）相构配置找圈闭：包括将主力含油砂层组沉积微相与其对应顶面构造图叠合，落实地层岩性圈闭发育区域。（6）综合分析定井位（图3-22）。

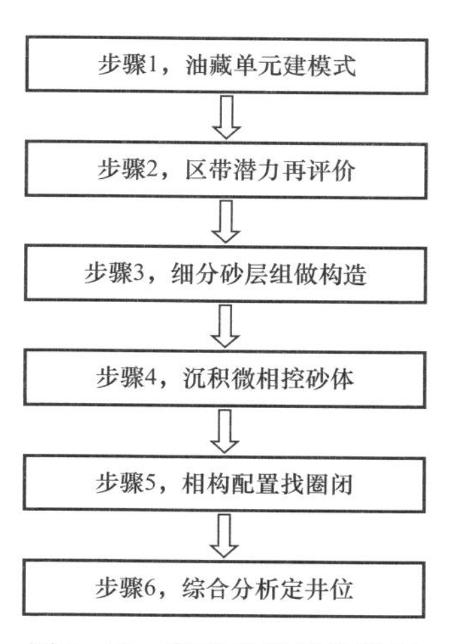

图3-22 断陷盆地岩性油气藏勘探方法流程图

1）步骤1，油藏单元建模式

复式油气藏是由多个油气藏单元相伴而生，纵向叠置，平面交叉，分布关系复杂，准确划分油气藏单元是研究成藏机理及地质特征的基础。在步骤1实施之前，需要首先针对目标层系选择已开发区块，具备相对完善开发井网，以利于开展油藏单元划分研究。步骤1包括：针对目标层系开展精细油层对比和小层划分，确定各井钻遇油层与邻井对应关系，建立小层数据表；选择含油砂体结合测井相特征，开展沉积微相研究，编制含油砂体沉积微相分布图，初步确定各小层含油砂体连通关系和分布特征；将含油砂体沉积微相分布图与对应的构造图叠合，结合油水关系矛盾和沉积模式修正含油砂体连通关系和边界条件；综合分析纵向上各含油砂体接触关系，按照同一油藏储层相互连通、具有统一油水界面原则，识别划分油藏单元，确定油藏单元边界和油水界面。

2）步骤2，区带潜力再评价

（1）以油藏单元为研究对象，准确揭示成藏机理。

在油藏单元划分的基础上，针对油藏单元开展成藏条件和地质特征研究，能准确揭示地层岩性油藏的成因机理和富集规律。步骤2包括：在步骤1的基础上，开展油气藏单元分类，确定油气藏类型，包括构造油藏、岩性油藏、地层油藏及复合类油藏等类型；针对不同类型油气藏单元，开展圈闭条件研究，确定圈闭形成与沉积条件、构造背景之间成因联系；研究油源条件、疏导系统和圈闭配置关系，明确油藏成因机理。

（2）多层系油气藏单元综合分析，明确区带富集规律。

在同一层系复式油藏成因机理研究的基础上，研究不同层系油气藏单元成藏机理是总结区带富集规律的前提，因此要开展多层系油气藏单元的成藏机理综合分析。

（3）依据成藏规律新认识，重新论证地层岩性圈闭勘探方向。

已开发油藏模式和富集规律研究表明：地层岩性类圈闭是受砂体侧向尖灭致使储层岩性或物性变化和上倾断层遮挡作用而形成。原来认为是构造因素控制的油藏，很多是岩性构造油藏或岩性油藏。根据圈闭条件和油藏成因新认识，需要对地层岩性圈闭评价潜力进行重新评估。通过已开发油藏解剖，得出地层岩性圈闭形成是受沉积微相和构造配置关系控制的新认识，在复式油气聚集带内背斜构造的翼部、断阶带、洼槽区及斜坡带等区域都具备形成地层岩性圈闭的地质条件，拓宽了找油的方向；类比已开发油藏成因机理和成藏模式，重点在构造翼部、断阶带、洼槽区及斜坡带等区域，论证不同层系地层岩性圈闭发育的勘探方向。

3）步骤3，细分砂层组做构造

（1）区带构造特征研究。

收集整理区域构造研究成果，掌握宏观断裂体系和区域构造特征；开展区带整体构造体系研究，确定不同层系断裂结构、构造发育特征。

（2）主力砂层组顶面构造研究。

在收集整理区域不同层系构造及沉积相研究成果基础上，利用三维地震资料开展主力含油砂层组构造特征研究，编制顶面构造图和构造发育史剖面。

4）步骤4，沉积微相控砂体

（1）区带沉积相研究。

收集整理区域宏观沉积研究成果，掌握宏观沉积体系和沉积模式；开展区带沉积相研究，确定沉积相类型、砂体展布形态特征。

（2）主力砂层组沉积微相研究。

开展主力含油砂层组沉积微相研究，编制主力含油砂层组沉积微相分布图，具体包括开展主力层系含油砂层组沉积微相研究，确定微相类型、模式和砂体展布特征，在井控条件不够的情况下，开展储层预测研究，预测砂体展布方向。

5）步骤5，相构配置找圈闭

从已开发油藏解剖研究，可知地层岩性油藏形成主要受沉积微相和构造背景控制，深化沉积微相研究是寻找地层岩性圈闭的基础。主力砂层组沉积微相图与相应的顶面构造图叠置，分析地层岩性圈闭形成有利区。通过在冀中坳陷地层砂地比与油气藏类型统计关系发现，当地层砂地比大于60%时主要形成以构造油气藏为主的油气藏。当地层砂地比小于30%时主要形成以地层—岩性油气藏为主的油气藏。介于二者之间时，主要形成构造、岩性的复合型油气藏。类比已知油藏，评估地层岩性圈闭形成的优劣。已开发油藏统计研究表明，当砂体展布方向与构造走向的夹角为50°～90°时，最有利于形成地层岩性圈闭。当砂体展布方向与构造走向的夹角为15°～50°时，较有利于形成地层岩性圈闭。当砂体展布方向与构造走向的夹角为0°～15°时，最不利于形成地层岩性圈闭。重复以上步骤，预测不同层系主力含油砂层组地层岩性圈闭形成有利区并评估圈闭形成的优劣。

6）步骤6，综合分析定井位

依据已开发油藏成藏模式和富集规律，预测地层岩性油气藏发育有利区。由于地层岩性油气藏规模小、隐蔽性强，依靠常规预测技术难以预测和识别，圈闭成藏具有一定的随机性和概率性。本技术是用类比的方法，用已开发油藏模式和规律来预测地层岩性油气藏发育有利区。通过优选圈闭，实施钻探，评价其含油气性和储量规模。

步骤6包括：在预测地层岩性圈闭有利区、评估圈闭条件的基础上，类比已开发油藏模式和规律，进行圈闭油气富集程度评价。油源条件评价：纵向上与烃源岩层系越接近，其含油性概率越大，平面上距离生烃中心越近，其富集性越大。疏导系统评价：断层是油气运移的主要通道，其密度及断至深度控制了油气运移。断层发育密度越大，其疏导系统越优。沉积砂体与构造配置关系评价：与已开发油藏类比，优先评价砂地比适中、砂体展布与断裂走向夹角大的圈闭。圈闭埋藏深度评价：优先评价中浅层的有利圈闭，其次考虑评价深层圈闭；多层系兼探，多类型油气藏评价，完成井位论证并实施钻探。依据不同层系有利圈闭构造复杂程度、地质评价的风险系数等因素，综合优选圈闭目标，标定评价井位，实施钻探。

3. 技术应用实例

本技术在华北油田现场的3个复式油气聚集带、5套层系、10余个油田实施了岩性油气藏勘探，得到了规模推广和应用，实现了规模储量新发现。下面将以某复式油气聚集带含油面积叠合图为实例，作详细说明如下。

该区带是20世纪80年代发现的复式油气聚集带，平面上由N9、L107、L70、L62等断块组成，主要含油层系为东营组、沙一上和沙三段，探明地质储量3731×10^4t。随着构造圈闭钻探殆尽，勘探工作基本陷于停滞，产量快速递减，到2011年年产量由1984年历史最高峰的36.6×10^4t下降至24×10^4t。在对该区开展本节提供的岩性油气藏勘探方案之前，首先根据该区已发现油藏的层系、井网完善程度和储量规模，选定了东营组—沙一上亚段开展岩性油气藏勘探方案。

步骤S1：解剖已开发油气藏，划分油气藏单元，具体步骤如下。

（1）在步骤S1实施之前，需要在区带上首先针对目标层系选择已开发区块，具备相对完善开发井网，以利于开展油气藏单元划分研究，根据该原则选择L70含油断块进行解剖；

（2）针对L70断块主力含油层系东三段—沙一上亚段，开展精细地层对比和小层划分，确定各井钻遇油层与邻井对应关系，建立Ed_3Ⅰ、Ed_3Ⅱ、Ed_3Ⅲ、Ed_3Ⅳ、Ed_3Ⅴ和$Es_1^{上}$Ⅰ、$Es_1^{上}$Ⅱ、$Es_1^{上}$Ⅲ 8套层段小层数据表、编制主力含油小层构造图；

（3）选择含油砂体开展沉积微相研究，根据岩心及测井相特征，确定了东三段—沙一上亚段自下而上由辫状河三角洲演化为浅水三角洲，区域上应该有西南、西北两大物源，控制沉积体系展布，据此编制含油砂体沉积微相分布图，初步确定各小层含油砂体连通关系和分布特征；

（4）将含油砂体沉积微相分布图与对应的构造图叠合，结合油水关系矛盾和沉积模式修正含油砂体连通关系和边界条件；

（5）综合分析纵向上、平面上各含油砂体接触关系，按照同一油气藏储层相互连通、具有统一油水界面原则，识别划分油气藏单元，确定油气藏单元边界、油水界面和油气藏单元平面分布图，流程进入步骤S2。

步骤S2：以油气藏单元为研究对象，准确揭示复式油气藏成藏机理，具体步骤如下。

（1）在步骤S1的基础上，开展油气藏单元分类，发现早期发现的L70含油断块原来认为是构造油藏，按照油藏单元分析研究结果，认为油藏类型主体是构造—岩性油藏和岩性油藏；

（2）针对 L70 含油断块的构造—岩性油藏和岩性油藏单元，开展圈闭条件分析，确定该类圈闭是受砂体侧向尖灭致使储层岩性或物性变化和上倾方向断层遮挡作用而形成，得出该类圈闭形成是受沉积微相和构造配置关系控制的新认识；

（3）研究油源条件、疏导系统和圈闭配置关系，表明断穿深部烃源岩的断层、不整合面和砂体配置构成了有效的疏导系统，明确了 L70 断块岩性油藏的形成是油源、断层、砂体有效配置的结果，不受构造圈闭限制，分布更加广泛，大大拓宽了找油方向；

（4）明确主力含油层系内复式油气藏成藏条件、成因机制及油气藏单元空间分布特征，流程进入步骤 S3。

步骤 S3：多层系综合分析，确定复式油气藏富集模式，具体研究步骤如下。

（1）重复上述步骤 S1、步骤 S2，完成 L70、L107 等不同含油断块不同层系复式油气藏的油气藏单元划分和成藏机理研究；

（2）根据同一层系各油藏单元的分布特征和不同层系油气藏单元的组合关系及成因联系，编制区带成藏模式图；

（3）根据区带构造、沉积、油源等成藏基本条件，结合已发现油气藏分布特点分析得出该背斜构造带翼部油气富集状况差异较大，表现为北富南贫的特点。其原因是距生油中心的远近、断层发育程度决定了油源供给优劣。北部紧邻生油中心，断层发育，油源疏导条件优；南翼远离生油中心，油源主要来自下部烃源岩，油源条件相对较差。砂体与构造走向的夹角决定了圈闭形成的概率。北部沉积砂体与构造走向夹角大，易于形成岩性圈闭；南部沉积砂体与构造走向接近平行，形成圈闭概率较小。流程进入步骤 S4。

步骤 S4：重新开展区带评价，明确岩性油气藏勘探方向，具体研究步骤如下。

（1）开展区带新老地质认识对比分析，在圈闭条件和油藏成因两个方面取得了新认识，准确揭示复式油气藏成藏条件、成因机制、富集规律；

（2）根据区带地质规律新认识，优选研究区带，收集整理区带构造、沉积、生油等研究成果，结合区内探井、评价井资料，类比已开发油气藏成藏条件和富集模式，预测岩性油藏的形成是油源、断层、砂体有效配置的结果，不受构造圈闭限制，分布更加广泛，大大拓宽了找油方向，在该复式油气聚集带内背斜构造的北翼、南翼和东翼主力含油层系东三段—沙一上亚段都具备形成地层岩性油气藏的地质条件，是寻找岩性油藏等隐蔽性油气藏的重点区域，同时中深层的沙一下亚段和沙三段具备整体含油的潜力；

（3）在确定的有利勘探区域内全面开展区带成藏条件再认识，包括开展东三段—沙一上亚段 8 套主力含油层系的精细构造解释、沉积相及沉积微相研究、油源条件及输导系统评价、重新估算区带资源量；

（4）论证该复式油气聚集带内背斜构造的北翼、南翼和东翼的东三段—沙三段不同层系的评价方案，明确勘探方向，流程进入步骤 S5。

步骤 S5：研究砂体与构造配置关系，预测岩性圈闭有利区，具体研究步骤如下。

（1）针对有利目标区开展沉积微相和相控储层预测研究，描述砂体展布特征。根据区域沉积相研究成果和周边钻井目的层系储层发育状况，通过岩心观察描述、测井相分析，建立单井岩相剖面，确定自下而上砂体沉积相类型由辫状河三角洲演化为浅水三角洲，开展东三段—沙一上亚段主力含油层系地震资料精细解释、相控储层反演技术，分砂层组开展储层预测，得到区域砂体分布数据体；

（2）根据沉积类型、微相模式对储层预测成果进行解释分析，识别出砂体展布有西南、西北两大物源方向和侧向尖灭边界，编制主力砂层组储层分布图；

（3）在区域构造成果基础上，利用三维地震资料，编制不同层系主力砂层组构造图；

（4）将主力砂层组储层分布图与对应的构造图叠合，分析砂体储盖组合、侧向尖灭、断层接触关系等因素，确定在构造带的北翼、东翼、南翼和洼槽区都具备形成岩性、构造—岩性圈闭条件；

（5）多砂层组叠加可得出目的层系形成的岩性、构造—岩性圈闭有利范围；

（6）重复以上步骤可预测出 L70 等不同含油断块不同层系岩性、构造—岩性圈闭发育有利区。

步骤 S6：类比已开发油气藏模式，综合评价确定钻探目标，具体研究步骤如下。

（1）在预测的岩性圈闭有利区内开展圈闭条件评价，评价因素包括目的层系砂地比及砂体展布与构造走向之夹角两项指标，利用评价目标区构造图、砂层组储层分布图和邻井储层发育情况，求取目的层系砂地比和砂体与构造夹角资料；

（2）根据上述评价因素和评价标准，按照好、中、差分类建立圈闭评价成果数据表，综合分析预测岩性、构造—岩性圈闭发育有利层段和有利区；

（3）类比已开发油藏模式，对确定的有利圈闭区开展含油性评价，主要包括油源条件、疏导系统、运聚时空配置以及后期保存条件评价，明确不同层系有利目标区；

（4）多目标综合评价，多层系兼探，优选探井井位，2015—2018 年，在该构造带共完成评价井位 32 口，其中针对东三段—沙一上亚段部署完钻评价井位 18 口，针对沙一下亚段—沙三段部署完钻评价井位 14 口，钻探成功率达到 100%，整体新增探明石油地质储量 4943×10^4t，完钻开发井 172 口，累计新建产能 49.58×10^4t，该油田年产原油从 24×10^4t 上升至 39.5×10^4t，累计增产原油 60.4×10^4t，创产值 23.1×10^8 元，新增利润 9.0×10^8 元。

综上所述，本技术提供的一种断陷盆地岩性油气藏的勘探方法以及系统，在对已开发油气藏进行解剖，识别划分油气藏单元的基础上，开展不同类型油气藏单元成藏条件和机理研究，确定复式油气藏成藏机理，在圈闭条件和油气藏成因两个方面取得了新认识，即原来认为是构造油藏断块，按照油藏单元分析认为油藏类型主体是构造—岩性油藏和岩性油藏的新认识。岩性油气藏的形成是油源、断层、砂体有效配置的结果，不受构造圈闭限制，拓宽了找油方向；同一层系各油藏单元的分布特征和不同层系油气藏单元的组合关系及成因联系，确定复式油气藏富集模式；重新开展区带评价，明确复式油气聚集带内背斜构造的北翼、南翼和东翼都具备形成地层岩性油气藏的地质条件，是寻找岩性油气藏有利方向；研究砂体与构造配置关系，在已开发油藏沉积微相研究的基础上，利用地震资料和测井资料开展相控储层预测，明确区域砂体分布特征。相应构造图与沉积相图叠合，预测岩性圈闭有利发育区；类比已开发油气藏模式，多层系、多目标综合评价确定钻探目标，优选标定井位实施钻探。

四、沉积微相精细刻画与相控岩性圈闭预测技术

近年来，在富油区带整体再评价实践过程中探索形成的精细沉积微相刻画与岩性圈闭预测技术，为高勘探程度富油区带中小型地层岩性圈闭识别与预测奠定了技术基础，并在蠡县斜坡等多个富油区带推广应用，取得了良好的勘探开发成效。

1. 技术背景与需求

历经多年大规模油气勘探，中小型地层岩性油气藏已成为富油区带剩余油气资源潜力的主体，是今后油气勘探开发的主要方向[47-48, 57]。但此类油气藏成藏条件复杂，具有很强的隐蔽性，目前对其成藏机理和富集规律的认识还不够深入，缺乏行之有效的找油理论和方法。

当前，层序地层学与储层预测技术相结合被认为是寻找地层岩性油气藏最行之有效的方法和技术[51]。层序地层学的概念、理论和方法为人们认识及预测地层岩性圈闭提供了重要的方法论和技术途径，其所建立的等时层序格架为正确预测地层岩性圈闭指明了方向，应用该理论与技术已成功在被动大陆边缘盆地发现了许多亿吨级深水斜坡扇、盆底扇等岩性油气田。基于三维地震资料的储层预测技术与层序地层学研究成果相结合，可进一步刻画目标区带砂体发育规模与展布形态，为精准落实钻探目标提供依据，从而极大地提高探井成功率。但这些理论、方法和技术更多地应用于海相盆地或陆相盆地勘探早期大型地层岩性圈闭的预测和发现，而对于以中小型地层岩性圈闭发现为目标的高勘探程度区带，特别是陆相断陷盆地则适用性较差。主要原因是其所研究的地层单元较为宏观，研究精度较低、针对性较差。同时陆相断陷盆地受断裂活动强烈、沉积相带窄、相变快等因素制约，其地震资料品质一般较差、地层层序横向对比困难，也导致这些方法和技术的预测能力与可操作性受到很大局限。

针对上述问题，华北油田通过探索与实践，逐步形成了以油藏单元分析为基础，以精细构造解释、精细沉积微相刻画和相控储层反演为主要技术手段的高勘探程度区中小型地层岩性圈闭识别与预测技术，有力支撑了富油区带新一轮地层岩性油气藏精细勘探。

2. 技术主要内容与流程

多个已发现复式油藏的油藏单元解剖分析发现，早期认为的构造（断块）油藏，除少量油藏单元为构造油藏外，大多数油藏单元属岩性油藏或构造—岩性油藏，其圈闭条件主要受控于沉积砂体侧向尖灭与构造背景的有效配置。这一发现给出的启示是在复式油气聚集带，油藏类型实际上主要是岩性油藏或构造—岩性油藏，而不是简单的构造油藏。同时要寻找这些岩性油藏或构造—岩性油藏，必须以沉积微相精细刻画和构造精细解释为基础。本项技术的总体技术思路即来源于此，其核心内容包括“相模式与油藏单

元约束的精细沉积微相刻画技术”和“基于构造岩相带分析的地层岩性圈闭预测技术”。

1）相模式与油藏单元约束的精细沉积微相刻画技术

沉积相和沉积微相研究贯穿于油气勘探开发工作的各个阶段，但不同阶段其研究方法、研究范围和研究对象有所不同。勘探早期，含油气区内仅少量探井见到工业油流或油气显示，钻井和测井资料相对较少，该阶段的沉积相研究是以区域地质、地震资料为主，结合钻井、测井资料，以地层组段或三级层序为单元，对含油气区（盆地或凹陷）开展沉积相类型和区域沉积体系分布研究，预测有利生烃区和储集区。至滚动勘探开发阶段，主要含油气区带已获得大量地震、钻井和测井资料，并对其石油地质特征有了较深入的认识，此时的沉积相研究，通常以油层组（砂层组）或四（五）级层序为单元，对含油气区带开展沉积亚相和沉积微相研究，分析砂体分布和油气富集的关系，明确有利评价建产区带。开发阶段的沉积相研究，是在滚动勘探阶段研究的基础上，结合油田生产动、静态资料，以油藏内的开发小层为单元，对已开发区块开展砂体微相研究，查明砂体分布、规模、形状及其非均质性特征，为油藏数值模拟、优选增产措施和开采工艺提供依据。本项技术主要针对滚动勘探开发阶段的沉积微相研究，其主要内容与技术流程如图 3–23 所示。

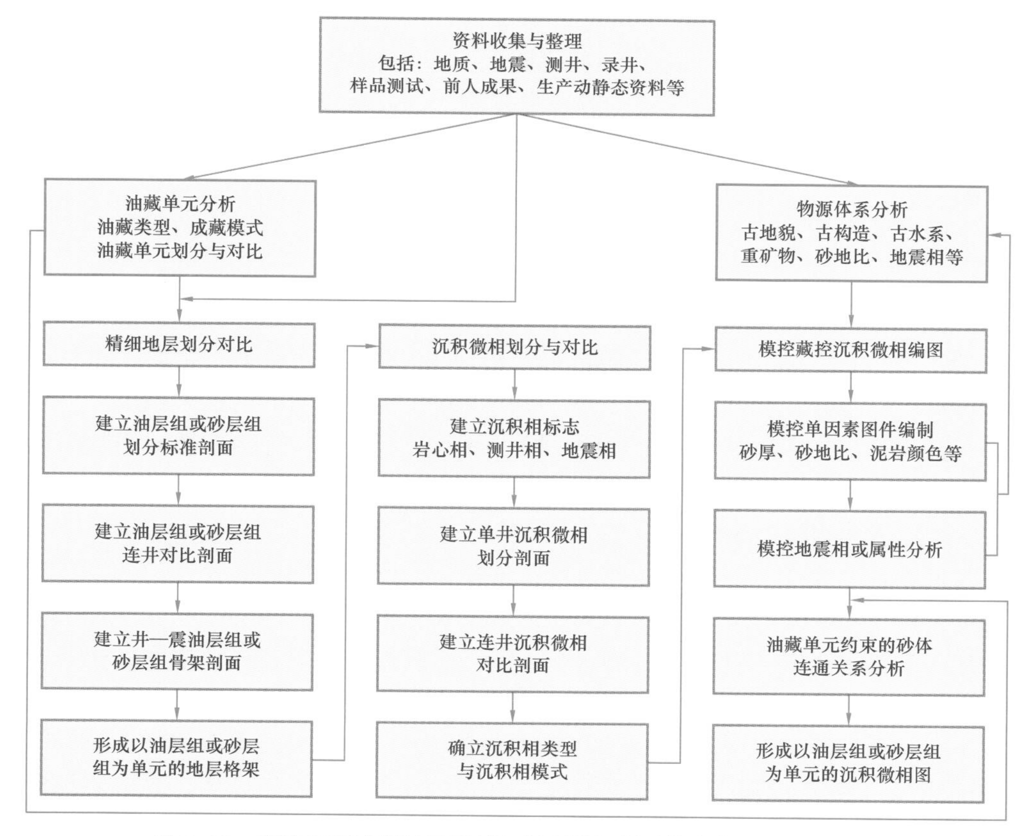

图 3–23　高勘探程度富油区带精细沉积微相刻画技术主要内容与流程

该技术的技术路线和研究方法总体与传统或目前通用的沉积相或沉积微相研究技术方法相近，主要包括精细地层划分对比、沉积微相划分对比和模控藏控沉积微相编图等三个方面。首先以油藏单元分析成果为基础，按照旋回对比、分级控制的原则，建立与同一油藏单元相关的油层组或砂层组（小层）划分标准剖面，并以此为标准开展重点井的油层组或砂层组（小层）划分与对比，建立井—震地层格架。随后从岩心沉积微相分析入手，结合测井相、地震相分析，建立沉积相标志与典型相层序，进而开展单井沉积微相分析、连井沉积微相对比，明确各油层组或砂层组（小层）沉积相、沉积亚相、沉积微相类型及其纵横向演变特征，确立沉积相模式。最后在上述工作基础上，以相模式为指导，编制砂岩厚度、砂岩百分比等单因素图件，结合物源方向、古地理背景、地震属性或储层反演以及砂体连通关系等分析，完成各研究单元沉积微相平面分布图，明确其沉积微相的空间分布与配置关系。其中，在精细地层划分对比和砂体边界精细刻画两个环节创新融入了油藏单元分析方法与成果，这不仅使沉积微相研究具有了藏控意义，而且显著提升了研究成果的针对性与合理性，这将在后面的技术特点部分加以阐述。

2）基于构造岩相带分析的地层岩性圈闭预测技术

陆相断陷盆地具有古地貌起伏较大、地层超覆（退覆）现象频繁、沉积相带相变迅速、各类砂体尖灭现象普遍、断裂活动强烈等特点，有利于形成地层超覆、砂岩上倾尖灭及古地貌等地层、岩性油气藏或构造—岩性、地层—岩性复合油气藏。但与海相盆地或大型坳陷盆地相比，这些油气藏一般规模较小，隐蔽性较强，难以发现和识别。本项技术即针对上述问题而提出，对富油区带中小型岩性或构造—岩性圈闭的识别和预测具有较强的适用性。

（1）地层岩性圈闭形成机制。

地层岩性圈闭是指储层因岩性横向变化，或由于纵向沉积连续性中断而形成的圈闭。其形成的决定性因素是储集体上倾方向存在能有效阻止油气运移的封堵面，或整个储集体被封堵层所包围。封堵面可以是泥岩（致密层）、断层或地层不整合面。除封堵条件外，岩性圈闭的形成还明显受构造背景、砂体走向与构造走向的配置关系以及砂体展布形态的控制，砂体尖灭线、构造等值线、断层线、地层尖灭线适当配置或组合，才能形成岩性圈闭或构造—岩性、地层—岩性等复合圈闭。

（2）地层岩性圈闭形成模式。

以封堵条件为主导，不考虑各种封堵条件并存或同一方向同时存在两种以上封堵条件的情况，初步归纳出 12 种地层岩性圈闭形成模式（图 3-24）。

断层—岩性圈闭是不同类型富油区带，特别是复杂断块区，最普遍和最重要的圈闭类型。断层对其形成起重要控制作用，“断砂耦合”是其主要形成机制与形成模式。在这种情况下，构造背景、砂体展布形态以及砂体走向与构造走向的配置关系，对圈闭形成的控制作用相对较弱。但河流相、辫状河三角洲相等条带状河道砂体，其走向与构造走向，特别是与断层走向近于垂直时更易形成断层—岩性圈闭，且圈闭规模相对较大。砂岩上倾尖灭圈闭主要发育于单斜区（斜坡带、中央隆起带围斜区）和构造反转区，其形

圈闭类型	形成主控因素				典型模式	成因机制	代表性油藏
	构造背景	砂体形态与成因	砂体走向与构造走向关系	封堵条件			
砂岩上倾尖灭圈闭	缓坡带 中央隆起带围斜区	条带状 河流相 辫状河三角洲相 曲流河三角洲相	近于平行	上倾方向及两侧均为泥岩或致密层封堵		砂体转弯或构造线局部弯曲，造成构造等值线与砂体尖灭线斜交形成圈闭	蠡县斜坡高9-40
						鼻状构造使构造线弯曲，造成构造线等值线与砂体尖灭线斜交形成圈闭	蠡县斜坡高106
	中央隆起带 围斜区 反转构造	各种形态和成因的砂体	近于垂直		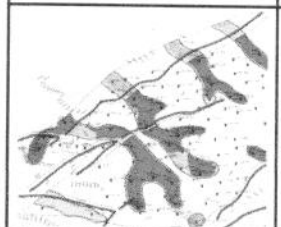	构造等值线与砂体尖灭线近垂直相交形成圈闭	岔河集构造岔72 巴音都兰凹陷巴19
断层—岩性圈闭	缓坡带 陡坡带 洼槽带 中央隆起带	条带状 河流相 辫状河三角洲相 曲流河三角洲相	近于平行	上倾方向泥岩或致密层封堵，两侧一侧为断层封堵，另一侧为泥岩或致密层封堵	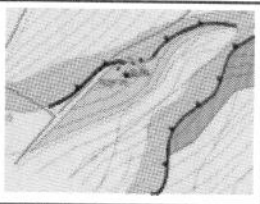	断层与砂体转弯，造成构造等值线与砂体尖灭线、断层线相交形成圈闭	蠡县斜坡高26
				上倾方向泥岩或致密层封堵，两侧均为断层封堵	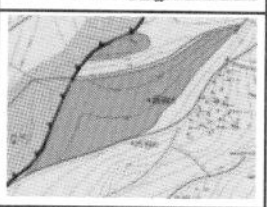	构造等值线与砂体尖灭线、断层线相交形成圈闭	蠡县斜坡西柳4
				上倾方向断层封堵，两侧均为泥岩或致密层封堵		构造等值线与砂体尖灭线、断层线相交形成圈闭	蠡县斜坡高29
				上倾方向断层封堵，两侧一侧为泥岩或致密层封堵，另一侧为断层封堵	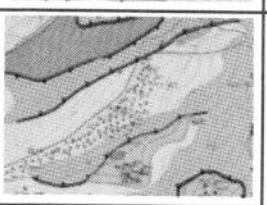	构造等值线与砂体尖灭线、断层线相交形成圈闭	蠡县斜坡高30
		各种形态和成因的砂体	近于垂直	上倾方向断层封堵，其他方向为泥岩或致密层封堵	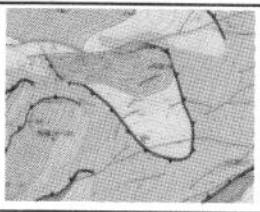	砂体尖灭线与断层线相交形成圈闭	蠡县斜坡西柳10
				上倾方向断层封堵，两侧均为泥岩或致密层封堵	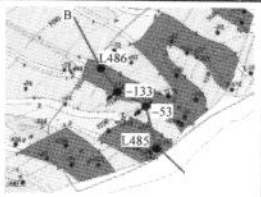	构造等值线与砂体尖灭线、断层线相交形成圈闭	大王庄构造留485
地层—岩性圈闭	缓坡带 中央隆起带 围斜区	条带状 河流相 辫状河三角洲相 曲流河三角洲相 沿岸滩坝砂	近于平行	上倾方向地层不整合面封堵，两侧或一侧为泥岩或致密层封堵		构造等值线与砂体尖灭线、地层不整合面相交形成圈闭	束鹿西斜坡束21
	缓坡带 陡坡带 洼槽区 中央隆起带	各种形态和成因的砂体	近于垂直	上倾方向地层不整合面封堵，其他方向为泥岩或致密层封堵	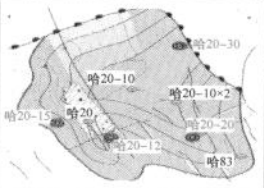	砂体尖灭线与地层不整合面相交形成圈闭	阿南洼槽哈20 乌里雅斯太凹陷太17
砂岩透镜体圈闭	洼槽区 水下低隆 或高地	透镜状 滩坝砂 湖底扇 决口扇	任意	四周均为泥岩或致密层封堵		构造等值线与砂体尖灭线相交形成圈闭	蠡县斜坡高9-10

图 3-24　陆相断陷盆地岩性圈闭成因模式

成受构造背景、砂体展布形态以及砂体走向与构造走向的配置关系控制明显。在单斜背景下，条带状砂体走向与构造走向近于平行，但其尖灭线与构造等值线相交时则形成砂岩上倾尖灭圈闭。在这种情况下，砂体转弯或构造线弯曲对其形成起重要控制作用，“鼻砂耦合”是其最重要的形成机制与成因模式之一。当砂体走向与构造走向近于垂直时，只有构造反转区才可形成砂岩上倾尖灭圈闭。地层—岩性圈闭主要发育于缓坡带或中央隆起带围斜区边缘地层超覆带或剥蚀带，洼槽区、陡坡带在一定条件下也有发育。地层不整合面对圈闭的形成具有重要控制作用，构造背景、砂体展布形态以及砂体走向与构造走向的配置关系，对圈闭形成的控制作用相对较弱，“地砂耦合”是其主要形成机制与形成模式。砂岩透镜体圈闭多发育于洼槽区、沿岸带及水下高地或低隆区，由湖底扇、沿岸坝、决口扇等孤立透镜状砂体包裹于泥岩中而形成，“泥包砂”是其主要形成模式。

（3）地层岩性圈闭预测技术。

在明确地层岩性圈闭形成机制与形成模式基础上，提出了基于构造岩相带分析的岩性圈闭预测技术。其主要内容与技术流程如图 3-25 所示。

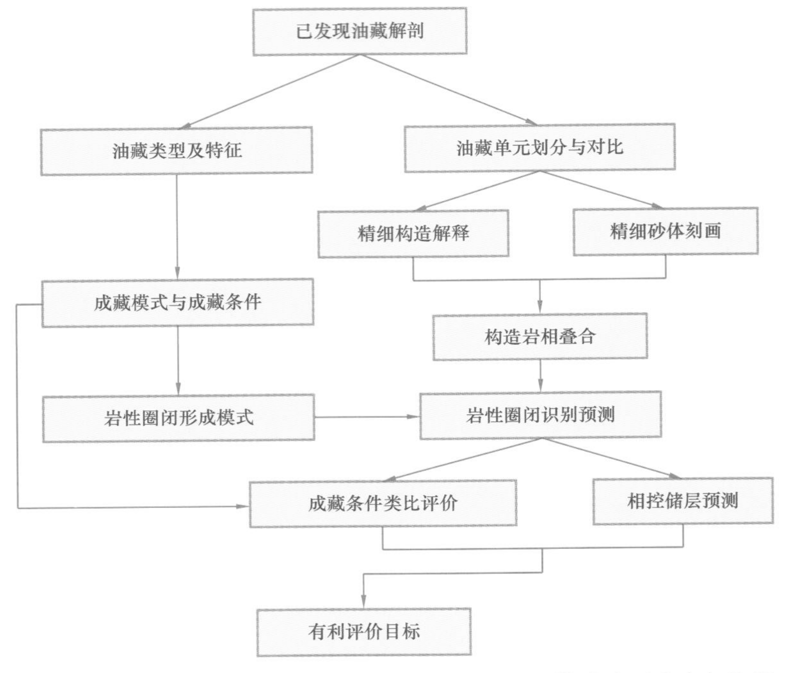

图 3-25　基于构造岩相带分析的地层岩性圈闭预测技术主要内容与流程

该技术从已发现油藏解剖入手，以油藏单元分析为基础，以精细构造解释、精细沉积微相刻画和相控储层反演为主要技术手段，以地层岩性圈闭形成模式为标准，通过构造岩相带分析有效识别与预测地层岩性圈闭。在此基础上，通过成藏条件类比与成藏模式构建，优选出有利圈闭供滚动评价钻探，是高勘探程度富油区带实施地层岩性油藏滚动勘探的有效技术方法与手段。以下对其主要技术内容作简要描述。

① 已开发典型油藏解剖。

对研究区已开发典型油藏进行精细解剖。主要目的是搞清油藏类型及其基本石油地质特征，明确其成藏条件与富集因素，建立成藏模式。同时综合分析各含油砂体的纵横向连通关系，按照同一油气藏储层相互连通、具有统一油水界面的原则，识别划分油藏单元，建立油藏单元划分与对比方案。

② 油藏单元划分与对比。

以典型油藏解剖建立的油藏单元划分与对比方案为标准，对研究区内其他已开发油气藏进行油藏单元划分与对比，搞清各油藏“相当油藏单元”间的油水关系，落实油水边界，建立各油藏相当油藏单元的对比格架（相当于地层单元对比格架），确立格架内油藏单元（含油砂体）的连通关系和分布特征。

③ 精细构造解释。

按油藏单元对比格架所确定的地层单元，开展精细构造解释，编制各单元构造图。精细构造解释的技术方法与流程，在有关章节已作详细介绍，可参照执行。

④ 精细沉积微相刻画。

按油藏单元对比格架所确定的地层单元，开展精细沉积微相刻画，编制各单元沉积微相图。其间要充分利用油藏单元划分对比确定的油水关系，结合沉积模式与储层预测成果，对沉积微相图中含油砂体的连通关系和边界条件进行修正。精细沉积微相刻画技术和方法在前面已有详细陈述。

⑤ 构造岩相叠合与圈闭识别预测。

将相同单元的精细构造图与精细沉积微相图叠合，形成精细构造岩相带分布图。在此基础上，以地层岩性圈闭形成模式为参照标准，分析砂体尖灭线、构造等值线、断层线、地层尖灭线间的配置或耦合关系，识别预测地层岩性圈闭，确定其类型、分布位置与规模。

⑥ 成藏条件类比与圈闭评价。

对识别出的地层岩性圈闭的油源条件、储集条件、输导条件及保存条件等成藏条件，与已开发油藏进行类比，预测其成藏模式与含油性。在此基础上通过综合排队，优选成藏条件较好的圈闭作为有利评价目标。

⑦ 相控储层预测与目标优选。

针对优选出的有利圈闭开展相控储层预测，进一步落实砂体边界、规模与圈闭条件，优选有利钻探目标，提交探井井位。

3. 技术特点与应用条件

本项技术由“相模式与油藏单元约束的精细沉积微相刻画技术”和“基于构造岩相带分析的地层岩性圈闭预测技术”两项核心技术所构成。这两项技术均应生产需求而提出，既有对传统成熟技术的继承，也有新技术的创新，属集成创新技术。较好地解决了高勘探程度富油区带再评价中，精细沉积微相刻画、相控储层预测及地层岩性圈闭识别预测等关键性问题，支撑富油区带地层岩性油气藏精细勘探取得了良好勘探成效。

相模式与油藏单元约束的沉积微相精细刻画技术，在全面集成沉积微相传统研究技术和方法的基础上，关键是在精细地层划分对比和砂体边界精细刻画环节创新融入了油藏单元的概念、分析方法及其研究成果。油藏单元分析按照同一油气藏储层相互连通、具有统一油水界面的原则划分油藏单元，并据此建立富油区带内各油藏“相当油藏单元”

的对比格架，明确各油藏“相当油藏单元”间的油水关系，落实格架内含油砂体的连通关系及油水边界。这种基于油藏单元分析的地层对比格架，不仅克服了传统地层对比方法中不考虑复式油藏油水关系复杂性，直接开展细分小层对比来确定油层、砂体分布及连通关系，多把分属于不同油藏的油层和砂体混在一起的技术缺陷，而且解决了层序地层学方法细分层对比困难、研究精度低、针对性差的问题。同时该对比格架中包含“相当油藏单元”间的油水关系及连通关系信息，为砂体边界刻画和砂体间连通关系的确定提供了重要依据，较好地解决了沉积微相研究中砂体边界如何准确刻画的难题。由此可见，该技术与传统技术方法相比，其沉积微相研究更具有藏控意义，含油砂体间的连通关系更为合理，砂体边界刻画更为准确，显著提升了研究成果的针对性与实用性。

基于构造岩相带分析的地层岩性圈闭预测技术，以油藏单元分析为基础，以精细构造解释、精细沉积微相刻画和相控储层反演为主要技术手段，以地层岩性圈闭形成模式为标准，是对上述技术的集成创新。特别是在综合考虑封堵条件、构造背景、砂体走向与构造走向的配置关系以及砂体展布形态与成因等多种控圈因素的前提下，提出的多种地层岩性圈闭形成模式，不仅为地层岩性圈闭的识别与预测提供了参照标准，同时也是对石油地质理论的完善和丰富。该技术为高勘探程度富油区带中小型地层岩性圈闭识别与预测提供了思路和方法，具有重要的推广价值。

本项技术主要适用于富油区带滚动勘探开发阶段的精细沉积微相研究与地层岩性圈闭预测，需要以丰富的油田地质、三维地震、钻井、测井、分析测试以及油田动、静态开发数据等资料作为资料支撑，典型油藏的油藏单元分析应具备开发井网条件。

4. 技术应用实例与效果

该项技术先后在蠡县斜坡、肃宁—大王庄、马西—八里庄、束鹿西斜坡、阿南洼槽、乌里雅斯太南洼槽等多个富油区带推广应用，均取得了良好的勘探开发成效。现以马西—八里庄构造带薛庄油田为例，展示该技术的应用效果。

薛庄油田位于冀中坳陷饶阳凹陷马西—八里庄构造带东部，走向北东，勘探面积约 $50km^2$。该区发现了间 9、间 12 和马 71 三个油藏，主力含油层系为东营组，共探明含油面积 $3.74km^2$，探明石油地质储量 $297.72 \times 10^4 t$，目前都已注水开发。

该油田区紧邻马西生油洼槽，古近系各沉积期的三角洲相砂体继承性发育，具有丰富的油气资源和良好的生储盖组合。但该区断裂活动强烈，断层发育、构造破碎，故多年来一直按断块油藏的勘探思路进行勘探，在发现三个油藏后便未再取得实质性进展和突破。

从勘探成效分析，该区剩余资源量丰富，仍有很大勘探潜力，具备进一步实施滚动勘探评价的条件。为此自 2017 年 7 月以来，对该区实施区带整体再评价，重新认识本区石油地质特征、控藏因素与富集规律，同时运用沉积微相精细刻画与地层岩性圈闭预测技术，开展地层岩性圈闭预测及其成藏条件研究，指导该区地层岩性油藏滚动勘探，取得了重大突破。

1）典型油藏解剖

对间9和间12两个规模较大的油藏（图3-26）进行解剖，重新认识其油藏类型、成藏条件与富集因素，建立成藏模式。同时综合分析各含油砂体的纵横向连通关系与油水关系，识别划分油藏单元，建立油藏单元划分与对比方案。

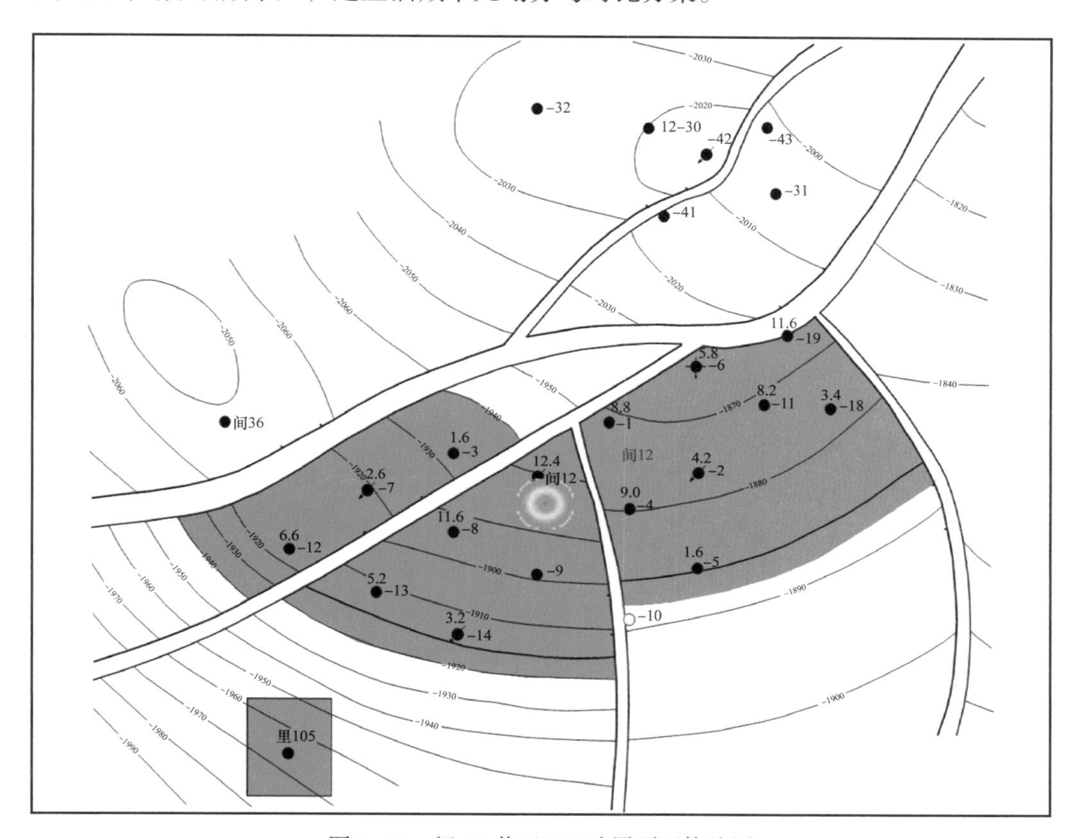

图3-26　间12井区 Ed_2 油层顶面构造图

（1）油藏类型及特征。

前人研究表明间12、间9区块按照构造油藏勘探开发，但在开发过程中，发现储层横向连续性较差，注水部分井不见效等问题，自开展富油区带整体再评价以来，通过油层精细对比，间12、间9油藏内部具备储层纵、横向变化快等特征，过间9、间12主力油藏内部的剖面表明东营组为构造—岩性油藏类型（图3-26）。其砂体两侧对接稳定的泥岩段，高部位受断层遮挡。如间9井区的西251油藏在间12-81X井钻遇，但在间12-53X井和间12-82井砂体尖灭（图3-27）。总体上油层在构造高部位纵向上富集，在构造低部位发育多个油藏单元，其分布受沉积微相和物性影响。整体油藏呈北东—南西向条带状展布（图3-28）。

（2）成藏条件与成藏模式。

该区紧邻马西洼槽，油气资源丰富。据全国第四次资源评价研究成果，马西洼槽发育 Es_3 和 Es_1下两套烃源岩，分布面积为425km²，平均厚度在600m以上，其有机质丰度高，母质类型好，转化率高，总生油量约 20×10^8t。薛庄断层深切入基底，沟通油源，为油气运移提供了良好通道。该区东二段纵向上发育一套稳定的含螺泥岩段，为区域良好的盖层；东三段为砂泥互层，表现为“泥包砂”的特征，具有良好的储盖组合。三角洲前缘亚相分流河道砂体为本区良好的储层，广泛分布于马西断层下降盘，油气在构造—岩性圈闭中保存并成藏。

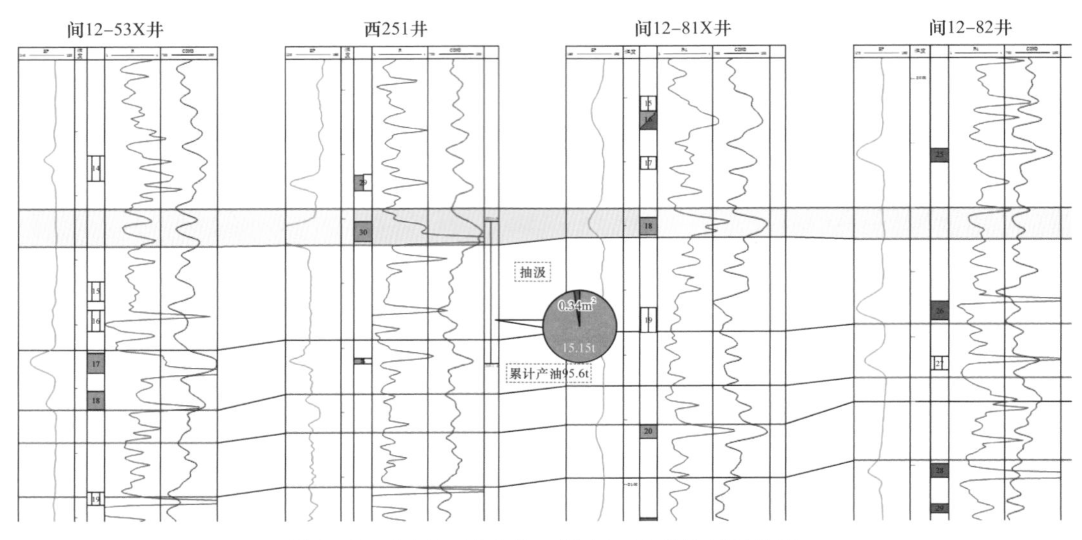

图 3-27　间 12-53X 井—间 12-82 井油层对比图

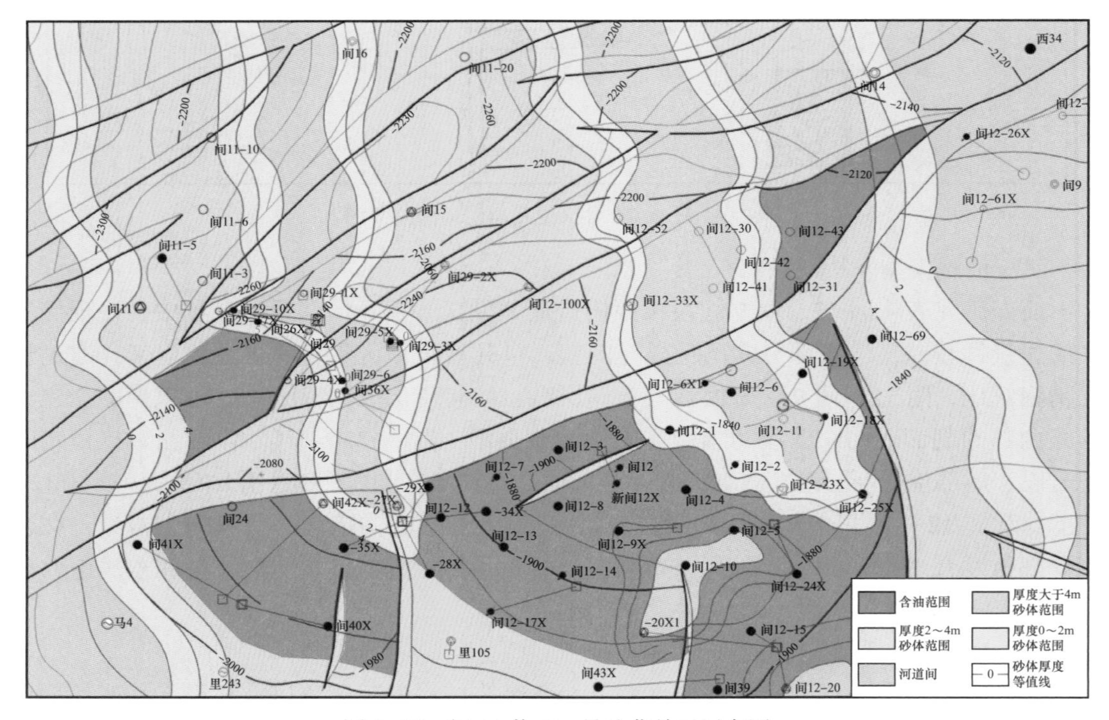

图 3-28　间 12 井区一号油藏单元展布图

沟通油源的断层与河流相砂体匹配形成油气疏导系统，来自马西断层东部的砂体与构造线斜交，上倾方向受断层遮挡，侧向砂体尖灭，形成断层—岩性圈闭，从而形成马71、间12和间9等多个断层—岩性油藏（图3-29）。

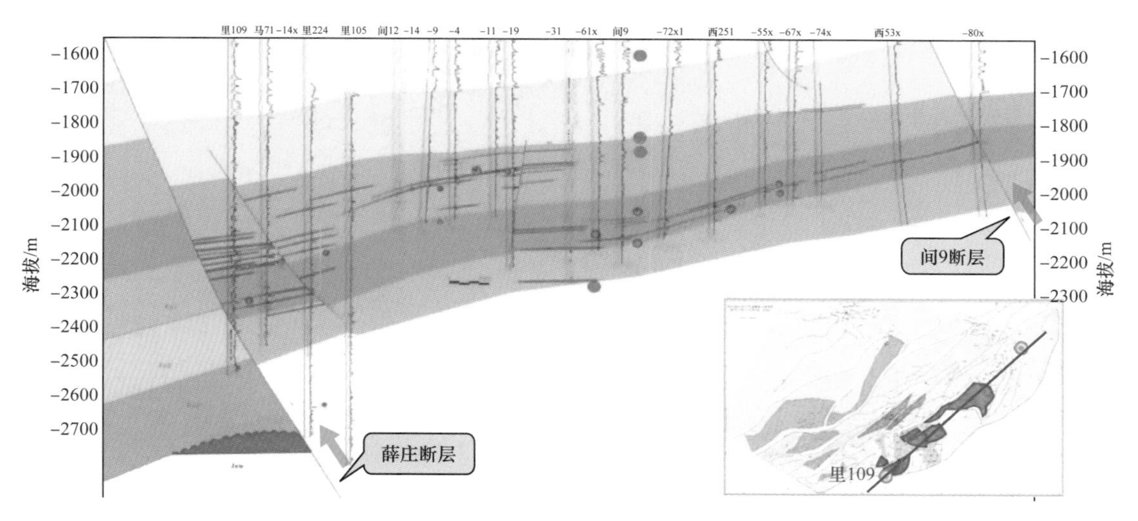

图3-29　薛庄油田马71—间12—间9油藏剖面图

（3）油藏单元划分与对比。

间9、间12油藏主要含油层系为Ed_2、Ed_3。间9油藏主力油层为Ed_3，在油藏高部位发育Ed_2油藏，仅在间12-74、间12-75、间12-76和间12-79x1井钻遇，Ed_3油层以底部碳质泥岩为标志，油层主要集中在碳质泥岩以上100m的地层内；间12油藏主力含油层系为Ed_2，油藏主要富集在含螺泥岩段以下的130m地层内。

以Ed_2的含螺泥岩段与Ed_3的碳质泥岩为一级标志层，油藏内部稳定的泥岩隔层为二级标志层开展区域同层对比。纵向上将间12油藏划分为四个油水系统，确定为三个主力油藏单元；将间9油藏划分为五个油水系统，确定为三个主力单元。

2）精细构造解释

薛庄油田构造位置处于马西—八里庄构造带中东部，马西断层下降盘，马西洼槽是一继承性发育的单断箕状凹陷，古近纪经历喜马拉雅造山运动后，洼槽区构造复杂，薛庄油田处于马西断层下降盘断阶带，马西断层与间9断层为生长断层，控制了油田的整体构造格局，地层呈现西低东高、北东—南西向展布的特征；后期发育的多条北西—南东向的晚期断层将断阶带分割成多个墙角断块，另一组近北东—南西向展布的断层使薛庄油田构造复杂化，在间9、间12区块形成多个断阶带。

因间9和间12油藏纵向上的关系，前人仅对间9和间12油藏开展各自区块构造成图，作图范围小，无法开展油藏外的大量空白带的研究。从新钻遇井成效看，在薛庄油田发现了老油藏下的Es_1^{上}和Es_{2+3}油藏，证实薛庄油田是多层系、满块含油的复式油气聚集带。从整体再评价角度考虑，利用多地震属性、时间切片、三维立体解释等技术手段

对薛庄油田开展多油层组整体构造解释，提高了解释精度和解释覆盖范围，满足了整体再评价构造需求（图 3–30）。

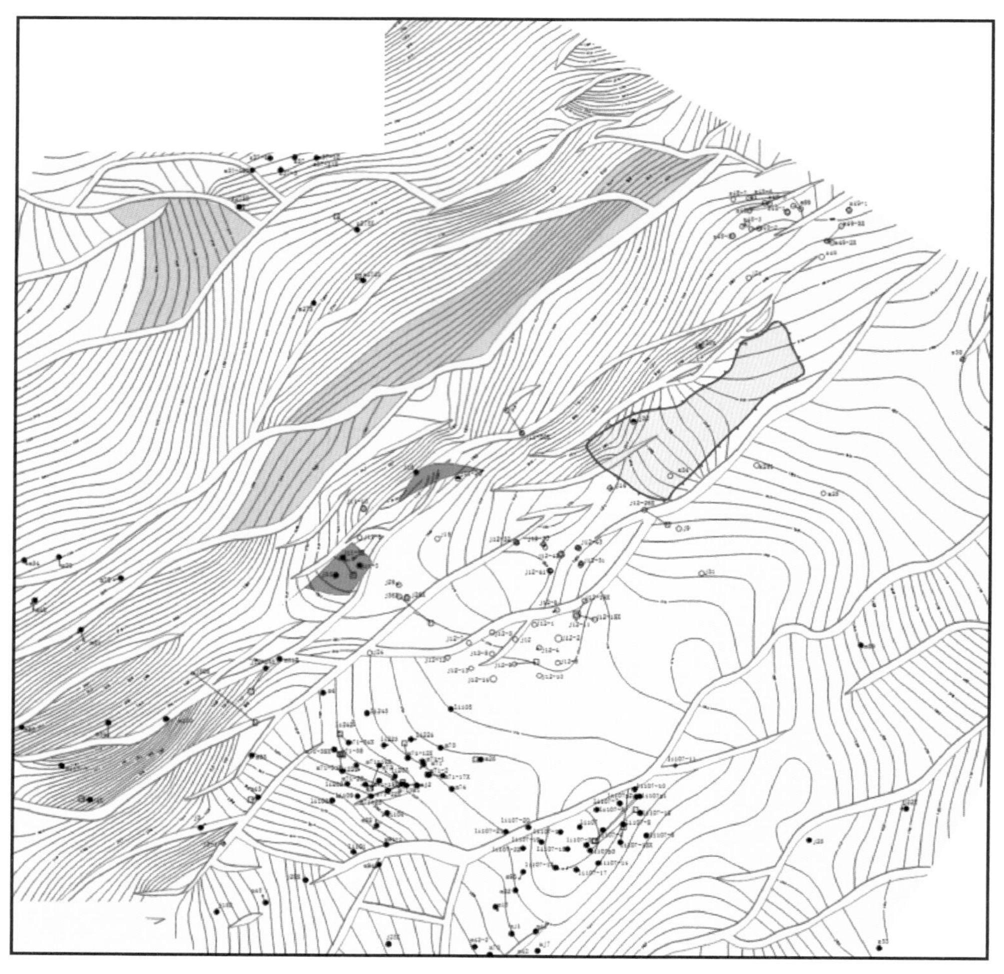

图 3–30　马西—八里庄地区 Ng 底面构造图

3）精细沉积微相刻画

马西洼槽在沙三段沉积早期，马西断层强烈活动，洼槽快速下陷，形成了湖盆广、水体深的沉积格局，发育大套暗色泥岩，是最重要的烃源岩沉积时期；同时来自东部的碎屑物质源源不断地输入本区，形成前积作用较强的三角洲沉积。

沙三段沉积晚期至沙二段沉积时期，拉张断陷活动逐渐减弱，洼槽构造抬升，湖盆水域面积小，沙二段主要发育浅水三角洲相沉积。

沙一段是在早期洼槽抬升、剥蚀夷平的背景下接受沉积的，地形平坦，气候温暖潮湿，沉积速度快，形成了古近纪以来最大的湖侵，沉积一套厚的滨浅湖、较深水湖亚相的深灰色泥岩、油页岩夹浅水生物鲕灰岩、钙质砂岩、泥质灰岩和泥质白云岩为特征的岩性组合，是洼槽另一套主要的生油层系。

沙一段沉积晚期构造抬升作用明显增强，湖盆范围减小，马西断层下降盘发育大规模浅水三角洲沉积，湖盆水体范围退到白洋淀—任丘一带。东营组沉积时期，区域抬升作用继续增强，至东一段全部以河流相沉积为主，反映了抬升消亡期的沉积环境特点，并由此结束了马西洼槽古近系湖盆的演化历史。

前人主要针对马西—八里庄地区开展了 E*d*、Es_2、Es_3 三大层系大相刻画，在马西断层下降盘形成了马 95、马 35、西 38、间 9、间 12、间 3 等多个浅水三角洲，薛庄油田位于马西断层下降盘，古近纪—新近纪三角洲继承性发育，形成间 9、间12 两个三角洲朵叶体。地层沉积了类型多样的分流河道砂体。

随着在马西—八里庄地区发现逐渐增多的非构造油藏，针对单砂体的研究日益重要，预测砂体边界及平面展布特征成为阻滞井位部署的重要不利因素。沉积微相的刻画是有效解决此类问题的关键技术和手段。

在薛庄油田选取控制构造格局的网格井，利用岩心观察、测井相等手段建立单井相，利用储层精细对比结果约束沉积微相平面展布刻画，在间 9、间12 区块取得良好效果。分流河道宽 500～900m，间湾发育，与构造匹配形成多个岩性圈闭（图 3-31）。

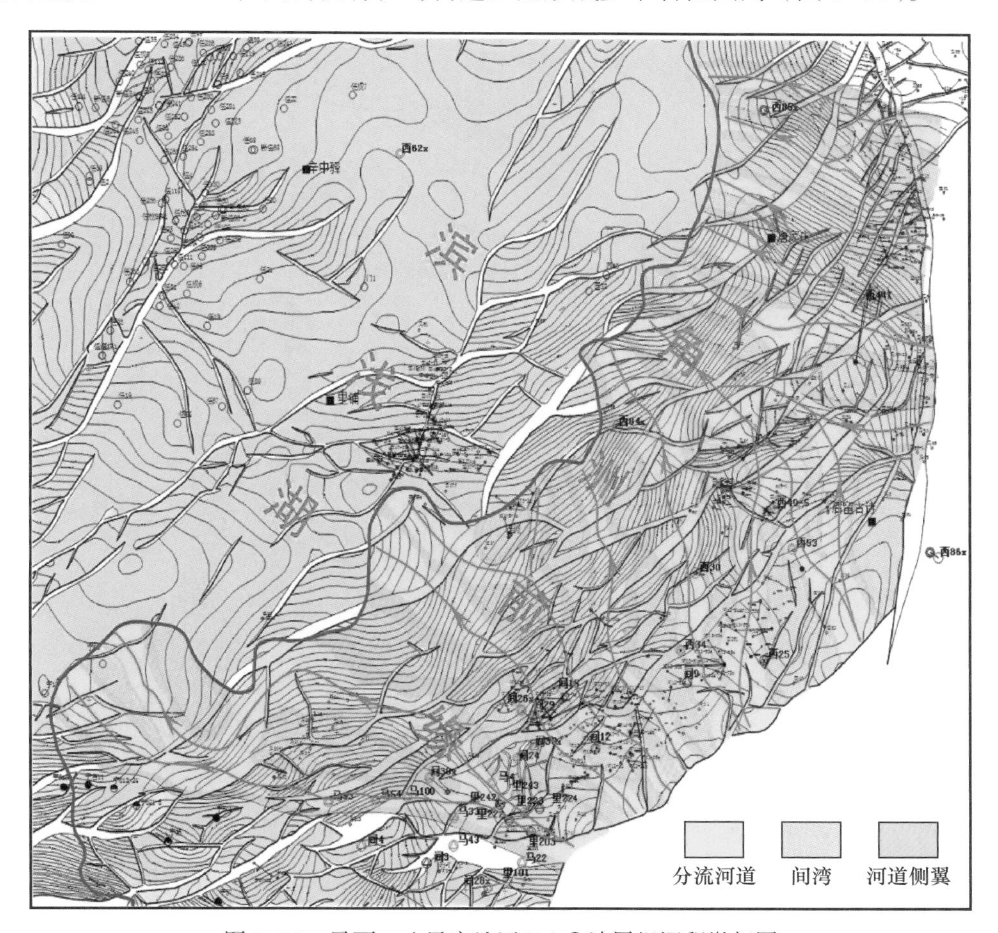

图 3-31　马西—八里庄地区 Ed_3 Ⅰ油层组沉积微相图

4）岩性（构造—岩性）圈闭识别预测

通过构造特征再认识，确定薛庄油田主力层系 Ed_3 顶面构造图，与沉积相匹配分析认为物源来自东部的三角洲朵叶体，在马西断层下降盘自北向南依次形成马 95、马 35、间 9、间 12、间 3 等多个大型构造—岩性圈闭。单个三角洲朵叶体面积为 3～26km^2，在薛庄油田形成了以间 9、间 12 为主的两大有利构造—岩性圈闭，面积约 15km^2（图 3-32 至图 3-34）。

从构造与沉积相叠合看，间 12 井区 Ed-Es_1^{上}发育 3～4 个构造—岩性圈闭，总体圈闭呈近南北向条带状展布，圈闭两侧对接泥岩，南北受断层遮挡，因断层切割作用，形成多个构造—岩性圈闭，整体上间 12 圈闭规模较大，达 2.5km^2，间 9 断层下降盘处于断阶带，规模大小不一，小圈闭面积约 0.3km^2，较大者圈闭面积约 0.6km^2。

从构造与沉积相叠合看，间 9 井区与间 12 井区 Ed_2 类似，Ed_3 构造—岩性圈闭总体呈北西—南东向条带状展布，圈闭两侧对接泥岩，南北受断层遮挡，因断层切割作用，形成多个构造—岩性圈闭，整体上间 9 主体圈闭规模较大，达 5km^2，高点埋深 1840m。

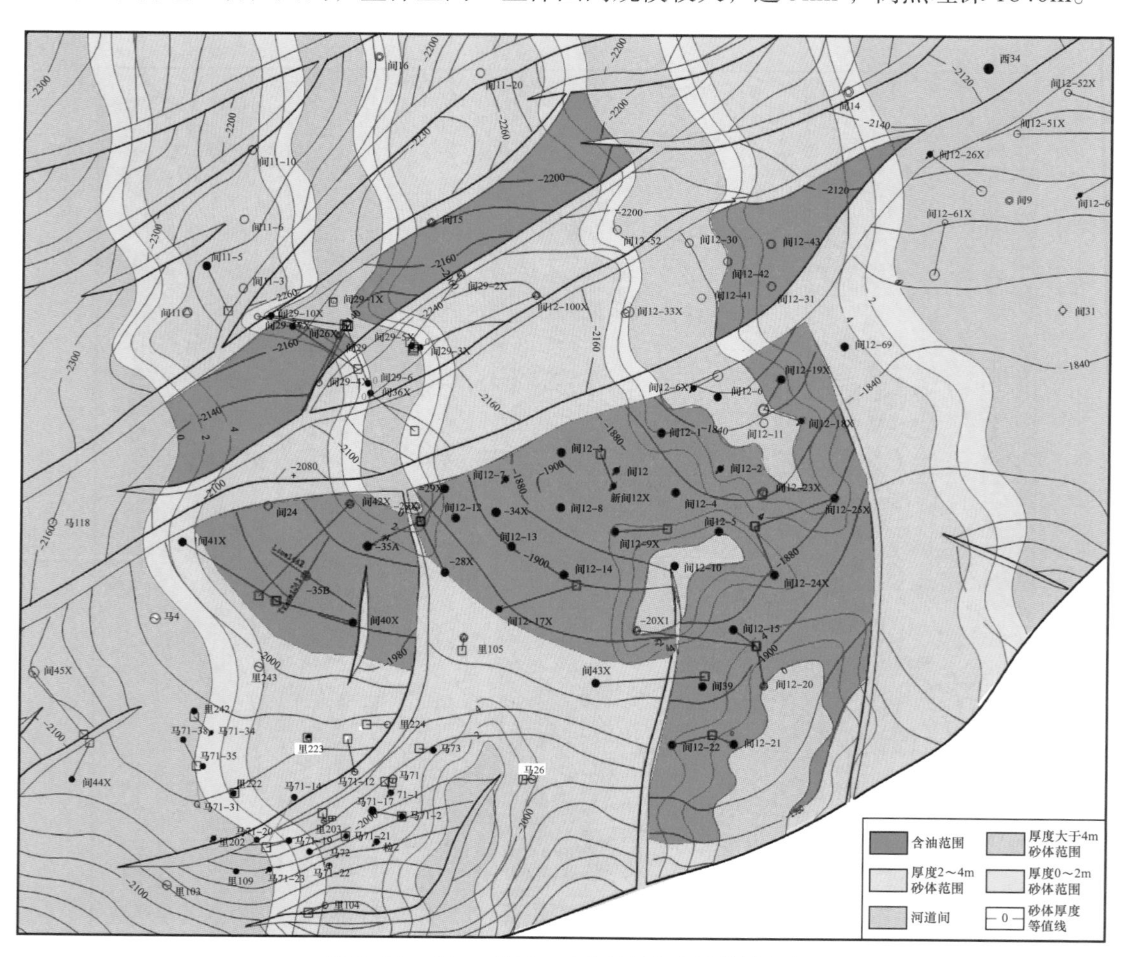

图 3-32　间 12 井区 Ed_2 Ⅰ油层组沉积微相图

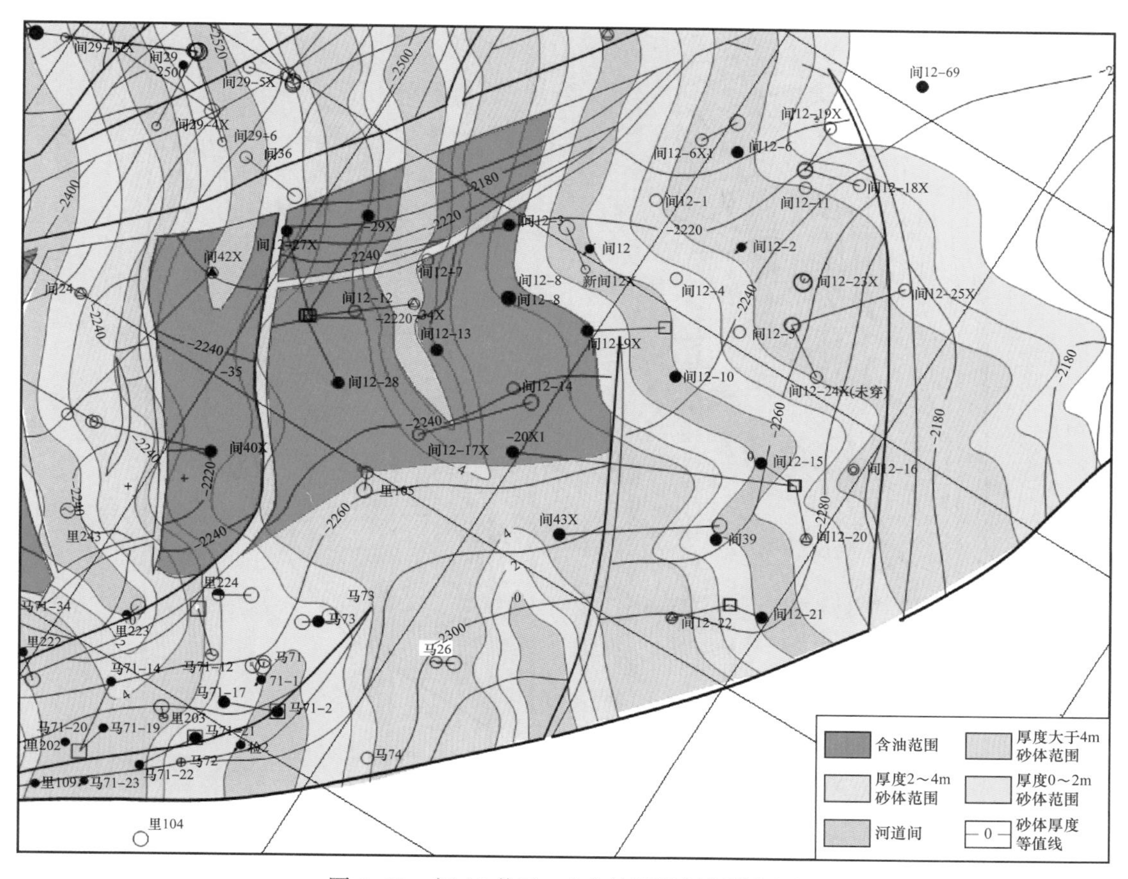

图 3-33　间 12 井区 Ed_3 Ⅰ 油层组沉积微相图

勘探开发证明间 9—间 12 构造—岩性圈闭形成条件主要是构造与沉积砂体有利配置的结果，依据物源来自东部的沉积微相与构造走向斜交匹配、南北断层遮挡形成的构造—岩性圈闭模式，马西断层下降盘形成了一系列河道砂构造—岩性圈闭，有利地开拓了找油领域。

主要分布于马西断层根部的薛庄油田，在薛庄断层的下降盘也发育了多个类型成因的圈闭。南起分布于间 29、间 11 井区，北至间 12、西 27 井区（图 3-35 和表 3-3）。

5）有利目标评价优选

马西—八里庄地区主力层系主要以 Ed、Es_{2+3} 为主，以往按照构造油藏找油思路主要集中在洼槽区开展构造油藏研究，Ed 组油藏的发现具有一定的偶然性，但忽略了其成藏模式和富集规律的研究，在寻找构造圈闭殆尽的形势下，随着油藏单元分析技术的应用，近年来主要围绕 Ed 组油藏取得了新突破。与已发现的构造老油藏对比，认为其成藏条件较构造油藏更苛刻。

首先，新发现并评价成功的构造—岩性圈闭，一定是以沟通油源断层为首要条件。其次稳定的泥岩作侧向封堵是关键，最后油气二次运移并成藏。

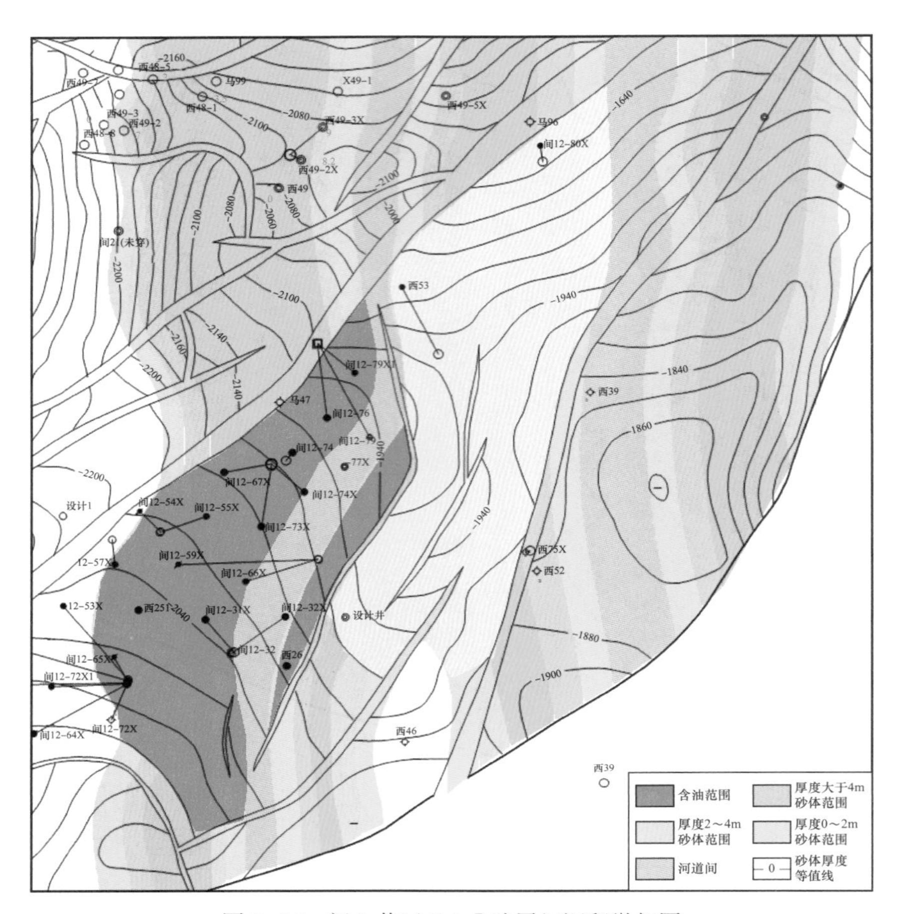

图 3-34　间 9 井区 Ed_3 Ⅰ油层组沉积微相图

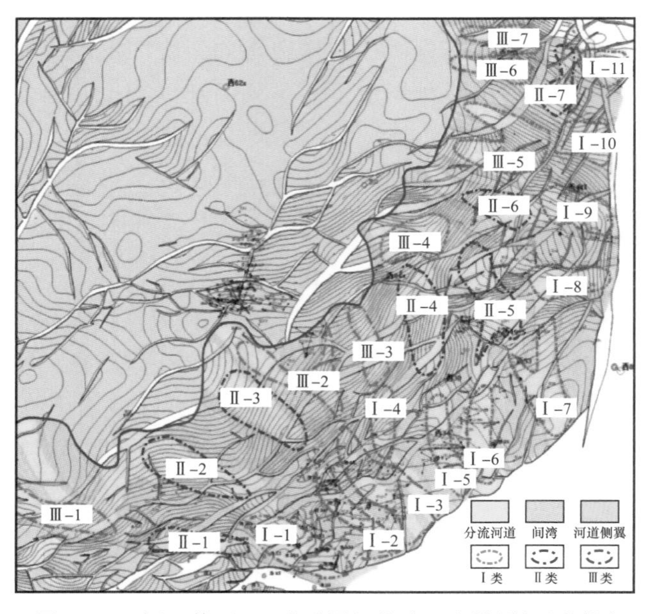

图 3-35　间 9 井区 Ed_3 Ⅰ油层组构造—岩性圈闭预测图

表 3-3 马西八里庄地区圈闭要素统计表

名称	层位	埋深 /m	幅度 /m	面积 /km²	资源量 /10^4t
马 95 北	Ed_2	1650	100	0.4	90
	Ed_3	1950	150	0.5	
马 95	Ed_2	1700	150	0.7	84
	Ed_3	2000	240	0.6	
西 44	Ed_3	2070	120	0.7	60
	$Es_1^{上}$	2150	175	0.9	
马 35	Ed_2	1750	50	0.7	60
	Ed_3	1900	150	0.8	
西 583	Ed_3	2050	70	0.4	60
	$Es_1^{上}$	2300	150	0.6	
西 49−5	Ed_3	1850	90	0.8	50
	$Es_1^{上}$	2150	100	0.7	
间 9 北	Ed_3	2000	80	0.9	120
	$Es_1^{上}$	2100	60	0.94	
西 30	$Es_1^{上}$	2340	100	0.5	60
间 9	Ed_3	2000	100	1.4	80
间 11−30	Ed_3	2400	90	0.6	50
	$Es_1^{上}$	2525	75	0.7	
间 29	Ed_3	2400	110	0.4	45
	$Es_1^{上}$	2550	95	0.5	
间 12−100	Ed_2	2300	60	0.5	80
	Ed_3	2450	115	0.6	
间 12	Ed_2	1900	90	0.7	90
	Ed_3	2000	110	0.6	
马 71	Ed_2	1970	60	0.75	100
	Ed_3	2120	80	0.8	
合计					1029

薛庄油田老油藏解剖表明 Ed 组油藏平面展布受沉积微相和物性控制，如何预测出有利沉积砂体平面展布特征，定性判定有利区分布范围是解决评价构造—岩性油藏的关键问题。

针对薛庄油田 Ed 组油层具有单层厚度小（2～5m），横向变化快（河道小于 1km）的特征，储层纵向上呈现泥包砂的结构特征，采取地震相反演、沉积微相综合控制等多技术手段对分流河道砂体定性、定量预测。共识别出多个有利砂体，预测面积 51.3km^2。

通过多轮次的砂体精细对比及平面特征展布研究，薛庄地区广泛发育三角洲前缘亚相水下分流河道沉积微相，多个河道砂体自北东向南西呈条带状展布。

通过油气富集规律研究，标定薛庄油田间 9—间 12 为有利评价区块。

6）实施效果

2017—2019 年按照油藏单元分析法找油思路，在马西—八里庄地区薛庄油田整体共部署井位 22 口，单井平均钻遇油层 12m/3.7 层，新增探明石油地质储量 341$\times$10^{4}t，新建产能 2.7$\times$10^{4}t。新井投产初期单井日产油 5.76t，其中部分井达到日产油 13t，取得良好的经济效益和社会效益。

第四章　重点区带整体再评价实践与成效

断陷盆地是中国重要的含油气盆地类型，具有典型的复式油气聚集特征，在经历了长期的勘探开发之后，总体进入了成熟勘探阶段，但勘探程度和地质认识存在不均衡性，主要表现为正向构造勘探程度高，斜坡带、断阶带和洼槽区勘探程度低。冀中—二连地区发现的油田都是发育在断陷盆地当中，这些地区历经了多年以正向构造为主的构造油藏勘探开发，已经是高成熟勘探评价区域，如何选择新的资源接替，必须走出新的技术路线与方法。近年来通过对冀中及二连地区的研究，利用油藏单元理论及分析方法，通过实施“三重一整体”的富油区带整体再评价工作，取得了一系列的突破，连续五年实现规模增储，发现蠡县斜坡、大王庄、束鹿等一批千万吨级整装区块，先后获中国石油天然气股份有限公司重大发现二等奖 3 次，三等奖 1 次，累计新增预测储量 1.03×10^8t，新增探明储量 1.7×10^8t。

第一节　蠡县斜坡岩性油藏单元研究与整体评价

一、区域概况

冀中坳陷位于华北平原的北部，地跨河北、北京、天津一省两市。构造位置处于渤海湾盆地西部，北起燕山隆起，南抵邢衡隆起，西邻太行山隆起，东到沧县隆起，整体呈北东—南西走向。

蠡县斜坡位于冀中坳陷中部、饶阳凹陷的西部，地跨饶阳凹陷、霸县凹陷两个构造单元，处于饶阳凹陷西北部与霸县凹陷西南部结合区，是一个北东向继承性的大型斜坡，其西部以高阳低凸起与保定凹陷相隔，东部紧邻肃宁—大王庄潜山构造带，北起雁翎潜山构造带，以雁翎潜山构造带为界，其以北（含雁翎潜山构造带）属于霸县凹陷，以南及以东则属于饶阳凹陷。斜坡东西宽 30km 左右，南北长 60～70km，总面积约 2000km^2。区内通过四十多年的勘探开发，分不同年度完成了三维地震的采集与处理，地下满覆盖面积 1682.25km^2，主体构造已基本满覆盖三维地震。

1. 地层特征

蠡县斜坡古近纪地层是呈西抬东倾的大单斜，基岩出露地层由西向东逐渐变新。地层总的特点是西抬东倾，东厚西薄，斜坡坡降幅度比较低，并以小角度超覆在基底之上。

本区地层自上而下揭示第四系、新近系（明化镇组、馆陶组）、古近系（东营组、沙河街组和孔店组）以及古生界、元古宇等地层。

2. 构造特征

北东向和北东东向断裂体系与北西向鼻状构造相叠置是斜坡的基本构造形态。整体上是一个大坡、缓鼻、微幅，且呈沟梁相间的构造格局。北部坡度较陡，有利于岩性油藏的形成；中南部坡度较缓，南北差异明显。

3. 沉积、储层特征

早期（Es_4–Ek）为坡积—洪冲积—河流—三角洲沉积体系，Es_3 为第一次成湖期，发育为（扇）三角洲—滨浅湖（滩、藻），Es_2–Es_1 下河流相—三角洲—滨浅湖（滩、坝），到 Es_1^上^–Ed 过渡为河流相。

有利岩相带主要发育三角洲相、滨浅湖沿岸滩坝砂体和碳酸盐岩浅滩等。受区域沉积体系演化的控制，发育有多期砂体，砂体分布广，类型多样。纵向上形成了东营组、沙一上亚段、沙一下亚段、沙二段、沙三段等多套储盖组合。从储层物性分析主要还是受埋深和相带控制，沙一上亚段物性较好，孔隙度为 18%～20%，渗透率为 20～40mD；沙一下亚段物性次之，一般孔隙度为 16%～20%，渗透率为 10～40mD；沙二段、沙三段物性相对较差，一般孔隙度为 15%～18%，渗透率为 10～30mD。平面上整体斜坡南部储层物性要好于斜坡北部。

4. 油层特征

蠡县斜坡发现了东营组、沙一上亚段、沙一下亚段、沙二段、沙三段、沙四段、孔店组，以及雾迷山组等多个含油层系，整体上斜坡北部含油层位多、油层较发育；中南部油层较少且层位较新，以东营组、沙一段为主。

从原油性质看，斜坡北部与中部有明显差异，北部西柳到高阳地区原油密度为 0.91～0.94g/cm^3，黏度为 100～2064mPa·s；中部的赵皇庄和大白尺地区原油密度为 0.87～0.90g/cm^3，黏度为 20～60mPa·s。

5. 成藏条件及基本油气分布特征

1）斜坡带油源条件较好，是油气运移的指向

蠡县斜坡紧邻任西洼槽，始终位于油气运移聚集的主要指向。油源存在两种类型：深洼槽油源和自生油源。沙三段生油岩主要分布在任西洼槽区，在斜坡高部位和中南部不发育；沙一下亚段生油岩分布范围较广，主要为一套油页岩、暗色泥岩，其残余有机碳为 0.67%～3.81%，氯仿沥青“A”为 0.35%～0.51%，生烃潜量为 14.57mg/g，镜质组反射率 0.85%。虽然厚度不大，一般为 80～340m，埋深不大，但由于本区地温梯度高（3.79℃/100m），为低成熟生油岩大量转化成石油创造了条件，也是一套好的生油岩。蠡县斜坡经地化指标对比证实，斜坡带油藏油源主要来自同区带沙一下亚段烃源岩（图 4–1），属于低熟油阶段生油聚集成藏。

2）良好的储盖组合是形成蠡县斜坡多套油层的关键

受沉积体系的控制，纵向上形成东营组、沙一上亚段、沙一下亚段、沙二段、沙三段等多套储盖组合，为油气聚集成藏提供了条件。沙二段、沙三段是有利的勘探开发目的层，沙二段全区分布、且相对稳定，沙三段主要分布在斜坡北部，是主要含油层段；沙一下亚段、沙一上亚段及东营组砂层连通性和稳定性相对较差，但仍然是蠡县斜坡重要的含油层和目的层。

3）构造相对较简单，圈闭类型多样

蠡县斜坡在简单斜坡背景、古近系—新近系地层超覆到潜山地层及一系列北东向断层的发育，形成了多种圈闭类型，包括断块、断鼻、背斜，特别是各类岩性圈闭十分发育。沉积相带的分布及岩性变化在圈闭和油藏形成中具有重要控制作用。

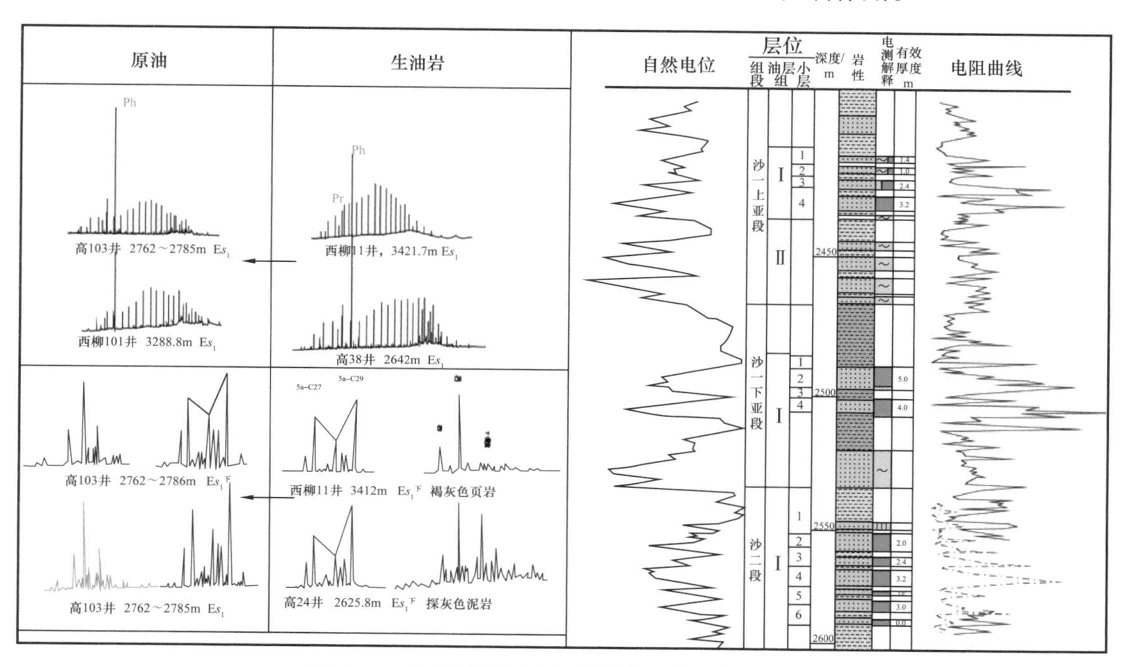

图 4-1 蠡县斜坡原油与烃源岩地化指标对比图

4）鼻状构造背景是油气富集的有利场所

鼻状构造是斜坡带最主要的圈闭类型之一，由于规模较大，易于识别，大多在勘探早期就被发现，如高 30 构造、西柳 10 构造等。

5）油藏具有沿断裂系统呈条带状分布特征

由于断层与圈闭形成及油气运移密切相关，斜坡带断裂组系展布特征在平面上决定了油藏沿断层呈条带状分布。如蠡县斜坡沿高阳断层分布有高 44、高 28、高 101、高 30 等断层。

二、存在的主要问题

蠡县斜坡是一个勘探开发多年的老区富油带，综合勘探开发历程、动静态资料及对油田开发矛盾的分析，深化勘探面临着以下几方面的挑战。

问题 1：斜坡带岩性油藏的形成机理与控制因素是什么？蠡县斜坡油藏在研究方面，以往主要按构造油藏来认识、分析油藏特征，但西柳 10、雁 63 油藏滚动钻探过程中发现早期基于构造油藏圈定的含油面积被不断突破，油藏的主控因素并非构造因素，尤其是油藏西部还没有找到油藏的含油边界，证实了斜坡上具有形成大型岩性油藏的有利潜力，但是岩性油藏的形成机理、分布形式、主控因素均需要重新认识。

问题 2：岩性油藏类型及其富集模式与分布规律如何正确认识？蠡县斜坡呈北东向展布，在斜坡带的不同位置，油藏富集的层位、油藏类型、油藏丰度均有各自的特点，尤其是斜坡背景下不同构造位置表现出沉积相态多样，沉积演化频繁，砂体分布模式与区域构造特征、油源接触关系差异比较大，不同的烃源层、不同的油气运移通道油气富集的方式、分布的范围、空间叠置关系也各不相同，这种看似简单实则复杂的油藏模式与油气分布规律怎样分析、怎样认识？

问题 3：斜坡带砂体类型多，砂体横向变化快，油水关系复杂，电性特征比较复杂，油层识别难度大；储层物性差异大，大多需要储层改造，且油、水层间互，需要先进的改造技术；油藏开发过程中注采矛盾突出，油水关系受砂体控制明显，部分井区受砂体影响，注采不见效，液量下降较快；同一注采单元内，单井产液量差异大，实际水驱波及范围小；油层薄，储层预测需要应用适合的技术等。因此，油层再认识、油藏单元的精细划分及储层改造等先进配套技术的攻关与应用，也是下步规模增储需要解决的重大技术难题。

问题 4：具有构造背景的缓坡带地层沉积样式多，横向变化大，如何建立斜坡带地层格架是一个至关重要的问题。这就涉及地层对比时地层对比标志层的确定，传统地层对比中使用的岩性相似性对比方法存在着严重的误导和格架陷阱，如何选择地层对比标志层是解决斜坡带地层格架搭建，油藏模式的建立和目标优选的基本问题。蠡县斜坡带的沉积序列包括了古近系和新近系，其中沙河街组沙一段在斜坡带稳定分布，尤其是代表着洪泛面沉积的油页岩地层。依据油页岩在湖中沉积演化及分布的特征，可以选择其中的某个层，作为地层对比的标志层。

三、技术路线与主要做法

1. 斜坡带富油区带再评价的技术路线

富油区带整体再评价工作在华北油田已经推行了多年，形成了一套完整的工作思路，在不同的构造带和面对不同成因机理的油藏开展再评价，研究的重点也略有不同。而蠡县斜坡古近系—新近系油藏再评价工作所面临的主要问题有以下几方面。

1）演化关系研究

多年构造油藏模式应用遇到了油藏分布规律不清、主控因素不明、油水关系混乱等难以克服的矛盾，直接制约了斜坡带油藏的深入认识和进一步勘探评价。要解决这个难题就要从构造与沉积的耦合关系入手，研究构造和地层的关系，揭示主要控制因素，研究各个要素的演化过程及各要素之间的相互耦合关系。演化关系的研究包括了沉积演化关系的研究而不是沉积特征的静态研究；构造演化的研究代替简单的构造特征的描述、地层格架的重新建立，从成因上为以上两个问题的深入研究奠定基础。

2）沉积微相及叠置关系研究

蠡县斜坡沉积相的研究已经经过了数十轮的工作，研究结果更是百花齐放，各种认识和观点也是五花八门。但是近几年随着对沉积相和沉积微相研究的逐步重视，对于蠡县斜坡的物源认识、沉积演化过程、沉积相及沉积微相类型逐步趋于一致，目前遇到的主要问题就是沉积微相类型、空间叠置关系及空间的展布范围。针对存在的问题，本次研究要通过解剖沉积相及沉积微相，建立沉积微相之间的变化和空间连通关系，为油藏单元的划分和油水关系矛盾的解决奠定基础。

3）重新认识区带油藏富集规律

传统意义上的蠡县斜坡构造带实际上是一个多次级构造单元复合而成的三级构造带，从北到南发育有成因各自不同的油藏，当前的研究结果显示出断层控源、储层控油、复合成藏的特点。前期的钻探显示出这种低缓背景下油藏的复杂性，主要表现为储层横向变化快、高水低油的油藏分布，口口井见油气显示，但成藏的主控因素难以确定。基于富油区带整体再评价的技术路线，这些增储建产的瓶颈问题都将是实现区带油气勘探开发突破的契机。从烃源岩研究入手，按照由烃源岩到圈闭的成藏机理，逐段解剖成藏机理，分别建立蠡县斜坡北段、中南段、南段的成藏模式，研究不同区域的油藏富集规律。

4）技术路线

基于前期的研究成果及认识，本次研究的工作重点主要有地层对比格架的重新建立和沉积单元的解剖、油气运移通道的识别、油藏成藏机理的再认识、油藏模式的重新建立、油藏单元的精细划分等。因此本次研究在富油区带整体再评价工作流程的基础上稍有变化，调整后建立的新的蠡县斜坡油藏整体再评价技术路线如图 4-2 所示。

2. 主要做法

1）重新开展地质特征及成藏条件研究

（1）整体刻画蠡县斜坡的构造特征。

首先是应用城市高精度三维地震采集及大连片处理技术，获取了高品质连片地震资料。其次是应用构造建模技术，开展整体三维资料的精细立体解释（图 4-3 和图 4-4）。

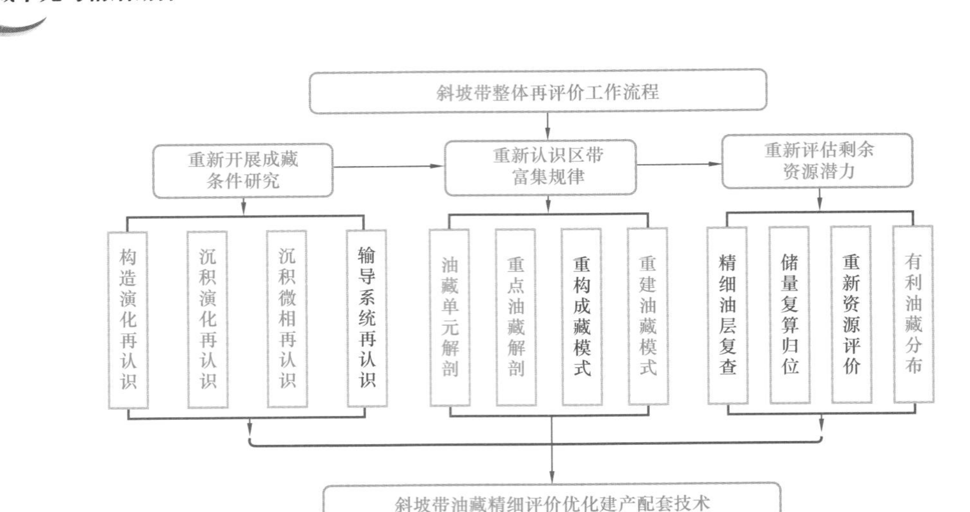

图 4-2 蠡县斜坡富油区带再评价工作流程

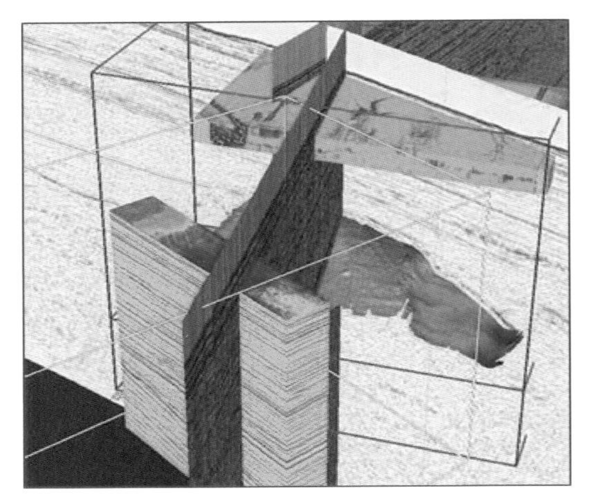

图 4-3 全三维多属性构造解释

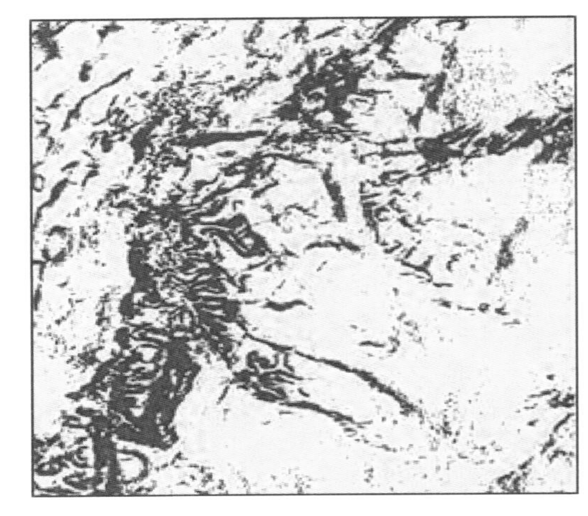

图 4-4 倾角曲率属性断层属性

通过多属性体的融合、层位的立体解释、岩性的雕刻等技术实现真正意义上的“三维”解释，针对斜坡带构造发育弱，利用体曲率、断棱检测、相干融合等技术，提高小断层的识别精度。从断裂特征分析，斜坡北部断层明显发育，走向以北东向为主，中南部主要发育高阳断层和大白尺断层。这些断层的发育与分布决定了斜坡带油气运移、聚集，是油气控制的主要因素（图 4-5）。

总体上断层断距较小、延伸短，规模较小，形成的构造圈闭规模较小，不利于形成大规模的构造油藏。

（2）精细评价斜坡区资源潜力。

蠡县斜坡烃源岩主要有两套：一套是 $Es_1{}^{下}$烃源岩；另一套是分布在同口、淀北及任西—肃宁洼槽的 Es_3 暗色泥岩（图 4-6）。

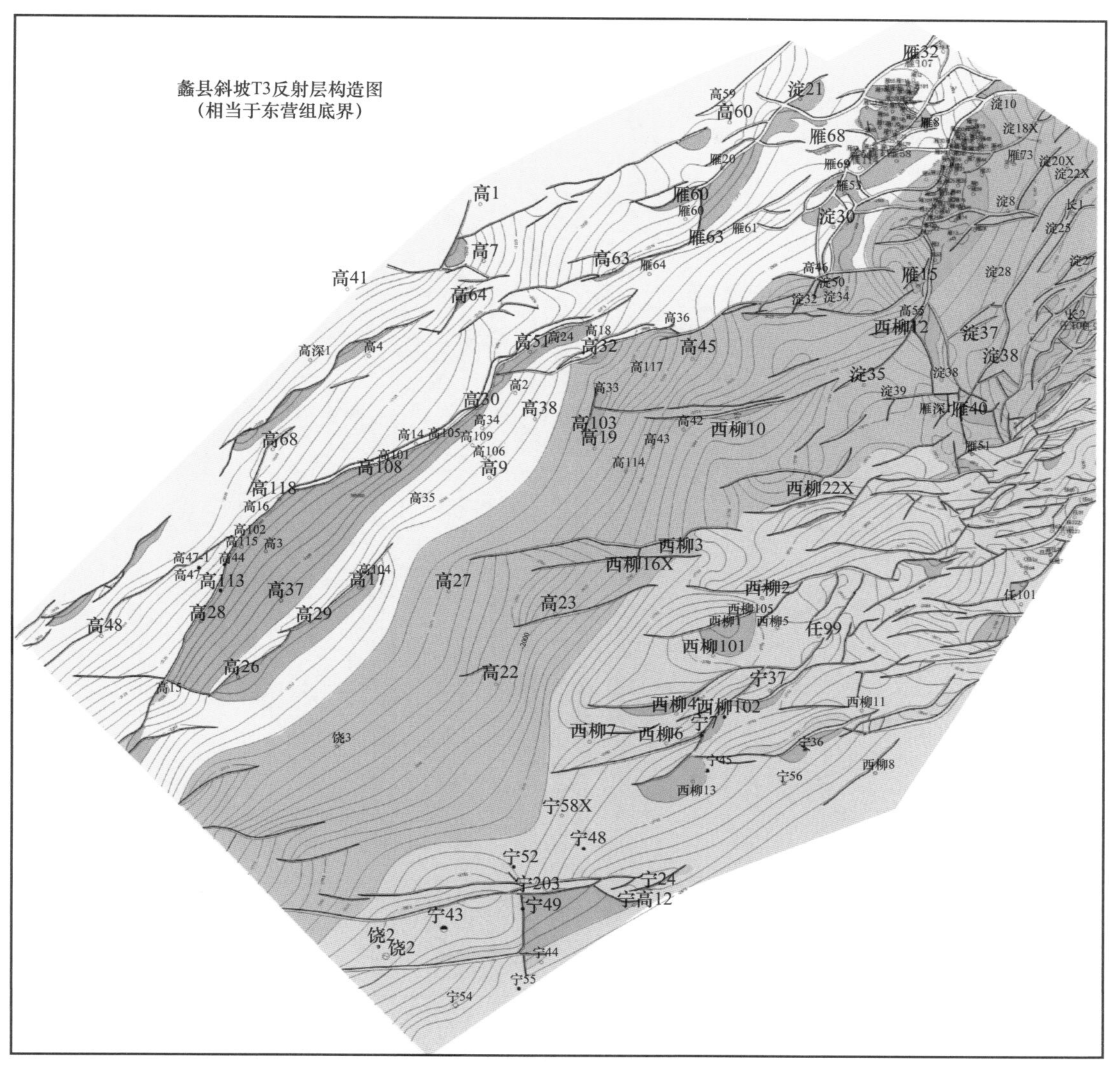

图 4–5　蠡县斜坡构造解释成果图

沙一下亚段“油页岩”烃源岩母质类型好，可溶有机质含量高，有机碳含量一般大于 1.5%，最高达 6% 以上。热传导率的变化特征表明，在沙一下亚段出现热导率低值区，可阻止热量向上散失，提高地层温度有利于烃源岩热演化，为好烃源岩。

沙三段暗色泥岩烃源岩有机质类型主要为Ⅱ$_2$—Ⅲ型。有机碳含量中等，平均为 0.75%，任西洼槽一般小于 1.0%；为一套中等—好的烃源岩。沙三段烃源岩仅局限分布在斜坡北部及内带的任西洼槽中，以及较远的肃宁洼槽中。

精细生油评价结果认为：蠡县斜坡的总资源量有 11.18×10^8t，增加到 26.73×10^8t，聚集量有 1.168×10^8t，增加到 2.62×10^8t。其中斜坡带沙一下亚段油页岩烃源岩为一套浅水型烃源岩，是一套优质烃源岩，也是资源评价有了新认识、资源基础大大增加的主要因素。这套烃源岩直接与下伏沙二段储层接触，排烃条件好，有利于各类油藏的形成。

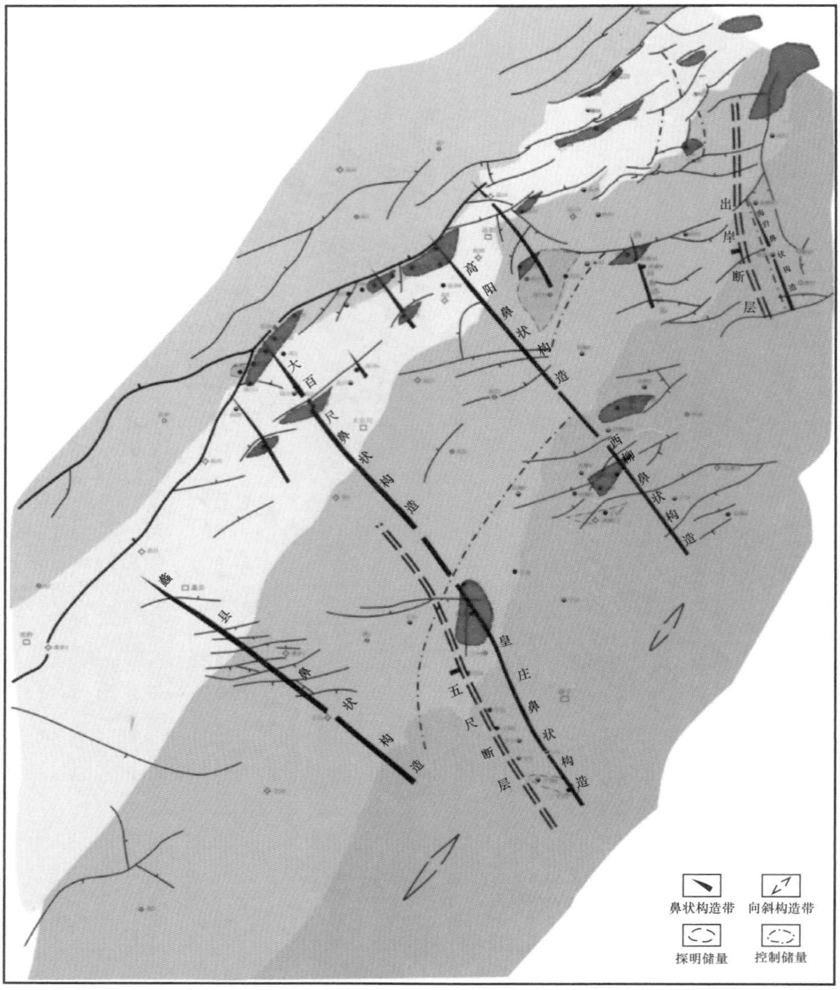

图 4-6　蠡县斜坡烃源灶分布示意图

生油量为 26.73×10^8t，聚集量为 2.62×10^8t，剩余资源主要集中于 Es_1、Es_3，总剩余资源近 2×10^8t，其中沙一段资源量为 0.95×10^8t，沙三段 0.82×10^8t。沙四段和孔店组共有资源量 0.18×10^8t，平均转化率 23%。

（3）分层建立斜坡带沉积体系。

精细的地层划分和对比是油藏开发地质研究的重要基础工作，在这之上，基于早期对本区沉积环境的研究和对辫状河三角洲平原及前缘的沉积特点，采用“旋回对比，分级控制”方法，在各段分层的框架下，以标准井为基本点，进行沉积相及沉积微相研究。主要包括以下几个关键环节。

① 岩心观察，明确沉积微相标志。

蠡县斜坡的取心井较多，针对目的层的取心井资料较全的主要是高 30 井和高 101 井，高 30 井位于蠡县斜坡中南段，是高 30 断块的发现井，该井取心井段超过 50m，经过岩心观察发现高30井沙二段岩性以中细砂岩为主，多见冲刷面及含泥砾的滞留沉积，多见槽状交错层理，可见低角度板状交错层理，富含黄铁矿、植物碎屑（图4-7至图4-9），推断为三角洲前缘亚相。

图4-7　高30井槽状交错层理

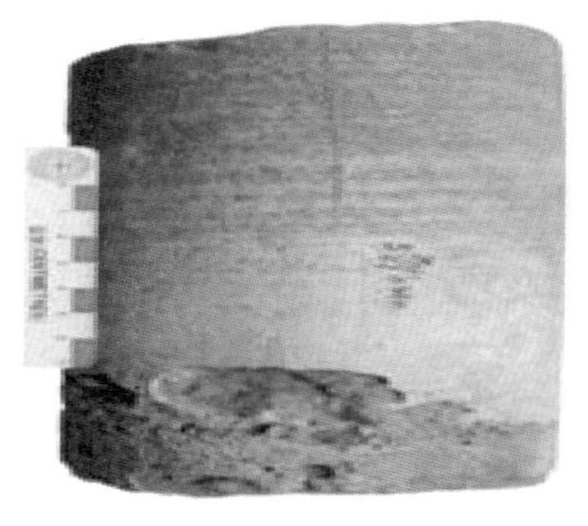

图4-8　高30井冲刷面

图4-9　高30井泥砾、黄铁矿

高101井沙二上亚段岩性以中细砂岩—粉细砂岩为主，泥岩颜色以红色为主，层状沉积，局部见植物碎片，夹煤线。砂岩颜色以浅灰、灰绿色为主，可见水平层理、炭碎屑，可见大段黑色油页岩段、生物灰岩段（图4-10至图4-12），为湖泊沉积相滨浅湖亚相。

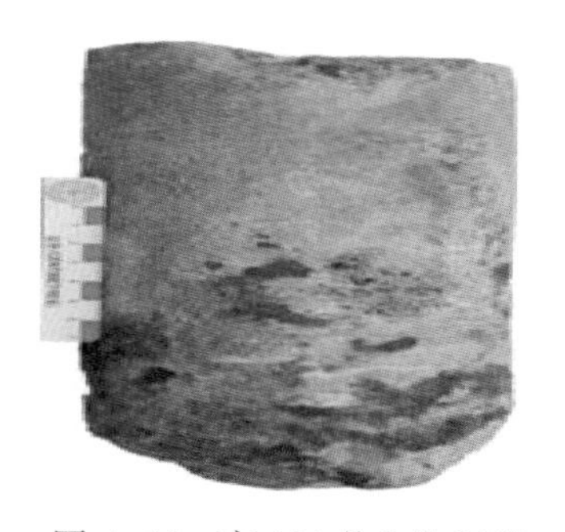

图4-10　高101井生物灰岩

图4-11　高101井平行层理

图4-12　高101井板状交错层理

② 沉积相—测井相耦合关系研究，测井相模式建立。

在识别沉积相时，岩性、粒度、分选性、泥质含量、垂向序列、砂体的形态及分布等都是重要的成因标志。这些成因标志是各种沉积环境中水动力因素作用的结果，同时水动力条件控制着岩石物理性质的变化，如导电性、自然放射性、声波传导速度等。测井曲线正是各种物理性质沿井孔深度变化的物理响应。因此建立取心井准确的岩电关系，进而推广至非取心井，反推出非取心井准确储层特征。所以利用测井曲线形态可以有效地反馈上述成因标志在纵、横方向上的变化，为识别沉积相提供有价值的资料，并成为一种有效识别沉积相的途径。

利用测井曲线形态进行沉积相分析称为测井相分析，亦称电相。电相的概念是O.Serra（1970）首先提出的。他定义电相是确定某一部分沉积岩，并能区别周围岩体的一组测井原始数据或分析数据。定性地说，自然电位、自然伽马的不同形态相应于砂体的不同沉积相，定量地说，在井剖面某一深度的一组测井数据（如地层视电阻率、密度、中子孔隙度、自然电位和自然伽马等）或其他分析数据（如孔隙度、砂岩百分含量、分选系数、粒度中值、泥质含量等）对这一深度的沉积环境形成一种特殊的描述。简言之，测井相分析是利用各种测井响应识别储层微相。由于取心井总是少数，而测井信息却每井皆有，测井信息则是开发地质沉积特征的间接响应。根据自然伽马或自然电位曲线的形态及地层倾角测井可以较好地识别微相，如各种河道、三角洲平原分流河道、三角洲前缘水下分流河道，自然电位为中高幅钟形或箱形，河口沙坝则为漏斗形，远沙坝则为中低幅漏斗形或指形，河道间则为低幅齿形或平直曲线。此外，应用地层倾角测井能较好地识别各类沉积层理。

不同的水动力条件造成了不同环境下的沉积层序在粒度、分选、泥岩含量等方面的特征，因而具有不同的测井曲线形态。

D.R.Alen 最初将自然电位曲线与电阻率曲线组合在一起，提出了五种测井曲线形态的沉积环境基本类型，分别为顶部或底部渐变型、顶部或底部突变型、振荡型、互层组合型、块状组合型等。

渐变型表明顶部或底部沉积颗粒大小的逐渐变化。这种曲线特征往往是一种沉积环境到另一种沉积环境平稳过渡的表征，如由河流沉积区逐渐过渡到洪积平原或河漫滩沉积，曲线特征常表现为顶部渐变型；突变型表明一种沉积环境到另一种沉积环境的急剧变化或不同环境的不整合接触的表征，如河流深切的河道沉积底部；振荡型是水体前进或后退长期变化的反映；块状组合型是沉积环境基本相同的情况下，沉积物快速堆积或砂体多层叠置的反映；互层组合型反映因环境频繁变化而成的砂岩、粉砂岩及页岩相间成的序列，如河道的频繁迁移或以交织河为主的河流相沉积，常见互层组合型。这几种曲线主要受控于三种因素：水体深度变化；搬运能量强度及其变化；沉积物的物源方向及其供应物的变化。

测井曲线的形态分析可以从幅度、形态、接触关系、次级形态四个方面来进行。曲线幅度的大小反映粒度、分选性及泥质含量等沉积特征的变化，如自然电位的异常幅度大小、自然伽马幅值高低可以反映地层中粒度中值的大小，并能反映泥质含量的高低；形态指单砂体曲线形态，有箱形、钟形、漏斗形、菱形四种形态，反映沉积物沉积时的能量变化或相对稳定的情况，如钟形表示沉积能量由强到弱的变化；接触关系指砂岩的顶、底界的曲线形态，反映砂岩沉积初期及末期的沉积相变化；次级形态主要包括曲线的光滑程度、包络线形态及齿中线的形态，它们帮助提供沉积信息，如齿中线呈水平表明每个薄砂层粒度均匀，沉积能量均匀且周期性变化，而齿中线不水平，表明沉积物沉积不连续或分选不好。根据以上所述，测井曲线特征与沉积相之间有密切的关系。用其可先结合岩性、沉积构造、古生物等信息建立取心井测井微相特征标准，然后再推广至非取心井，对研究区目的层进行测井微相的划分。

自然电位来自扩散—吸附电势、过滤电势及氧化还原电势。扩散—吸附电势取决于地层水和钻井液滤液之间离子的浓度差、岩层中泥质含量以及受粒度和分选控制的孔喉半径大小。在浓度差大、泥质含量少、孔喉半径大时，扩散吸附电势就大。在压差（钻井液柱压力与地层压力之差）一定时，地层渗透性好，过滤电势就大。而渗透性又与粒度、分选和泥质含量有关。砂泥岩层的氧化还原电势取决于水动力条件的强弱。因此可以认为，由三种电势构成的自然电位主要受粒度、分选和泥质含量的控制，而它们又受沉积时环境内的水动力条件和物源供应条件的制约，所以自然电位曲线的变化反映了沉积环境的变化。因此，运用其可对沉积相做研究，经岩心观察归纳出研究区不同微相其测井曲线特征如下：以岩心观察划分为基础，结合测井响应特征，研究区水下分流河道测井相主要为箱形和钟形两个大类；河口沙坝测井相主要表现为漏斗形；远沙坝特征与河口沙坝相似，幅度小一些；席状砂主要表现为指状；滩坝的测井相也是漏斗形，幅度较远沙坝小；滩砂的测井相和席状砂类似，也表现为指状。

蠡县斜坡主要目的层根据其主要岩性特征可分为中砂岩、细砂岩、粉细砂岩、粗砂岩、粉砂岩、泥质粉砂岩、粉砂质泥岩、泥岩 8 大类。经过多井的精细岩电对比，优选出自然伽马、声波时差、补偿密度、深双侧向电阻率、深浅双侧向电阻率和补偿中子测井曲线来分析岩性，区分不同类型的岩石和沉积相。

③ 岩石相分类及其特征。

对蠡县斜坡 29 口取心井的观察，结合其岩石的颜色、成分、结构和沉积构造，沙一—沙三段、东营组主要识别出 4 大类，15 小类岩石相类型。

块状层理砾岩相（GM）：岩性以灰色、灰绿色细砾岩为主，颗粒呈点接触和线接触，砾径一般为 0.5～1.5cm；基质主要为粉砂和细砂级碎屑；具块状层理，分选中等—差，磨圆中等—差；位于河道的底部和中下部，其上覆岩相多为砂岩相或含砾砂岩相。出现于砾质河道和砂质河道的下部。

块状层理砂岩相（Sms）：以灰色、灰绿色细砂岩为主，厚度较大，层内局部可见韵律变化，底部有时可见冲刷和泥砾，多为钙质胶结；通常形成于较强水动力条件下，反映快速堆积的特点。

板状交错层理砂岩相（Sc）：由灰绿色、灰白色细砂岩组成，具板状交错层理。层系厚 30～70cm，纹层厚 0.12～5cm，细层面由较多的炭屑组成，纹层向层系底面收敛，交错层理见于水下分流河道等沉积环境。

平行层理砂岩相（Sp）：以灰色、深灰色细砂岩、粉砂岩为主，粒度介于 0.1～0.25mm 之间。厚度一般不大，约 0.5cm。由平直或断续的平行纹理组成，纹理由炭屑组成；常形成于水浅流急的水动力条件下；主要见于强水动力条件的河口坝、分流河道沉积中。

槽状交错层理砂岩相（St）：由灰色、浅灰色槽状交错层理细砂岩、粉砂岩组成，层系厚 0.13～25cm，层面有炭屑；层组间有冲刷面，底部有滞留沉积物，粒度较粗，有时含砾；为水下分流河道沉积。

水平层理粉砂岩相（SSh）：以灰色、灰黑色粉砂岩、泥质粉砂岩为主，厚度较小，纹层呈水平状，层面含植物化石；此层理通常是在浪基面以下或低能环境的低流态中由悬浮物质沉积而成；见于前三角洲、浅湖环境中。

变形层理砂岩相（SSrf）：为灰色、深灰色粉砂岩、泥质粉砂岩；由于脱水引起的泄水构造或由于外力触发机制引起的滑动，原生纹理变形为包卷层理及滑动变形层理，层内细层不规则挠曲，多见于三角洲前缘沉积中或海相沉积体系中的台地边缘斜坡环境中。

透镜状层理砂岩相（SSl）：为灰色粉砂岩、泥质粉砂岩、粉砂质泥岩；发育有波状层理、透镜状层理及脉状层理，以波状或透镜状层理较常见；层面上见有炭屑，透镜体长 3～12cm，厚 1～5cm；这些成因上有联系的层理频繁叠置在一起形成复合层理，是由于湖平面在季节及降雨量变化相互作用下频繁升降造成的，主要为浅湖或三角洲前缘沉积。

水平层理泥质粉砂岩相（SSm）：以灰色、灰绿色粉砂岩、泥质粉砂岩为主，单层厚度较小，纹层呈水平状，层面含植物化石；此层理通常是在浪基面以下或低能环境的低流态中由悬浮物质沉积而成；见于前三角洲、浅湖、较深湖环境中。

沙纹层理粉砂岩相（Sr）：以粉砂岩为主，此类层理必须有丰富的沉积物，特别是呈悬浮状态沉积物的不断供给，主要出现在三角洲溢岸砂及席状砂、滩砂、滩坝沉积环境。

紫红色块状泥岩相（Mm1）：以紫红色泥岩为主，呈块状，含钙质团块，夹砂质条带。形成于分流间湾等低能氧化环境。

灰绿色块状泥岩相（Mm2）：为灰绿色、深灰色泥岩。厚度从十几厘米到几米不等，呈块状，常含有砂质条带。形成于滨浅湖、（水下）分流间湾等低能还原环境。

杂色块状泥岩相（Mm3）：为杂色泥岩，层厚达数米，发育块状层理，常含有砂质条带。形成于滨浅湖、近岸（水下）分流间湾沉积环境。

灰色水平层理泥岩相（Mm3）：为灰色、深灰色泥岩，层厚达数米，发育水平层理，常含有虫化石。形成于半深湖、前三角洲等低能静水还原环境。

④ 沉积体系类型及特征。

沉积体系是一组在沉积环境和沉积过程方面具有成因联系的沉积相的三维组合，其基本组成单元是成因相。通过上述岩心观察、岩石相组合及测井、地震等相标志的详细研究，研究区主要发育辫状河、曲流河、三角洲、辫状河三角洲及湖泊相等 5 种沉积体系，可分为 14 个亚相，30 个微相（表 4-1）。

辫状河三角洲是湖盆中重要的沉积体系之一，也是油气聚集的重要地带，此概念是 20 世纪 80 年代末由国外引进的，20 世纪 90 年代初期在我国中—新生代断陷湖盆中开始发现。它是指辫状河进入稳定水体中的三角洲。

岩性特征：本区沙一—沙三段为浅水辫状河三角洲沉积体系，物源供给充分、沉积速度快。因为浅水沉积环境，砂体沉积厚度不大，单个层序厚度为几米，但砂体出现频率较高。主要由灰白色、灰绿色、浅灰色、紫红色泥岩夹厚层的砂砾岩、含砾砂岩、细砂岩、粉砂岩和泥质粉细砂岩组成，研究区主要沉积细砂岩、中砂岩。

表 4-1　研究区部分沉积体系、相、亚相及微相划分表

相	亚相	微相
浅水辫状河三角洲相	浅水辫状河三角洲平原	分流河道
		河道溢岸砂体
		分流间湾（沼泽）
	浅水辫状河三角洲前缘	水下分流河道
		河口沙坝
		席状砂
		水下分流间湾
湖相	滨浅湖	滩坝
		滩砂
		滨浅湖泥

以牵引流为主的沉积构造特征：牵引流是指碎屑物质以床沙形式搬运为主、悬浮搬运为次的一种水流状态，是浅水辫状河三角洲沉积体系最主要的搬运形式。在浅水辫状河三角洲沉积体系中，反映牵引流沉积作用的层理类型很发育，主要有大中型楔状交错层理、板状交错层理、高角度不规则交错层理、平行层理、小型交错层理、波状交错层理，以及凹凸不平的冲刷构造、再沉积的泥砾等，并可见河床底部砾石的定向排列（图 4-13 至图 4-15）。

图 4-13　槽状交错层理细砂岩

图 4-14　灰色细砾岩

图 4-15　槽状交错层理

以牵引流为主的粒度分布特征：本区浅水辫状河三角洲相的粒度概率曲线有多种类型，它们是由浅水辫状河三角洲各亚环境不同水动力条件所造成的，主要有以下三种类型（图 4-16）。过渡两段式：为一条弯曲的斜线，斜率为 40°～45°，主要为悬浮总体。反映沉积时水体受多向动力叠加，分选性较差。三段式：滚动组分含量低（小于 10%），跳跃总体含量为 20%～85%，斜率为 50°～70°，细截点 2～3ϕ。反映分选中等偏好、以牵引流为主的搬运方式，属于分流水道微相中河道板状交错层理砂岩的曲线特点。两段式：

由跳跃总体和悬浮总体构成的两段式。跳跃总体含量为40%～75%，斜率为30°～45°，细截点为1～2ϕ，分选性较好；悬浮总体分选差，部分曲线存在明显的过渡带，属分流水道微相上部具不规则交错层理泥质砂岩的曲线特点。分流河道砂体为间断正韵律：分流河道间断正韵律主要为无泥岩的粗粒间断正韵律，与辫状河道相比其粒径要细，往往出现在细砂岩和中砂岩之中，比如高104井2244.05～2451.81m取心等井段，它的特点是正韵律的单层沉积厚度较小，为0.5～1.2m；岩性为中、细砂岩，沉积水动力强，单期分流河道砂体相互叠覆，之间无泥岩夹层，每个间断正韵律自下而上可为冲刷下伏层的含砾砂岩，向上渐变为具单向斜纹层的粉细砂岩，正韵律底部发育冲刷面。

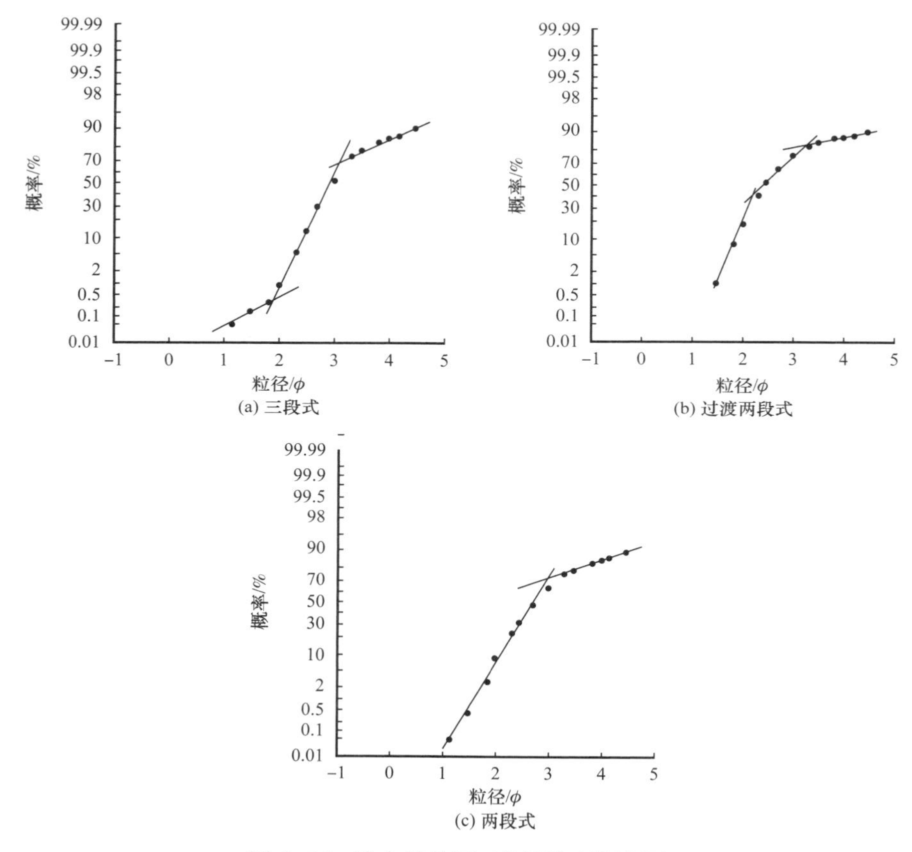

图4-16　浅水辫状河三角洲粒度概率图

电性特征：浅水辫状河道在自然电位曲线上主要表现为不规则箱形；水下分流河道表现为钟形，底部突变；分流河道间则为低幅平形；分支河口坝为漏斗形；前辫状河三角洲为平直形到低幅齿形。

综合以上沉积特征及标志蠡县斜坡沙一—沙三段沉积期发育有浅水辫状河三角洲。主要表现在泥岩以紫红色、灰绿色相间及浅灰色为主，较高的砂地比、连片分布的砂体、频繁发育相互叠置的间断正韵律、反映较强水动力的交错层理及较高的砂岩成熟度等，都能较好地反映研究区目的层沉积期主要为浅水辫状河三角洲沉积，可见浅水辫状河三角洲平原、辫状河三角洲前缘亚相，识别出分流河道、溢岸砂、水下分流河道、河口沙坝、席状砂、水下分流间湾等微相。

单井相分析是进行剖面对比分析和平面相分析的基础。单井相分析主要从所研究目的层取心井入手，在岩心观察、薄片分析及测井相分析的基础上，结合分析化验等资料，并参照前人对该区的研究成果，确定岩石的成分、结构、沉积构造、粒度特征及生物化石等一系列特征，建立垂向层序，分析其形成环境，了解相邻沉积相间的关系，确定沉积相及微相类型。例如，高 20 井情况如下。

东一段（Ed_1），1960.5～2117.5m，主要为三角洲相沉积。岩性主要为灰白色粉砂岩、灰绿色细砂岩和浅灰色泥岩，层理不发育，主要发育三角洲亚相，发育的微相主要为席状砂、水下分流间湾及少量河口沙坝微相。

东二段（Ed_2），2117.5～2214.3m，主要为湖泊相沉积。岩性主要为灰白色粉砂岩、灰绿色细砂岩和浅灰色、灰绿色泥岩，层理不发育，主要发育滨浅湖亚相，发育的微相主要为滩砂，滨浅湖泥微相。

东三段（Ed_3），东三段Ⅰ油层组 Ed_3Ⅰ，2214.3～2292.5m，主要为湖泊相沉积。岩性主要为灰白色粉砂岩、灰绿色细砂岩和浅灰色、灰绿色泥岩，发育水平层理，主要发育浅湖—半深湖亚相，发育的微相主要为滩砂、滨浅湖泥、半深湖泥及浊积体微相。

沙一上亚段（$Es_1{}^{上}$），2784.1～2856.7m，岩性为灰白色粉砂岩、细砂岩，紫红色、灰绿色及灰色泥岩，为湖相沉积，发育滨浅湖亚相，发育的微相主要有滩砂、滩坝、滨浅湖泥等微相。

沙一下亚段（$Es_1{}^{下}$），2856.7～2907.4m，岩性为灰白色粉砂岩、细砂岩，灰绿色石灰岩，紫红色、灰绿色及灰色泥岩，为湖相沉积，发育滨浅湖亚相，发育的微相主要有滩砂、滩坝、滨浅湖泥及碳酸盐岩等微相。

沙二段（Es_2），2907.4～2971.8m，岩性为灰白色粉砂岩、细砂岩，褐灰色石灰岩，棕红色、灰绿色鲕粒灰岩，灰绿色石灰岩，紫红色、灰绿色及灰色泥岩，为湖相沉积，发育滨浅湖亚相，发育的微相主要有滩砂、滩坝、滨浅湖泥及碳酸盐岩等。

沙三段Ⅰ油层组（Es_3Ⅰ），2971.8～3112m，上部岩性主要为紫红色细砂岩、紫红色粉砂岩、紫灰色泥岩，为浅水辫状河三角洲前缘亚相，发育的微相主要为席状砂及水下分流间湾微相；中部主要为紫红色细砂岩及灰紫色细砂岩，发育水下分流河道微相；下部岩性主要为灰白色粉砂岩、细砂岩，紫红色泥岩、浅灰色、灰色泥岩。主要为浅水辫状河三角洲前缘亚相，发育的微相主要为席状砂和水下分流间湾微相。沙三段Ⅱ油层组（Es_3Ⅱ），3106.2～3112m，上部岩性主要为浅灰色细砂岩、浅灰色粉砂岩、灰色、浅灰色泥岩，主要发育浅水辫状河三角洲前缘亚相，发育的微相主要为水下分流河道及水下分流间湾微相；中部岩性主要为灰白色、灰绿色粉砂岩、细砂岩，灰绿色泥岩、浅灰色、灰色泥岩，主要发育浅水辫状河三角洲前缘亚相，发育的微相主要为水下分流河道、席状砂及水下分流间湾微相；下部岩性主要为灰白色、紫红色粉砂岩、细砂岩，紫红色泥岩、浅灰色、灰绿色泥岩，主要为浅水辫状河三角洲前缘亚相，发育的微相主要为席状砂、水下分流间湾。

2）油藏单元研究

沿用上面的技术路线，以雁 63 断块油藏单元研究为例展示。

（1）基本概况。

雁 63 断块位于蠡县斜坡构造带中北部，为三条雁列式排列的北东向北西掉的反向正断层分别控制的长条形断鼻构造，受古地貌及早期活动断层的影响，沙三段之后的地层形态在平面上呈沟梁相间的构造格局。地层产状向西北抬起，东南倾覆。早期的勘探认为油气沿鼻梁运移，受断层遮挡，主要富集在断鼻高部位。随着评价滚动的深入，基于油藏的整体评价和再认识，在同口地区雁 63 断块沿早期鼻隆构造不断外扩，重新认识雁 63 断块的油藏类型，逐渐改变以往的构造油藏模式为断层控高、砂体控边的构造岩性复合型油藏，至今已探明主要含油层位是 $Es_2{}^{上}$、Es_3，2009 年雁 63 断块合计上交含油面积 13.6km^2，石油地质储量 1441.41×10^4t，可采储量 288.30×10^4t。共分为 5 个井区，分别是雁 63−2、雁 63−3、雁 63−50、雁 63−95、雁 63−80 井区（图 4−17）。

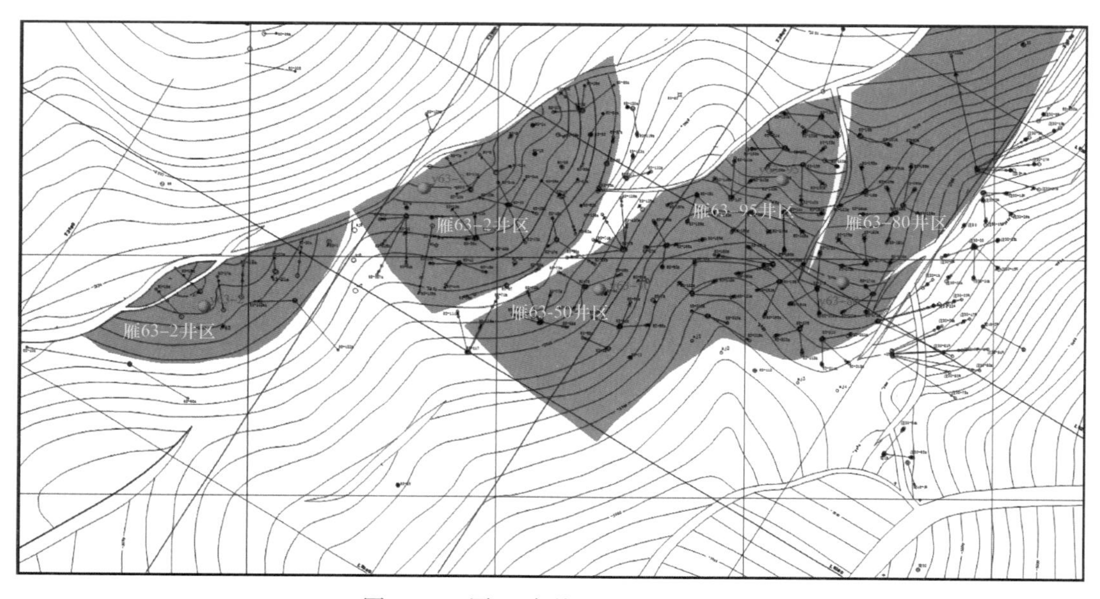

图 4−17　雁 63 断块 Es_3 顶面构造图

2012—2015 年整体建产，截至 2020 年 12 月，雁 63 断块共有油水井 225 口，其中采油井 150 口，开井 143 口，日产液 1290t，井口日产油 361t，核实日产油 277t，平均单井日产油 1.9t，综合含水率 72%，采油速度 0.85%，累计产油 139.12×10^4t，采出程度 9.65%。注水井 75 口，开井 65 口，日注水 1535m^3，月注采比 1.15，累计注水 452.18×10^4m^3，累计注采比 1.12。

（2）油藏单元解剖。

① 结合沉积韵律，精细小层划分。

以 $Es_1{}^{下}$油页岩内部标志层、Es_3 顶部泥岩和中部稳定发育的泥质灰岩作为标志层进行区域地层对比，Es_3 顶面为区域剥蚀面。Es_3 分为 3 个油层组，油层主要分布在 Es_3 Ⅱ油层组；$Es_2^{下}$油气零星分布；$Es_2^{上}$在本区域内普遍含油。

纵向上按旋回级次，由大到小，逐级对比，用标准层开展组段划分对比，利用旋回性开展砂层组对比划分，在砂层组界线控制下，利用岩性、厚度、电性特征及含油性特征对比划分小层。在对比曲线的选择上，以 GR、SP 为主，以 AC、COND 曲线为辅，很好地涵盖了对砂泥的特征识别和储层的渗透性好坏判别。同时，依据旋回划分砂层组，在辅助标志层的约束下，参考单层的韵律性、岩性、厚度、电性特征划分小层。将 Es_2 上段划分为 6 个小层，Es_3 上部储层划分为 10 个小层，划分状况具体如图 4-18 至图 4-20 所示。

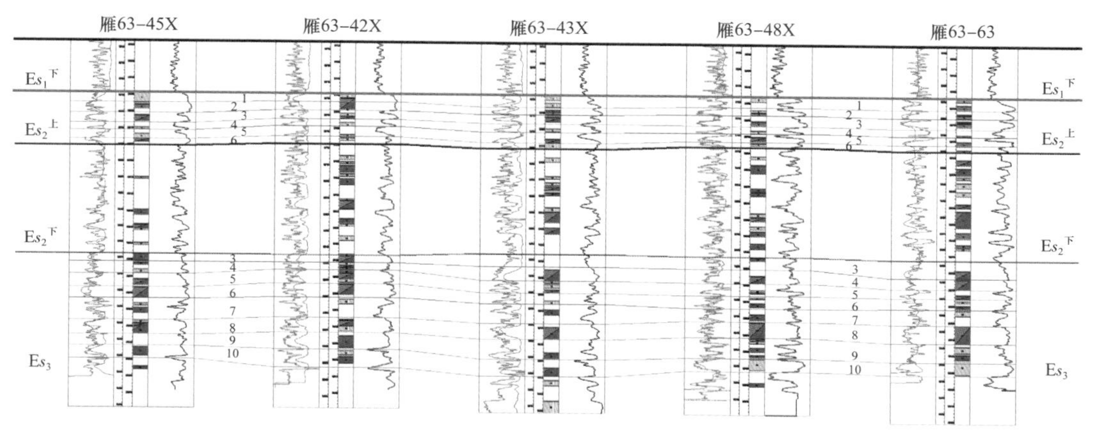

图 4-18　雁 63 断块雁 63-45X 井—雁 63-63 井小层对比图

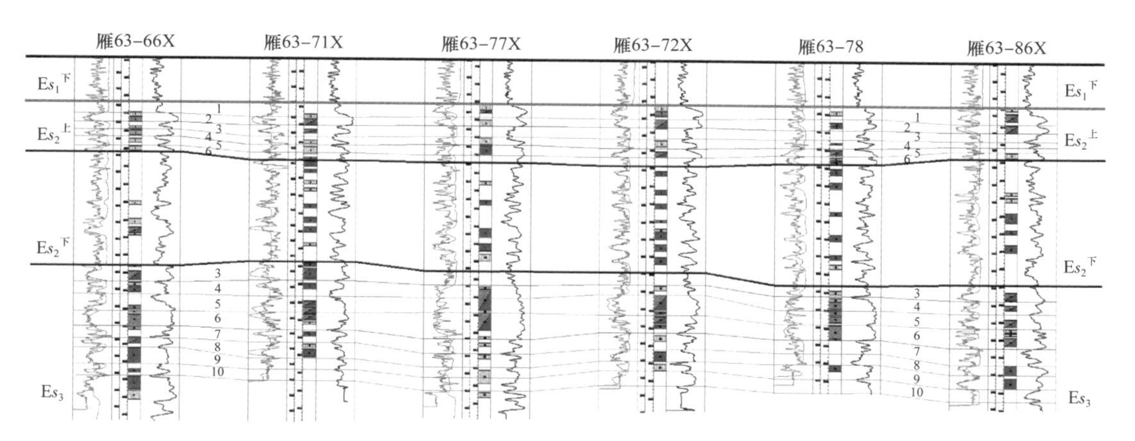

图 4-19　雁 63 断块雁 63-66X 井—雁 63-86x 井小层对比图

② 开展沉积微相研究，明确有利砂体展布。

蠡县斜坡同口地区物源来自北西，Es_3 段为辫状河三角洲沉积，以三角洲平原为主、前缘为辅。主要沉积砂体为水下分流河道、河口坝。Es_2 段为三角洲前缘沉积，主要沉积砂体为前缘席状砂沉积（图 4-21）。

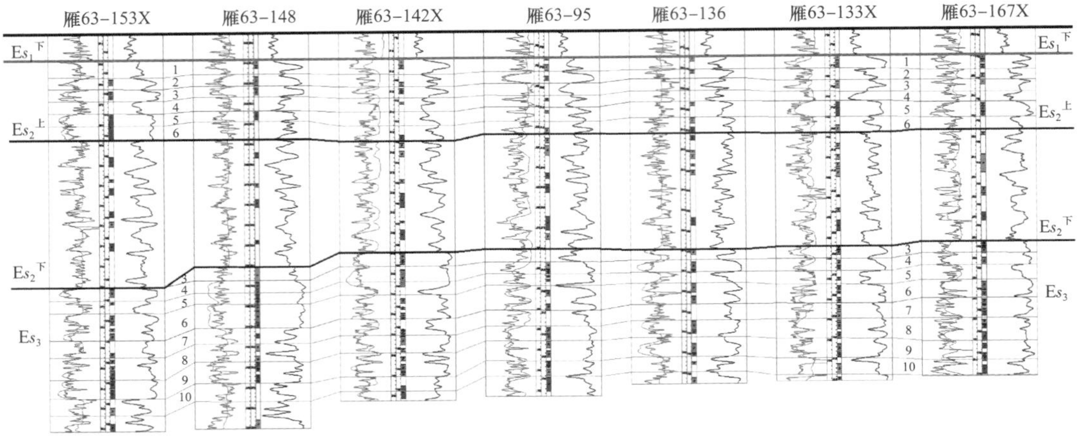

图 4-20 雁 63 断块雁 63-153X 井—雁 63-167X 井小层对比图

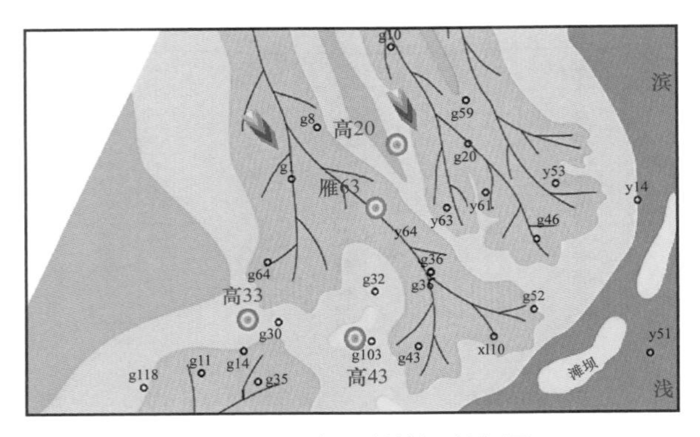

图 4-21 雁 63 断块沉积相图

③ 地震资料解释与河道宽度确定。

蠡县斜坡经过四十多年的勘探开发，取得了丰富的研究资料，截至目前，三维地震覆盖面积 1682.25km^2，主体构造已基本满覆盖三维地震。结合钻井资料发现，雁 63 断块目的层段发育多套水下分流河道砂，单砂体形态及宽度受河道控制，由于多套砂体叠置发育，因此平面上砂体连片展布。通过统计沿河道垂直方向能识别的河道宽度，定量描述河道宽度范围。定量描述技术分析认为：沙河街组主力砂体（单砂体）河道宽为 200～770m，河道间宽为 100～500m，无井控制区以此画出沉积相图，控制砂体展布（图 4-22，图 4-23）。

④ 油藏单元纵向划分。

根据生产井试油及生产动态资料，从发现油水关系矛盾入手，修正储层空间分布及展布形态，精细构建油藏单元。以 $Es_2{}^{上}$油藏为例，物源来自东北部，$Es_2{}^{上}$以辫状河三角洲前缘水下分流河道沉积为主，砂体呈条带状分布，区内发育 6～8 条分流河道。根据地层精细划分成果，结合生产动态及沉积微相，进行油藏单元刻画，每个油藏单元都有独立的油水系统。垂直物源方向上，不同河道砂体彼此孤立，以东西向的博 17—雁 63-128X 井油藏剖面为例，主要含油层系在 $Es_2{}^{上}$和 Es_3，发育雁 63-110、雁 63-80 和雁 63-128

等多个油藏单元，砂体在垂直物源方向上尖灭较快，在独立的油藏单元内形成油水界面。

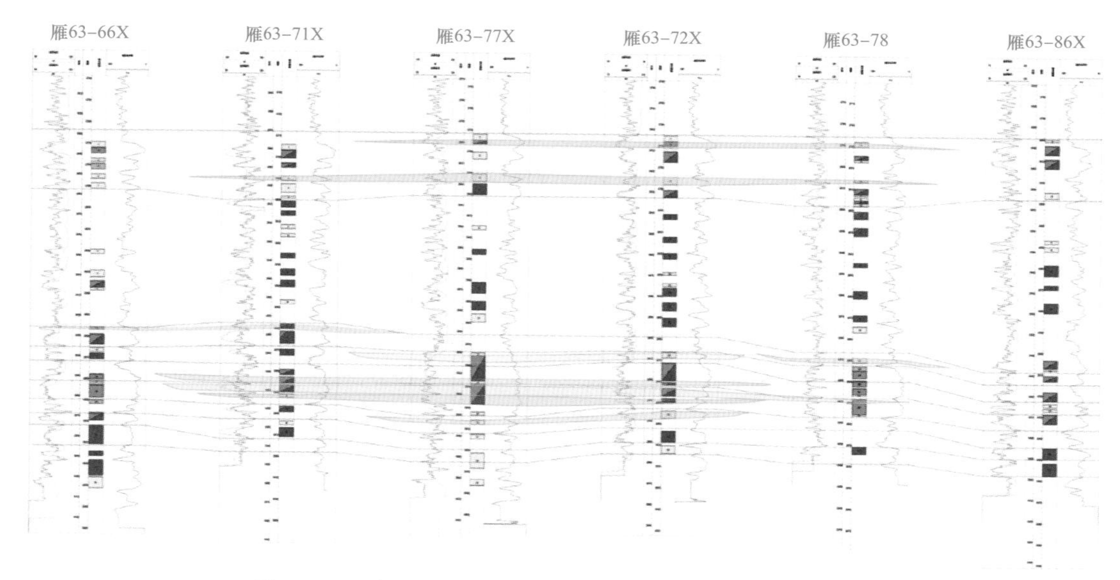

图 4-22 雁 63-66X—雁 63-86X 井沙三段分流河道示意图

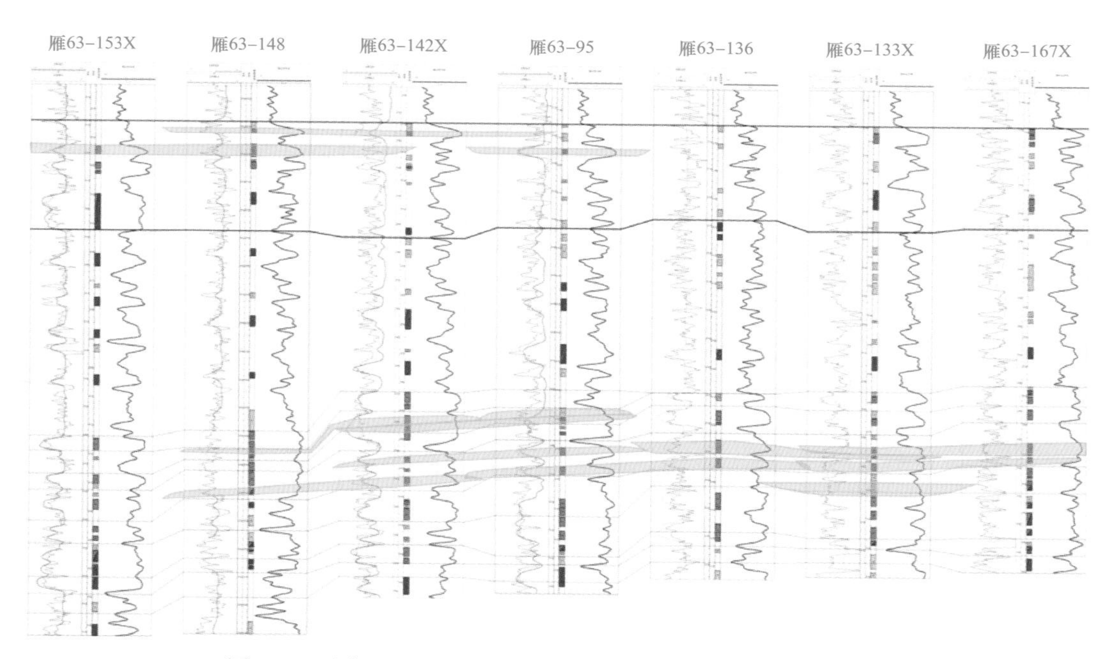

图 4-23 雁 63-153X—雁 63-167X 井沙三段分流河道示意图

以顺物源方向横跨研究区的雁 10-121 井—雁 10-112 井油藏单元剖面为例（图 4-24），油藏单元在顺物源方向上连通性非常好，在 Es_3 下部，为一个油藏单元，有统一的油水界面。

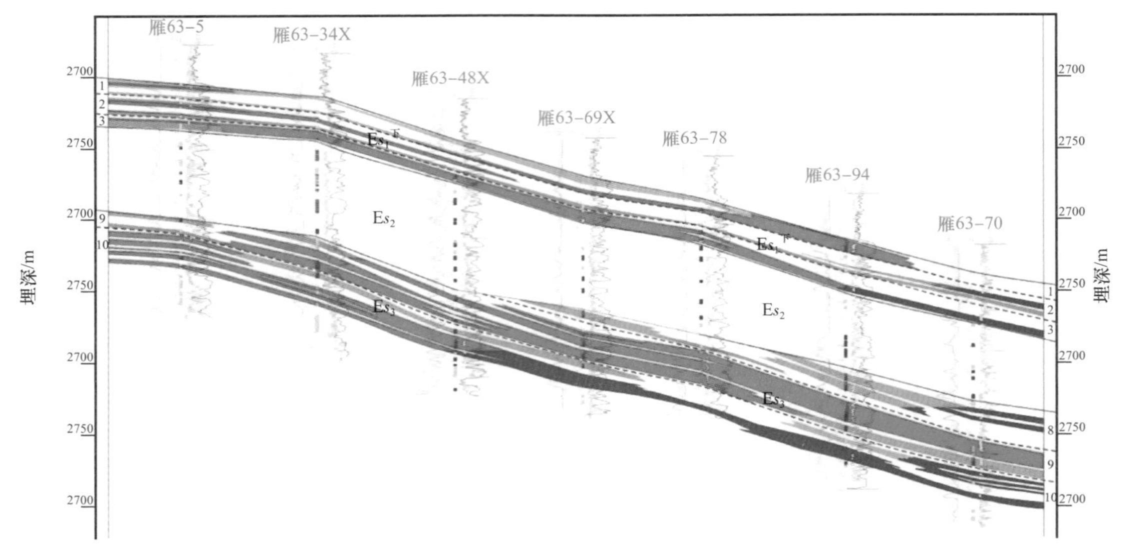

图 4-24　雁 63-5—雁 63-70 油藏剖面图

⑤ 油藏单元分布预测。

沙三段沉积微相：沙三段为三角洲平原沉积，微相类型有分流河道、决口扇、分流间湾等。区内中部的多条河道相互合并分叉，河道规模大，宽度为 150～500m，砂体厚度大，为有利的储层发育位置（图 4-25）。

沙二上亚段沉积微相：沙二上亚段为三角洲前缘沉积亚相，砂岩厚度具有明显的分带特点，方向性突出，水下分流河道特征清楚，可能有河口坝发育，砂体沿湖岸分布。微相类型包括水下分流河道、河口坝和分流间湾，发育多条河道贯穿断块（图 4-26）。

同口地区沙二段、沙三段，三角洲沉积砂体与斜坡走向接近垂直，上倾方向断层遮挡，砂体侧向尖灭可形成大型构造岩性圈闭；沉积体系内部水下分流河道砂体间也可形成各自独立的岩性圈闭。相互连通的河道在连通砂体的同时，也连通了油源，为同一个油藏单元；不同的分支河道在根部岩性变化的部位，也同时阻断了油气的运移，形成了另外的相互独立的油藏单元。这样造成了相同物性、皆为水下分流河道微相的砂体展布，却形成了不同油水界面的油藏单元。油源通过远端的滩坝、河道进入，运移到油藏高部位，聚集在断层附近，形成了较好的油藏，但是在低部位，仍然可见试油出油的层段，表现为高水低油的现象，说明低部位也有成为岩性油藏的可能，通过精细刻画油水边界，可以划分剩余油潜力区。

（3）重点目的层油藏单元含油气性预测评价。

通过对相、势、源对油气藏形成和分布的控制作用的分别分析和讨论，明确了沉积相、低界面势能与烃源岩和含油饱和度之间的关系。分析相势源耦合指数（FPSI 指数）对油气富集的控制作用，对蠡县斜坡沙三段的目的层的相势源耦合指数进行了整理，并将它们分为了三类：将含油度饱和度大于 20%，测井解释为油水同层、含水油层、差油层、油层归为油层；将含油饱和度小于 20% 的油水同层、含油水层、水层归为水层；将

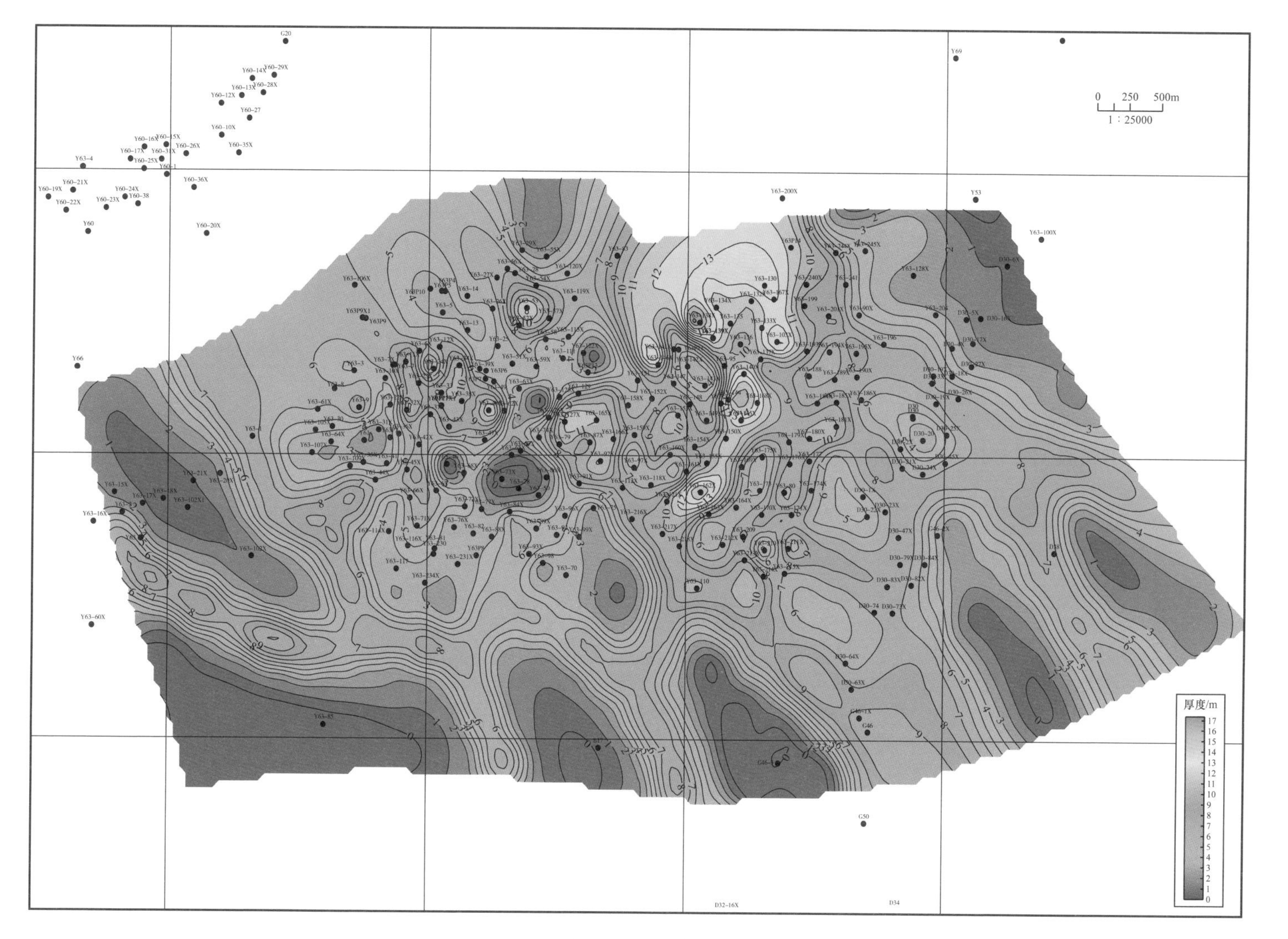

图 4-25 雁 63 断块沙三段 8# 小层单砂体厚度图

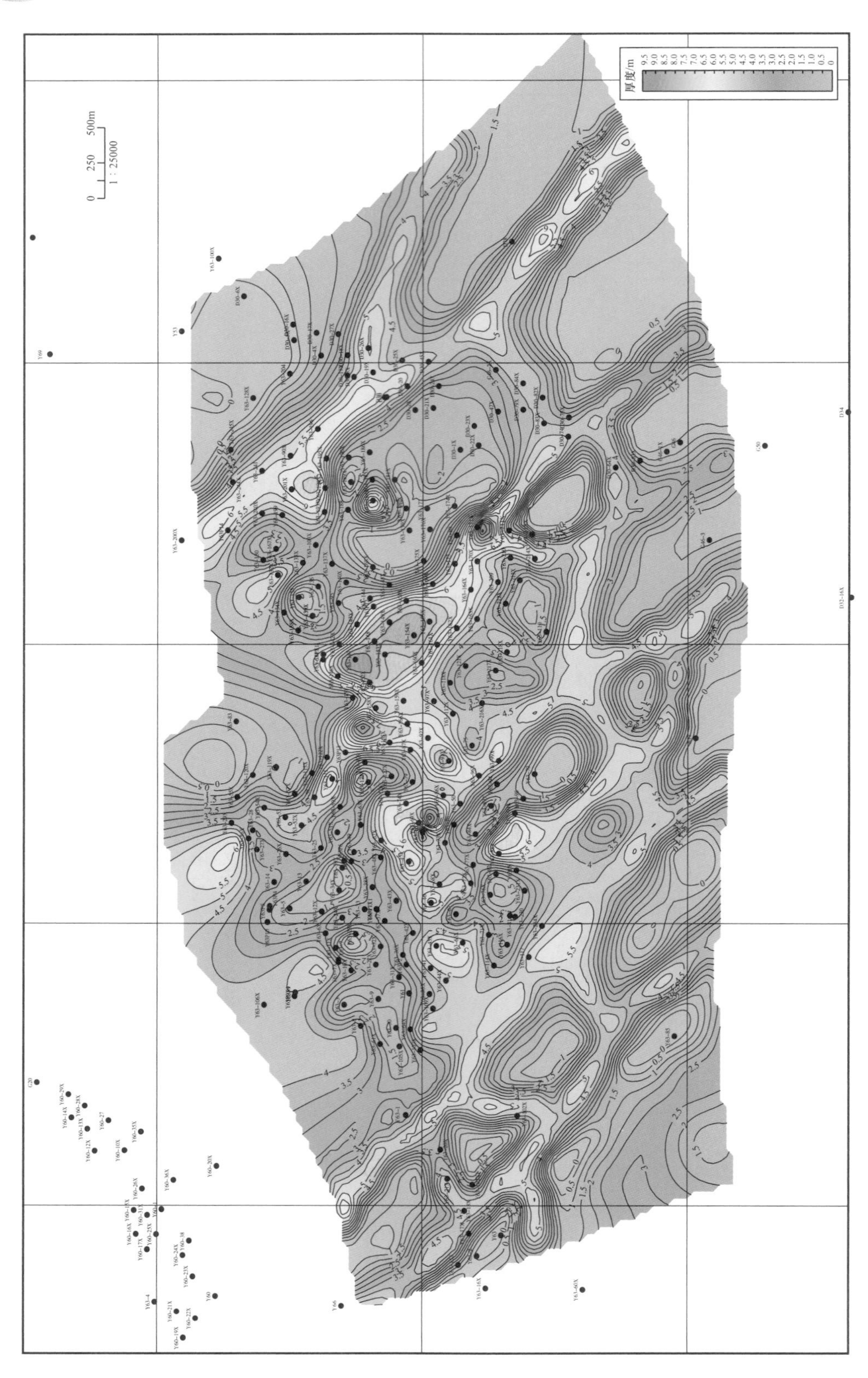

图4-26 雁63断块沙二上亚段2#小层砂体等厚图

致密层和干层归为干层。建立了 FPSI 指数和含油饱和度的散点图（图 4−27），从图 4−27 中可以看出：除了极少数的点，大部分的油层主要集中在相势源耦合指数大于 0.4 的范围内，相势源耦合指数小于 0.4 的只有极个别的油层，说明可以用相势源耦合指数为 0.4 作为油藏形成的下限，来划分油层和非油层；同时当相势源耦合指数大于 0.4 时，油层的含油饱和度随着相势源指数的增大而逐渐增加。所得的结论和建立的相势源耦合控油气模型的结论基本相同，很好地说明了相势源耦合对蠡县斜坡沙三段圈闭油气富集程度的控制作用。

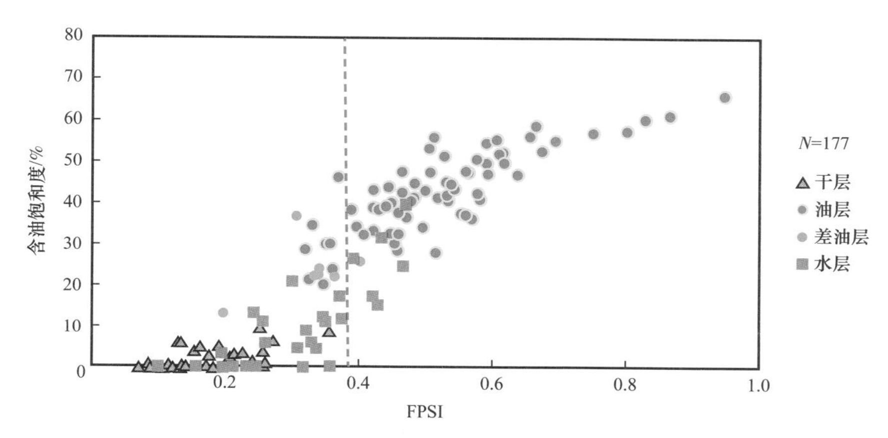

图 4−27　蠡县斜坡沙三段含油气饱和度和 FPSI 指数关系图

通过对蠡县斜坡对应层段 FPSI 值进行计算，确定含油气性较好的部位：蠡县斜坡西柳断块 Es_3 上段则主要分布于中部和东北部，即西柳 10−82 井附近以及西柳 10−36 井以东的区域。

四、创新认识及实施成效

1. 创新认识

1）蠡县斜坡构造带油藏模式创新认识

岩性油藏的形成烃源岩主要是任西洼槽、淀北洼槽和肃宁洼槽的暗色泥岩及油页岩，分布于斜坡带的油藏是在烃源岩进入成熟阶段先后开始排烃，在断层与储层共同构筑的油气运移网络体系里随着排烃作用的加强源源不断进入早已形成的有效圈闭形成的。这些油藏大多是西北物源携带的砂体按照一定的序列和形式分布在斜坡的不同位置，成藏与否主要取决于断层与高渗透储层在空间的连通关系。而蠡县斜坡油藏的供油方向有三个，烃源岩有两套，导致本区具有两期生油、三向供油，早期生油远距离运移较远，后期生成的油气，因以低熟油为主，运移距离相对较短，三个方向成熟的油气在断层、储层、不整合面的共同作用下向低势区运移聚集成藏，油气藏的主控因素就是断层与各类沉积相带上有利储集砂体的有机配置。

2）构造与砂体的有利配置模式

斜坡带砂体类型、砂体的平面变化、砂体的空间叠置关系主要与沉积体系发育前的古地形，水动力强弱、断层走向、倾向、断距大小，断层与沉积体系的展布方向之间的夹角等密切相关。沉积演化研究结果显示蠡县斜坡走向呈北东向展布，本区的物源方向分别有正北方向、西北方向和西南方向三个物源区，三个物源方向对于沉积砂体的展布有不同的控制作用，其中北部物源区物源供给相对较小，控制了蠡县斜坡北部地区的砂体类型和分布样式；中部发育的西北向物源与北东向展布的断层配合，控制了砂体的展布和油藏类型，在储集砂体与断层的共同作用之下形成规模巨大的构造岩性油气藏，该类油气藏是蠡县斜坡中段的主要油藏类型；蠡县斜坡中南部物源主要以西南物源为主，由于物源方向与构造方向基本一致，只能在构造配置区形成断层控制的牙刷状油藏，而在广大的区域因为远物源而近湖盆的水陆过渡环境下则会发育更多的岩性油藏，这些岩性油藏也是在断层与高渗透储层的共同作用下与油源沟通，形成岩性油藏。

3）创新建立构造背景下缓坡带地层格架对比模式

低幅度斜坡带因地层产状变化小，在地层对比中常常会出现地层对比穿时的现象，若沿用传统意义上的岩性对比方法，会导致油藏的空间展布具有更多的不确定性。为此，本次研究中尝试选择最大洪泛面为地层对比的标志层，具体做法就是在沙一下亚段特殊岩性段内选择一个分布稳定的岩电标志层作为地层对比的基础，然后结合沉积体系演化建立斜坡区地层对比格架，在地层格架内研究沉积相及沉积微相的变化，进一步研究探索岩性油气藏的分布和可能分布的区域。

2. 实施成效

1）油藏整体评价实现了规模增储

西柳 10 断块于 1994 年上报探明储量 204×10^4t，为一构造油藏。但在对老油藏初步开发及滚动钻探的基础上，油层的分布已突破了构造圈闭控制的范围，含油范围有进一步扩大的潜力。通过重新认识老井，发现在断块西部含油面积外的高 42 井、高 43 井、高 114 井等老井没有大量出水，其中高 43 井油水同出，但试采效果比较好，累计采油 8605t，高 42 井只出低产油和少量的水，分析认为不是地层水。高 42 井、高 43 井解释油层厚度分别为 10.4m、10.6m。通过储层改造原低产井获得了工业油流。

解剖老油藏（西柳 10），划分油藏单元，构建岩性圈闭及岩性油藏的控制因素。解剖发现西柳 10 地区沙二段为滨浅湖滩坝砂，被前三角洲“湖泥”包围形成一系列岩性圈闭，其控藏因素受储层侧向变化控制，主要形成了构造岩性油藏。

在精细油藏分析、微相研究的基础上，通过分砂层组、多层系开展圈闭落实、储层预测，精细落实砂体平面展布，重新构建了岩性油藏模式。并在整体建产方案指导下，优选“甜点”、优化实施程序、开展滚动扩边建产，取得良好增储上产效果。

实施结果如下，1994 年探明储量 204×10^4t（图 4-28a），建产规模 2.4×10^4t，通过

整体再评价研究与实施，最终探明储量 1541×10^4t，建产规模达 15.4×10^4t，实现了规模增储建产（图 4-28b）。

2018 年以来在西柳 10 断块西部构造低部位持续深化研究，建立三角洲前缘朵叶体叠加模式，继续向西甩开钻探西柳 10-188 井，获得突破，使得西柳 10 井区岩性油藏模式再次得到证实。

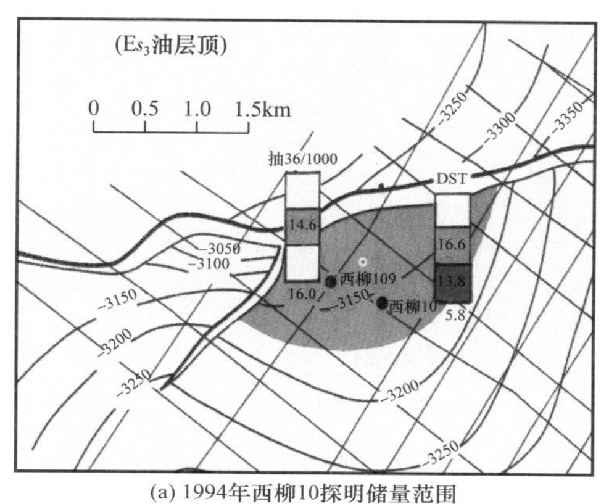

(a) 1994年西柳10探明储量范围

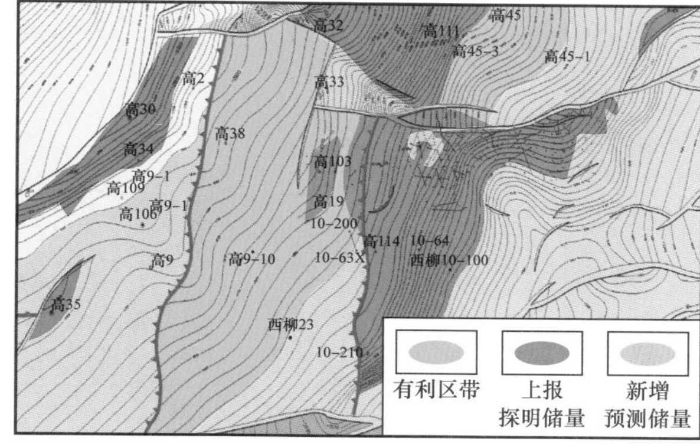

(b) 2009年西柳10探明储量范围

图 4-28　不同时期西柳 10 探明储量范围

2）雁 63 井区整体评价实现多层系含油叠加连片

蠡县斜坡同口地区雁 63、高 20 断块 1996 年上报探明储量 185×10^4t，并钻探了雁 63-1 井、雁 63-2 井两口开发井，但试油效果较差，未动用。2005 年开展了滚动评价建产研究，主要是对雁 63-1 井、雁 63-2 井进行了压裂试油，结果分别获得了日产油 22.9m^3 和 11m^3 的工业油流，从而坚定了开发动用的信心。

通过滚动钻探，发现油层平面上受砂体分布的影响，含油范围也有较大的差异，具有进一步增储的潜力。在精细构造解释的基础上，通过多方法储层预测，逐步向构造低部位滚动钻探，虽然取得了成功，但油藏类型及油层分布特征难以认识清楚。结合对已知油藏的解剖，重新认识油藏的控制因素，在有利砂体展布区，不断向构造低部位部署评价钻探，取得了新成果。实施整体再评价研究，主要是重新构建沉积模式、岩性圈闭模式及成藏模式，构建沙三段构造—岩性油藏、沙二段连续性岩性油藏。通过实施在沙三段、沙二段分别发现了受不同因素控制的岩性油藏，并在平面上不同油藏形成了叠加连片，成为一个有利的油气富集区。

实施结果如下，1994 年探明储量 185×10^4t，最终实现探明储量 2766×10^4t，建产规模达 27×10^4t，增储成效十分显著（图 4-29）。

3. 形成斜坡区整体部署思路

就目前发现的油气藏的分布来看，斜坡带的油藏分布具有北富南贫的油气分布特征，显示出蠡县斜坡北部深层（沙二段沉积前）构造圈闭类型多，具有形成复式油气藏聚集的良好条件，是评价增储的有利目标。但随着雄安新区的建设，同口地区评价建产遇到了政策性限制，直接影响了同口地区的持续建产和滚动评价。解剖已知油藏，由已知到未知，类比分析，为探索新的未知油藏，有必要深化老油藏的研究。

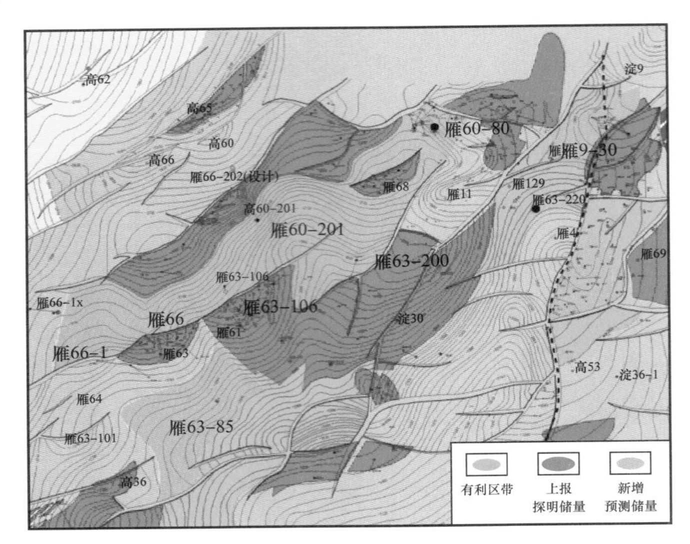

图 4-29　同口地区评价形势图

蠡县斜坡是一个早断晚坡的构造沉积耦合，早期的断裂格局直接影响了后期砂体的分布和油气聚集，直接表现在聚油单元表现出鼻隆相间与相变控藏，比如雁 63 断块的东北西南两翼岩性封堵，圈闭高部位呈现出由断层控油的油藏特点，油层分布具有相控特点和层状特点。通过前期油藏单元的研究，认为同口地区的油藏属于构造岩性双控的复合油藏，位于斜坡入湖的缓坡区，地震反射结构及钻探证明属于典型的水陆过渡相，沉积相研究表明主要的储油砂体微相为三角洲前缘分流河道和河口坝，因此在蠡县斜坡北区的主要勘探方向目标区应该是三角洲前缘两翼的滚动探边，一则探索沉积砂体有利相带的边界，二则探索含油气单元的边界和层状油藏的油水界面。

基于以上的研究思路选择相应的目标区，分别是位于斜坡中北部的雁 63 区块向东南的延伸和围绕雁 63 主体油藏向南向北的扩边，其中南部的雁 63-2 井区是限制油藏南扩的“钉子区块”，这将是在应用“油藏单元”分析技术进行进一步的解剖，从沉积演化、油藏聚集等方面进一步研究，确定其与主力区块之间的关系，为下步整体评价和再认识扫清障碍。西柳 10 断块的西部构造高部位经过不断的滚动取得了越来越丰硕的成果，但是，西部处于构造低部位，西柳 10-152 井显示出西部油藏的边界依然未达到，低部位的部分位置也存在砂体与鼻隆匹配较好的区域，这些都是有利的目标区，值得继续钻探。

蠡县斜坡南段的高 30 油藏经过多年的开发也取得了不错的效果，在其低部位接近洼陷底部的西柳 102 断块经过两年的钻探已经建成近 2×10^4t 产能，显示出沿蠡县斜坡向南也会有较好的含油构造，分析构造演化及油气聚集特点，南端的油藏应该是以岩性油藏为主，宁 52 井的钻探成功显示出有利的前景（图 4-30）。

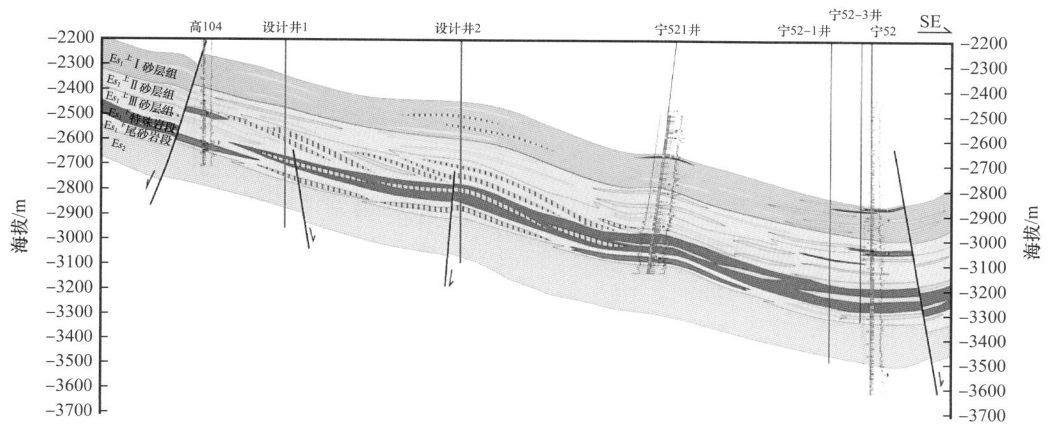

图 4-30　高 104—宁 52 井油藏剖面图

第二节　大王庄构造带整体再评价实践与成效

一、区域基本概况

1. 区域概况

大王庄油田地理上位于河北省肃宁县与饶阳县境内，构造上属于留西大王庄构造带，位于中央隆起带内，夹持于河间洼槽与肃宁洼槽之间，为典型的“洼中隆”背斜构造。东为河间—窝北洼槽，南有刘村凸起，西为肃宁—饶阳洼槽。该构造为北西向隆起构造，成藏条件好，主要发育大王庄背斜、大王庄构造南断鼻两个主要正向构造单元、窝北生油洼槽一个负向构造单元。大王庄油田是一个继承性的背斜构造带，属于受构造、岩性双重因素控制的中低渗透复杂断块油田，是饶阳凹陷油气最为富集的有利区之一，勘探面积约 100km^2。

2. 区域地质特征

1）构造特征

大王庄地区为北西、北东向的古梁子及相交产生的潜山背景下发育起来的继承性背斜构造带，主要发育北西、北东两组断裂体系，后期反转形成大王庄塌陷背斜和大王庄南断鼻两个构造单元。地层倾角下大上小。以北东向反向正断层为主，断层产状相对较陡，北西向断层将其切割，从而使该区构造复杂化（图 4-31）。西部的留 70 井断层，走向北东，倾向东南，断距 50m 左右，延伸约 14km，该断层向北、北东、东南方向次生多条小断层。中部的大王庄东断层，走向北东，倾向北西，断距 200m 左右，延伸 20km 以上。

构造发育史表明，大王庄构造带的最终形成伴随着四期断裂的生成与发展，第一期发育在中生代，第二期发育在沙二段、沙三段沉积时期，第三期发育在沙一段沉积时期，第四期发育在馆陶—明化镇组沉积时期。四期构造运动形成方向各异的大断层，使该区构造复杂，派生小断层使该区进一步破碎复杂。

2）地层发育特征

区域内发育了雾迷山组、沙河街组、东营组、馆陶组、明化镇组等多套储层，为油气聚集提供了有利场所。雾迷山储层为泥细粉晶隐藻云岩，储集空间以裂缝为主，发育中小型溶蚀孔洞。古近系的沙河街组是该区重要的烃源岩系和储集岩系，自下向上发育沙三段、沙二段和沙一段。沙三段岩性以灰色、深灰色泥岩与砂岩互层，主要为湖相沉积，与下伏孔店组呈区域性不整合接触。沙二段整体厚度不大，主要岩性是红色砂砾岩与泥岩沉积，为湖退沉积。

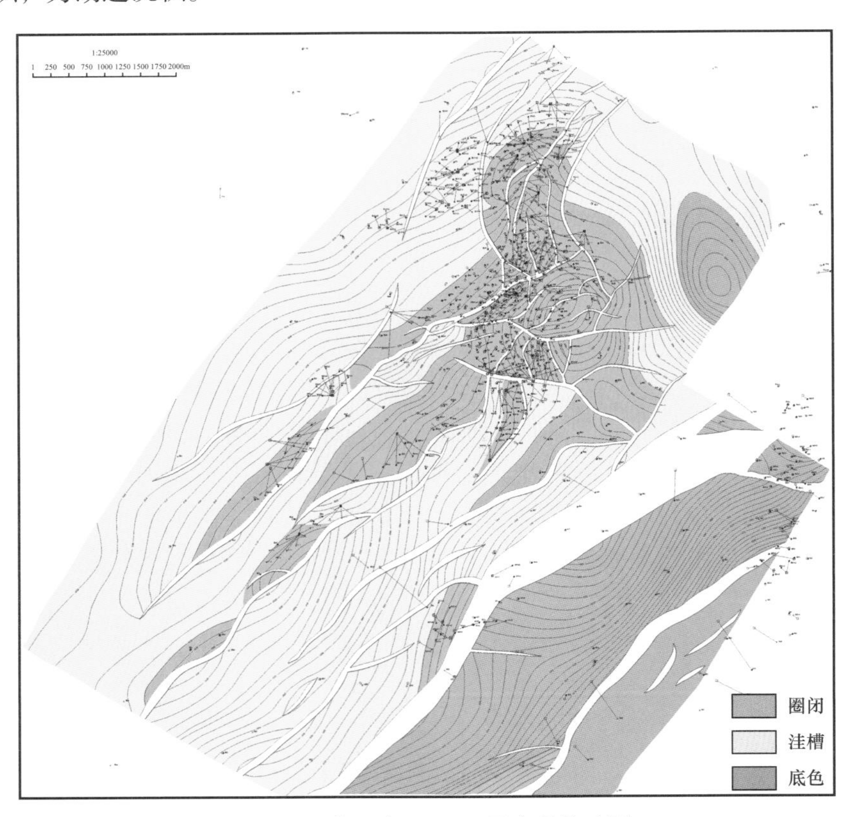

图 4-31 大王庄地区 Ed_3Ⅳ底界构造图

沙一段下部为湖相沉积，岩性为深灰色泥岩、油页岩与灰白色砂岩互层，上部为河流相沉积，岩性为灰绿色泥岩、紫红色泥岩与灰白色砂岩互层，全区分布稳定。新近系的东营组发育较厚，为河流相沉积，岩性为灰绿色泥岩、紫红色泥岩与灰白色砂岩互层，东一段、东二段、东三段上部泥岩发育，下部砂岩发育，地层分布在大王庄顶部，有减薄趋势，向四周加厚，东营组东一段多呈紫红、灰绿、浅灰色泥岩与浅灰、灰白色薄层砂岩；东二段主要是灰绿色、紫红色泥岩夹薄层砂岩，富含螺化石；东三段为主要的含油段，厚度400～480m，灰白色、褐色黄褐色砂岩，含油砂岩与紫红、暗紫红色泥岩互层。馆陶组、明化镇组均为河流相沉积，馆陶组岩性为紫红色泥岩与棕红色砂岩互层，底部有杂色砾岩，为区域对比标志层。明化镇组岩性为棕红色泥岩、灰黄色砂岩互层，上部砂岩发育，中部泥岩发育，地层分布较稳定。

3）烃源岩分布特征

大王庄东北部的窝北洼槽暗色泥岩生油层最为发育，其次为留西洼槽及大王庄构造本身，大王庄构造包围于生油洼槽之中，又发育较多沟通油源的断层，因此有丰厚的油源条件。大王庄油田有沙三段、沙一段两套生油层：沙三段生油岩为深湖相暗色泥岩，有机碳0.28%～2.31%，氯仿沥青“A”0.04%～0.3167%，总烃587～2221μg/g；沙一段生油岩也为湖相暗色泥岩，有机碳0.1%～0.87%，氯仿沥青“A”0.0141%～0.1246%，总烃151～676μg/g，有机质丰度较高。

4）沉积相及储层特征

大王庄地区古近系有两大物源，分别来自西北角的蠡县斜坡安国—博野物源体系和西南方向的刘村低凸起物源体系，古近系骨架砂体的成因类型和展布规律正是由这两大物源体系所控制。在层序发育的不同时期，大王庄地区不同的位置，沉积微相类型及其分布也有差异。

大王庄油田不同演化阶段其发育的程度也不同，形成了特定的沉积相组合和沉积体系。沙三段至东营组沉积相逐渐由三角洲相沉积向河流相沉积过渡。沙三上亚段以三角洲、浅湖以及深湖—半深湖沉积为主，三角洲总体上呈南西—北东向展布，沙三段顶部Ⅰ油层组以碳酸盐岩滩坝和湖相沉积为主，包括鲕粒滩、生物滩、藻丘等微相，滩坝总体上呈南西—北东向展布。沙二段以三角洲沉积为主，局部发育滨浅湖沉积，三角洲为南西—北东向展布。沙一下亚段以三角洲、滨浅湖沉积为主，发育碎屑岩滩坝，滩坝走向呈南西—北东。沙一上亚段以曲流河、三角洲平原沉积为主，河流走向总体呈南西—北东向。东营组以曲流河沉积为主，河流走向总体呈南西—北东向。

受沉积相控及后期成岩作用影响，大王庄油田各层系储层特征差异明显。东三段储层砂岩主要为灰色、浅灰色含泥含钙岩屑长石粗粉—细砂岩，孔隙度为17.0%，渗透率为38.1mD。沙一上亚段储层砂岩主要为灰色、浅灰色含泥含钙岩屑长石粗粉—细砂岩，孔隙度平均为11.7%，渗透率平均为85.3mD。沙二段、沙三段砂体孔隙度平均12%，渗透率平均12mD，属于低孔特低渗储层。

5）早期油藏成藏模式与油藏类型认识

早期油藏勘探多按照传统石油地质学理论寻找构造圈闭，认为油藏主要为构造油气藏（包括背斜油气藏、断层油气藏等类型），大王庄地区古近系构造油气藏基本都是断层油气藏。断层圈闭的形成是在具备储盖条件的前提下，封闭性的断层对油气运移起遮挡作用，同时断层与储层构成闭合的空间；油气进入断层遮挡的圈闭，形成断层油气藏（图4-32）。

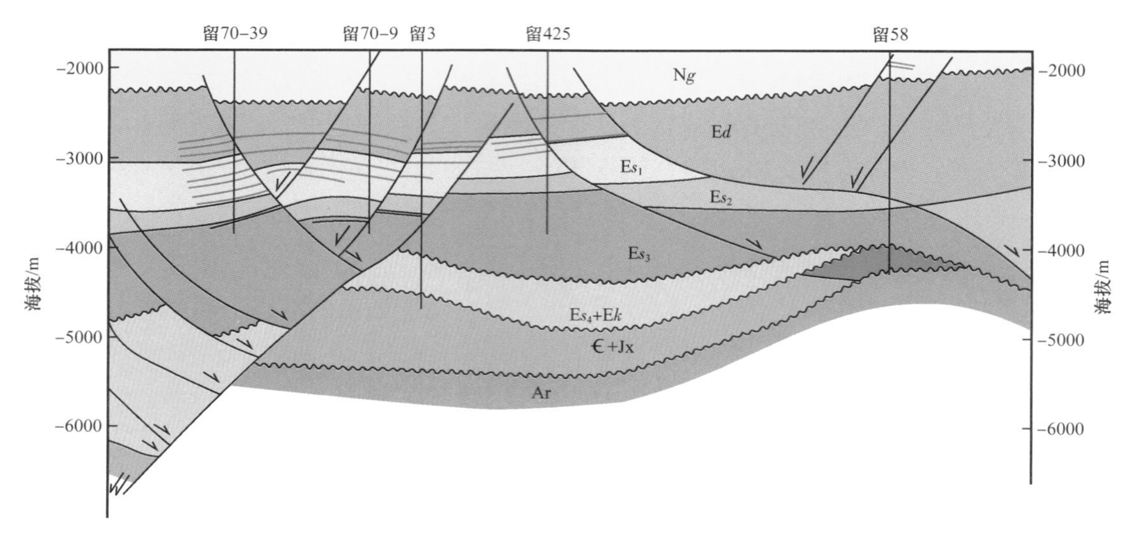

图 4-32　大王庄油田东西向油藏剖面图

大王庄油田油藏埋深 2600～4300m，油层纵向分布分散，从上至下分布九个含油层系，横向上叠合连片，从而构成大王庄油田目前的规模。早期油藏主要存在以下两种成藏模式。（1）新生古储背斜控制下的构造成藏模式：大王庄东潜山（留 58 井潜山）是发育在饶阳凹陷的洼中基岩构造，其上发育古近系披覆构造，其西侧的断层是其主要的供油通道，油源来自北侧的古近系生油洼槽，形成了“新生古储”的油藏模式。（2）下生上储断层控制下的构造成藏模式：留 70-39 断层从馆陶组深切至沙三段，断距超过 200m，断层平面延伸至窝北洼槽深处，有效地沟通两套烃源岩，疏导油气在留 70-39 断层上升盘高部位聚集成藏（如留 70-39 断块油藏、留 70 断块油藏，等等）。总之，在大王庄油田勘探早期，认为油藏受构造控制为主，已发现油藏类型主要为构造油藏，勘探对象主要是寻找有利的构造圈闭。

3. 勘探开发历程

大王庄油田油气钻探工作始于 1978 年，1979 年因留 3 井 Ed_3 获工业油流而突破了该区工业油流关。1981 年首次上报留 70 区块（Es_1）储量而定名为大王庄油田。1984 年 7 月随着留 70 断块的投产，大王庄油田正式投入开发，主要经历了四个阶段（图 4-33）：（1）规模建产阶段（1984—1996 年），油田高产稳产，留 70、留 70-39、留 62、宁 50 断块等构造油藏大规模建产，并注水开发；（2）滚动开发阶段（1996—2007 年），油田产量稳定，留 70、宁 50 等断块开展滚动扩边，综合治理，稳定了产量规模；（3）综合治理阶段（2007—2011 年），油田产量递减，构造油藏开发程度越来越高，缺少新资源投入，产量持续递减；（4）整体再评价与综合治理相结合阶段（2011 年至今），油田产量上升，宁 9 岩性油藏、中深层新层系规模建产，留 70 断块二次开发及老油藏综合治理，油田产量持续回升。

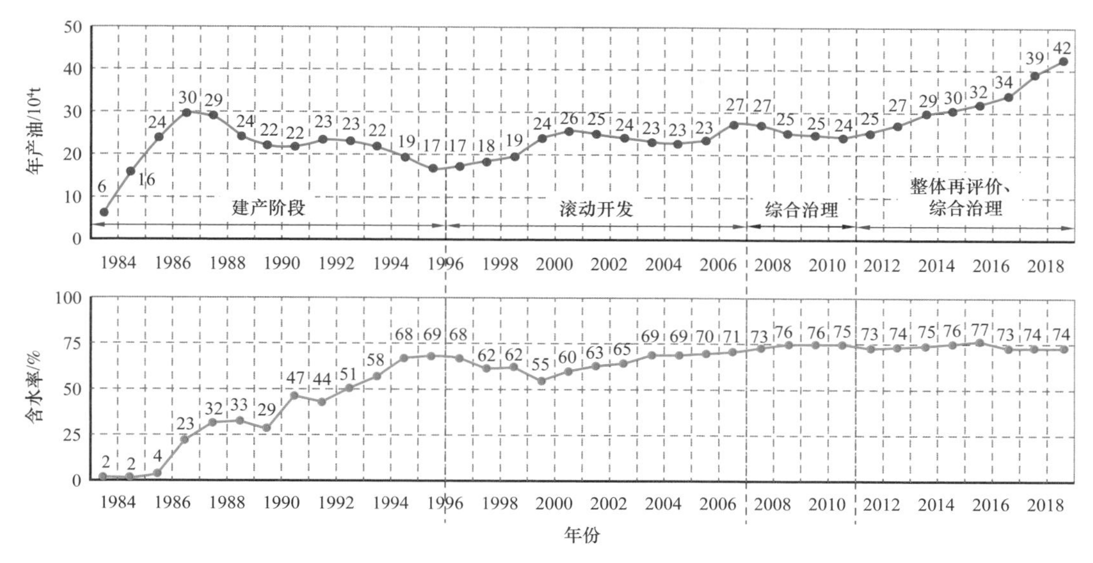

图 4-33 大王庄油田开发曲线

二、存在的主要问题

大王庄油田作为最早投入整体开发的砂岩油藏之一，历经近 40 年的勘探开发，油藏已整体处于开发阶段的后期，每年新增探明储量远远不能满足稳产的需要，当年探明储量动用率高达 90% 以上，资源后备储备严重不足，在原主力含油层系发现整装储量，进行规模产能建设的难度逐渐增大，如何实现高品质资源的有效接替是面临的重要问题。随着构造圈闭逐渐发现殆尽，按照常规构造找油的思路，发现新资源的难度越来越大，勘探开发工作基本停滞。

大王庄油田油藏类型复杂，整体评价前油田主体部位亚段储量探明程度高，翼部探明程度低，主力层系东三段、沙一上亚段勘探程度高，非主力层系沙一下亚段—沙三段勘探程度低。油田构造翼部和中深层非主力层系油藏主控因素及富集规律认识不明确，虽然存在众多出油井点，但一直未发现规模储量。目前在精细勘探开发方面存在的主要问题如下。

（1）发现规模储量的难度越来越大。随着勘探程度的深入，寻找类似于早期的大型构造油气藏难度增加，目前勘探以岩性等隐蔽性油藏为主，早期沉积相研究尺度较粗，沉积砂体展布特征与规律，以及不同层系优势储层发育空间位置不明确，岩性圈闭精准预测难度大。

（2）油藏主控因素与富集规律不明确。老油藏纵向上油水层间互，平面上油水关系复杂，在已探明构造油藏低部位存在众多出油井点，空间上各砂体的分布与接触关系认识不清，油藏控制因素需进一步深化认识。

因此需要通过多种技术手段，对大王庄油田深化地质研究，在重新落实砂体分布特征和精细对比的基础上，开展沉积微相展布特征分析、砂体叠置关系研究、油藏单元划分与分析研究等工作，为大王庄油田精细勘探打下坚实基础。

研究存在的主要技术难点表现如下。

（1）复杂断块岩性圈闭形成机理与油气成藏模式认识不清。

大王庄油田形成机理复杂，具有典型复式油气聚集特征，且同一构造单元上具有同层系油气藏多藏伴生的特点，成藏模式多样，古构造、古环境、古油源及沉积砂体的展布对油藏形成起主控作用，其配置耦合关系复杂。大王庄油田早期勘探通常以层系或油层组为对象，多藏笼统分析，用构造模式认识油藏，造成地层岩性等复杂类型油气藏地质认识存在误区，制约了勘探发现。目前已发现的含油断块绝大多数都是多藏伴生，同一断块内，同层系发育多个油水系统各自独立的油藏，这与勘探早期的油藏认识存在很大差异，这种新发现和新认识对岩性油气藏的勘探起到指导作用。

大王庄构造带断穿深部烃源层的留 70-39、留 3、留 495 等大断层，与储层配置构成有效的输导系统，圈闭内砂体与油源断层沟通，形成了与圈闭类型相同的油藏单元；同层系空间上多个成藏背景相同、具备独立油水系统的油藏单元集合形成了复式油气藏。岩性油藏单元分布与构造形态无关，但受断层控制明显，尤其是区域油源断层控制着复式油气藏的形成和富集。

（2）复杂断块岩性油藏主控因素与油气富集规律认识不清。

随着埋藏深度的增加，深层储层演化特征及物性分布特征也愈发复杂，研究深层优质储层的发育机理为分析有利储层的发育规律提供依据。饶阳凹陷砂岩样品的岩心物性实测数据表明，沙河街组总体上发育 2 个异常高孔隙带，深度分别为 3500～3800m、4000～4200m。这些异常高孔、高渗带的出现，主要是成岩作用垂向差异演化所致。结合饶阳凹陷油气勘探实践，研究区优质储层可以从早期地层超压、成岩作用、早期油气充注、岩石原始组分与结构成熟度等多因素进行分析，明确优质储层分布的主控因素。

（3）构造岩性油藏的识别、含油砂体的预测没有有效的技术手段，造成复杂断块岩性油藏的规模和分布范围难以确定。

饶阳凹陷古近系发育典型的陆相断陷湖盆，断陷湖盆内部构造分异较大，构造演化造成不同的构造背景，形成不同的构造样式及其组合，形成的可容纳空间各不相同，发育不同的沉积体系，即使同一构造部位在不同的演化阶段，也会形成不同的沉积体系，不同的沉积体系控制着砂体的分布特征。

饶阳凹陷古近系沉积体系的发育类型由构造背景决定，在饶阳凹陷洼槽区的缓坡带发育有冲积扇—辫状河三角洲—湖泊沉积体系，在陡坡带则发育冲积扇—扇三角洲—湖泊沉积体系，这充分受“构造控盆、盆控相”理论的约束，从前人研究成果看，发育于缓坡带的湖底扇和发育于陡坡带的湖底扇统称湖底扇，导致砂体成因认识不清，储层分布差异性难以甄别。因此，构造岩性油藏的识别、含油砂体的预测、复杂断块岩性油藏的规模和分布范围的确定也是研究的难点。

（4）构造岩性油藏高效建产的关键技术和实施方式不明确等。

大王庄复杂断块构造岩性油藏横向变化快，在平面上形成了油层的叠加连片，纵向上油层发育程度差异大，油藏单元类型多样，在构造主体部位油层较发育，单层厚度有一定变化，纵向上分布也较零散、井段较长。针对该类油层分布特点，在油藏工程论证中，需主要考虑从地质条件出发，最大限度地控制和动用绝大多数的油层和储量；从生产需要出发，需最大限度地使油层有效地投入注水开发，提高驱油效率；从经济效益出发，需降低钻井工作量，间接提高经济效益。

三、技术路线与主要做法

1. 采取的技术路线

重新开展区带成藏地质条件研究，分析已有地质资料，找准问题，有针对性地开展成藏条件再认识，重建区域地质基础。针对主力含油层系，开展了立体构造落实，区域统层，精细小层对比，在此基础上重点对沉积相和沉积微相重新开展精细研究，研究砂体空间展布规律及与构造的配置关系，按照油藏单元分析法解剖典型老油藏，分析油藏类型及成藏控制因素，重新认识油气成藏模式及富集规律，落实剩余资源潜力类型，重新评估资源潜力，明确下步评价方向。

2. 主要做法

1）沉积相与沉积微相精细研究

大王庄油田早期开展了多轮沉积体系研究，指出饶阳凹陷中南部大王庄—肃宁地区沙河街组主要发育河流—三角洲—湖泊沉积体系，建立了相应的沉积模式。易定红运用高分辨率层序地层学理论和分析方法，综合研究钻井、测井和三维地震资料，指出饶阳凹陷大王庄地区古近系沙一段发育滨浅湖辫状河三角洲沉积体系、滨浅湖滩坝沉积体系和半深湖沉积体系。张大智等通过岩心观察和单井相分析，结合沉积背景资料，认为饶阳凹陷中南部地区古近系沙河街组沙三上亚段发育辫状河三角洲相和湖泊相，以辫状河三角洲前缘亚相和滨浅湖亚相为主。由于物源供应充分，发育多期继承的三角洲砂体群，在平面上叠加连片。曾洪流运用地震沉积学方法，指出饶阳凹陷中南部肃宁地区沙一段发育隐性前积浅水曲流河三角洲体系与叠瓦状前积曲流河三角洲体系，且二者与东三段河流体系存在共生关系，这应该是断陷盆地构造演化中缓坡区湖盆水体由深到浅、最后消失的必然结果。

可以看出，不同学者对沉积体系类型及沉积相展布规律的认识有所差异。同时研究区沉积微相研究精度较粗，大多是段或者亚段级别的研究，纵向上研究精度有待提高，尤其是主力油层组、砂层组级别的沉积微相缺乏系统研究，优势砂体类型分布规律不明确。

结合前人研究成果，以及已开发油藏生产资料，系统进行了沉积相与沉积微相研究，明确了大王庄油田沉积演化规律与沉积微相特征。沙三段为断陷高峰期窄盆深湖环境，以三角洲、浅湖以及深湖—半深湖沉积为主，其中沙三顶部Ⅰ油层组以碳酸盐岩滩坝和湖相沉积为主；沙二段为断陷萎缩期窄盆浅湖环境，以三角洲沉积为主；沙一下亚段为断坳扩展期宽盆广湖环境，以三角洲、滨浅湖滩坝沉积为主；沙一上亚段沉积早期为断坳抬升期广湖环境，以三角洲前缘沉积为主；沙一上亚段沉积晚期为三角洲平原小湖环境，以三角洲平原沉积为主，河道走向总体呈南西—北东向。

大王庄油田通过重构沉积体系建立完善了 Es_3–Ed_3 沉积演化模式，完成了 16 个油层组的区域沉积相图，明确了沉积微相类型与砂体展布规律，深化了对 $Es_1{}^{下}$沉积相的研究。认为 $Es_1{}^{下}$以三角洲、滨浅湖沉积为主，发育河口坝、滩坝砂体，储集岩发育且连片分布，储层条件好，且上下紧邻生油岩，具有形成大型三角洲岩性油藏的潜力。$Es_1{}^{上}$–Ed_3 主要发育近东西向砂体，与该区近南北向断层配置，易形成构造岩性油藏，具有叠加含油连片的潜力。

（1）沙三上亚段沉积相特征。

沙三段沉积时期属于盆地断陷扩展深陷期和断陷抬升早期，沙三上亚段整体继承了沙三中亚段和沙三下亚段的沉积特征，坡陡谷深，湖盆面积较大，主要发育辫状河三角洲沉积体系。Ⅲ油层组沉积时期，以辫状河三角洲前缘为主，分布有水下分流河道、河口坝、席状砂等微相。Ⅱ油层组沉积时期，形成的辫状河道和河口坝微相沉积物覆盖面积大、砂体厚，构成了多物源、多水道沉积特点。Ⅰ油层组沉积时期，陆源碎屑供给相对减少，水体较浅，局部发育碳酸盐岩沉积，沉积相以滩坝为主，包括鲕粒滩、生物滩、藻屑滩以及云灰坪等，碳酸盐岩主要分布在大王庄北部地区，南部主要分布大片油页岩（图 4–34）。

（2）沙二段沉积相特征。

沙二段沉积时期处于断陷抬升晚期，是在沙三段晚期构造抬升背景下接受沉积的，控边断层活动减弱，湖盆逐渐萎缩，湖盆范围逐渐缩小，地形整体上比较平缓。Ⅱ油层组沉积时期，以辫状河三角洲沉积为主，主要发育分流河道、泛滥平原、天然堤、河口坝、席状砂、滨浅湖等六种沉积微相，多个三角洲朵叶连片发育，三角洲前缘河口坝外侧发育有厚度较薄的席状砂。Ⅰ油层组沉积时期，湖盆面积进一步缩小，西部物源供应更加充足，西部发育大片的辫状河三角洲沉积，多个三角洲朵叶之间并排呈线性排列。

（3）沙一下亚段沉积相特征。

沙一段沉积时湖盆进入断坳转换期，此时古地貌影响变小，地形区域平坦。沙一下亚段沉积时期发育一次大规模湖侵，但湖侵持续时间较短，此时主要以西部和西南部物源为主，三角洲沉积规模较小，西部以水下沉积（水下分流河道、河口坝、滨浅湖、滩坝相）为主，东部发育滨浅湖、滩坝相、三角洲末端沉积等（图 4–35）。Ⅱ油层组沉积时期，湖盆范围还比较大，以辫状河三角洲沉积为主，西部物源较少，主要发育水下分流河道和河口坝沉积，多个三角洲朵叶之间互相不连通，局部发育碎屑岩滩坝。整体来看Ⅰ油层组沉积期间，属于水退式沉积，湖的范围较上一期缩小，主要发育三角洲前缘和滨浅湖沉积亚相。

（4）沙一上亚段沉积相特征。

沙一段沉积晚期为区域水退式沉积，湖域范围明显减小，主要发育三角洲平原和河

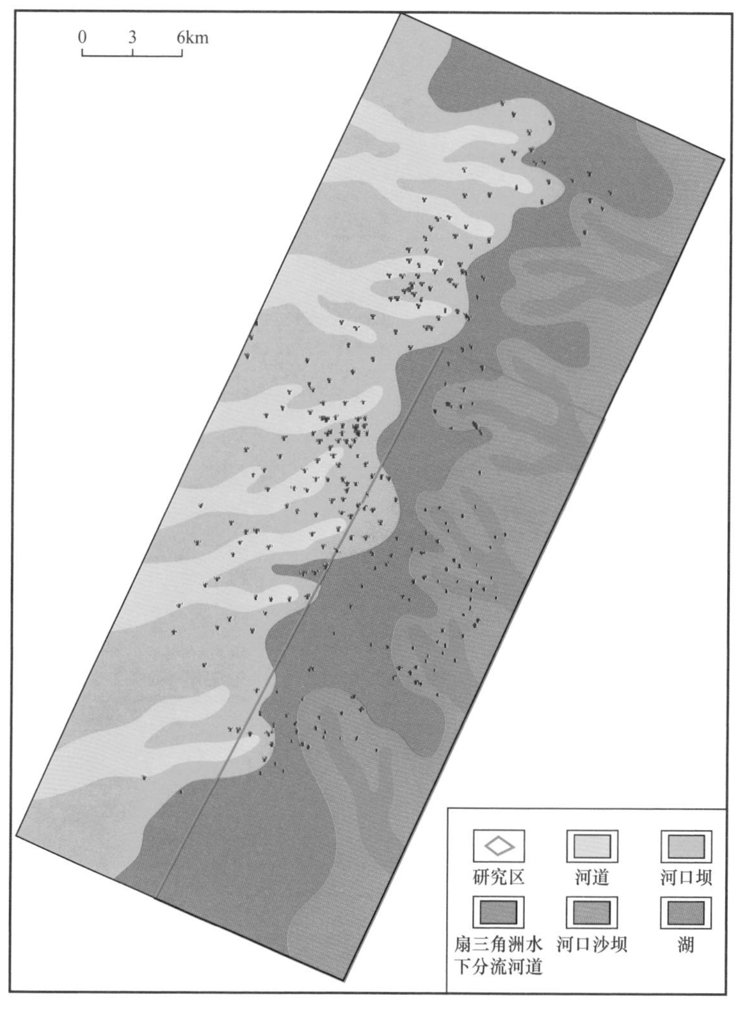

图4-34 肃宁大王庄地区沙三上亚段沉积相图

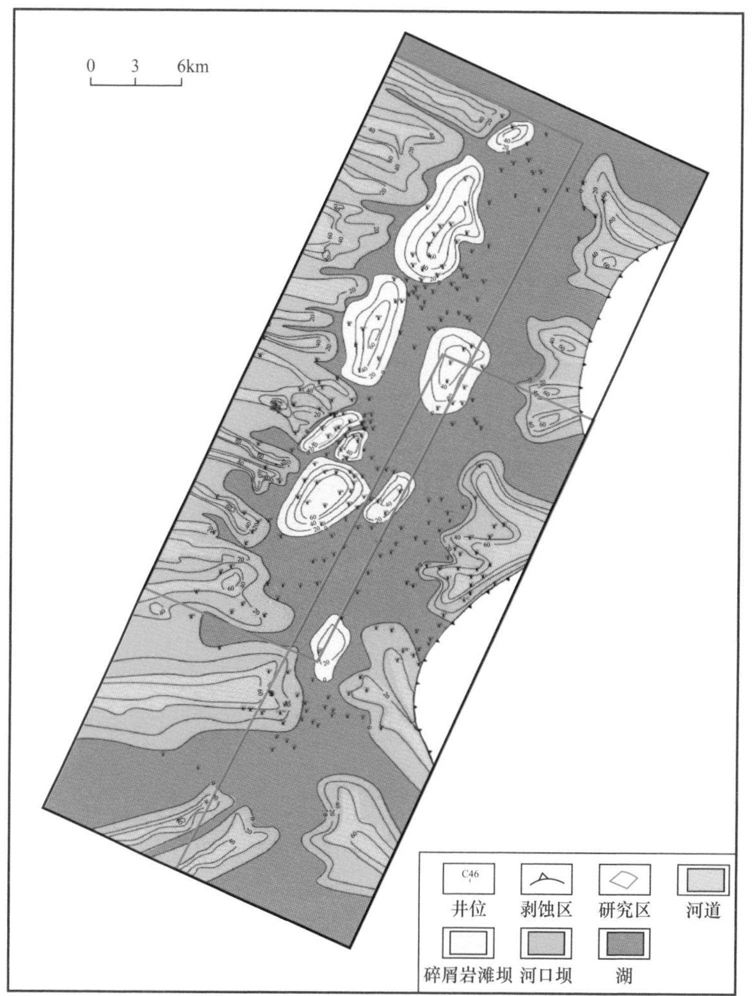

图4-35 肃宁大王庄地区沙一下亚段沉积相图

流相沉积。沙一上亚段Ⅳ油层组和Ⅲ油层组沉积时期，湖盆面积较沙一下亚段沉积时期缩小，整体上表现为水退式沉积，该时期大王庄地区主要发育三角洲前缘和平原沉积，沉积相的分布具有一定的继承性，Ⅳ油层组以辫状河三角洲前缘沉积为主，主要发育水下分流河道、河口坝和席状砂。Ⅲ油层组的湖盆面积较Ⅳ油层组更小，辫状河三角洲继续往东部推进，多个三角洲朵叶逐渐合并，该时期以辫状河三角洲平原和前缘为主，主河道遇湖分叉，呈分流河道，与河口坝伴生，两个方向发育的辫状河三角洲逐渐汇聚。

随着构造的不断抬升，在沙一上亚段Ⅱ油层组和Ⅰ油层组沉积时期，湖盆趋于闭塞，主体上属于三角洲平原沉积，发育分流河道、泛滥平原、决口扇等微相（图4-36）。

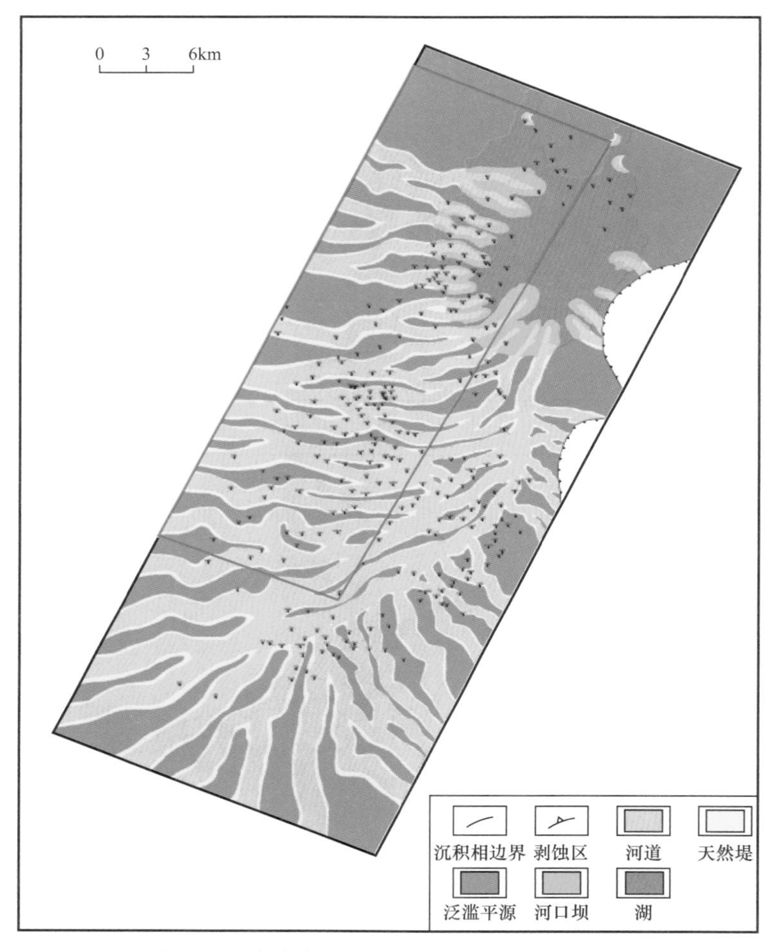

图4-36 肃宁大王庄地区沙一上亚段沉积相图

（5）东三段沉积相特征。

东三段整体上继承了上一时期的沉积特征，为区域性水退式沉积，湖域范围明显减小，湖泊范围仅存于大王庄洼槽和河间洼槽，并最终消失。该时期主要发育曲流河三角洲平原和河流相沉积（图4-37）。东三段Ⅳ油层组沉积时期，湖盆面积较沙一上亚段沉积时期缩小，仅存零星残余小湖泊，该时期大王庄地区主要发育曲流河三角洲平原沉积。

Ⅲ油层组的湖盆面积较Ⅳ油层组已消失殆尽，西南部砂体供应充足，东部物源逐渐增强，两者汇聚后汇入肃宁地区的河间洼槽，该时期大王庄地区以曲流河三角洲平原为主，此时河间洼槽也逐渐被充填，饶阳凹陷中南部湖泊面积在这一时期达到最小。随着沉积物继续充填，在东三段Ⅱ油层组和Ⅰ油层组沉积时期，湖盆已全部消失，曲流河三角洲平原逐渐向河流相转变，河流呈网状。最终，西南部、西部和东部物源汇入主河道，流经河间洼槽，向现今白洋淀方向汇聚。

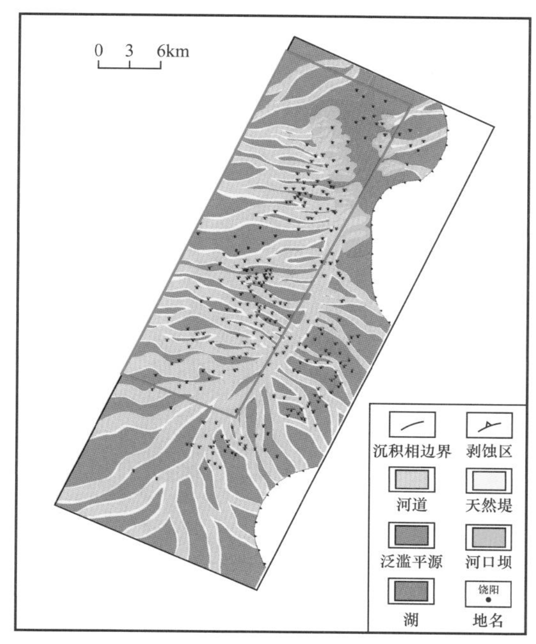

(a) 肃宁大王庄Ed_3Ⅳ油层组沉积相图

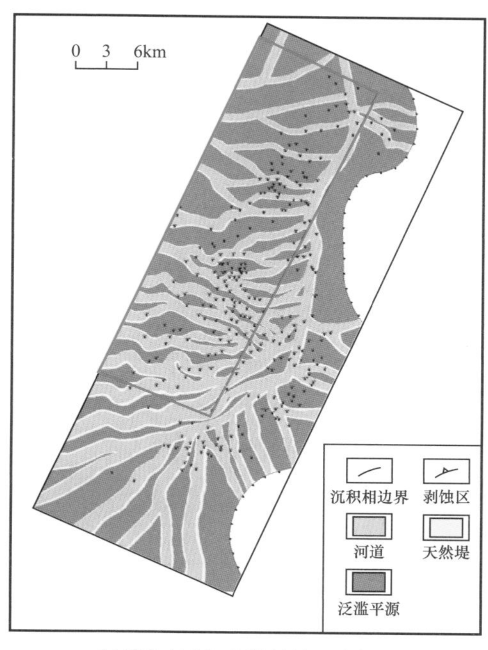

(b) 肃宁大王庄Ed_3Ⅱ油层组沉积相图

图 4-37　肃宁大王庄地区东三段沉积相图

2）已开发典型油藏精细解剖

（1）留 107 断块油藏解剖。

留 107 断块构造上位于大王庄背斜北翼低部位的断阶带上，地层北倾，Ed_3 段没有构造圈闭背景，是钻探深层圈闭时“意外”发现的岩性油藏，经过滚动开发，按岩性圈闭分油层组进行上报探明地质储量 274×10^4t。

截止到 2019 年年底，留 107 断块总井数 75 口，日产液 539t，日产油 135t，累计产液 231.8×10^4t，累计产油 153.8×10^4t。东三段油藏埋深 2970～3000m，含油井段长约 380m，根据各层段岩性、电性、含油性以及沉积旋回特征，东三段共划分为五个油层组（图 4-38）。纵向上油层分布比较零散，油水层间互，没有统一油水界面，油层单层厚度较薄，单层厚度 0.6～7.4m，平均单层厚度 2.6m。平面上油层受构造、断层及砂体展布综合影响，各个油层组油层厚度平面分布特征具有一定的差异，存在多个厚度中心（图 4-39）。

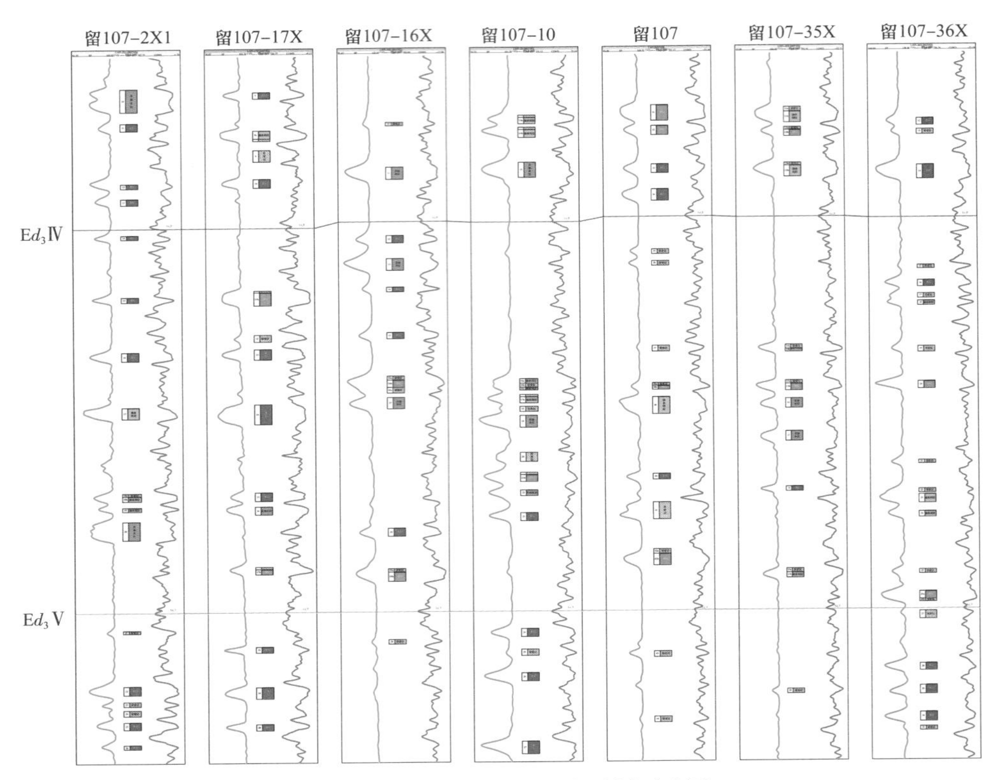

图 4-38　留 107 断块 Ed_3 段油层对比图

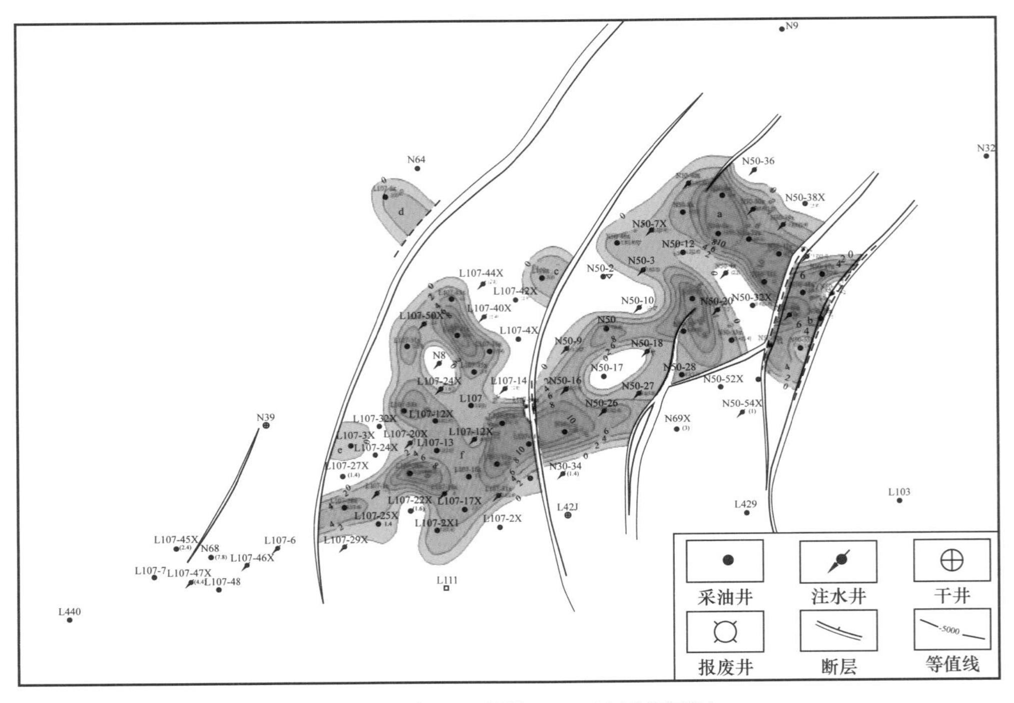

图 4-39　留 107 断块 Ed_3V 油层等厚图

油藏单元解剖结果表明，每个油层组均表现为复式油藏特征，油藏在砂体展布方向分布相对稳定，垂直方向变化大，连通性差。如Ⅴ油层组 6 小层平面上发育了 3 个油藏单元，油水界面均不一样，类型为构造岩性油藏（图 4–40、图 4–41）。油藏单元自身的圈闭是由沉积体系与构造背景配置形成的，物源方向与构造走向垂直，水下分流河道砂体被断层切割遮挡，侧向尖灭形成微型圈闭。

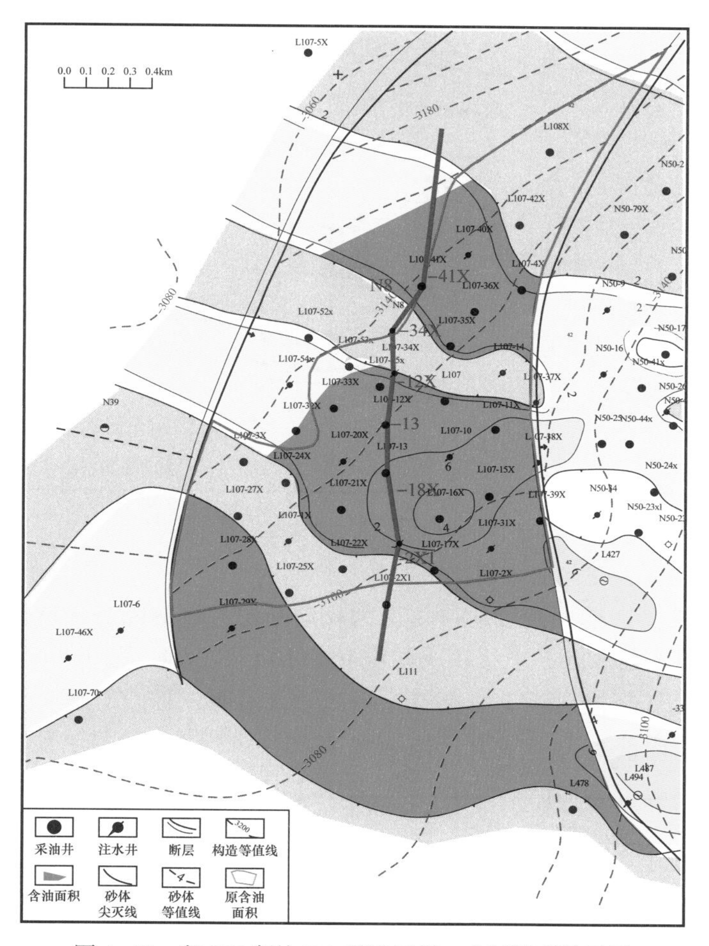

图 4–40　留 107 断块 Ed_3 Ⅴ油层组 6 小层油藏单元图

（2）留 485 断块油藏解剖。

留 485 断块位于大王庄油田核部，留 70–39 断块上升盘，整体为断背斜构造，地层北东抬、南西倾，构造形态较为完整，传统上认为以构造控藏为主。

留 485 断块物源方向为南西向，东三段以浅水三角洲沉积环境为主，发育浅水三角洲平原亚相，分流河道、溢岸砂、决口扇等微相；沙一段至沙三段以正常三角洲沉积环境为主，发育三角洲平原和前缘两个亚相，分流河道、溢岸砂、决口扇、河口坝、远沙坝等微相。该区纵向上油层发育，含油井段长，油层埋深 2850～3750m，东三段、沙一段、沙三段均发育油层。

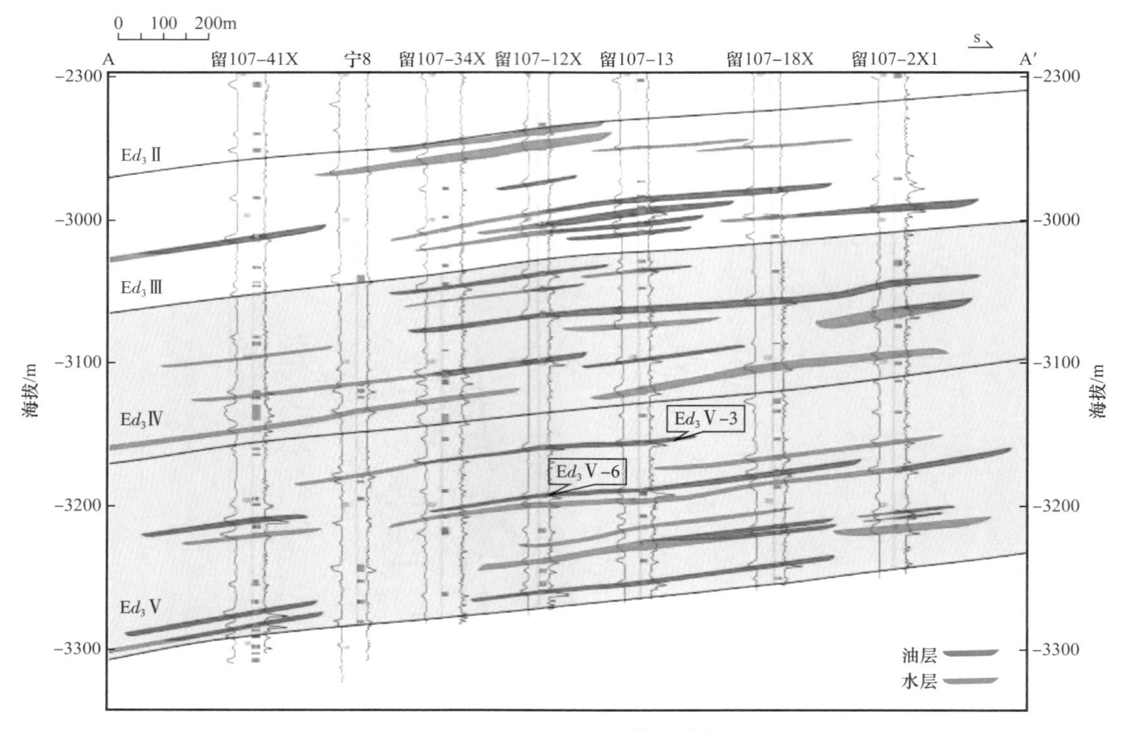

图 4-41 留 107 断块 Ed_3 段油藏剖面图

① 留 485 断块 Ed_3-Es_1 油藏解剖。

留 485 断块 Es_1 上：勘探阶段构造认识为反向断层控制的断鼻构造，油藏类型为构造油藏，统一油水界面 3450m，上报探明储量 91×10^4t。开发阶段构造变化不大，纵向上根据油层分布细分为 4 个油层组。油藏单元解剖结果表明，Ⅲ油层组底部油藏类型仍为构造油藏，同一断块内油水关系一致（图 4-42 和图 4-43）。Ⅲ油层组顶部及其他油层组则

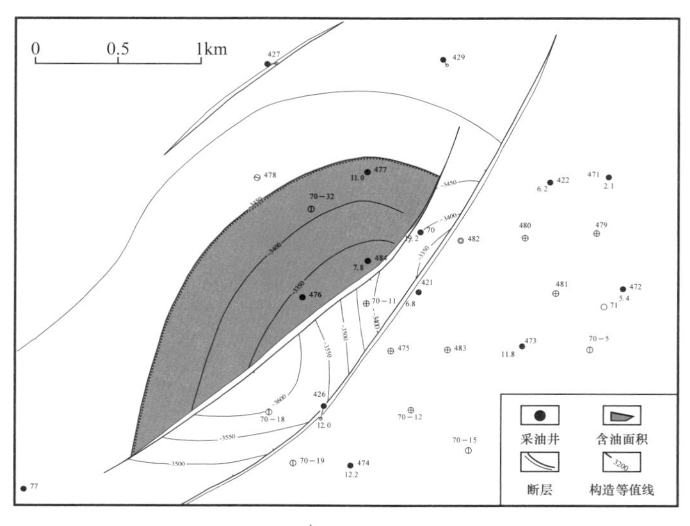

图 4-42 留 485 断块 Es_1 上油藏探明储量构造及含油面积图

为多藏伴生的复式油藏，如Ⅱ油层组2小层油藏单元分布受互不连通的水下分流河道砂体控制，横向变化快（图4–44和图4–45）。

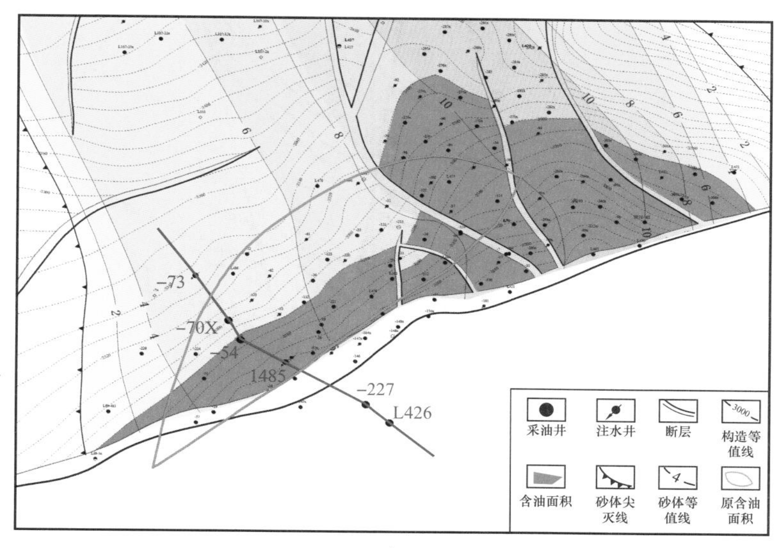

图4–43　留485断块$Es_1^{上}$Ⅲ油层组油藏单元分布图

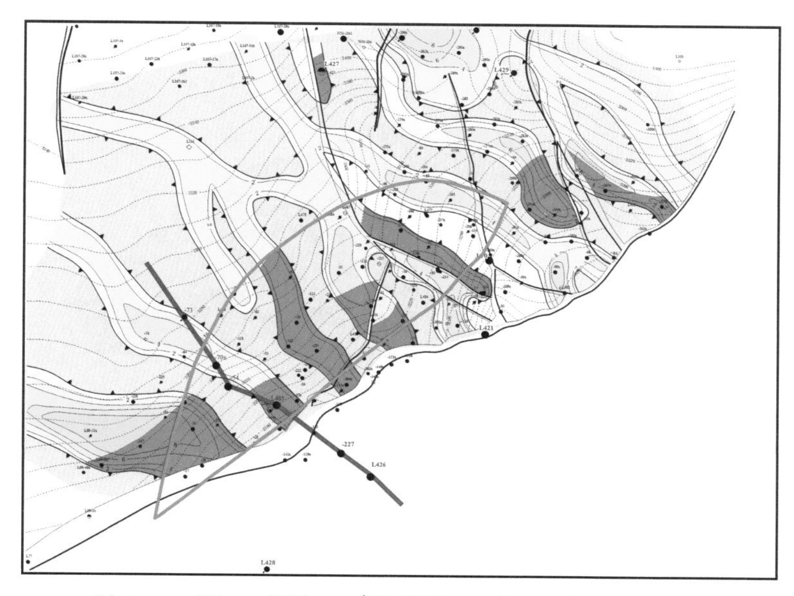

图4–44　留485断块$Es_1^{上}$Ⅱ油层组2小层油藏单元分布图

留485断块Ed_3：构造形态与$Es_1^{上}$具有良好的继承性，勘探阶段认为油藏类型为岩性构造油藏（图4–46），油层分布总体受构造控制，但油水关系被岩性复杂化。开发阶段根据油层分布纵向上细分为5个油层组。油藏单元解剖结果表明，每个油层组均表现为复式油藏特征。如Ⅴ油层组7小层平面上发育10个油藏单元，类型为构造岩性油藏（图4–47和图4–48）。

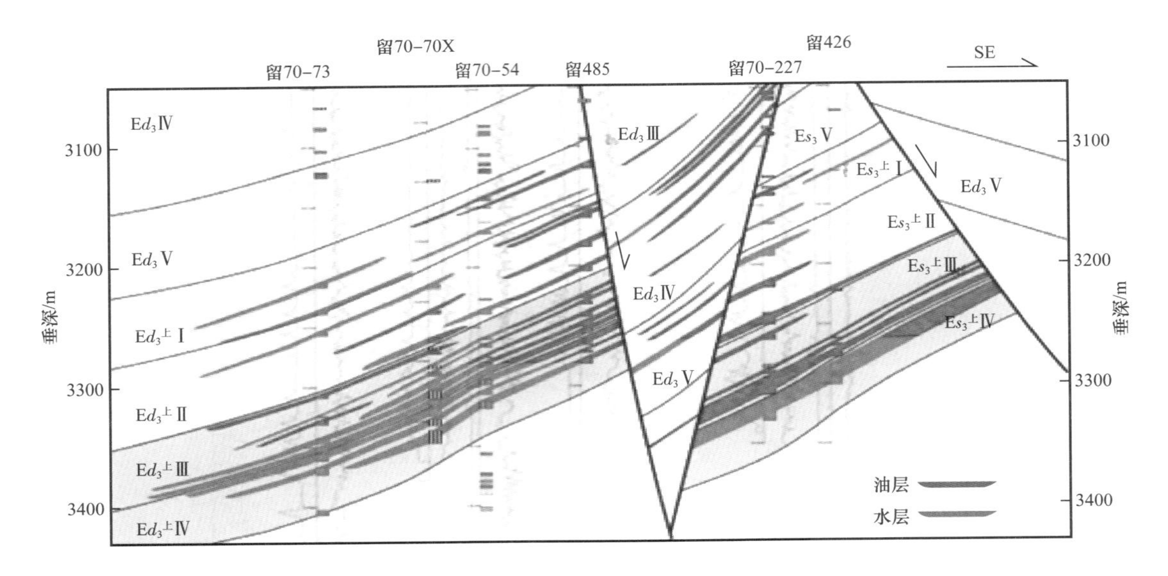

图 4-45 留 485 断块 Es_1上油藏剖面图

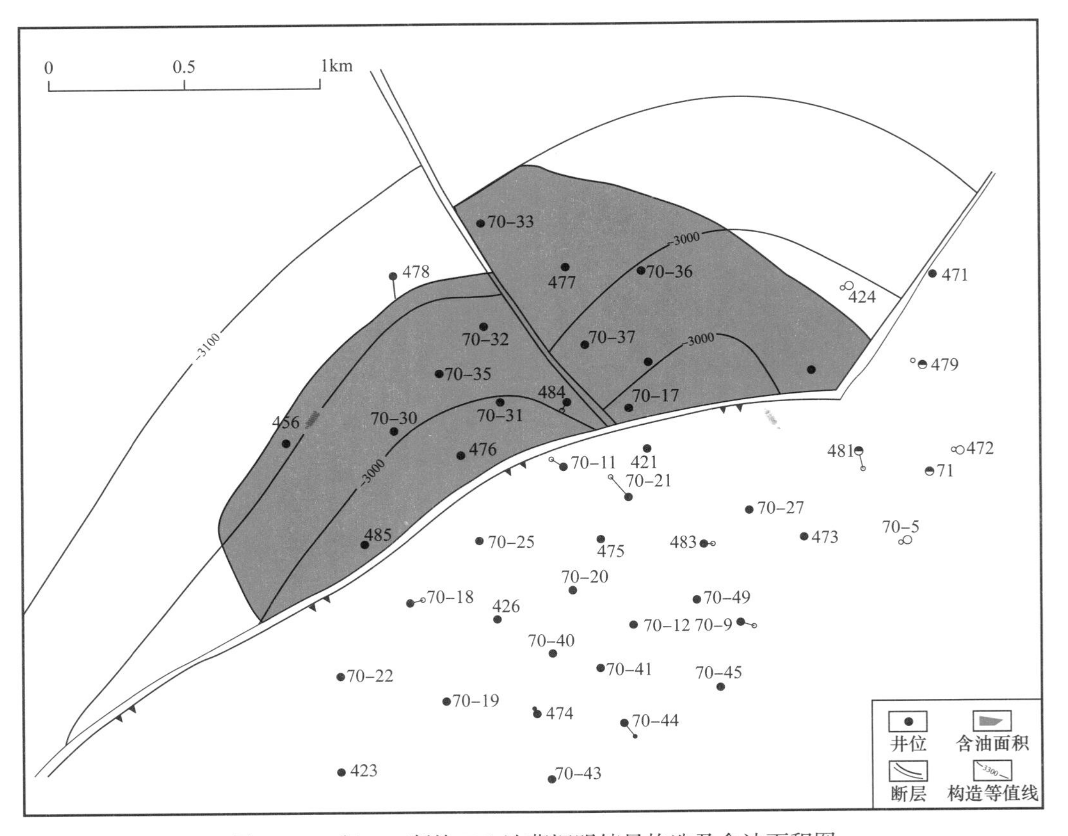

图 4-46 留 485 断块 Ed_3 油藏探明储量构造及含油面积图

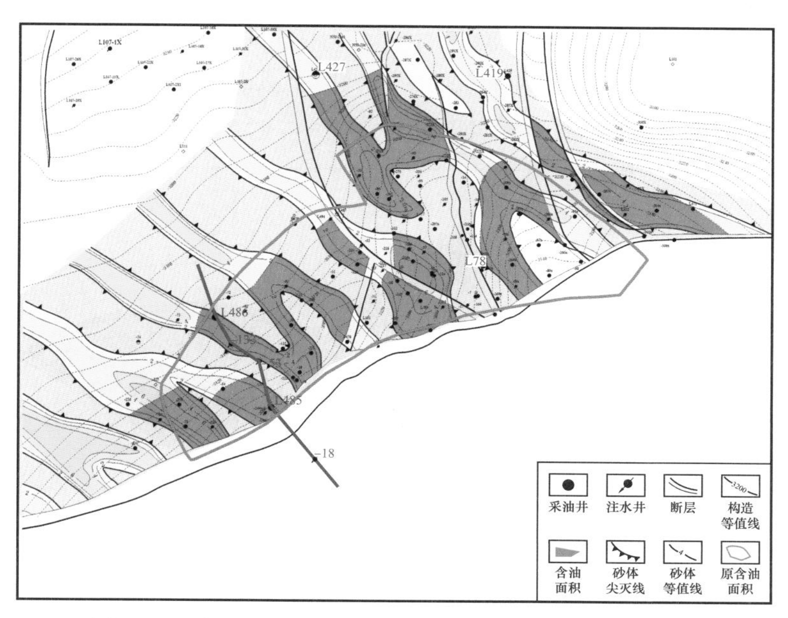

图 4-47　留 485 断块 Ed_3 Ⅴ油层组 7 小层油藏单元分布图

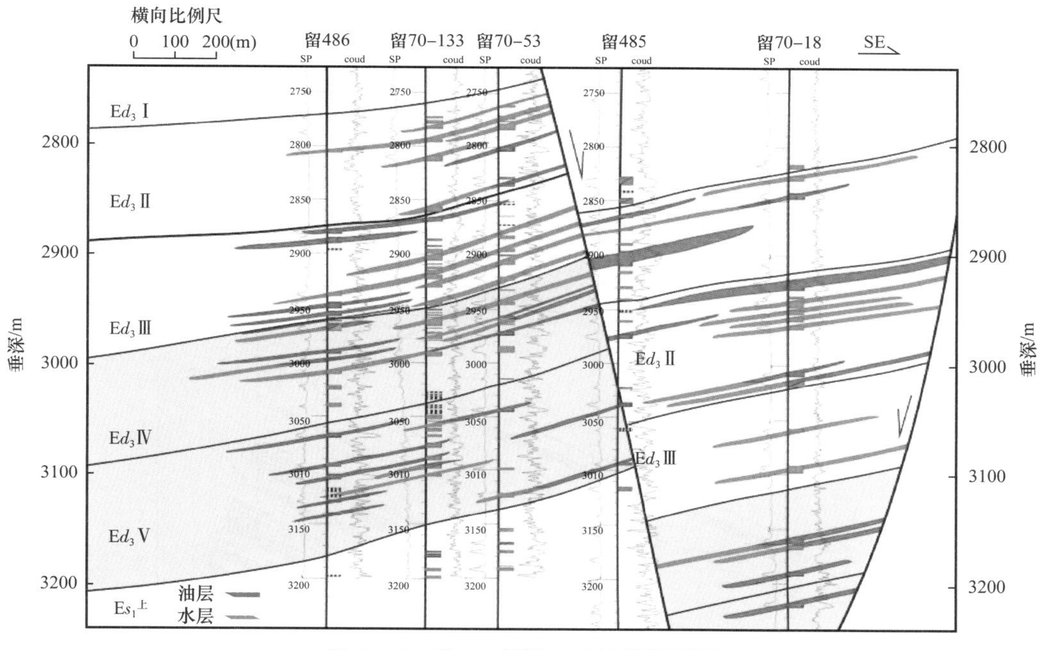

图 4-48　留 485 断块 Ed_3 油藏剖面图

② 留 485 断块 Es_3 油藏解剖。

留 485 断块 Es_3 油藏主要发育在大王庄核部，勘探阶段构造认识为反向断层控制的大型断鼻构造，砂体厚度大，储层发育，认为油藏类型为块状油藏，整个油藏具有统一的油水界面（图 4-49 和图 4-50）。精细构造认识的同时开展储层分布规律的深入解剖，纵向上分析储层变化特点，根据储层韵律变化，将沙三段厚砂层分为三个小层，相互间具有相对稳定的隔层。油藏单元解剖结果表明，纵向上具有3套油水系统，每套油藏单元在不同断块内分别具有独立的油水界面（图4-51和图4-52）。

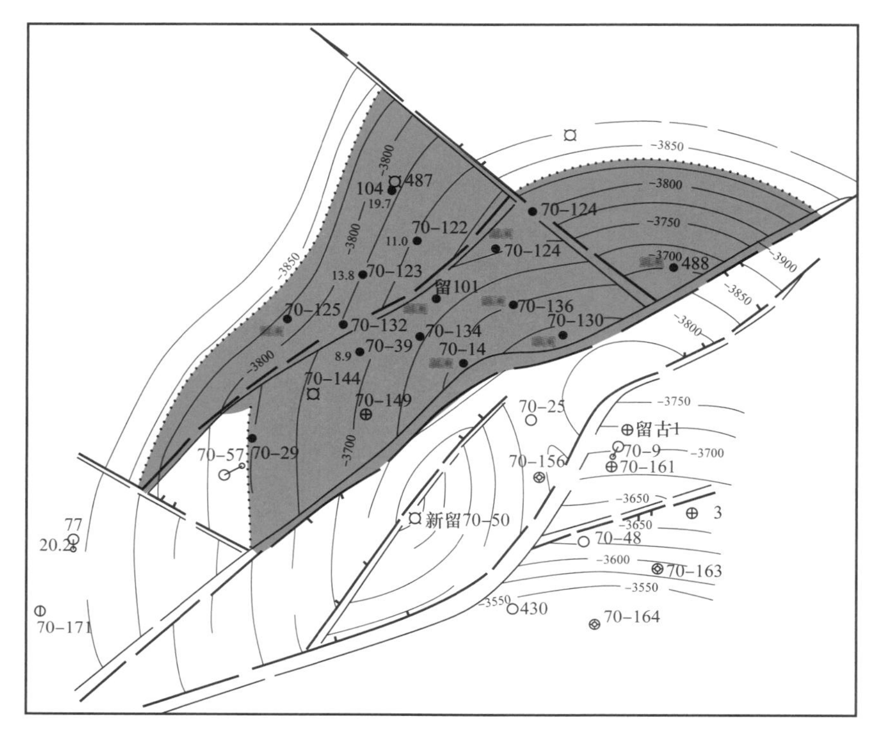

图4-49　留485断块 Es_3 原始含油面积图

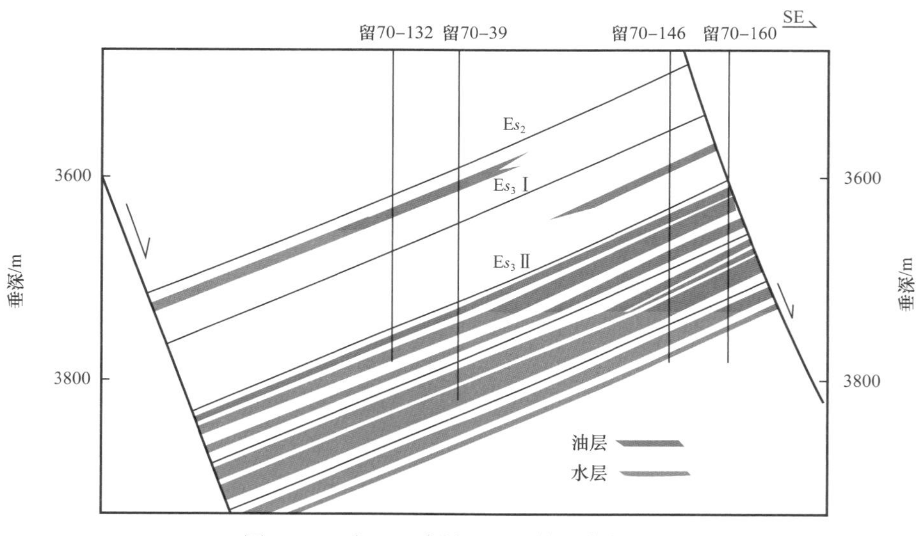

图4-50　留485断块 Es_3 原始油藏剖面图

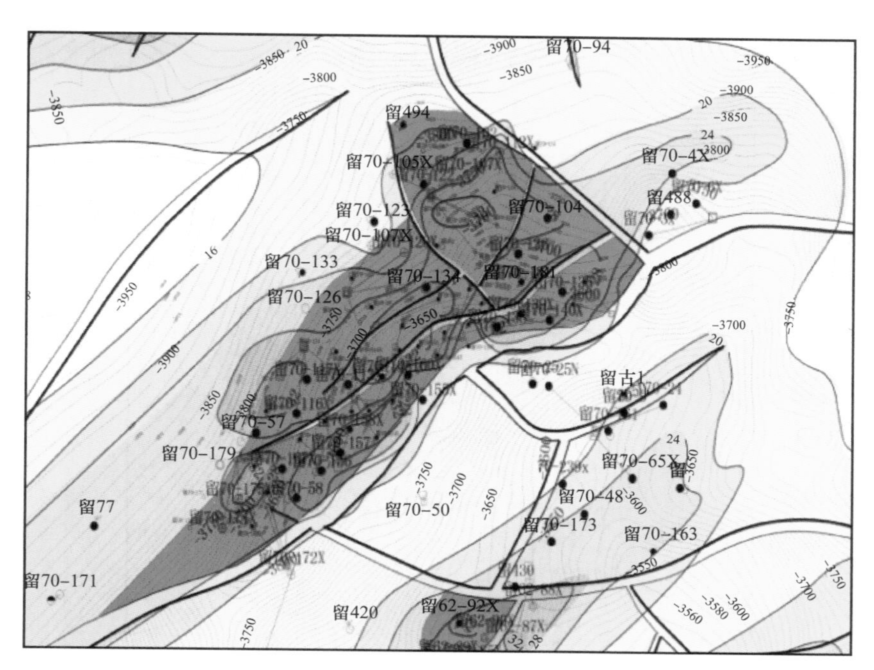

图 4-51　留 485 断块 Es_3—② 号油藏单元图

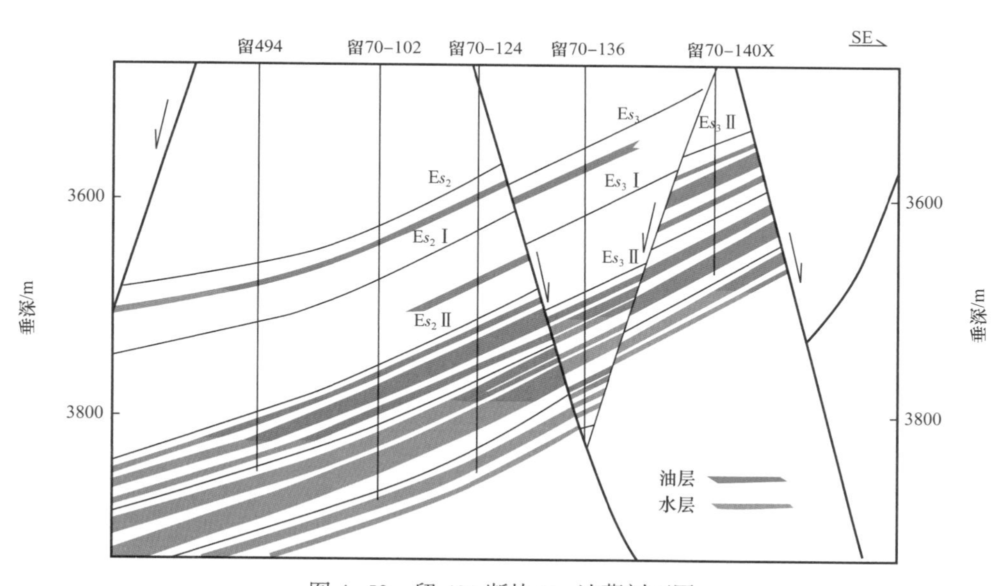

图 4-52　留 485 断块 Es_3 油藏剖面图

（3）留 62 断块油藏解剖。

留 62 断块位于大王庄构造带中南部，北邻留 70 断块，东侧、北侧被两条反向正断层切割形成断块构造，地层北东抬、南西倾。主力油层发育在沙一下亚段，埋藏深度 3300～3550m，油层厚度中心在断块的中东部、构造的中高部位（图 4-53），与构造高部位不重合，反映了构造岩性双重控制油层的特点。

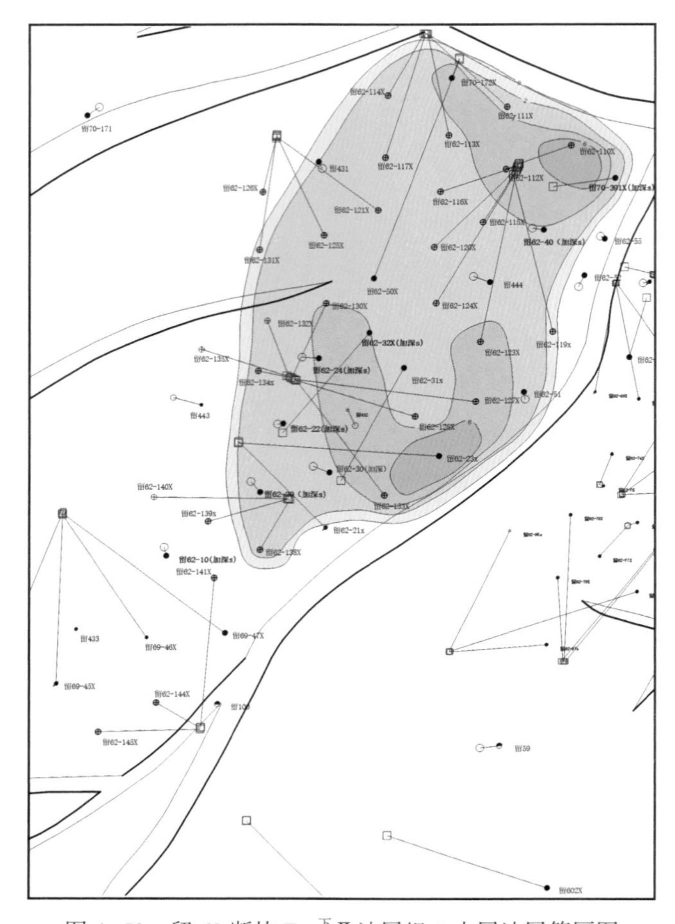

图 4-53　留 62 断块 Es_1 下 Ⅱ 油层组 5 小层油层等厚图

沙一段沉积时期湖盆进入断坳转换期，古地貌影响变小，地形区域平坦，此时留 62 断块主要以西部和西南部物源为主，三角洲沉积规模较小，以水下沉积（水下分流河道、河口坝、滨浅湖、滩坝相）为主，多个三角洲朵叶之间互相不连通，局部发育碎屑岩滩坝。受沉积相控制，河口坝、水上—水下分流河道砂体以北西—南东走向为主，滩坝砂体发育规模较大，呈中心厚、向四周逐渐减薄的趋势。

油藏单元解剖：河口坝、滩坝砂体发育，砂体规模较大，内部存在物性的变化。砂体边界、断层、砂体内部致密储层形成对油气的遮挡，组合形成岩性—构造、构造—岩性油藏，不同油藏单元内油水界面不相同，具备各自独立的油水系统（图 4-54）。

四、创新认识与实施成效

1. 创新认识

1）油藏类型与成藏模式新认识

从对肃宁—大王庄地区的烃源岩分析中，认为沙三段、沙一下亚段具有良好的生烃条件。沙三中亚段沉积后期沉积了区域性的一套厚层特殊岩性段，以暗色泥岩、灰质白云岩或油页岩为主，为该区的烃源岩。沙一下亚段沉积了一套以石灰岩、泥质灰岩以及油页岩为主的湖侵体系域泥岩，为主要烃源岩，可作为全区对比标志层和区域性盖层。东二段湖域继续缩小并以湖沼相为主，沉积了较大范围的湖沼相含螺泥岩，属区域性盖层。

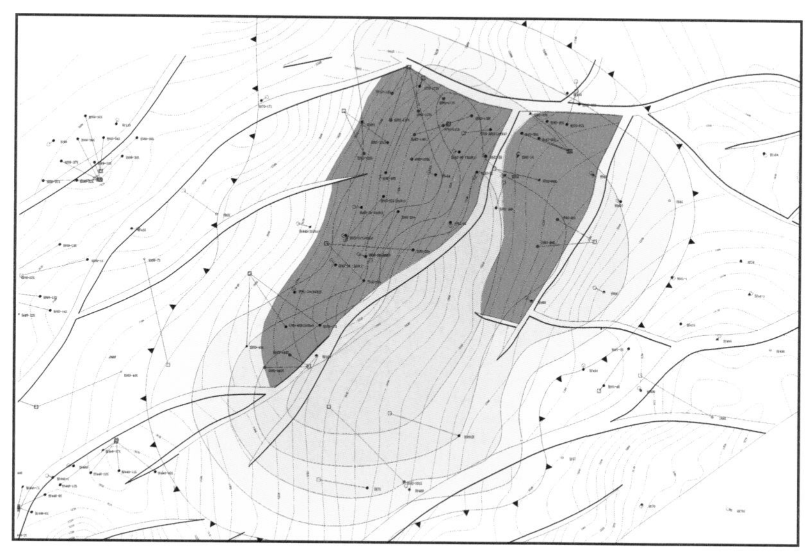

图 4-54　留 62 断块 $Es_1^{下}$ Ⅱ油层组 5 小层油藏单元图

沙一下亚段和沙三段的湖相泥岩烃源岩层，通过断层—砂体、断层—不整合面、砂体—不整合面及断层—砂体—不整合面的复合输导体系进行运移，以沙一上亚段曲流河河道砂体、三角洲平原砂体、三角洲前缘砂体、沙一下亚段三角洲前缘砂体、滨浅湖滩坝砂、沙三段三角洲前缘、碳酸盐岩滩坝为储集岩，以沙一上亚段曲流河相泛滥平原微相及其他层位的湖泊泥岩为优质区域性盖层，整体上形成了一套优质的生储盖组合类型。

大王庄地区古近系沙河街组沉积时期存在西部、西南部物源，不同成因的陆源碎屑沉积体系均有发育。诸多成因类型的储集砂体，为地层岩性圈闭的形成提供了必要的条件。同时，研究区构造活动强烈，存在复杂的断裂体系与大型的区域不整合界面，这些都为油气的运移提供了有利的条件。

肃宁—大王庄构造带位于饶阳凹陷中央隆起带中南部的多个生油洼漕之间，经历了多期构造演化，纵向含油层系多，通过对老油藏按油藏单元分析法进行解剖，深入分析成藏机制和主控因素，根据成藏特点，可分为三大类成藏模式：岩性油藏、构造—岩性复合油藏、构造油藏。

（1）岩性油藏。

肃宁—大王庄构造带常见的岩性油藏包括储集体透镜状油藏和储集体上倾尖灭油藏，主要出现于沙一下亚段和沙三段Ⅰ油层组的滩坝沉积中，在东三段、沙一上亚段的曲流河相也有出现。对于沙一上亚段的砂体主要为砂体上倾尖灭油藏，通源断层的发育控制了油气的分布（图 4-55）。对于沙一下亚段和沙三段Ⅰ油层组的储集体，其直接位于烃源层内并被烃源岩所包围，储集体两侧的泥岩或泥灰岩为封堵层，油气由烃源岩经短距离运移直接进入储层，并聚集成藏，其成藏的关键是砂岩上倾尖灭的可靠性和封闭性（图 4-56）。

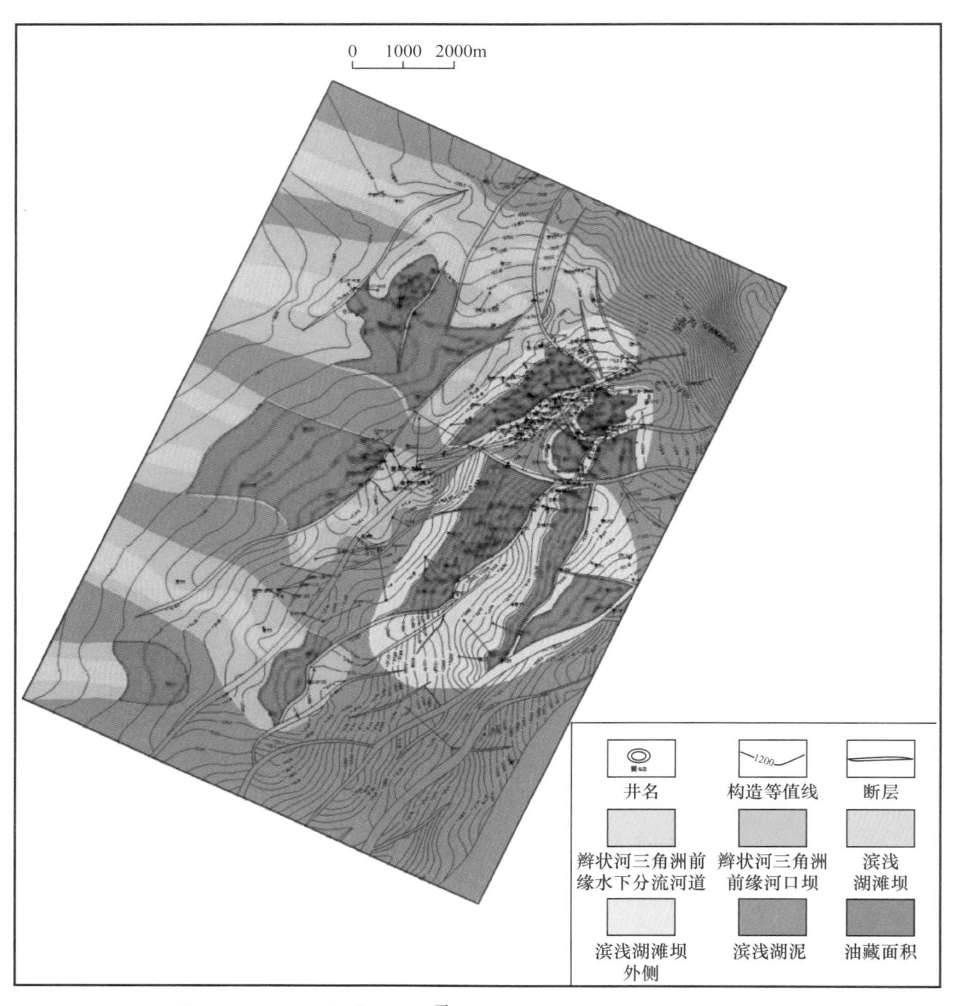

图 4-55 大王庄油田 $Es_1^{下}$ Ⅰ油层组沉积微相与构造叠合图

（2）构造—岩性复合油藏。

构造—岩性复合油藏主要发育在斜坡带、二级构造带翼部和陡坡带附近，是研究区内分布最广、发育最普遍的油藏类型。受断块活动频繁、断层发育较普遍的影响，该种类型油气藏最常见的是靠岩性和断层两种因素封闭而形成的断层—岩性圈闭。其圈闭形态受砂体空间分布范围的控制作用较明显，砂体尖灭处与断层的断面共同控制了圈闭边界。而断层既可在砂体的上倾方向，也可在侧向上形成封堵。

沙一上亚段的曲流河河道砂体受到断层的切割，油气并没有通过断层运移，而是通过断层形成的封堵面，聚集形成了断层—岩性油藏；另外，该时期发育的河道砂和河口坝砂体在平面上呈片带状展布，鼻状构造带的高点部位经过断层时，断层遮挡了部分砂体，由于断层开启程度很弱，断层不再是运移通道，此时油气受断层遮挡的作用和砂体展布的控制作用，就形成了下生上储的构造—岩性油气藏（图 4–57 和图 4–58）。

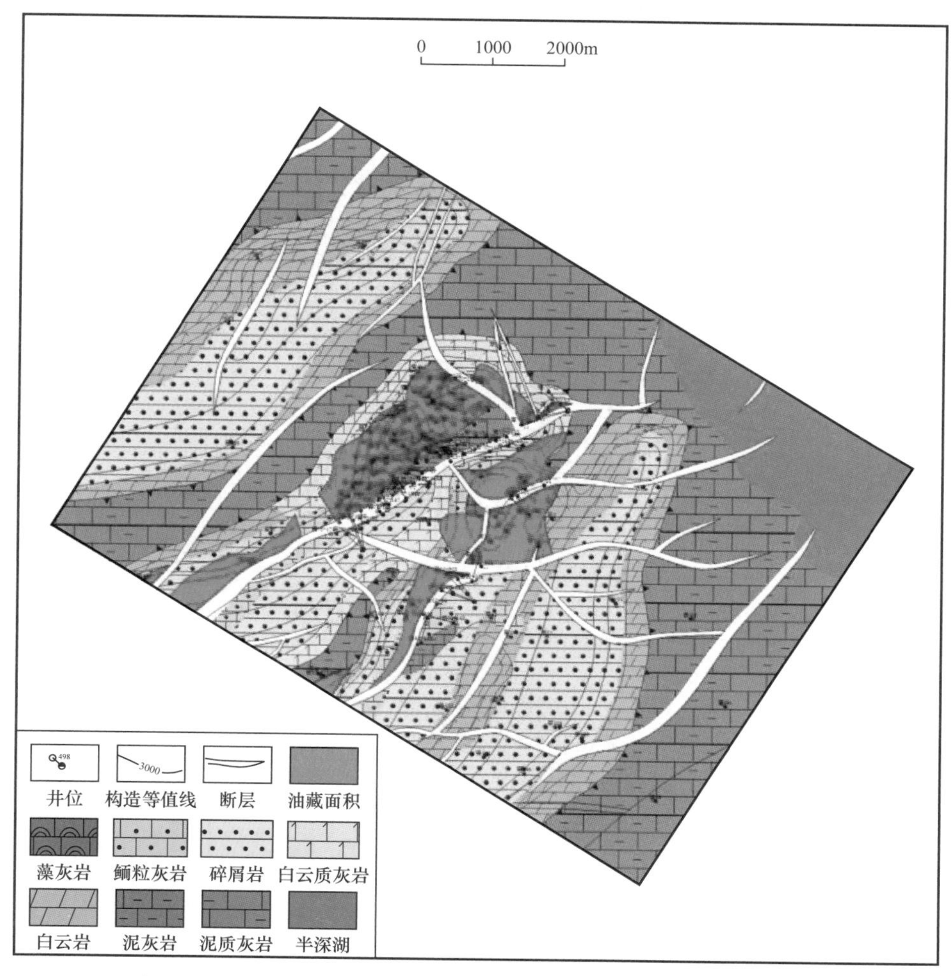

图 4–56 大王庄油田留 70 断块 Es_3 Ⅰ油层组沉积微相与构造叠合图

对于沙一下亚段的河口坝砂体和沙三上亚段的储集体，垂直断层叠置，形成受断层遮挡、侧向岩性尖灭的断层—砂体侧向尖灭圈闭，油气在其中聚集成藏，形成下生上储、自生自储型构造—岩性油气藏（图 4–59）。

（3）构造油藏。

研究区内的构造油藏，绝大部分与断层相关，如断鼻油藏、断块油藏等，主要发育于沙一下亚段和沙三上亚段Ⅲ油层组段，主要发育连片的河口坝砂体和部分滩砂，北西向和北东向的断层较为发育，通常形成交叉断层断块，以断层为封堵，形成主要受断层控制的构造油藏（图 4–60）。

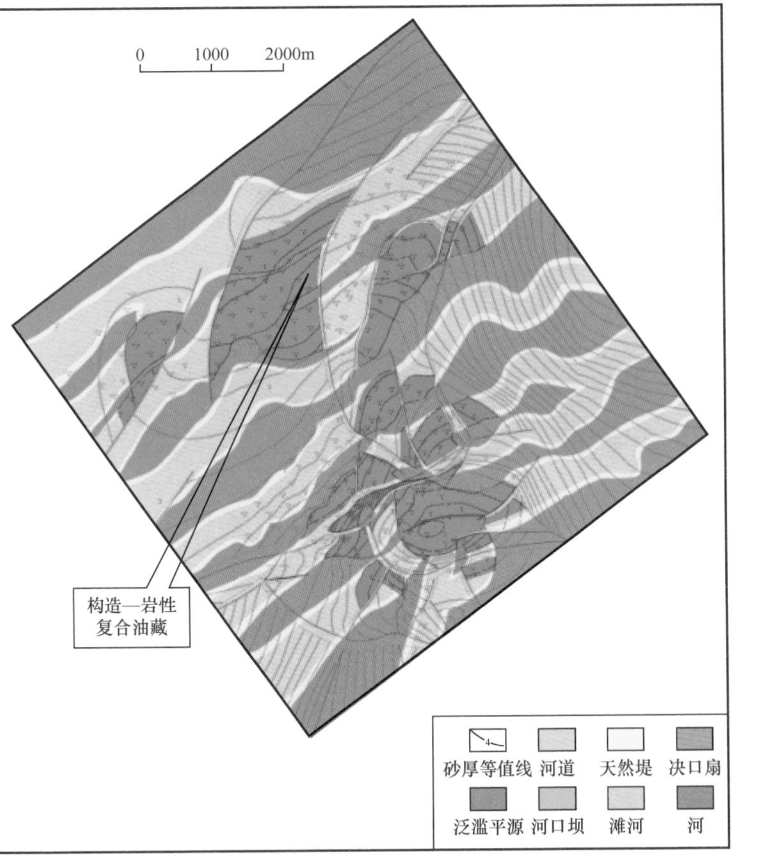

图 4-57 大王庄油田 $Es_1^{下}$ Ⅱ油层组沉积微相与构造叠合图

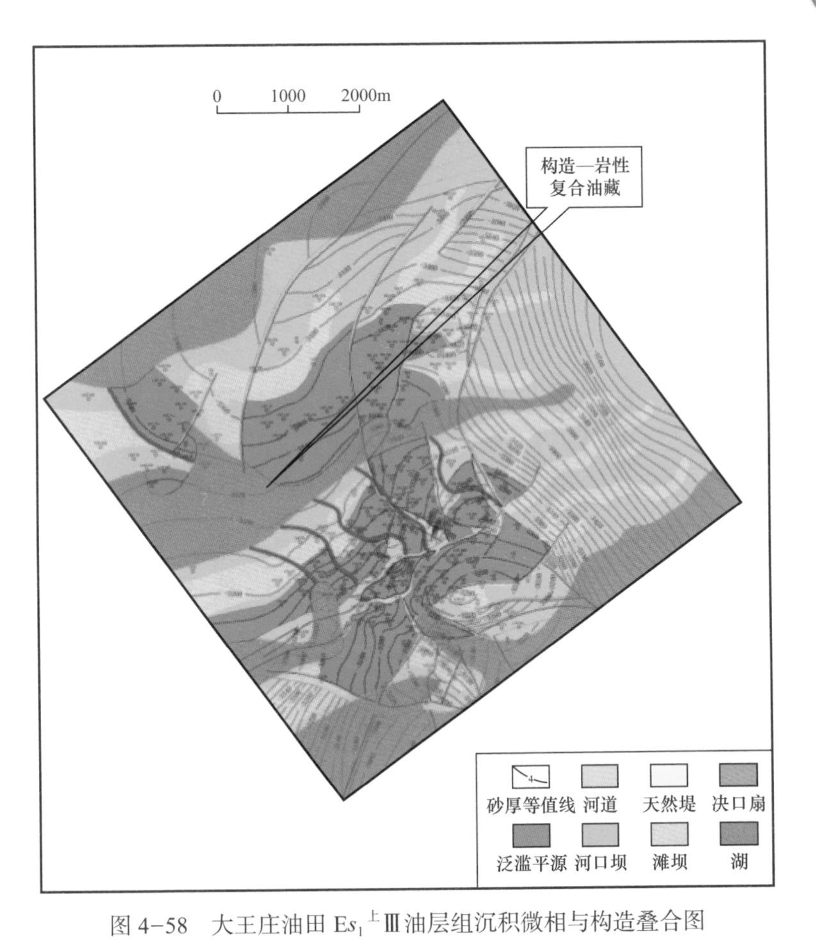

图 4-58 大王庄油田 $Es_1^{上}$ Ⅲ油层组沉积微相与构造叠合图

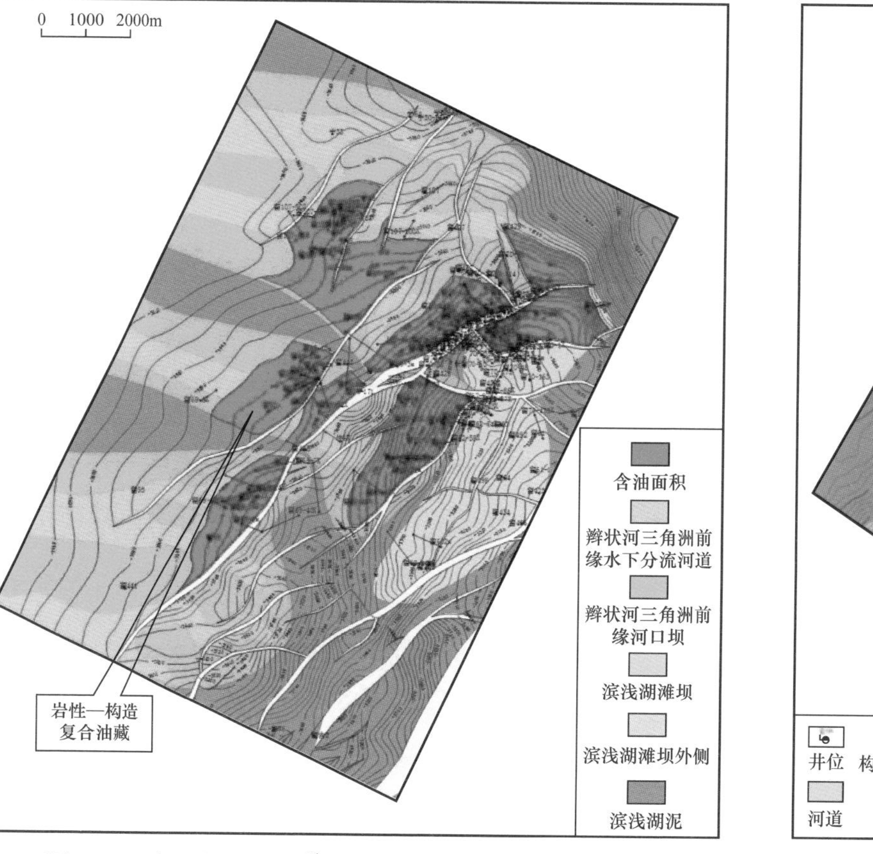

图 4-59 大王庄油田 $Es_1{}^{下}$ Ⅱ油层组沉积微相与构造叠合图

图 4-60 大王庄油田 Es_3 Ⅲ油层组沉积微相与构造叠合图

大王庄典型油藏模式分类见表 4–2。

表 4–2　大王庄地区油藏模式汇总表

油藏类型	模式图		成藏要点
	平面图	剖面图	
构造油藏	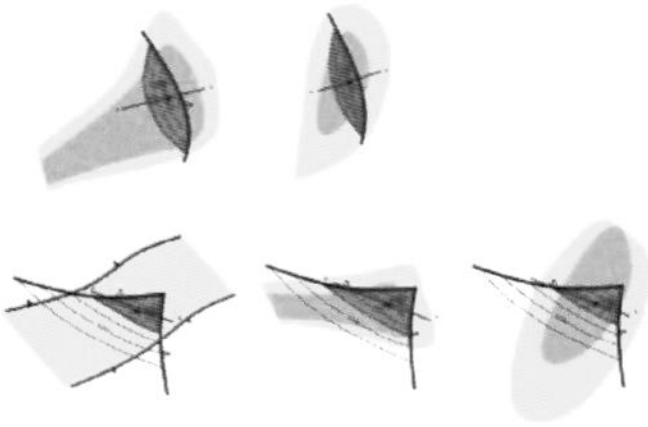	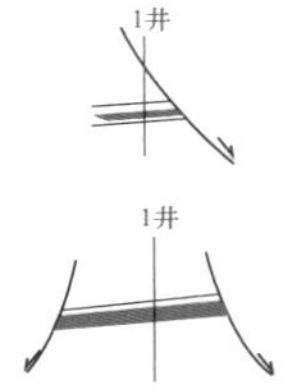 1井 1井	（1）断层作为油源通道； （2）断层作为侧向封堵条件； （3）具有明显的构造圈闭
岩性油藏	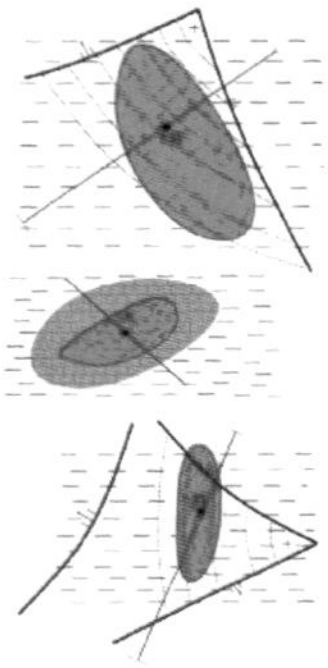	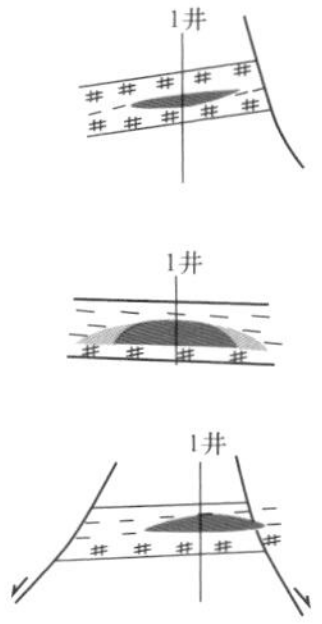 1井 1井 1井	（1）储层与油源直接沟通； （2）砂体或岩相边界作为侧向封堵条件
	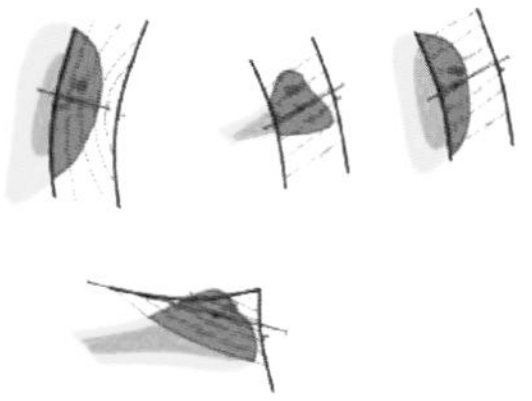	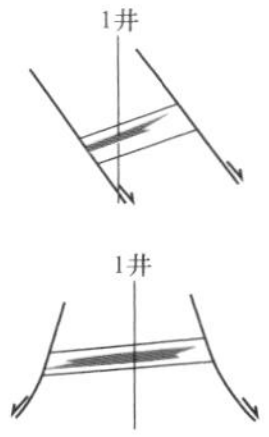 1井 1井	（1）断层作为油源沟通； （2）砂体或岩相边界作为侧向封堵条件
岩性—构造油藏	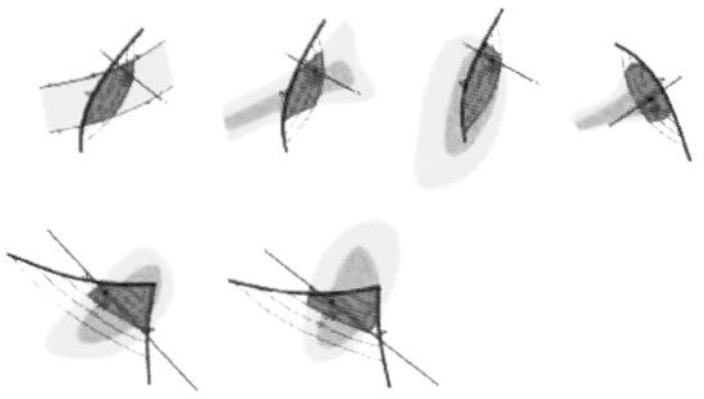	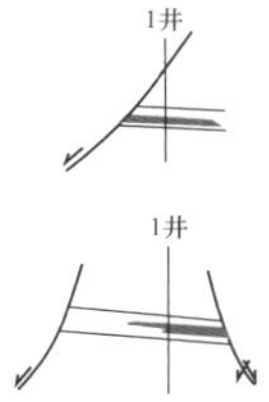 1井 1井	（1）断层作为油源通道； （2）断层在高部位遮挡，砂体边界作为侧向封堵条件； （3）砂体与油源断层充分沟通
构造—岩性油藏	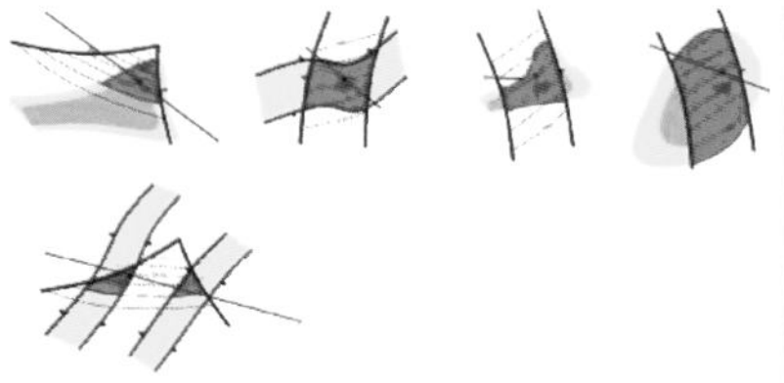	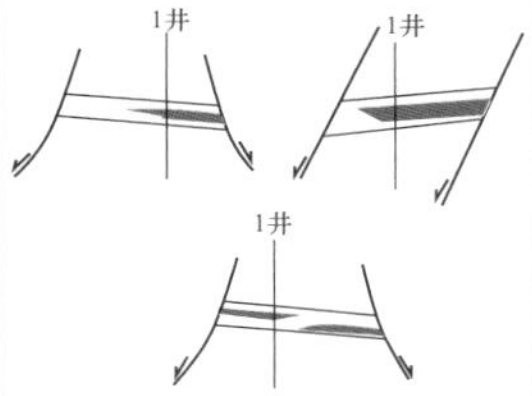 1井　1井 1井	（1）断层作为油源通道； （2）断层与砂体共同遮挡，砂体上倾尖灭或砂体边界作为侧向遮挡条件； （3）砂体与油源断层充分沟通

大王庄地区主要的沉积相类型有河流相、三角洲，主要的储层沉积微相为河道砂、河口坝及滩坝。不同沉积背景下同一构造位置或同一沉积背景下的不同构造位置，油藏类型不同。总体来看，当河道较宽、河口坝、滩坝范围较大，具备断鼻、断块等构造背景时，多发育构造油藏；在 Es_1下或 Es_3 烃源岩附近的储层，与油源直接沟通，即使没有构造背景也可靠岩相及岩性的变化形成封堵从而构成圈闭，形成透镜体状和上倾尖灭的岩性油藏；大多数情况是，在沉积和构造的双重控制下，断层沟通油源与储层，并在构造高部位形成遮挡，砂体侧向封堵，或者砂体在高部位遮挡，断层起封堵作用而形成圈闭，前者形成岩性—构造油藏，后者则形成构造—岩性油藏。

经过对老油藏不同层位精细油藏解剖，总结出大王庄地区不同沉积微相砂体与该区典型构造样式配置形成的 23 种油藏类型模式（表 4-2）。各种类型的油藏不是孤立存在的，往往在同一大构造背景下形成一个个独立的油藏，在平面和纵向上有规律地分布，形成复杂断块区特有的复式油藏特征。

通过对大王庄典型油藏的解剖和成藏模式再认识，对大王庄构造带油藏形成的机制与主控因素有了新的认识。每个油层组均表现为复式油藏特征，油层在砂体展布方向分布相对稳定，垂直方向变化大，连通性差，空间上多个具备独立油水系统的油藏集合形成构造—岩性、岩性—构造等多种类型油气藏，油藏类型主要为受构造、岩性双重因素控制的构造—岩性油藏和岩性—构造油藏。

2）油气富集规律新认识

（1）油源条件对油藏富集起重要控制作用。

充足的油源是复式油气藏富集的基础条件。大王庄构造带紧邻河间洼槽生油中心，主要发育沙一下亚段和沙三段两套烃源岩。背斜核部紧邻生油中心，是区域构造高点，又是油气运移指向部位，油源充足，油藏含油幅度大，充满程度高。背斜北翼紧邻生油洼槽，断层发育，油源及疏导条件较好，虽然处于构造低部位，但发育了较富集的岩性油藏；南翼远离生油中心，又有背斜核部阻隔，油源主要来自自身下部烃源岩，油源供给条件相对较差，油藏充满程度较低，明显表现出油源供给不足的问题（图 4-61）。

本区发育留 69、留 70、留 62 北、留 107 等多条油源大断层。如留 69 断层区内延伸 12km，向北延伸至大王庄主体部位，断层断距从北向南逐渐变小。纵向上 Es_{2+3} 断距大于 200m，Ng 断距小于 80m。由此可见，留 69 断层早期活动剧烈、断距大，晚期活动弱，后来逐渐减缓，到馆陶组沉积后期逐渐停止活动。它是一条重要的控制局部构造的断层，受其控制，在留 69 断层上升盘形成了留 69 断鼻，而且它是一条重要的油源断层，在断层附近油气富集程度高（图 4-62）。

（2）区域构造背景控制油气富集。

区带正向构造对复式油气藏富集有重要的控制作用。大王庄构造带位于凹陷的中央隆起带上，东三段—沙一上亚段构造面貌为被多期断层复杂化的断背斜格局，核部发育复杂断块圈闭；南北两翼断层与地层走向一致，构造圈闭不发育。背斜核部断块构造与河流或三角洲沉积配置既可形成构造圈闭，也可形成岩性圈闭，且为区域构造高点，是

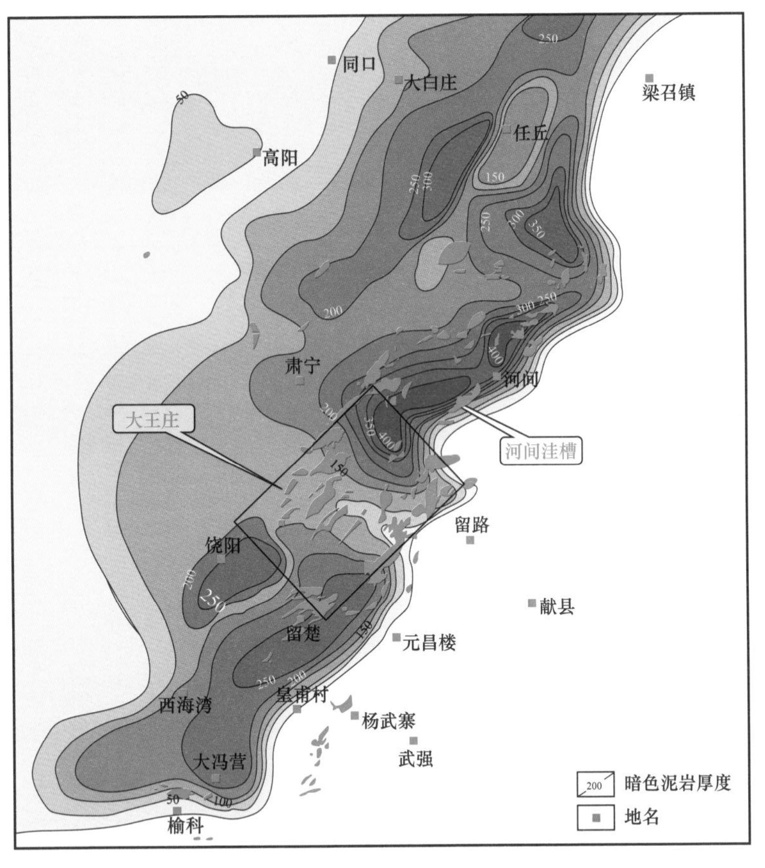

图 4-61 大王庄油田烃源岩与探明含油面积叠合图

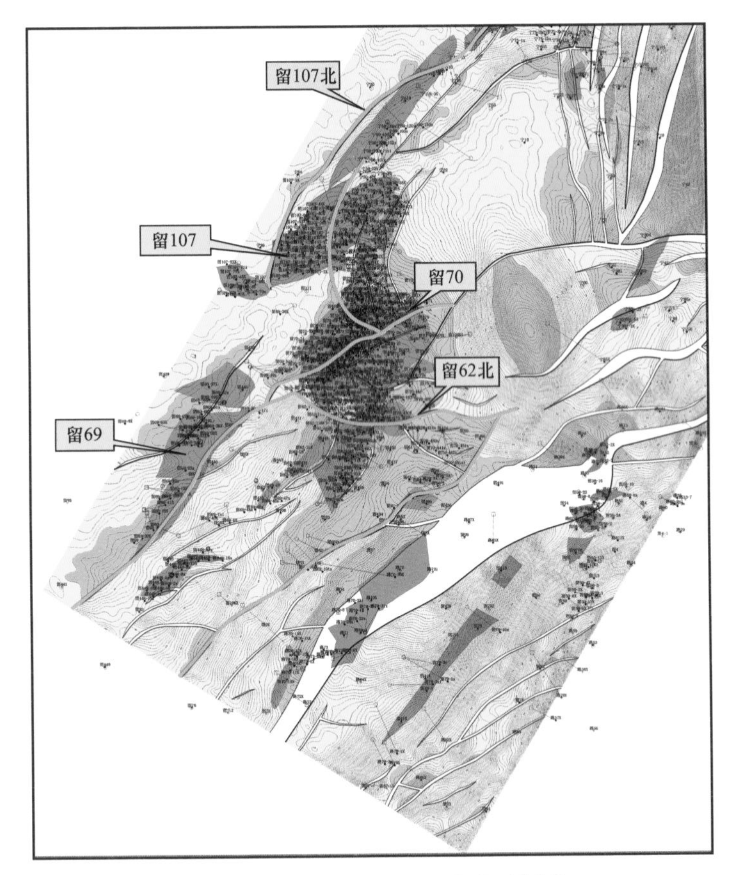

图 4-62 大王庄油田 Ed_3 含油面积图

油气运移的主要指向部位，具备复式油气藏形成的良好条件，油气最为富集。正向构造不发育的断阶带、凹槽区等部位同样具备复式油藏形成的条件，油藏类型为地层岩性油藏。岩性油藏与构造形态没有直接成因联系，但与断层关系密切，沉积砂体与断层配置可在断阶带、凹槽区形成岩性圈闭及构造—岩性圈闭，控制复式油藏富集。由于只有地层岩性类油藏发育，一般情况下比具有正向构造背景的区带富集程度低。大王庄背斜北翼留 107 断块东三段复式油气藏位于构造低部位的断阶上，没有构造圈闭背景，油藏单元以构造—岩性油藏占主体。

（3）沉积砂体走向与构造配置关系影响了岩性油藏形成概率。

中浅层东三段、沙一上亚段储层为河流相、浅水三角洲相沉积砂体，多呈条带状分布，沿砂体展布方向相对稳定，遇断层切割遮挡方能形成圈闭。砂体展布方向与断层走向的夹角决定了岩性圈闭形成的概率。沉积砂体多数具有条带状特征，当砂体展布方向与构造走向接近垂直时，砂层遇断层遮挡、侧向砂体尖灭，易于形成构造—岩性圈闭；沉积砂体与构造走向接近平行时，形成岩性圈闭的概率较小。大王庄背斜北翼沙一上亚段发育三角洲沉积，物源来自北西向，沉积砂体与构造走向接近垂直，砂体遇断层遮挡、侧向尖灭，易形成岩性圈闭或构造—岩性圈闭；背斜南翼沉积物源来自南西向，砂体展布与构造走向接近平行，不易形成构造—岩性圈闭。油气聚集呈北富南贫的特点，与两翼的砂体展布方向具有直接的关系。

含油层系砂地比对岩性类圈闭的形成也具有重要影响。岩性圈闭及构造—岩性圈闭形成受沉积体系和构造背景共同控制，当地层砂地比大于 50%时，砂体空间叠置、连通概率大、储集条件好，但不易形成侧向尖灭，不利于岩性圈闭形成；当砂地比小于 20%时，砂体连续性差，虽然易形成岩性圈闭，但圈闭规模较小，油气疏导条件差；当砂地比在 20%～50%时，与构造背景配置最有利于形成二者的复合型圈闭。

（4）中深层“甜点”区主要受沉积微相控制。

中深层以低孔、低渗为主，岩性细，岩性成分、储集空间复杂多样，油气的富集程度明显受有利沉积相带和储集相带控制。沉积相带控制了储集体的类型、规模和分布，并决定了储集体的结构、构造和岩石组分。其对油藏的控制作用体现在两个方面：一是油藏在空间上的分布严格受控于沉积体系的空间展布；二是岩性油藏的富集程度对砂体的成因类型具有选择性，滨浅湖生物灰岩滩坝沙、辫状河三角洲分流河道、河口坝、席状砂易于形成各类富集高产油气藏。

储集相带，特别是成岩相带对地层岩性油藏富集程度的控制作用体现在储集体的储集性能和油层物性方面。不同沉积成因的储集体形成之后，成岩作用决定了其后天的性质，其中压实作用、溶解作用和石英次生加大作用是影响储层最重要的成岩作用，其中原生孔隙发育带和次生孔隙发育带是有利的储集（成岩）相带。在有利的油气成藏区带，当有利的沉积相带和储集相带配置关系优良时，更易于形成富集高产油气藏。通过对饶阳凹陷沙河街组砂岩实测孔隙度与渗透率统计分析，纵向上储层物性并不是随埋深增加逐渐变差，可以看出饶阳凹陷存在两个异常带，分别为 3500～3800m 和 4000～4200m（图 4-63）。

根据铸体薄片分析，饶阳凹陷以原生孔隙和次生孔隙的混合类型发育为特点。通过计点统计得出饶阳凹陷面孔率主要分布在17.60%之下，平均为5.63%，以原生和混合孔隙为主（图4-64），油气的早期充注、早期地层超压及相关建设性成岩作用对优质储层发育起控制因素作用。

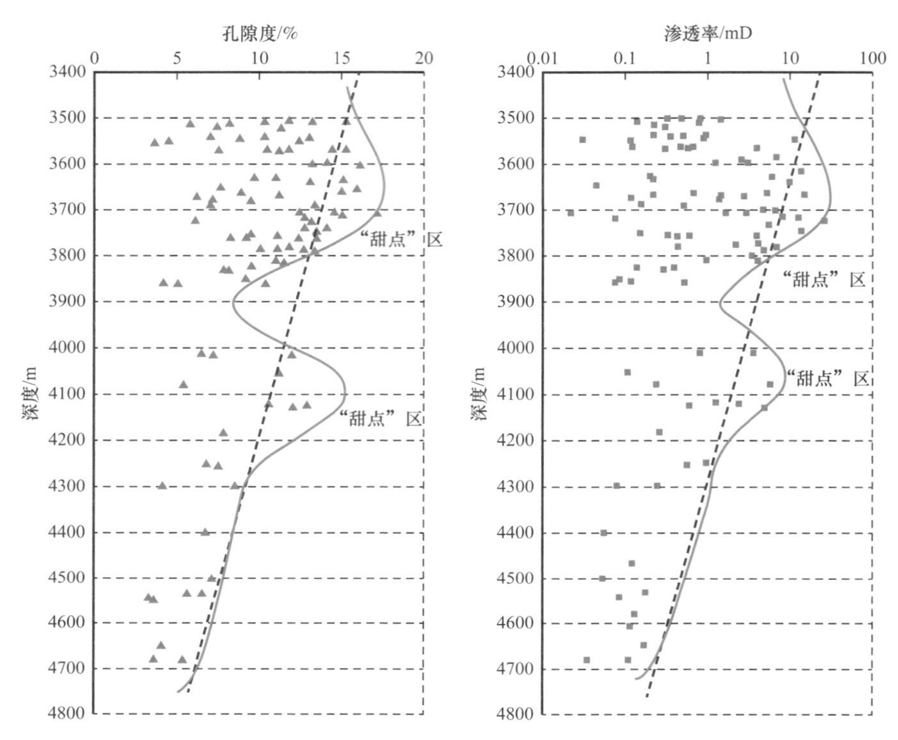

图4-63　饶阳凹陷沙河街组砂岩孔隙度和渗透率与深度的关系

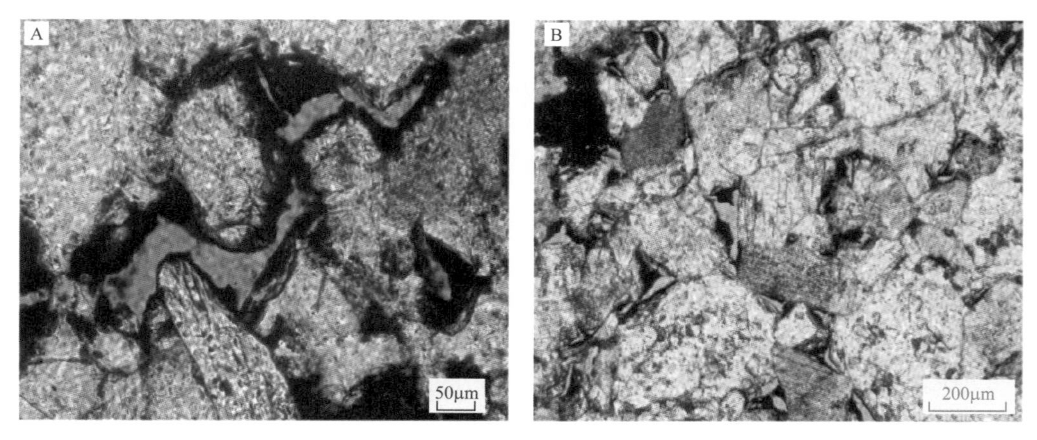

图4-64　饶阳凹陷油气早期充注对孔隙微观结构的影响

A—油气充注，形成孔隙边缘黑色环带，利于原生孔隙的保存，留101井，Es_3，3732.98m（铸体）；

B—油气充注，形成孔隙边缘黑色环带，利于原生孔隙的保存，留101井，Es_3，3743.09m（单偏光）

2. 实施成效

1）整体部署

大王庄地区生油量 27.63×10^8t，聚集量 2.01×10^8t，已探明储量 3731×10^4t，剩余资源量 1.64×10^8t，剩余资源潜力大。通过精细解剖已知油藏，开展成藏模式与主控因素研究，在油藏类型、成藏模式及富集规律方面取得了重要认识，对低勘探开发程度的构造翼部和中深层两个领域有了重新定位，认识到在构造翼部有 $\mathrm{E}d-\mathrm{E}s_1{}^{上}$含油连片的潜力，中深层有整体含油的潜力，是下步有利评价方向，对大王庄油田进行了整体评价建产部署，分层次分批滚动实施。

2）目标优选

背斜北翼和西北翼：离主力生油洼槽近，断层发育，油气富集程度相对较高，是评价建产最有利的区域。背斜西南翼和南翼：距离主力生油洼槽较远，其油源主要来自深部的生油岩，断层欠发育，尤其能够沟通油源的深层断裂相对不发育，油源条件及油气疏导条件相对较差。针对大王庄中浅层东营组—沙一上亚段和中深层沙一下亚段—沙三段两个层系，分别优选了北翼的宁 9 断块、西北翼的宁 68 断块及核部留 485 断块进行了优先实施，并获得了成功。

（1）宁 9 断块。

大王庄北翼主要为宁 9 断块，位于饶阳凹陷肃宁—大王庄构造带结合部，南邻大王庄油田留 107、宁 50 断块，北接肃宁油田宁 11 断块，是一直以来研究的空白地区。该区地层整体呈南抬北倾趋势，仅在主断层根部形成宽缓断鼻构造，圈闭幅度 40m，圈闭面积 0.5km^2，规模较小。原认识以构造控制成藏为主，油气主要分布在断块高部位，地质储量仅 42.58×10^4t（图 4-65），储量丰度低，不具备大规模产能建设的资源基础。初步研究发现该区储层物性较差，孔隙度 15%，渗透率 14.9mD，为中孔低渗储层，纵向上油层在 $\mathrm{E}d_3$ Ⅲ、$\mathrm{E}d_3$ Ⅳ、$\mathrm{E}d_3$ Ⅴ、$\mathrm{E}s_1{}^{上}$ Ⅰ、$\mathrm{E}s_1{}^{上}$ Ⅱ油层组均有分布，但分布零散，平面上储层横向相变较快，油层对应性差，高水低油的情况较为普遍，油水关系复杂，整体油气富集规律、成藏模式认识不清（图 4-66）；评价前断块内有砂岩井 3 口，中低部位的宁 610 井累计产油 3324t，处于微幅高部位的宁 9 井累计产油 2967t，均处于停产阶段，宁 609 井试油低产，未投产。从宁 9 断块的基础地质条件分析，以构造油藏研究为主的技术手段，无法实现该区域的增储建产。

宁 9 断块紧邻大王庄油田的留 107 断块，留 107 断块通过油源背景分析、沉积控砂研究、油气疏导体系研究，以精细油藏单元解剖为有效载体，取得油气成藏受构造、岩性双重控制的认识，明确断阶带在无构造圈闭条件下，可在空间上发育组合复杂、多层系分布的油藏单元，相互叠置可形成规模油气藏的认识（图 4-67）。

宁 9 断块与留 107 断块油源条件类似，且均处于两条东掉、北东走向主控断层控制之下，与留 107 断块的区域地质背景有诸多相似之处。通过系统对比分析，宁 9 断块与留 107 断块具有类似的成藏条件。近东西向河流相砂体与断层走向接近垂直，高部位受断层遮挡，两翼岩性尖灭，易形成构造岩性圈闭。

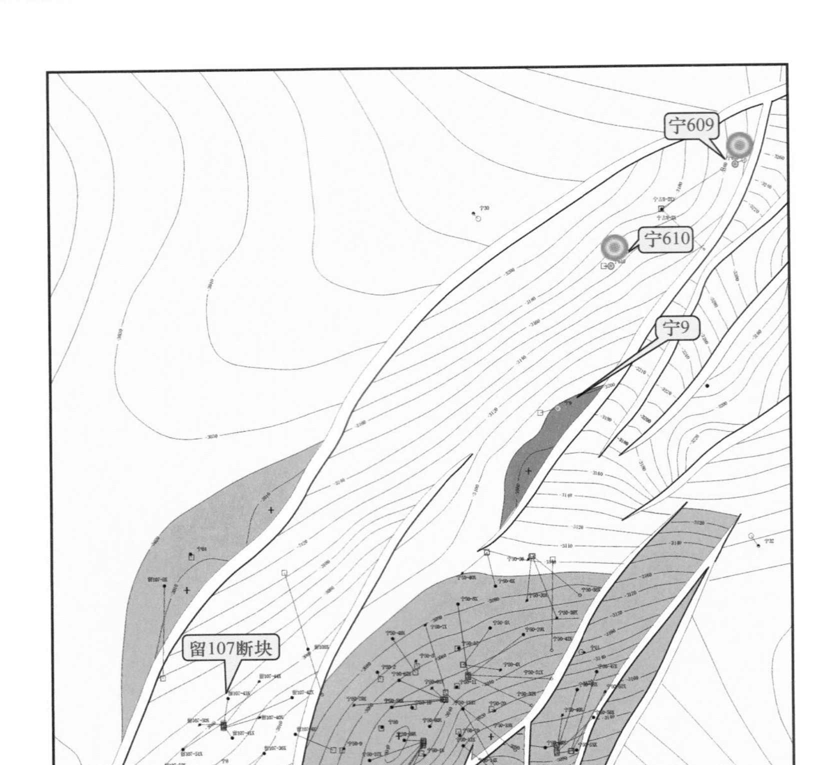

图 4-65　宁 9 断块原始油藏分布图

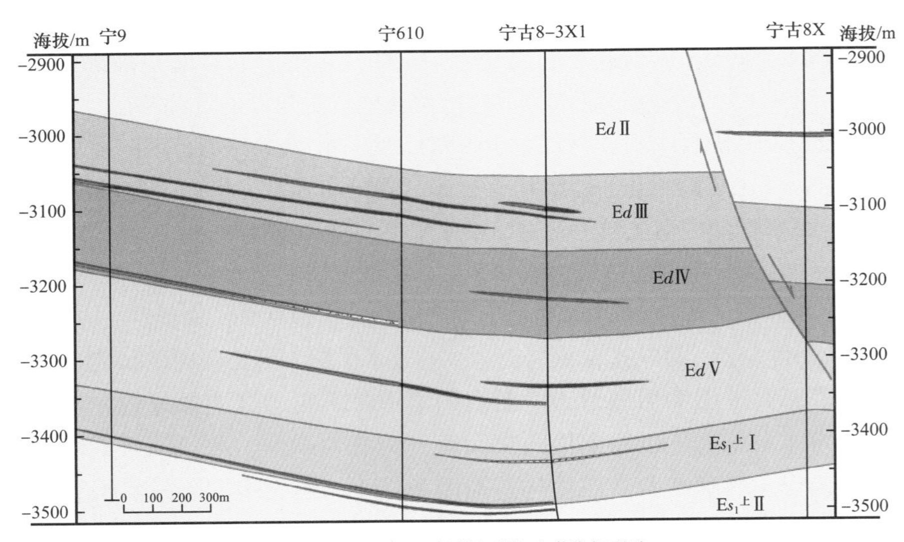

图 4-66　宁 9 断块原始油藏剖面图

断穿深部烃源岩的两条断层，构成有效的疏导系统，同时该区紧邻窝北洼槽，是油气向背斜核部运移的有利指向，成藏潜力较大；以沉积砂体研究为基础，开展多层油藏单元刻画，落实有利的评价建产目标（图 4-68）。以留 107 断块成藏模式为指导，开展有针对性的油气富集规律认识，认为宁 9 断块区域构造—岩性复合圈闭广泛存在，油气沿供油断层及砂层运移，在高部位聚集成藏，多套油藏单元相互叠置，可实现满断块含油；以此认识为基础进行整体井位部署，钻新井 52 口，新建产能 10×10^4t，新增地质储量 356×10^4t。

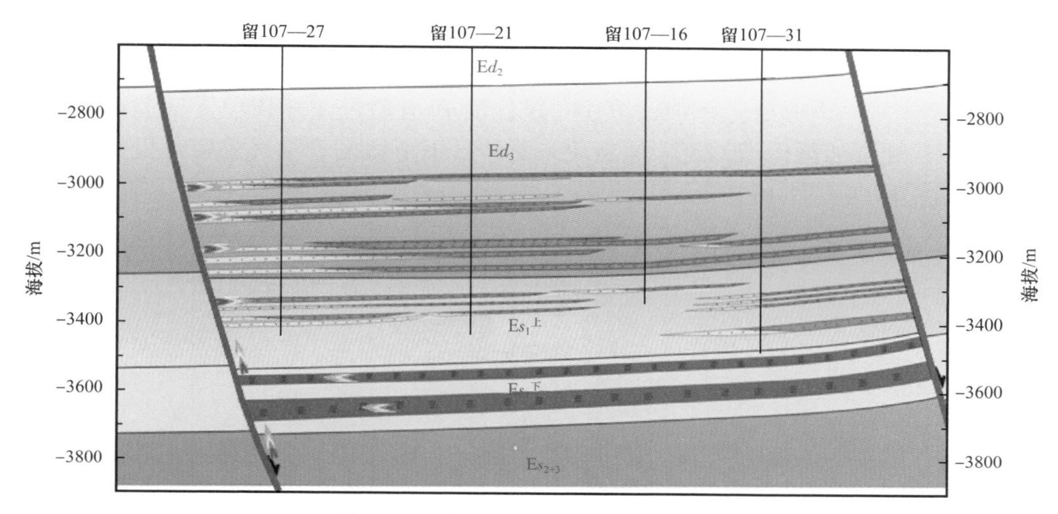

图 4-67 留 107 断块油气成藏模式图

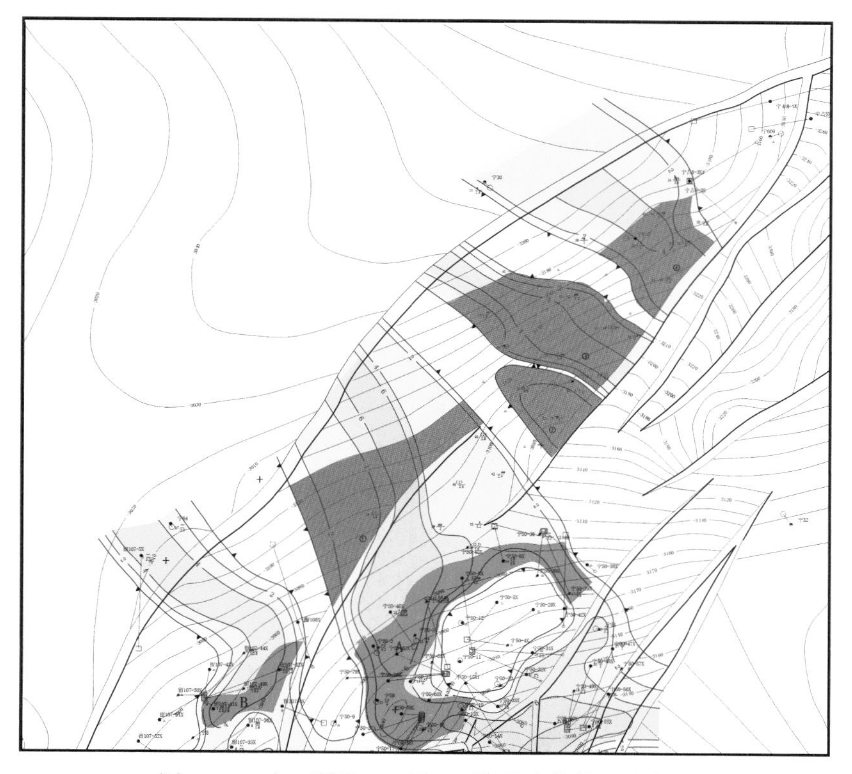

图 4-68 宁 9 断块 Ed_3 Ⅲ 5- ① 号油藏单元分布图

（2）宁 68 断块。

大王庄油田北部的宁 68 断块位于留 107 断块西侧，构造上为受一条东调正断层控制的断鼻状构造，圈闭幅度 30m，圈闭面积 0.3km^2，规模较小，上报地质储量 48.78×10^4t。早期研究认为该断块主力油藏发育在东三段至沙一上亚段，油气成藏受构造控制为主，老井集中在断鼻的高部位，完钻层位多为东三段底至沙一上亚段，仅探井宁 68 井、留 440 井、宁 39 井钻至沙一下亚段，且电测解释较差，仅零星解释油水层、含油水层、差油层。宁 68 井沙一下亚段未试油，留 440 井、宁 39 井沙一下亚段位于构造低部位、构造圈闭外，常规试油见低产油流。该断块未对沙一下亚段的含油气规模、生产能力进行深入认识（图 4−69、图 4−70）。

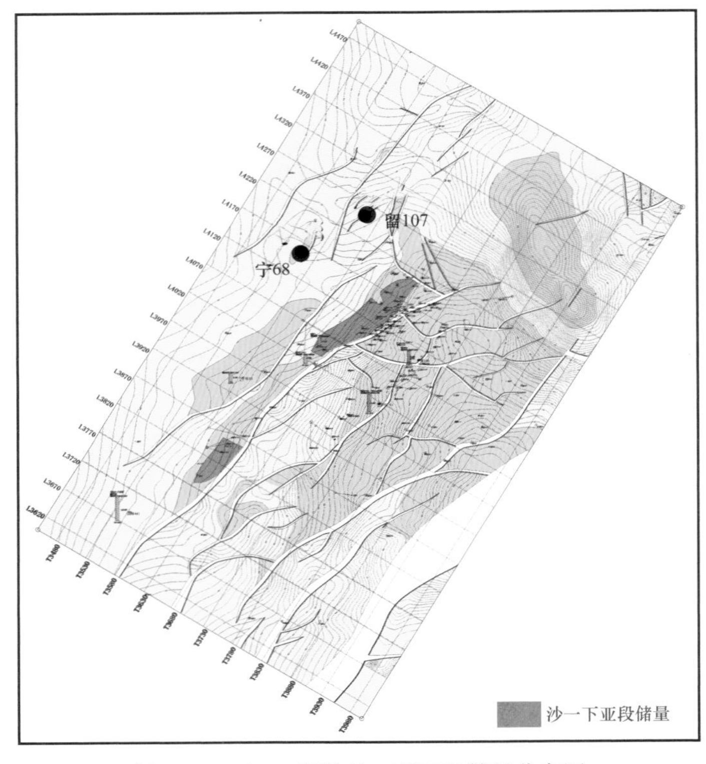

图 4−69　宁 68 断块沙一下亚段储量分布图

通过对比分析成藏条件，宁 68 断块与留 62 断块具有类似的成藏条件。沙一下亚段为北西方向物源，发育碎屑岩河口坝以及滩坝砂体。东西两侧两条主断层深切至生油岩层，起到良好的沟通油源、运移油气的作用（图 4−71）。在沙一下亚段、沙三段发育两套生油岩，其中沙一下亚段烃源岩在区域内分布广泛，且厚度较大，具备成藏的资源基础。沙一下亚段地层内发育的生油岩层，在排烃期可就近运移到附近河口坝、滩坝砂体，形成自生自储油藏。按照留 62 断块的成藏模式，认为该区沙一下亚段广泛成藏，储层物性情况控制油藏的富集，在储层物性的砂体内形成油气成藏“甜点”区（图 4−72）。

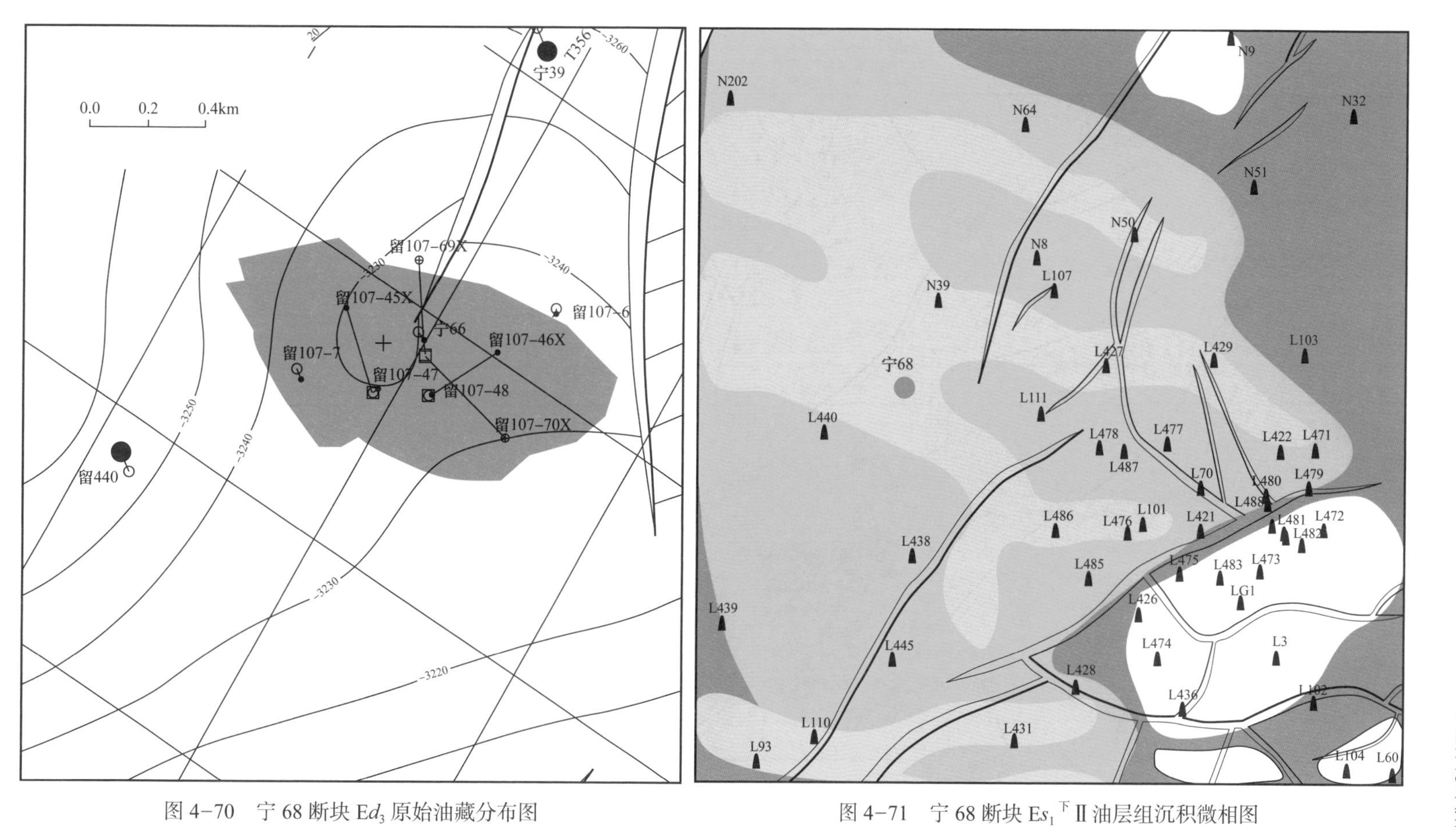

图 4-70　宁 68 断块 Ed_3 原始油藏分布图

图 4-71　宁 68 断块 $Es_1{}^{下}$ Ⅱ 油层组沉积微相图

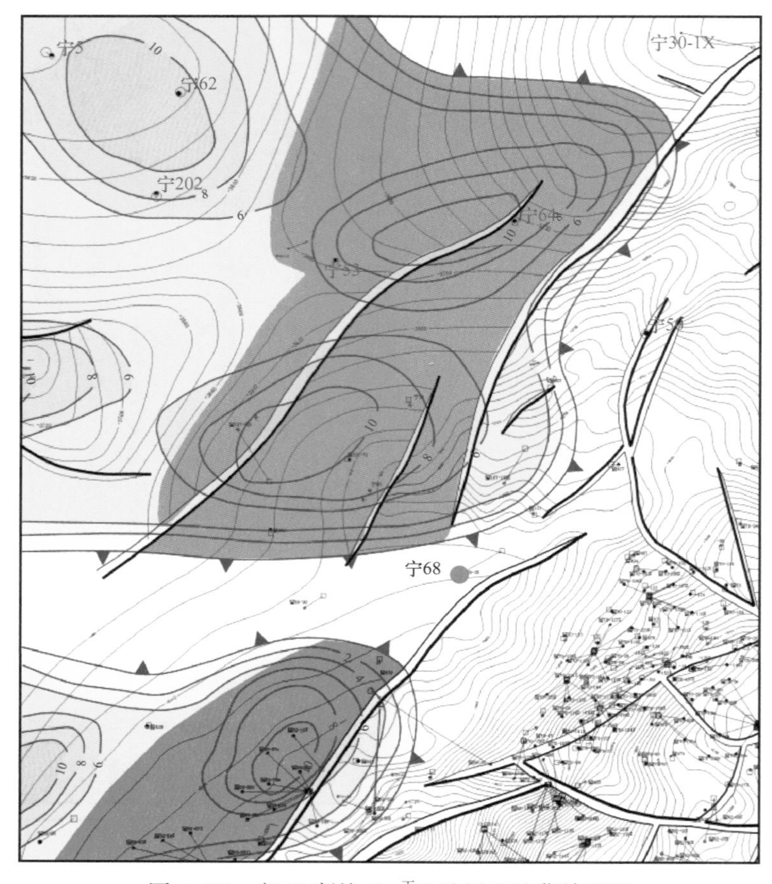

图 4-72　宁 68 断块 Es_1 下 Ⅱ 油层组油藏单元图

宁 68 断块虽钻穿沙一下亚段的井较少，但该层段油气显示活跃，低部位井（留 440 井、宁 39 井）试油见低产油流，且该区储层相对发育、厚度大，具备进一步评价的基础，因此钻探留 107-71X 井，落实沙一下亚段的含油气性。留 107-71X 井沙一下亚段未解释油层，且物性相对较差，电性较低，不具备典型油藏的特点。综合录井、气测、测井等资料，分析认为岩性偏细、泥质含量高、束缚水饱和度高，具有低阻油层特点。为此对 Es_1 下段水层、致密层试油，压后日产油 15t。成功实现了对该区沙一下亚段油藏认识的突破。

以对沙一下亚段评价的成功为基础，进行精细油藏单元解剖。受沉积相影响，东营组油藏单元呈条带状分布，砂体规模较窄，顺物源方向砂体发育较长，垂直于物源方向砂体尖灭快，油气在构造—岩性圈闭的高部位聚集；沙一下亚段油藏单元呈片状分布，砂体发育广泛，但物性变化快，同一砂体内存在优质储层到致密层的快速变化，砂体的边界与致密储层的分布共同控制着油气的成藏规模（图 4-73 和图 4-74）。多套层系油藏单元叠置，摆脱原有构造油藏油水边界的限制，实现了宁 68 断块的含油连片，可进行整体井位部署；已钻新井 22 口，新建产能 4.32×10^4t，东三段至沙一下亚段共新增探明地质储量 320×10^4t（图 4-75）。

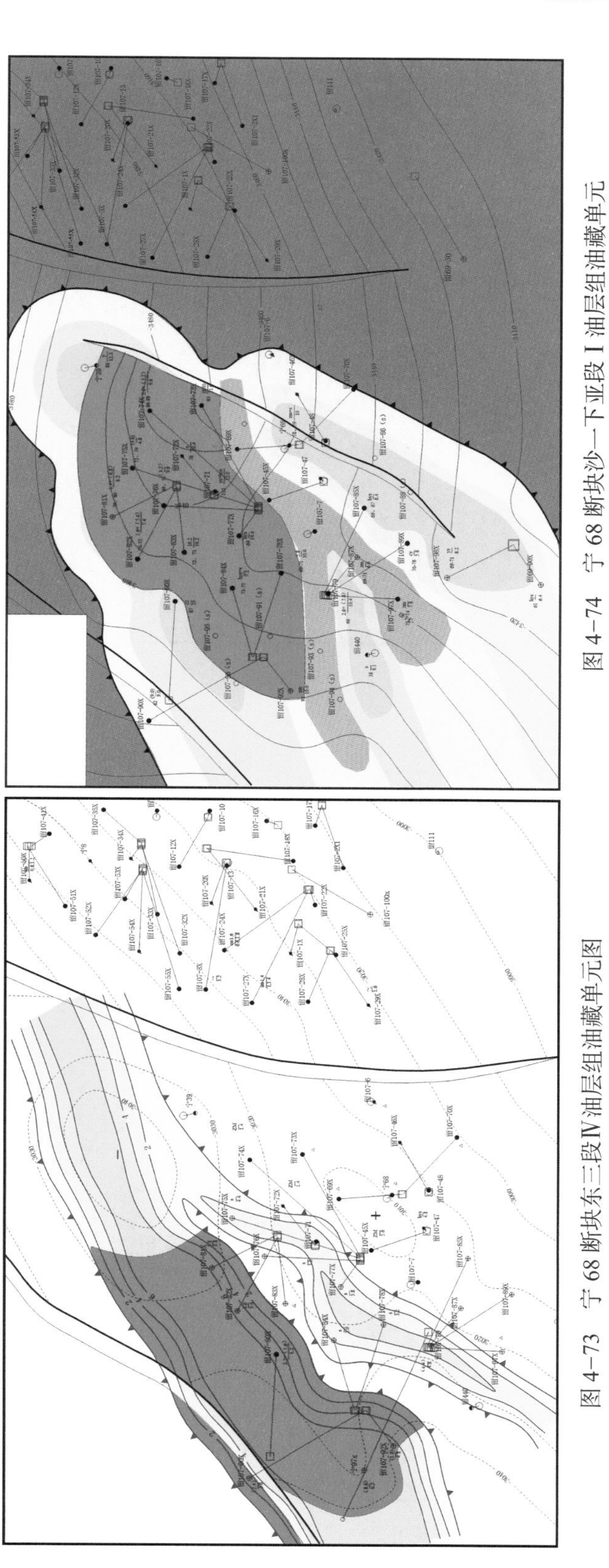

图 4-73　宁 68 断块东三段Ⅳ油层组油藏单元图

图 4-74　宁 68 断块沙一下亚段Ⅰ油层组油藏单元

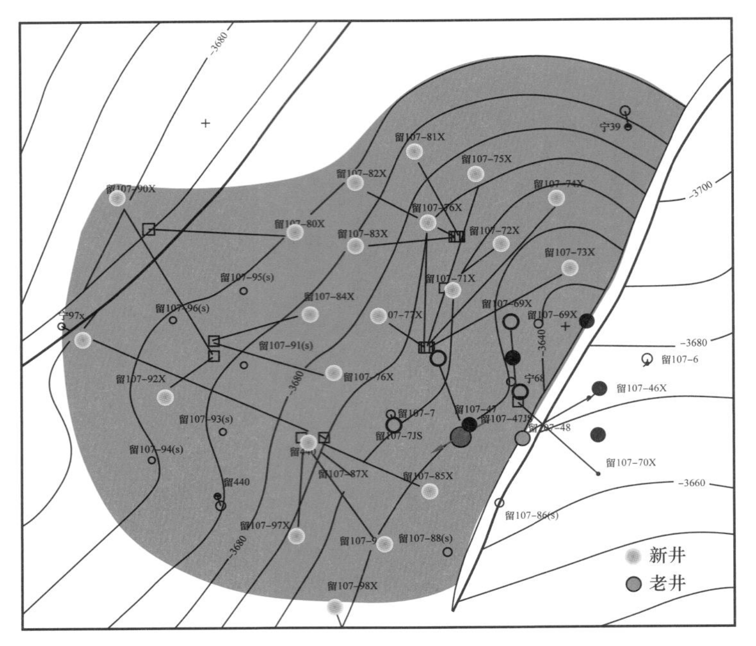

图 4-75　宁 68 断块产能建设井位图

（3）留 485 断块。

留 485 断块位于大王庄油田核部，留 70-39 断层的上升盘，为受南东掉向主断层与北东掉向派生断层共同控制的断鼻型构造，内部发育与主断层平行的西掉补偿断层，地层整体呈东南抬、西北倾的趋势，上报地质储量 582.2×10^4t。断块内砂体发育，储层厚度大，砂地比高，隔夹层发育不稳定，一直以来以块状油藏模式开展研究，认为油层集中在断块的高部位，因此钻井以构造高部位为主，低部位井网不完善，同时该区存在明显油水矛盾，注采见效性差，断块产量低（图 4-76 和图 4-77）。

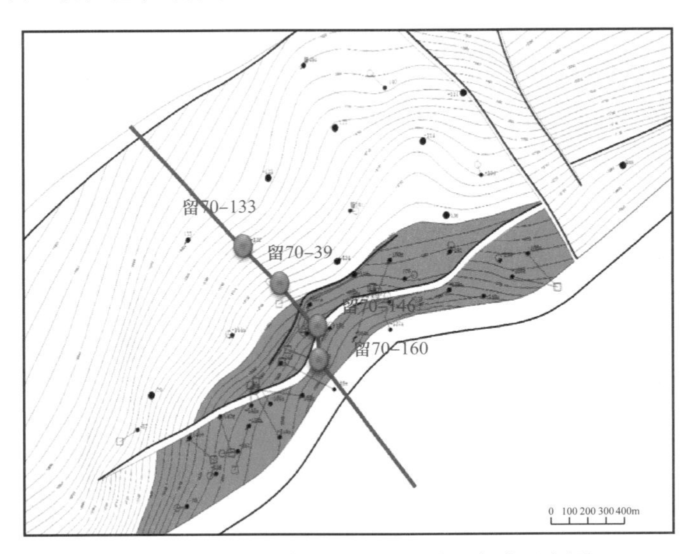

图 4-76　留 485 断块 Es_3 Ⅲ油层组含油面积图

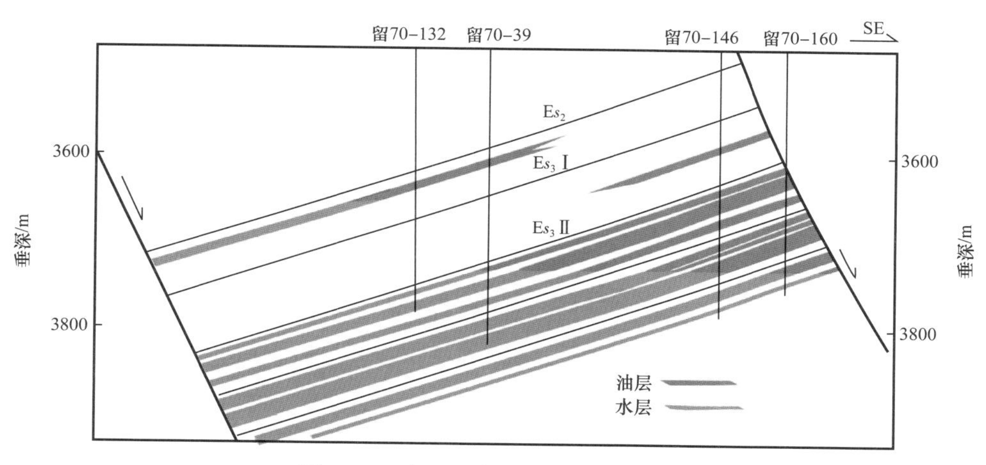

图 4-77　留 485 断块 Es_3 油藏剖面图

深化留 485 断块 Es_3 段油藏控藏因素的研究，从构造和砂体的分布规律上对油藏开展深入认识。通过对该断块开展精细构造解释，识别多条内部补偿断层，合理组合断裂体系，将断块划分为 5 个次级断块；开展沉积相、沉积微相研究，明确 Es_3 为三角洲相沉积，多期次的三角洲砂体叠置沉积，各期次沉积体具备不同厚度、粒度特征及组合特点，且沉积体间存在较为广泛的洪泛期，沉积形成泥岩隔夹层，以此认识为基础，落实砂体纵向组合变化规律，同时与油水层的分布特征相匹配，将厚砂层划分为三套砂层组（图 4-78 和图 4-79）。

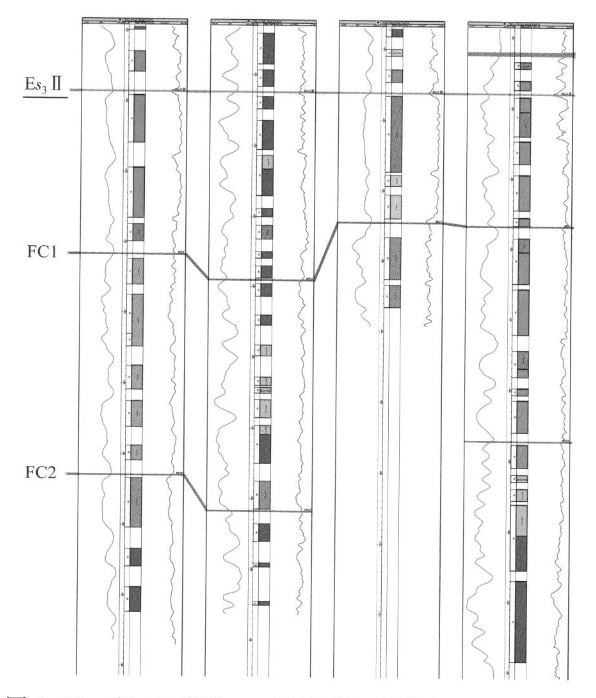

图 4-78　留 485 断块 Es_3 Ⅲ油层组油层对比图（新认识）

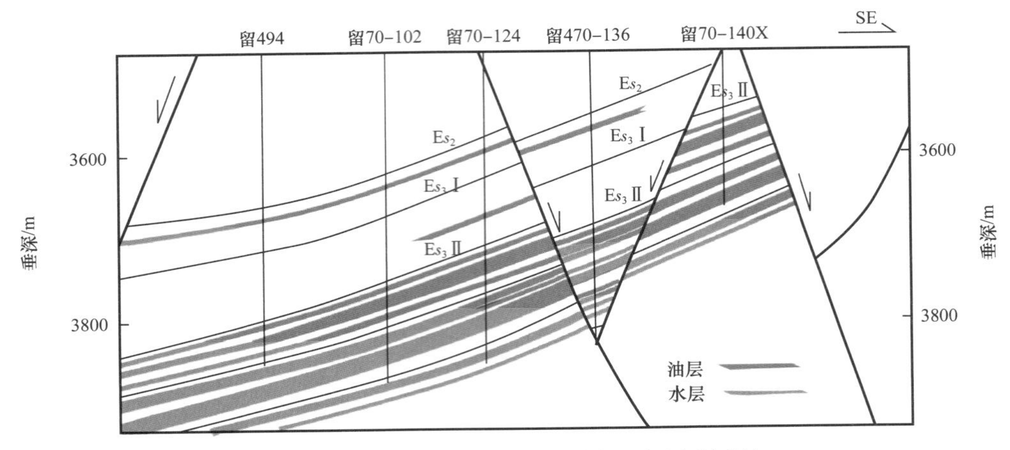

图 4-79　留 485 断块 Es_3 油藏剖面图（新认识）

以构造与砂体研究为基础，细化油层分布规律的研究，明确在不同子断块内，各层系发育不同的油藏单元（图 4-80 和图 4-81），不同油藏具有独立的油水系统，油水界面不同；同时单独层系内的砂层沉积时期相近，隔夹层不发育，具备较好的连通性。以上认识为该区的滚动扩边、井网完善奠定了基础，通过整体部署，留 485 断块新钻井 26 口，恢复长停井 6 口，新建产能 5.76×10^4t，断块产量由 140t 上升到 230t（图 4-82）。

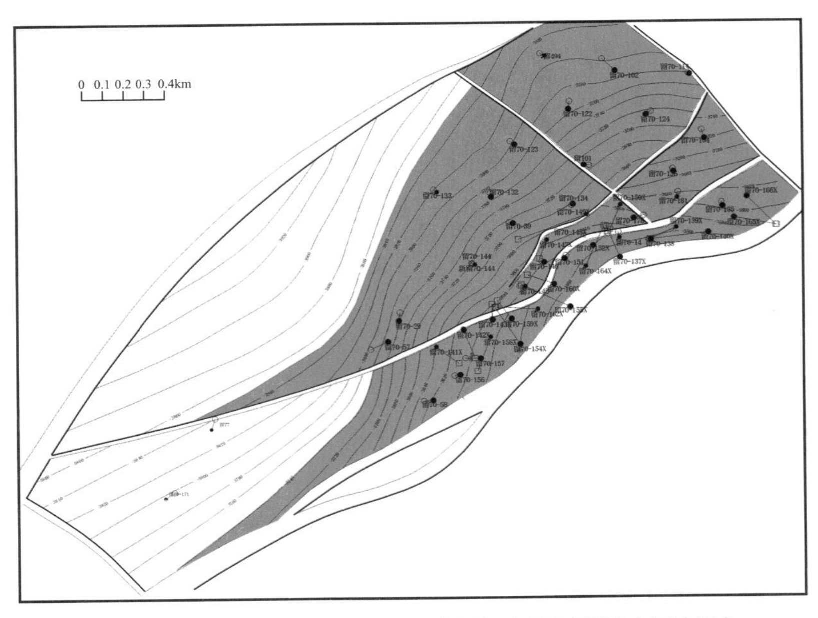

图 4-80　留 485 断块 Es_3 Ⅲ—1 油层组含油面积图（新认识）

3）实施效果

2011 年以来应用油藏单元研究成果编制了大王庄构造带整体再评价实施方案，针对 Ed_3—Es_1^{上}扩边和中深层扩层两项地质任务，油藏评价与产能建设统筹部署，分层次滚动实施。累计钻探评价井 33 口，开发井 261 口，新增探明地质储量近 5000×10^4t，与

原探明储量相比增加了 1.5 倍。原油产量实现反转式增长，2019 年年产油量 42×10^4t（图 4-83），创历史新高，使一个勘探开发 40 余年的老油田重新焕发青春。

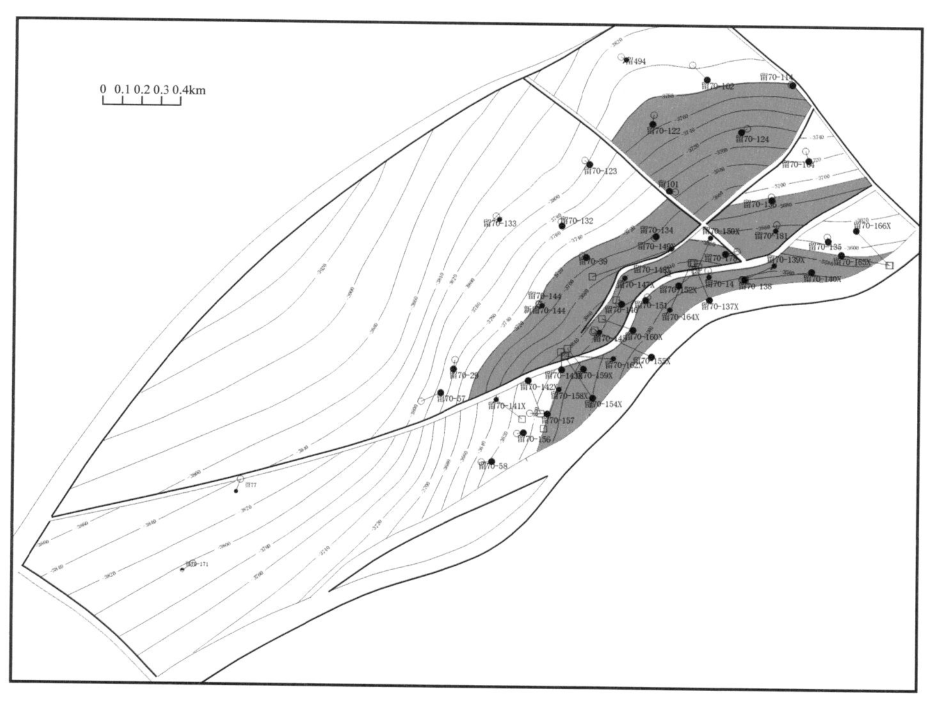

图 4-81　留 485 断块 Es_3 Ⅲ -2 油层组含油面积图（新认识）

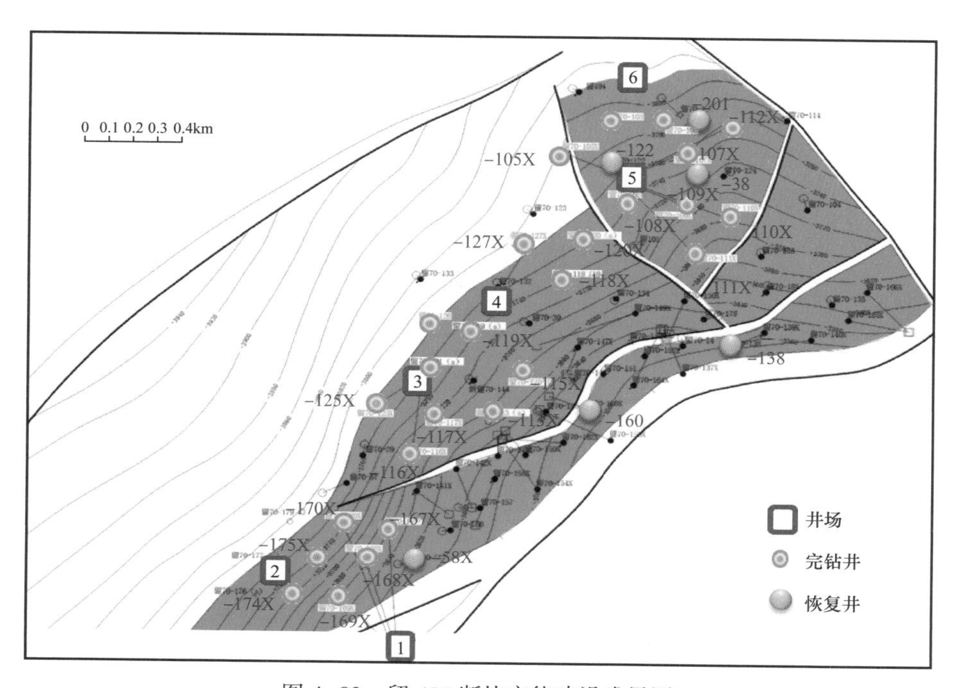

图 4-82　留 485 断块产能建设成果图

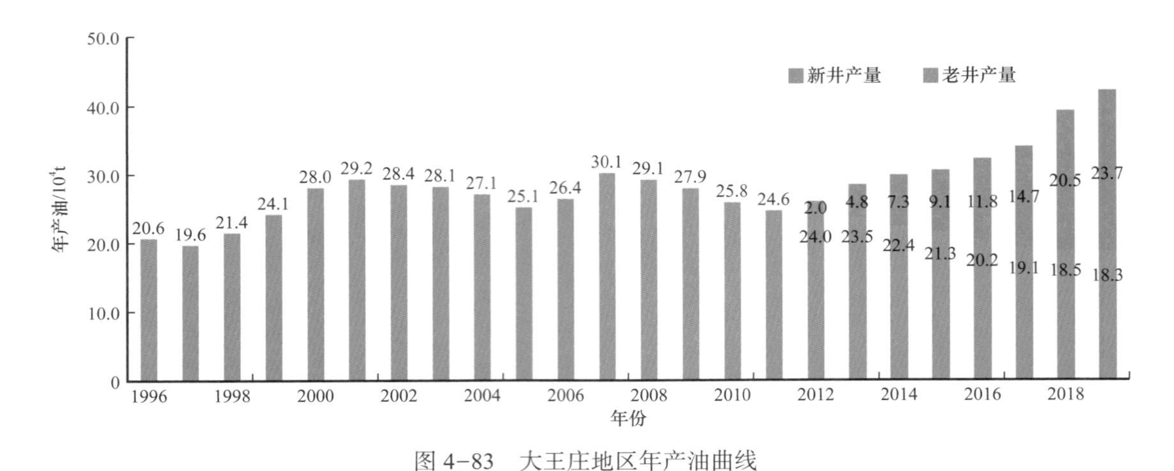

图 4-83　大王庄地区年产油曲线

第三节　束鹿凹陷油藏单元成因模式与整体再评价成效

一、区域基本概况

1. 基本概况

束鹿凹陷位于冀中坳陷南部。东以新河断裂为界，西为斜坡过渡至宁晋凸起，南至小刘村低凸起，北以衡水断裂与深县凹陷相接。束鹿凹陷是在前古近系—新近系基底上发育的东断西超的单断箕状凹陷，总面积为 718km^2（图 4-84）。具有南北分区、东西分带的构造格局，总体呈北东向狭长型分布。从东到西可分为陡带、洼槽带和斜坡带；具有“三洼两隆”特点，从凹陷形成的过程看，属于继承性发育的凹陷。由北到南发育六个含油气构造带：南小陈、台家庄、西曹固、荆丘、雷家庄、西斜坡构造带。

自 1976 年勘探始，在经历了早期斜坡带构造型潜山勘探、中期洼槽带凹中隆潜山及陡坡砾岩油藏勘探和后期重上斜坡牙刷状油藏勘探历程后，资源接替严重不足，原油产量快速递减。但油气多层系复合连片初现苗头，因此按富油区带整体再评价工作思路，利用“三重一整体”富油区带整体再评价工作方法，深化地质特征再认识、深入解剖区带成藏主控因素、分析油气富集规律、建立成藏新模式、优选有利区域，整体部署评价井位，探索新目标、新领域，获得油气勘探大突破，历经成藏再认识再实践的过程，束鹿斜坡带新增含油面积 12.8km^2，新增石油地质储量 2037.3 × 10^4t（图 4-84）。

2. 地质特征

1）构造演化特征

区域上束鹿凹陷构造演化过程主要有四个阶段。

第一阶段：地质作用为主控因素，此阶段主要受外动力作用形成古风化剥蚀面。受基岩特征的影响，部分有隆起显示，并形成山头，而另一部分则没有隆起显示，无古地貌凸起。

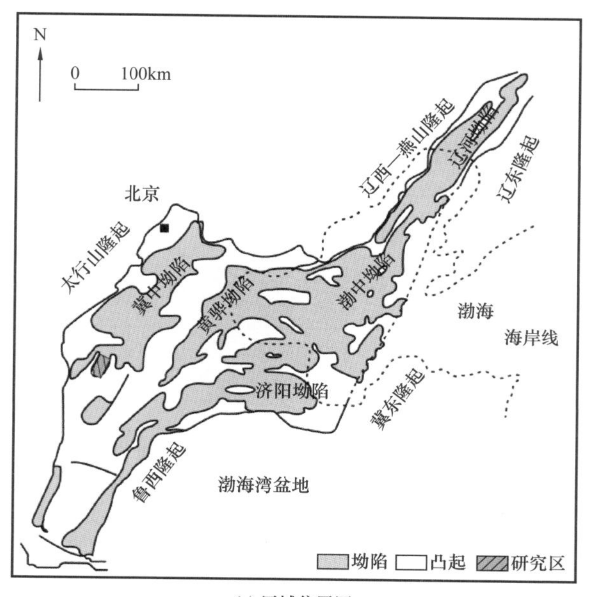

(a) 区域位置图

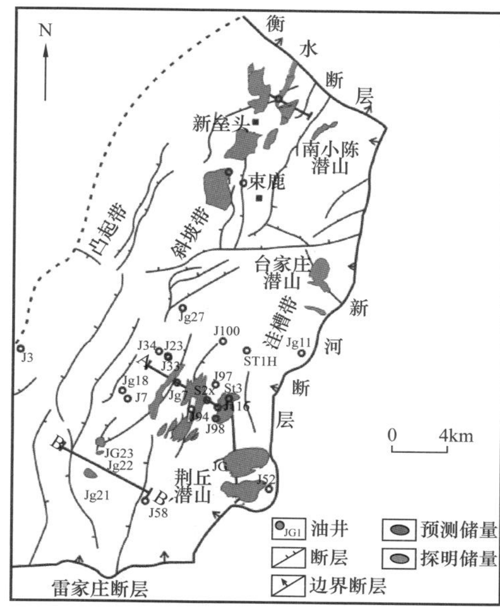

(b) 勘探成果图

图 4-84　束鹿凹陷区域位置及勘探成果图

中生代晚期冀中南部深县—束鹿地区先后发生两期构造运动。即燕山早、中期形成的北东向的高阳—无极大背斜和燕山晚期—古近纪形成的北东向的宁晋断裂，当时束鹿凹陷位于西翘东倾的宁晋—新河块体东倾斜坡的高部位。燕山末期的构造运动产生了两组构造体系，一组是北西西向的褶皱隆起，形成了刘村凸起和小刘村陆梁，以及一系列北西西向的鼻状构造，另一组是北北东向的大断裂，如宁晋、新河大断裂，奠定了束鹿凹陷的雏形。

第二阶段：构造运动为主控因素，此阶段受两部分因素影响，一是第一阶段形成的古剥蚀面北埋藏，二是被构造运动改造的。这个阶段是潜山地形和地貌特征形成的主要阶段，既可以保存第一阶段形成的古地形，又可以形成新的隆起进而形成潜山。但总体表现为潜山的埋藏过程，大部分区域稳定下沉，而有的潜山却在不断生长，沉降的速度超过生长速度。

第三阶段：整体表现为沉降，上部盖层构造发育。这个时期潜山的核部和边部都整体沉降，上覆沉积层通过沉积作用形成穹隆状披盖构造或单斜层。由断层作用而形成的单斜构造通常断开潜山地层和上覆地层，而褶皱构造的潜山隆起幅度与上覆盖层隆起幅度近似。

第四阶段：为湖盆整体稳定沉积阶段，束鹿凹陷经过大量碎屑沉积，主要是渐新世至中新世时期的地质沉积。

2）沉积地层与储层条件

（1）沉积地层特征。

束鹿凹陷是古生界基底上发育起来的单断箕状凹陷，由基底地层及新生代盆地充填地层构成。基底顶部主要为寒武系及奥陶系海相碳酸盐岩地层，而新生代盖层主要为古近系，自下而上分别为沙三段、沙二段、沙一段、东营组等，其在盆地中心沉积厚度可达 6500m。其中沙河街组为束鹿凹陷的主力产油和勘探目标层位（图 4–85）。

界	系	组	厚度/m	岩性剖面	沉积相	
					亚相	相
上古生界	石炭—二叠系		14~83			
下古生界	奥陶系	峰峰组	30~254		滩间	开阔台地
		上马家沟组	43~308		低能滩	
		下马家沟组	88~247		滩间 低能滩	
		亮甲山组	49~248		潟湖	
		冶里组	25~125		潮坪 潟湖	局限台地
	寒武系	凤山组	17~132		潮坪	局限台地
		长山组	8~45		潟湖	
		崮山组	33~89		颗粒滩	开阔台地
		张夏组	31~204		鲕滩	
		徐庄组	19~204		滩间	
		毛庄组	15~81		鲕滩	
		馒头组	21~182		潟湖	局限台地
		府君山组	0~83		潮坪	
新元古界	青白口系	景儿峪组	100		潟湖	
		长龙山组	80		前滨	无障碍滨岸
		下马岭组	70		潟湖	局限台地
中元古界	蓟县系	铁岭组	160		潮坪	局限台地
		洪水庄组	70		潮间	
		雾迷山组	1700			
		杨庄组	100			
	长城系	高于庄组	950		潮坪	
		大红塔组	100			
		团山子组	200			
		串岭沟组	300		前滨	滨海
a		常州沟组	140		近滨 前滨	

地层系统						一般厚度/m	岩性剖面	主要岩性	沉积体系
系	统	组	段	亚段	代号				
古近系	渐新统	东营组	一段		Ed_1	100~500		紫红、灰绿色块状泥岩与砂砾岩	河流
			二段		Ed_2	100~560		灰绿含螺泥岩夹泥质砂岩	湖沼
			三段		Ed_3	200~400		浅灰、灰紫、褐色泥岩与砂岩	河流
		沙河街组	一段	上	$Es_1^{上}$	200~700		紫红色泥岩夹灰色砂岩，中下部夹油页岩、泥灰岩，底部为砂岩	三角洲
				下	$Es_1^{下}$	50~300		灰色泥岩、油页岩、钙质页岩、泥灰岩及生物灰岩	湖泊
	始新统		二段		Es_2	10~300		红、灰色泥岩和砂岩	三角洲 湖泊
			三段	上	$Es_3^{上}$	50~800		灰色、灰绿色泥岩与灰绿色粉、细砂岩互层	三角洲 湖泊
				中	$Es_3^{中}$	0~800		深灰、褐灰色泥岩、钙质页岩、油页岩与浅灰、灰白色砂岩互层	湖泊 水下扇
				下	$Es_3^{下}$	0~1000		深灰色含钙泥岩为主，底部夹钙质页岩、泥灰岩、泥质白云岩	湖泊 滑塌扇 碎屑流型 扇三角洲
		孔店组	一段		Ek_1	400~2500		深灰色泥岩、膏盐岩夹砂岩	膏盐湖
			二段		Ek_2			块状砂砾岩夹红色、灰绿色泥岩	扇三角洲
b			三段		Ek_3			灰色膏盐与砂砾岩组成正旋回层	膏盐湖 洪积扇

图 4–85　束鹿凹陷潜山基底地层及古近系发育特征

① 潜山基底地层特征。

束鹿凹陷基底是由向东倾掀斜块体构成，包括太古宇、古元古界变质岩及中—新元古界、古生界的沉积岩地层。古近系直接覆盖在寒武系—奥陶系及石炭系—二叠系之上。

a. 上古生界石炭系—二叠系：仅在洼槽部位发育，主要由海相含煤碎屑岩夹少量石灰岩组成，上部为褐黑色、绿灰色泥岩夹薄层砂岩，下部以深灰色杂色泥岩为主，底部为杂色泥岩和角砾岩，岩性较致密。

b. 下古生界奥陶系：在洼槽、斜坡及坡上区域均有发育，主要由在碳酸盐斜坡沉积形成的碳酸盐岩地层组成。包括峰峰组、马家沟组、亮甲山—冶里组。主要发育厚层（花斑状、角砾状）石灰岩、白云质灰岩、白云岩，内部可见夹薄层云质泥岩。

c. 下古生界寒武系：中—上寒武统主要由碳酸盐斜坡形成的碳酸盐岩地层组成，而中—下寒武统主要为碎屑岩夹少量碳酸盐岩。包括凤山组、长山组、崮山组、张夏组、徐庄组、毛庄组及馒头组。主要发育（花斑状、竹叶状）石灰岩、生物碎屑灰岩、鲕粒灰岩、白云质灰岩、泥灰岩、白云岩、白云质泥岩、钙质泥岩、泥页岩、粉砂岩等。

d. 中元古界蓟县系：包括铁岭组、洪水庄组、雾迷山组。主要发育（硅质、泥质）白云岩、白云质泥岩、砂屑白云岩等。

e. 中元古界长城系：包括高于庄组、团山子组、串岭沟组及常州沟组。主要发育（硅质、泥质）白云岩、（碳质）泥页岩、泥岩等。

② 新生界充填地层特征。

a. 沙三段：沙三上亚段下部为灰色泥岩与浅灰色粉砂岩互层，底部为深灰色泥岩与灰褐色油页岩互层。沙三下亚段上部为灰色泥岩夹浅薄层灰色灰质粉砂岩；中部为深灰色泥岩与灰褐色油页岩、深灰色泥灰岩互层；下部为灰色角砾岩与灰褐色泥灰岩互层。角砾岩成分以石灰岩、白云岩、砾石为主，偶见砂屑。

b. 沙二段：主要由棕色—紫红色泥岩夹浅灰色、棕灰色细砂岩组成，与下伏地层为不整合接触。

c. 沙一段：沙一段上段主要为红色砂泥岩组合，下段主要是灰色泥岩，底部发育一套区域性标志层，由泥灰岩、薄层灰岩、油页岩及膏泥岩等组成特殊岩性段，与下伏地层整合接触。

d. 东营组：为一套红色砂泥岩组合，主要发育紫红色泥岩夹浅灰色粉砂岩及细砂岩，其下部含螺泥岩为一区域标志层，与下伏沙河街组整合接触。

e. 馆陶组：馆陶组底部发育一套杂色底砾岩，厚度在 35～45m，分布稳定，为一区域标志层。向上变为浅灰色砂质砾岩及砂岩，夹紫红色泥岩。与下伏东营组不整合接触。

f. 明化镇组：区域分布广泛，主要是由未固结的砂质砾岩夹棕红色黏土组成，与下伏馆陶组呈整合接触。

g. 平原组：区域分布广泛，主要是由冲积砂砾体向上变为黄色泥质粉砂及细砂、黏土层。与下伏明化镇组呈角度不整合接触（图 4-86）。

（2）储层特征。

① 古近系—新近系储层条件。

束鹿凹陷内部主要发育三种岩性类型的储层：砂岩储层、砾岩储层和泥灰岩储层。其中砾岩储层主要发育于沙三段沉积早期的湖盆断陷扩张深陷期，泥灰岩储层主要发育在沙三段中上部地层中，而砂岩储层则在沙三段沉积晚期以及沙二段沉积时期大量发育。

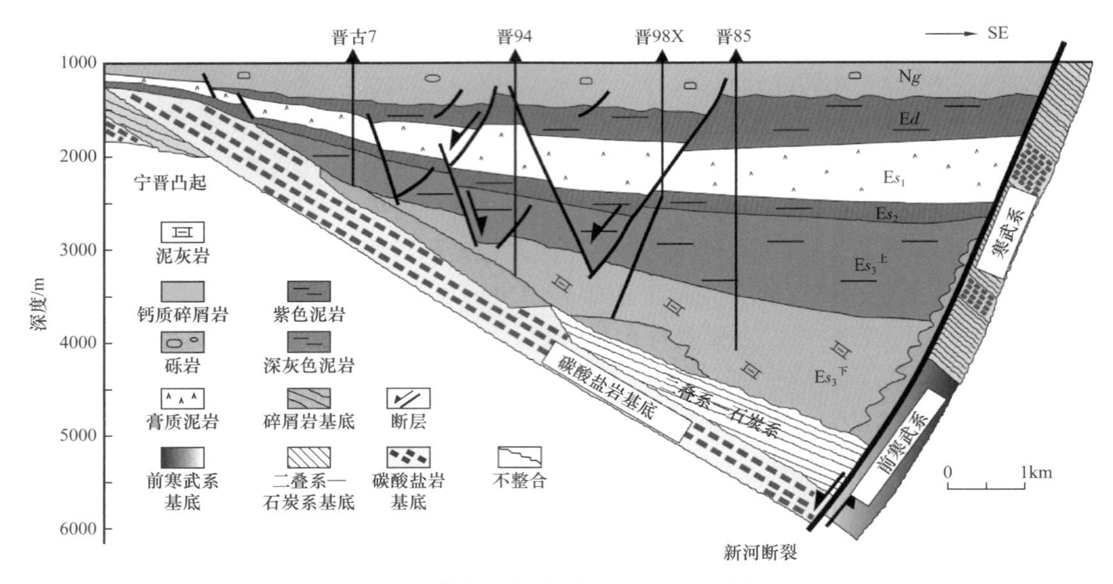

图 4-86　束鹿凹陷剖面构造、地层及岩性图

从沉积成因上看，束鹿凹陷古近系—新近系储集体主要为辫状河三角洲砂体、扇三角洲砂砾岩体以及滨浅湖泥灰岩储集体。此外，还可见河流相砂砾岩—砂岩、与地震作用相关的滑塌扇砂砾岩、震积岩及重力流砂体等储集体类型。其中辫状河三角洲沉积主要发育于沙河街组地层内部，特别是水下分流河道砂体及河口坝砂体，其沉积厚度大且分布面积广（图 4-87）。扇三角洲砂砾岩储层主要出现在沙三段沉积期，即湖盆扩张期，并自凸起边缘向凹陷中心发育，其中水上及水下分流河道砂砾岩以其分选相对较好而成为有利储集体。而在大面积发育的砂砾岩、砂岩之上则发育厚层的滨浅湖泥灰岩储层，其在沙三段最为典型。特别地，在沙三段内部可见原地震积岩及滑塌扇储层，但岩石类型相对复杂，包括颗粒支撑陆源砾岩、颗粒支撑混源砾岩、颗粒支撑内源砾岩、杂基支撑陆源砾岩及杂基支撑混源砾岩，并主要分布在坡折带附近。而河流相储层主要发育于东营组和馆陶组内部，特别是暴露环境的红层砂体增多。

整体而言，束鹿凹陷古近系—新近系碎屑岩储层各成分中石英含量 4%～85%，长石含量在 2%～46% 之间，砂岩类型主要为岩屑长石砂岩及长石岩屑砂岩。而泥灰岩储层组分以方解石为主，含少量白云石。储集空间类型包括砾内孔隙及裂缝、贴砾缝、粒间孔隙、晶间孔隙、粒内孔隙、溶蚀孔隙、有机质孔隙、裂缝等。就物性而言，储层整体属于中孔—中渗型至低孔—低渗型储层，但储层物性在不同构造带及不同岩性间存在较强的非均质性。就束鹿凹陷而言，影响储层物性的因素主要包括沉积作用、成岩作用以及构造活动。整体而言，物性最好的储层是水动力较强的河道砂体，其次是河口坝及滩坝砂体，远沙坝和河道漫溢砂物性较差。而构造活动派生的裂缝以及晚成岩阶段由于烃源岩生烃过程产生的酸性流体溶蚀作用使得储层物性得以有效改善。

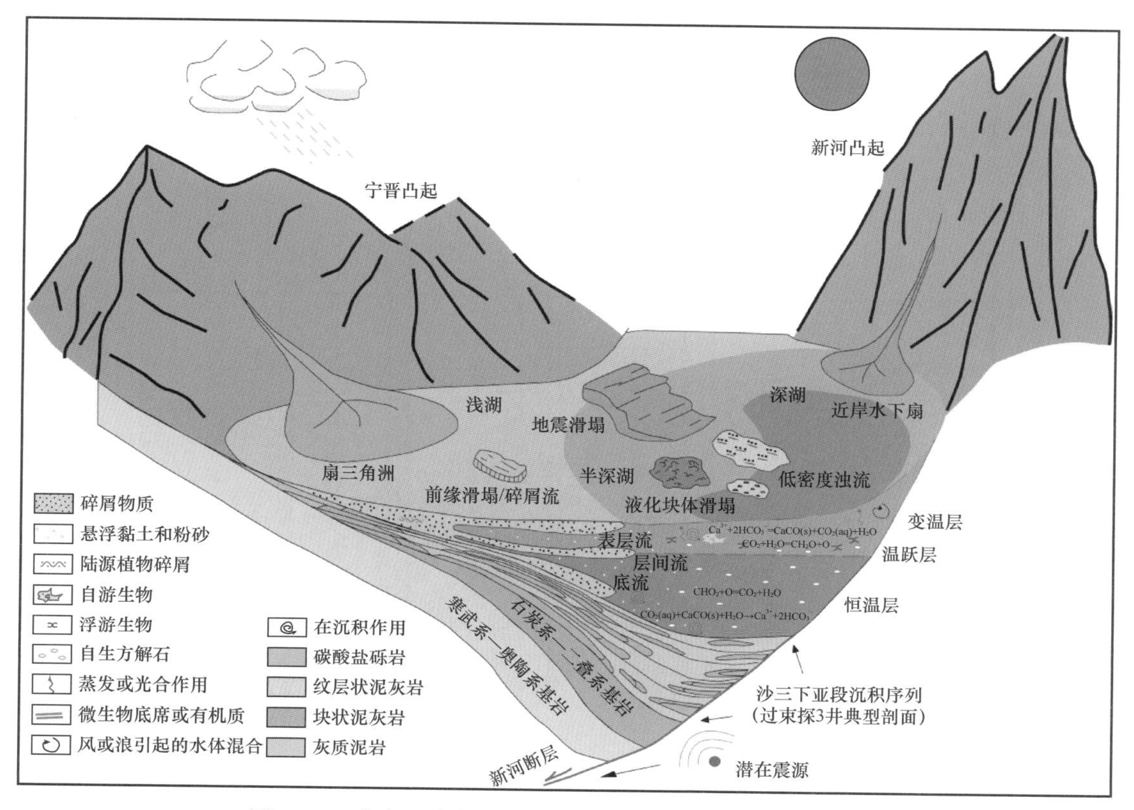

图 4-87　束鹿凹陷古近系—新近系储层沉积体系综合模式图

② 潜山内幕储层条件。

束鹿凹陷潜山出露地层变化较大，构造复杂，油藏探明储量仅占全区已探明储量的18.3%，勘探程度较低。束鹿凹陷潜山油藏储层主要有奥陶系峰峰组、马家沟组、亮甲山—冶里组以及寒武系长山组、张夏组、毛庄组和蓟县系雾迷山组。

束鹿凹陷潜山储层岩石类型主要包括：白云质灰岩、含泥白云岩及白云岩等（图 4-88）。其中白云质灰岩可见不规则形态排列的方解石花斑，重结晶作用强烈，裂缝及溶蚀洞较发育，内部见黑色原油。含泥白云岩具有泥晶结构，含少量粉晶，泥质分布较均匀。白云岩整体颜色均匀，具隐晶结构，裂缝较为发育。上述碳酸盐岩潜山储层化学组分除 CaO、MgO 外，尚具有 SiO_2、钾、铝、钡、锶等二十余项其他组分和元素。特别是奥陶系碳酸盐岩储层各组分间比例变化大，使得矿物成分及岩石类型比较复杂，但硅质岩类比较少。相比而言，雾迷山组碳酸盐岩储层中 SiO_2 含量高，并呈硅质团块、结核及条带状产出。

潜山储层储集空间类型按照形态、成因主要可划分为三大类，即洞、缝和孔，每种类型的储集空间发育程度、规模大小相差很大，使得储集空间分布状况十分复杂。其中洞，主要指直径大于 2mm 的孔隙，多为溶蚀作用形成，形态及大小多变，主要在风化壳、岩溶带、裂缝带中成层或成带集中分布；缝，可进一步区分为构造缝、层间缝、风化缝、压溶缝及溶蚀缝 5 亚类，但以构造缝和成岩缝为主，一般长数厘米至数米，宽数微米至数毫米；孔，则可进一步识别出藻窗孔、藻团粒间孔、晶间孔、粒间孔、砾间孔及溶孔 6 亚类，而溶孔又包括砾内溶孔、粒间溶孔、晶间溶孔、晶内溶孔及粒内溶孔。整体而言，白云岩类储层主要以溶蚀孔隙型为主，石灰岩类储层主要以溶蚀微裂缝型为主，白云岩—石灰岩间互储层主要以孔隙—微裂缝型为主。

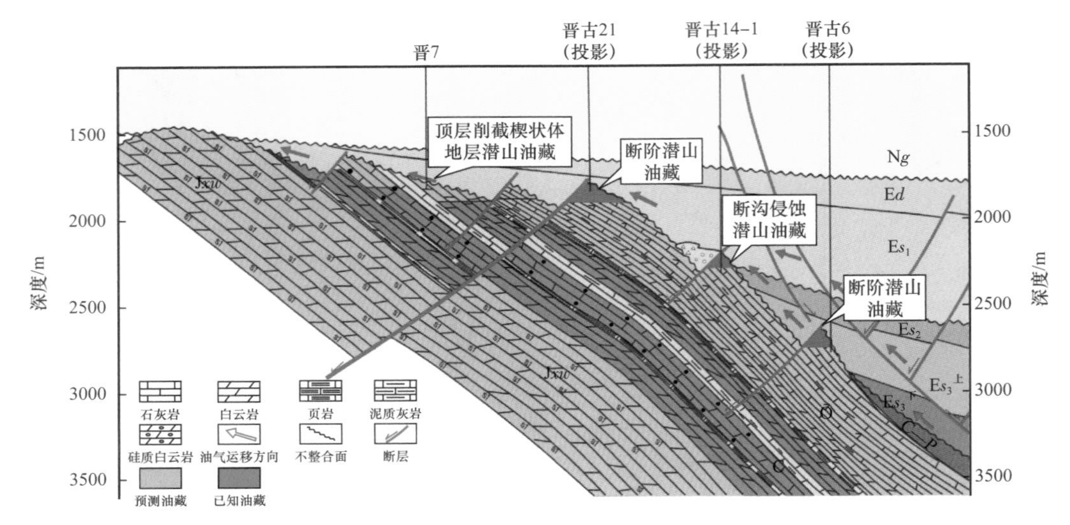

图 4-88　束鹿凹陷斜坡区潜山油藏模式

根据束鹿凹陷奥陶系潜山储层样品统计显示，潜山储层孔隙度最大值为 28.5%，最小值 2.1%，孔隙度主要分布区间为 2%～12%，占比达 88.5%。储层渗透率最大值为 11.6mD，最小值为 0.0002mD，渗透率主要分布在 0.01～1mD 区间内，占比达 89.8%。而不同岩性的孔渗关系显示，白云质灰岩渗透率与孔隙度正相关性明显；而含泥白云岩孔隙度较低，渗透率变化范围大，主要受裂缝控制，并发育少量溶蚀孔；泥质白云岩孔隙度、渗透率均比较低，属于致密储层。

3）油源条件

（1）烃源岩分布。

束鹿凹陷发育有沙一下亚段（$Es_1{}^{下}$）和沙三下亚段（$Es_3{}^{下}$）两套有效生烃烃源岩层，主要分布在束鹿凹陷的中南部。$Es_1{}^{下}$烃源岩为短期湖盆扩张下的滨浅湖相沉积，岩性主要为暗色膏岩和泥页岩，埋深一般小于 2900m，该套烃源岩的中心厚度达到 110～140m；$Es_3{}^{下}$烃源岩为沙三段底部砾岩层上发育湖相泥页岩和泥灰岩，该套烃源岩在平面上东厚西薄，纵向上分布范围较大且非均质性较强，最小埋深约 3000m，最大埋深可达 6500m，厚度 380～590m。

（2）烃源岩地球化学特征。

① 有机质丰度。

总有机碳（TOC）是指岩石中存在于有机物中的碳，它不包括碳酸盐岩、石墨中的碳，通常用岩石质量的百分比来表示。生烃潜量（S_1+S_2）指烃源岩中已经生成的和潜在能生成的烃量之和，但不包括生成后已从烃源岩中排出的部分，由 Rock Eval 热解仪分析得到的 S_1（或称之为游离烃或热解烃）和 S_2（裂解烃，本质上是岩石中能够生烃但尚未生烃的有机质）两部分组成。氯仿沥青“A”是指可溶于氯仿的可溶有机质含量，包括饱和烃、芳香烃、非烃和沥青质四种组分。TOC、S_1+S_2 和氯仿沥青“A”是烃源岩有机质丰度表征最常用的指标。

Es_3下烃源岩 TOC 分布范围为 0.49～7.21%，TOC 频率分布呈单峰状，主峰范围为 0.98%～1.96%，均值 1.74%（图 4-89a）；S_1+S_2 峰值介于 6～12mgHC/g rock 之间，均值为 9.56mg HC/g rock（图 4-89b）；氯仿沥青“A”含量分布在 0.0152%～0.4216% 之间，均值为 0.1717%（图 4-90）。综合上述指标，结合陆相烃源岩有机质丰度评价标准，Es_3下烃源岩达到了好—很好烃源岩级别。

Es_1下烃源岩 TOC 含量分布在 0.47%～17.19% 之间，多数样品 TOC 小于 0.5%，均值为 0.7%（图 4-89a）；S_1+S_2 一般小于 3%，均值为 2.65mg HC/g rock（图 4-89b）；氯仿沥青“A”数值分布在 0.0248%～0.5374% 之间，平均值达到 0.2396%（图 4-90），受烃源岩生烃和排烃的影响，随着深度的增加，氯仿沥青“A”整体呈降低的趋势。由于部分样品尚未成熟，氯仿沥青“A”对 Es_1下烃源岩有机质丰度评价的参考性不高。综合上述指标，结合陆相烃源岩有机质丰度评价标准，Es_1下主要发育非烃源岩，局部发育中等—好级别烃源岩。

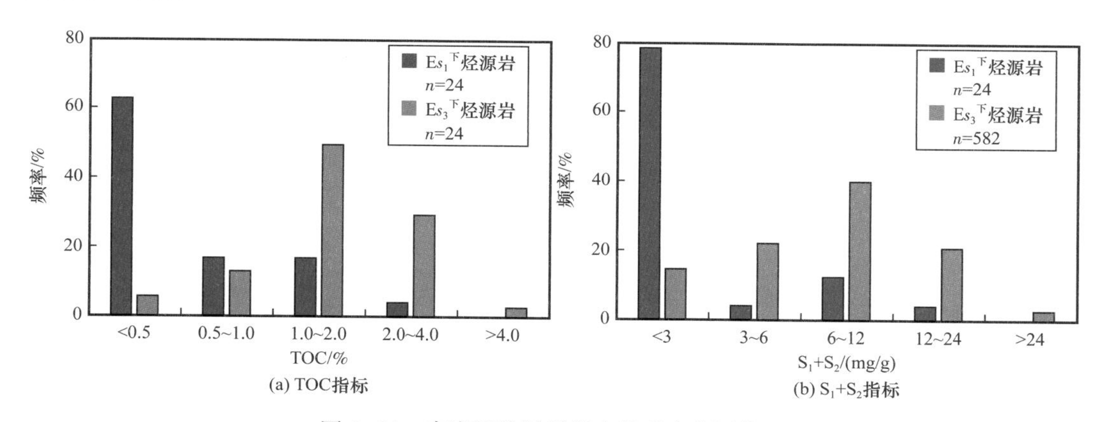

图 4-89 束鹿凹陷烃源岩有机质丰度评价图

综上分析，Es_3下湖相泥页岩和泥灰岩有机质丰度普遍较高，属于好—很好级别烃源岩，Es_1下暗色膏岩和泥页岩有机质丰度普遍偏低，主体为非烃源岩，局部达到差—中等级别烃源岩。

② 有机质类型。

干酪根是烃源岩中提纯浓缩的有机物质，其主要组成元素有 C、H、O、N、S，其相对组成与干酪根的性质密切相关，因此利用 H/C 原子比和 O/C 原子比确定干酪根的类型是当前广泛使用的方法之一。岩石热解参数除用于评价有机质丰度外，还广泛用于判别有机质的类型，其中最常用于评价有机质类型的热解参数为氢指数（HI），由于氢指数也随热演化程度加深而发生变化，一般结合 T_{max} 进行有机质类型划分。通常生油岩在低成熟—中等成熟阶段，热解参数划分有机质类型是恰当的，而在高成熟阶段则要综合其他参数而定。

依据 H/C-O/C 图版和 HI-T_{max} 图版，Es_3下烃源岩样品多数落在Ⅱ$_1$型区域，其次是Ⅰ型、Ⅲ型和Ⅱ$_2$型，由于烃源岩热演化程度不高，两个图版反映的有机质类型基本一致，即 Es_3下烃源岩有机质类型主要为Ⅱ$_1$型。同理，Es_1下有机质类型以Ⅱ$_1$型为主，有少量Ⅲ型。从 HI 的平面分布看，凹陷中、南部 HI 数值较高，超过 360mg/g（Ⅱ$_1$型）面积达到 $100km^2$（图 4-91）。

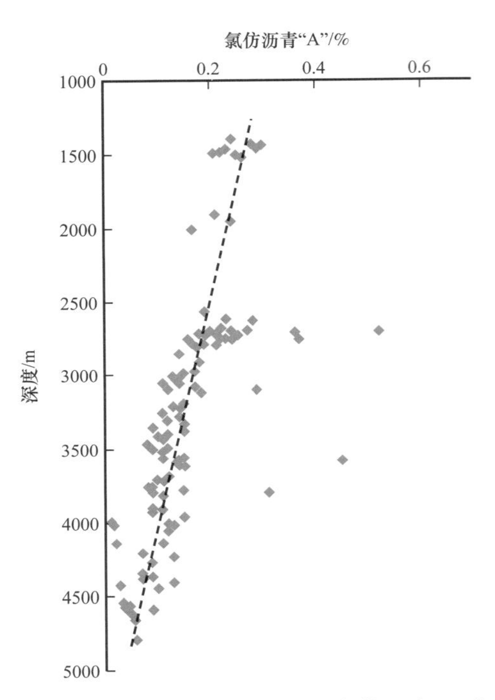

图 4-90　束鹿凹陷烃源岩氯仿沥青“A”含量纵向分布图

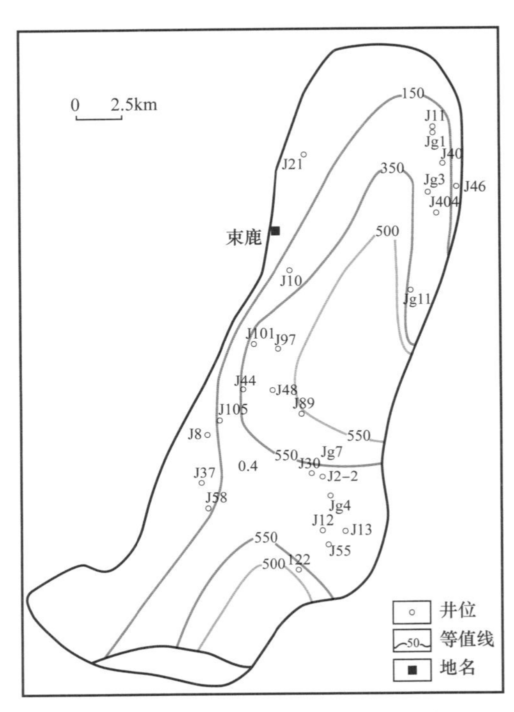

图 4-91　束鹿凹陷烃源岩氢指数等值线图

③ 有机质成熟度。

有机质成熟度是指在温度的作用下，沉积有机质向油气转化的热演化程度，它可以通过一系列指标来衡量，常用的指标包括镜质组反射率（R_o）和生物标志化合物两种。

生物标志化合物中的甾、萜化合物结构复杂，具有不同的异构体，随热演化程度的加深，低稳定的构型（αα 型、R 型）逐渐向热力学较稳定的构型（ββ 型、20S、22S）转化，稳定构型和低稳定构型的比值随有机质热演化程度增加而呈一定规律的变化，因此甾、萜烷异构化参数常被作为有机质成熟度标尺。甾、萜烷异构化参数达到一定程度时就达到了平衡点，之后甾、萜烷异构化参数将不再随烃源岩成熟度的增加而变化。依据不同异构化参数数值分布和划分成熟度阶段的经验值，可知 Es_1下烃源岩主要处于未熟—低熟阶段，而

Es_3下烃源岩多数样品处于低成熟阶段，部分样品达到成熟阶段（图4-92a）。纵向上埋藏深度分布范围较大，热演化差异明显，浅埋藏的Es_3下烃源岩主要处于低熟阶段，大约在4000m进入成熟阶段（图4-92b），据此可推测洼槽中心烃源岩已达高—过成熟阶段。

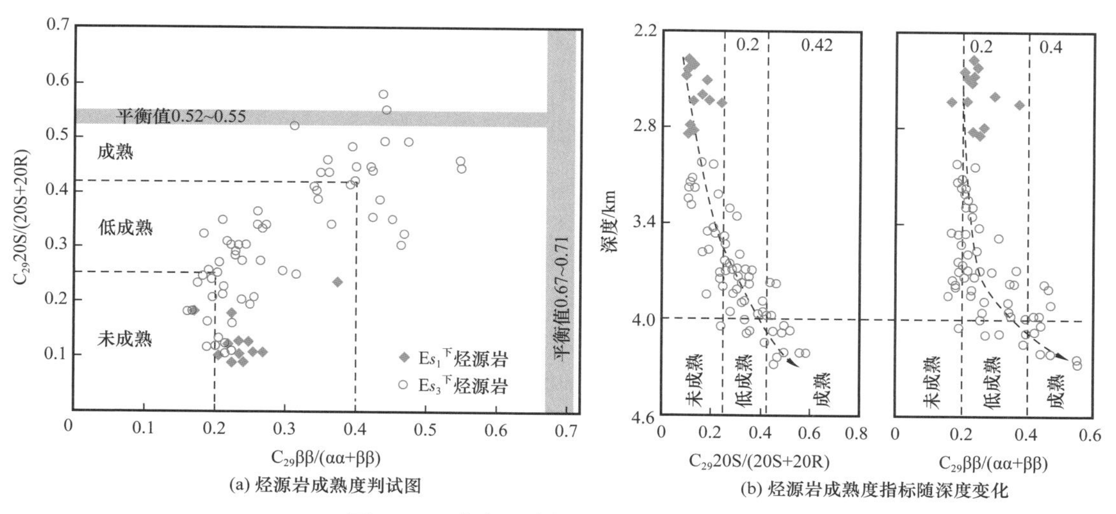

图4-92 束鹿凹陷烃源岩成熟度判别图

从镜质组反射率的平面分布可知，束鹿凹陷烃源岩有机质在核部区域成熟度高，最高达到0.69%，边部区域成熟度低，部分区域没有成熟。镜质组反射率在中、南部较高，反射率大于0.5%的区域覆盖凹陷110km²（图4-93）。

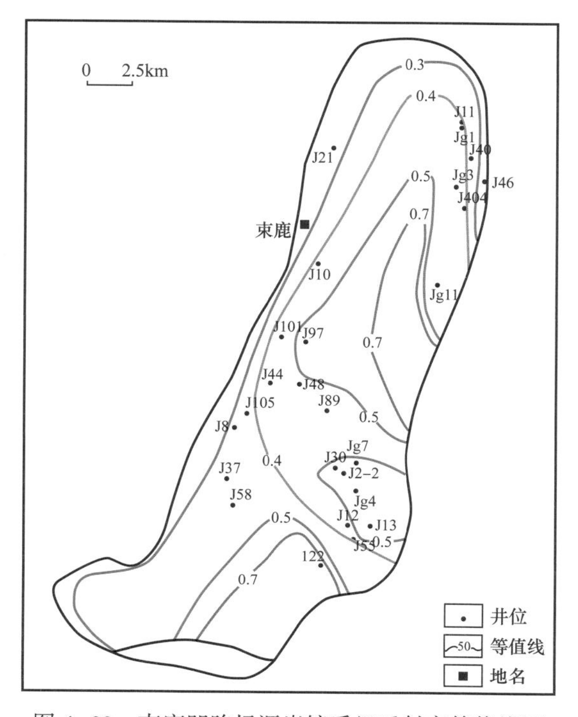

图4-93 束鹿凹陷烃源岩镜质组反射率等值线图

3. 勘探历程

束鹿凹陷大规模的油气勘探工作始于 1976 年，在“三重一整体”系统研究前主要经历了三个主要的勘探开发阶段。

1）初期斜坡带断块山油气藏勘探开发阶段

1977—1981 年，主要勘探目标为斜坡带高部位断块山油气藏，兼探沙一段断块砂岩油藏获发现，但南扩失败。经研究认为该油田潜山形成并定型于沙一段沉积末期，主要受南小陈西断层和衡水断层控制，随斜坡继承性发育至古近纪—新近纪末，之后较稳定。圈闭形成后，沙三段生成的油气沿断面和不整合面不断供给潜山，东营组沉积时期逐渐富集成藏，东营组沉积时期末，沙一下亚段油藏形成。油田东南方向沙三段生油层直接超覆在潜山面上，西掉断层对油气遮挡封堵，下降盘沙三段生油岩同时起到封堵作用，潜山油藏油气保存条件好。而沙一段油藏受西斜坡后期抬升剥蚀影响，剥蚀面发育，油气保存条件差。因此，该阶段为钻探潜山油藏为主、沙一段断层砂岩型油藏为辅的复式油气田勘探开发模式（图 4-94）。

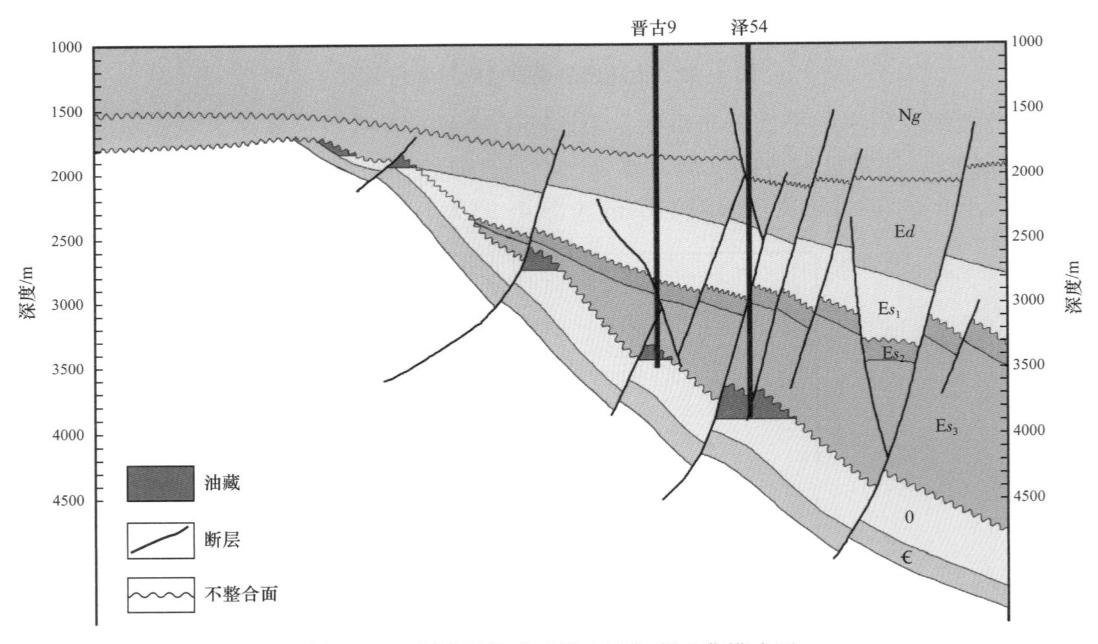

图 4-94　斜坡带构造型潜山油气藏成藏模式图

2）中期洼槽带凹中隆潜山及陡坡砾岩油藏勘探开发阶段

1982—1994 年，主要勘探目标为洼槽带潜山油气藏和陡坡带砾岩油气藏。自 1982 年发现荆丘沙三段油藏，之后勘探陆续有所突破。创造了冀中坳陷南部日产油双千吨的高产纪录，发现了荆丘潜山油气藏，这也成为五厂建厂标志。而后台家庄潜山油气藏的发现，更进一步奠定了这一时期凹中隆潜山勘探的成功。而在落实晋古 1 潜山含油气范围过程中，发现沙三中亚段砾岩层有油气显示，突破了束鹿凹陷陡侧砾岩体出油关，产层砾岩体超覆在台家庄潜山之上，顶部薄、翼部厚，储集空间以裂缝为主。同时在沙三下亚段发现有泥灰岩油藏和砂岩型油气藏。由此可见，这一阶段是束鹿凹陷油气勘探成果丰硕的一个阶段，以凹中隆潜山油气藏和东陡带砾岩油气藏为代表，兼探沙三段泥灰岩、砂岩油藏。仍以构造圈闭油藏为主，油气富集程度和油水分布规律受构造因素控制明显（图 4−95）。

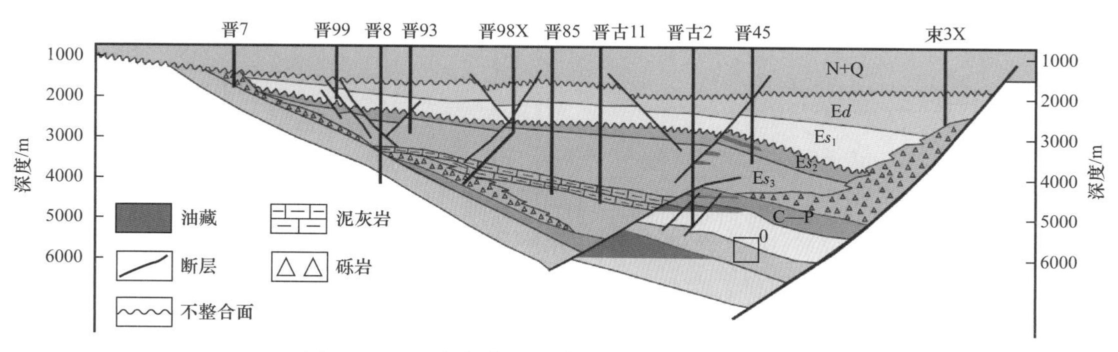

图 4−95　凹中隆潜山及陡坡砾岩油藏成藏模式图

3）后期重上斜坡牙刷状油气藏勘探开发阶段

1994—2017 年，主要勘探目标为重上斜坡带勘探牙刷状油气藏。继凹中隆潜山油气藏勘探之后，凹陷中寻找油气变得愈发艰难，接替资源不足，勘探目标缺乏成为当时面临的主要问题（图 4−96）。在“斜坡带是油气运移的最终指向，斜坡中部断层发育是重要的复式油气聚集带”这一思想的指导下，勘探目标重返斜坡区，并在晋 93、晋 95 断块评价获成功后坚定勘探信心。以西曹固地区为主要勘探开发对象，实现了斜坡带油气勘探开发的规模发现。

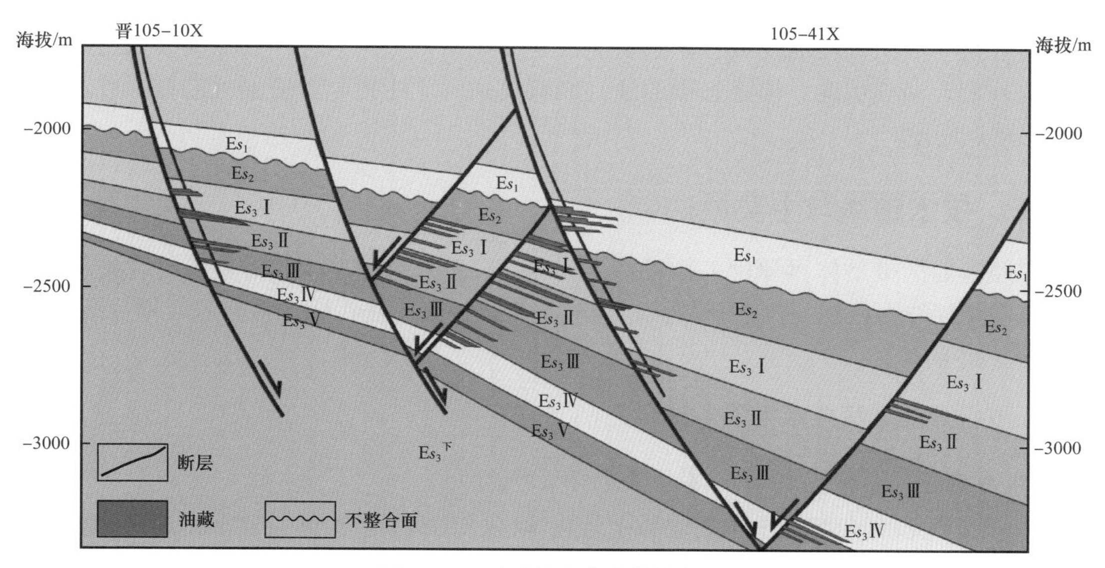

图 4−96　牙刷状油藏成藏模式图

据研究，油气自烃源岩沿断层垂向运移至输导层，在沿有效砂体输导通道侧向运移过程中，当遇到稳定断层时，由于断层侧向封闭能力较强，控制油气聚集成藏；因此，断层侧向封闭性和圈闭幅度共同控制着“刷毛长度”。成藏期后活动断层的垂向输导破坏了深层油气聚集，为浅层提供油气供给，从而导致浅层形成油气藏。

束鹿凹陷历经40余年勘探开发，构造油藏勘探程度已经很高，资源接替严重不足。但资源转化率仅为38.69%，仍有较大勘探潜力。亟需解放思想，转变勘探思路。

二、存在的主要问题

截至2017年，束鹿凹陷的储量分布于Ng、Ed、Es_1、Es_2、Es_3上、Es_3下、潜山七套含油层系。探明含油面积21.34km^2，探明石油地质储量3444×10^4t（图4-97）。其中，洼中隆起探明地质储量1637×10^4t，斜坡内带探明地质储量1807×10^4t。

根据全国第四次资源评价，束鹿凹陷剩余石油地质储量1.29×10^8t，评价潜力大。束鹿凹陷Es_3泥岩为优质烃源层，有机碳含量高（大于1%），有机质类型以Ⅱ1型为主，R_o普遍大于0.5%；斜坡带处于构造高部位，是油气长期运移指向，油气可沿不整合面、断层、砂岩向斜坡带运聚，分析认为斜坡外带是油气富集有利区。同时，在以往勘探的40余年中，斜坡外带钻探井37口，见油气显示井27口，获低产油流井12口，预示该区带有较大的剩余潜力，是评价的潜力方向。但如何有效勘探评价，仍面临以下主要问题。

（1）成藏条件认识不清，制约勘探步伐。一是不同层系沉积环境变化，导致沉积相带的变化，产生不同储盖组合。如何正确认识不同层系有利沉积相带，是油气勘探工作面临的首要问题。二是斜坡基底一直以来被认为是输导性较好的不整合面，但这与斜坡外带钻井获低产油流相矛盾，如何解释这一矛盾成为下一步勘探工作需要解决的另一关键问题。

（2）成藏模式单一，成藏认识局限。依据新河断裂分段生长理论、坡折带断层发育现象，可指导横向背斜油气藏、牙刷状油藏成藏规律认识。但这种成藏模式无法帮助认识斜坡外带含油气情况。构建怎样的油气成藏模式，才能指导斜坡油气勘探，成为亟需解决的重点问题。

三、技术路线与主要做法

按照富油区带整体再评价工作思路，利用“三重一整体”工作方法，深化地质特征和油气富集规律再认识，探索新领域，构建新模式，束鹿西斜坡评价建产取得显著成效。具体做法如下。

1. 重新开展区带成藏地质条件研究

1）重新开展沉积、储层与圈闭类型等系统研究

Es_3-Ed沉积时期西部宁晋凸起为主要物源区，其次为新河断裂高部位源区和南部小刘村陆梁源区，Ng沉积期凹陷已基本填平，东部及南部物源供给减弱，Nm沉积期东部物源基本停止供给（图4-98）。

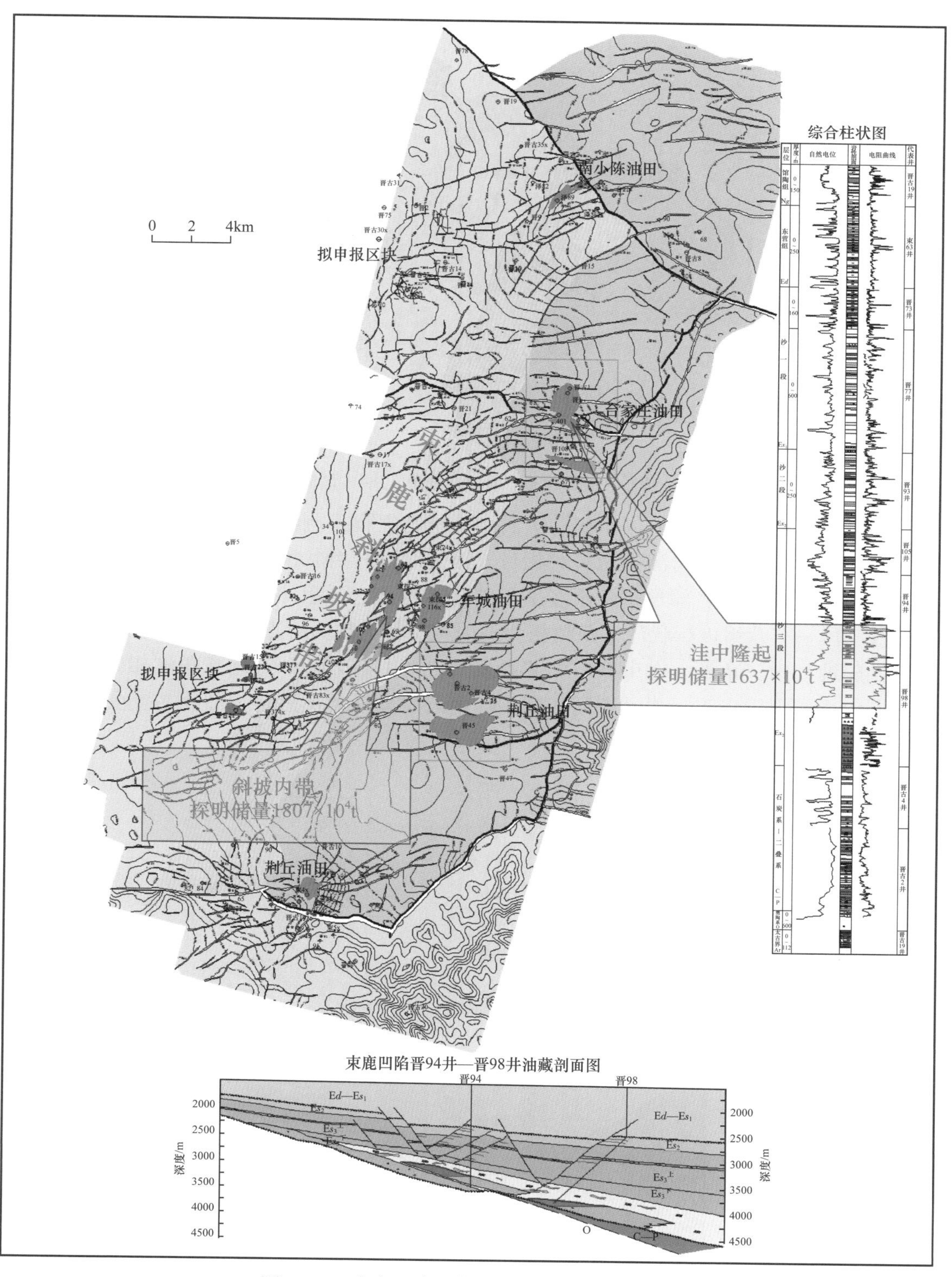

图 4-97 束鹿凹陷油藏评价部署图（2017 年）

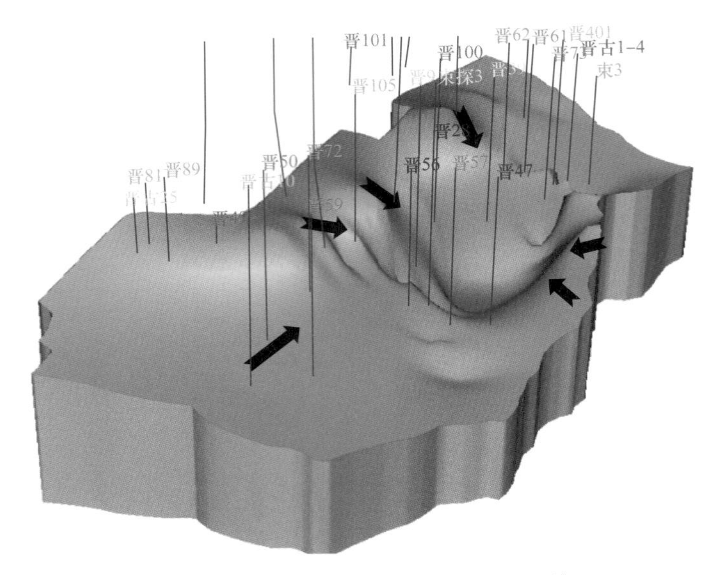

图 4-98　束鹿凹陷 Es_3 沉积时期古地貌

通过岩性相、测井相、剖面相、平面相分析与振幅预测结合，建立沉积相模式，认为扇三角洲、辫状河三角洲相为有利相带。馆陶组发育辫状河心滩、河道充填及泛滥平原三种微相，馆陶组底部与东营组多呈不整合接触。含砾粗碎屑岩，胶结疏松，物性较好。沙二段—东营组以辫状河三角洲相和湖泊相交替出现为特点。Es_3 段发育缓坡型扇三角洲，陡坡型扇三角洲。在束鹿斜坡北段发育 E*d* 边滩砂体和 E*s* 扇三角洲相砂体，在古隆起围斜形成上倾尖灭—岩性圈闭；在中、南段发育三角洲砂体，圈闭主要受断层和岩性双重因素控制（图 4-99）。

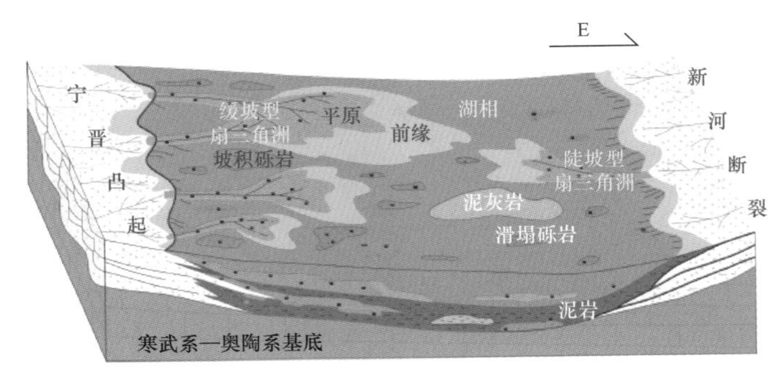

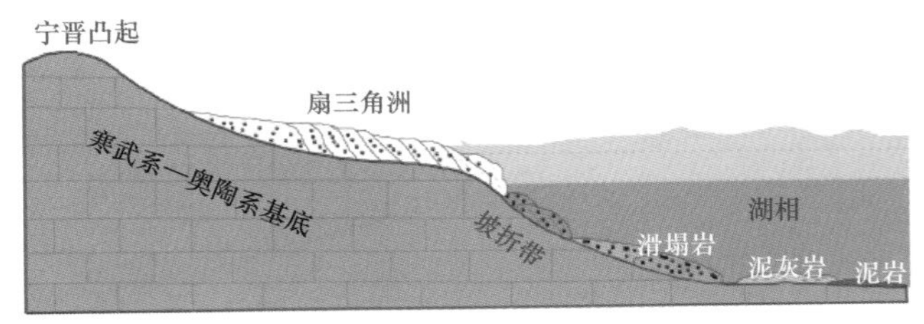

图 4-99　束鹿凹陷 E*s* 沉积时期沉积模式图

分析砂体结构对储层的控制作用，预测“甜点”分布。砂体结构一定程度上控制储层非均质性，从连续叠加型到砂泥互层型，砂体层间非均质性逐渐增强，斜坡带北段、台家庄构造带多期叠置分流河道砂体发育，是有利储层发育区（图 4-100）。

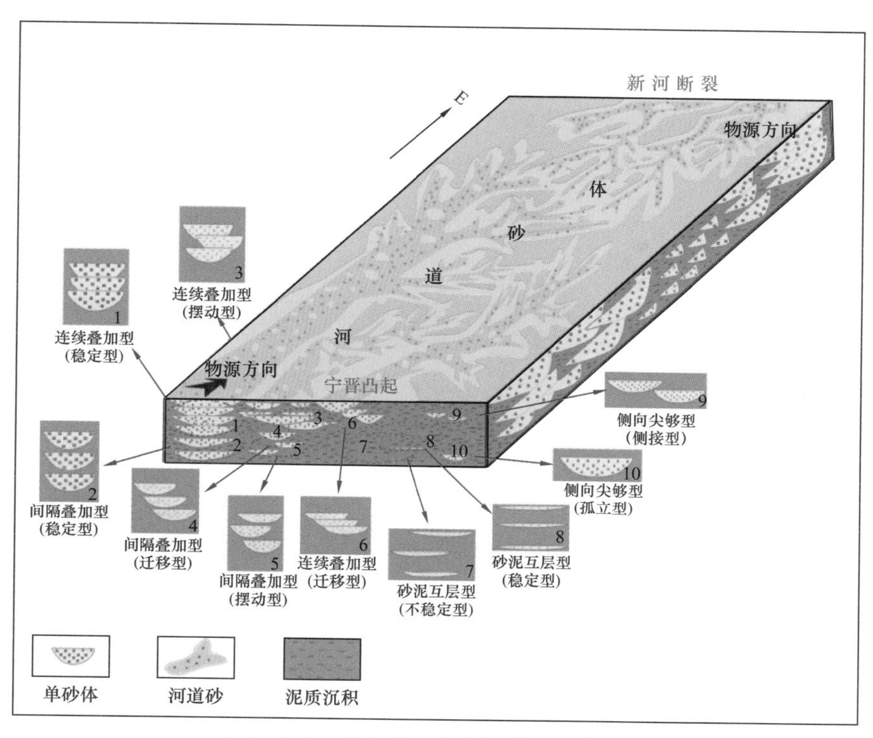

图 4-100　束鹿凹陷砂体结构划分模式图

通过等时切片确定超覆区域；联井地层对比，落实地层缺失情况；地震地层对比解释准确落实超覆边界等方法，准确识别超覆边界（图 4-101）。重新梳理束鹿凹陷圈闭类型，其包括：地层圈闭、超覆—岩性圈闭、构造圈闭等。

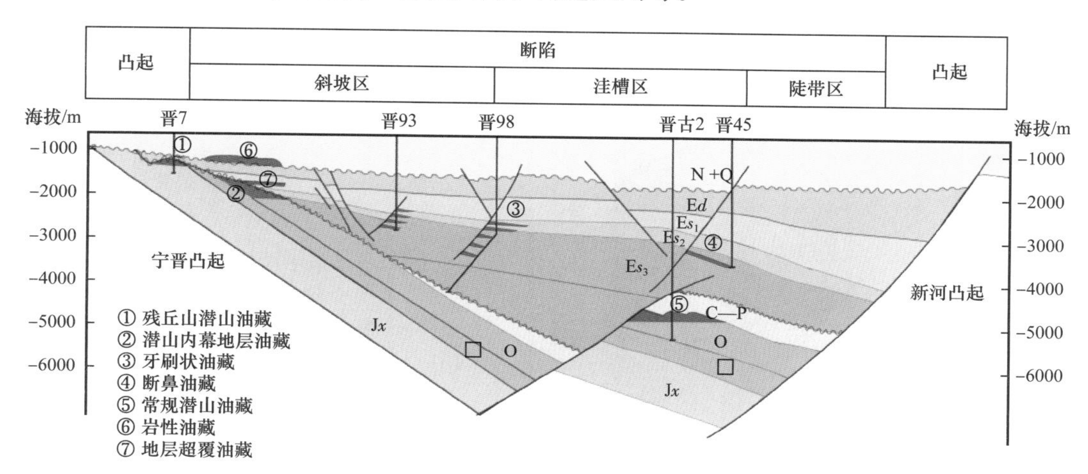

图 4-101　束鹿凹陷圈闭类型示意图

2）底板封闭性评价

（1）钻井取心，落实坡积砾岩封堵性。

钻探资料表明，斜坡基底之上，发育多期“坡积砾岩”，厚度不等，试油多为干层。在牙刷状油藏晋 93 断块滚动建产过程中，深层兼探斜坡外带地层岩性油藏，晋 93-50X 井针对坡积砾岩进行钻井取心。证实坡积砾岩为致密遮挡层，在一定条件下可形成底板遮挡，为上覆古近系—新近系超覆油藏形成有效封堵（图 4-102）。

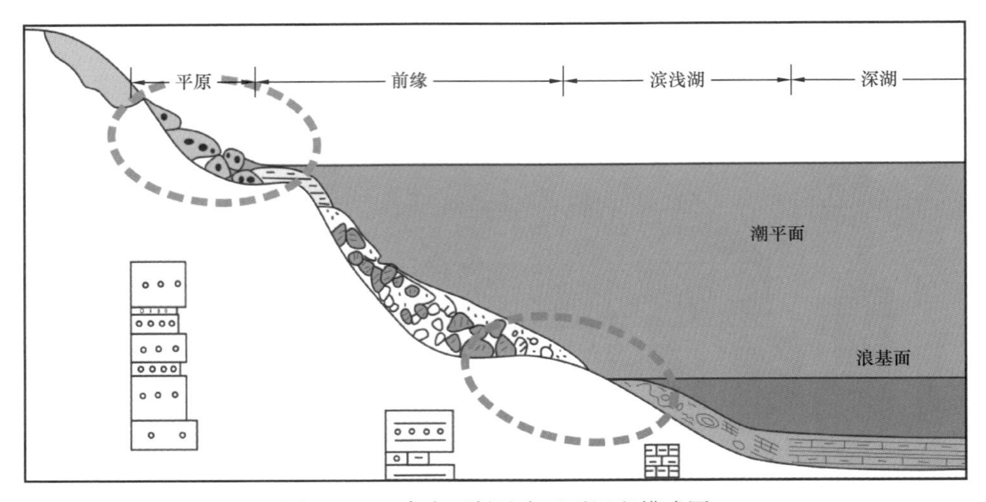

图 4-102　束鹿西斜坡古近系沉积模式图

（2）老井复查，落实潜山内幕封堵性。

束 21 井进山深度 1835m，进山层位为寒武系崮山组，井底层位为寒武系张夏组，进山后裸眼段试油为干层。证明该区潜山内幕寒武系为致密地层，说明寒武系具有封堵条件（图 4-103）。

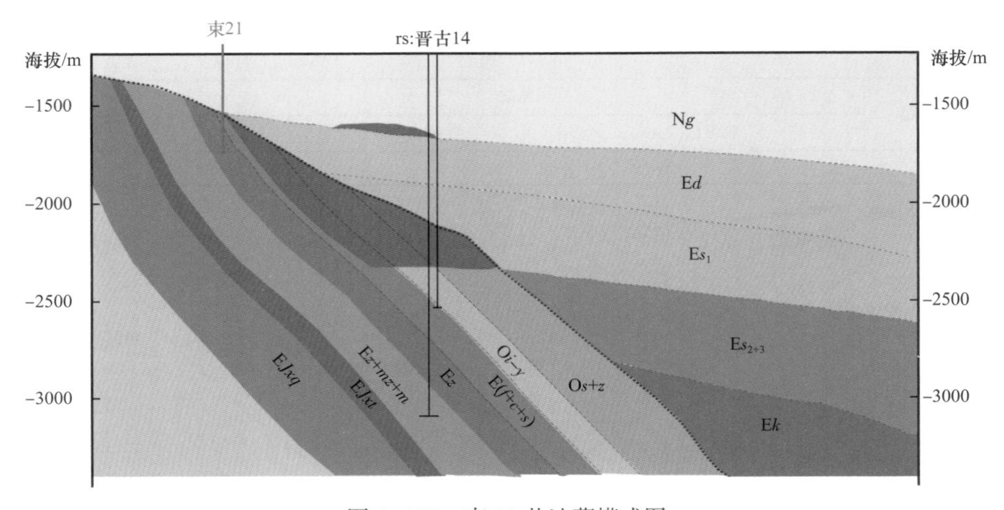

图 4-103　束 21 井油藏模式图

寒武系岩性以泥页岩、泥晶灰岩为主，岩性致密，具备阻隔能力，可作为不渗透底板层；奥陶系非均质性强，随机封堵，具备一定的封堵性。

2. 重新认识油气成藏模式及富集规律

基于以上工作的开展，构建潜山内幕和古近系—新近系地层超覆油藏模式。古近系—新近系地层超覆油藏模式是指寒武系出露地层及坡积砾岩为底板的“地层超覆岩性油藏”新模式（图 4-104）。

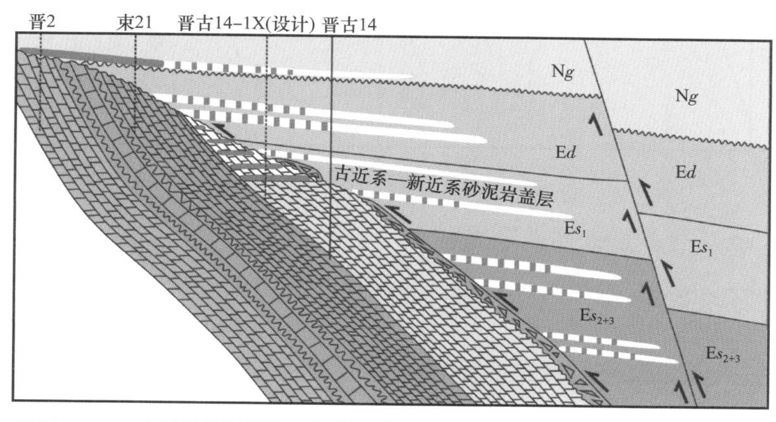

图 4-104　束鹿斜坡带潜山内幕和古近系—新近系地层超覆油藏模式图

1）构建“潜山内幕底板遮挡的地层油藏”新模式

潜山内幕底板遮挡地层油藏模式是指寒武系致密层作底板、奥陶系地层作储层、古近系—新近系泥岩作盖层的新模式。束鹿西斜坡处于束鹿凹陷构造较高位置，是油气运移的主要方向，油气供给充足，潜山地层沿斜坡方向层层剥蚀，高部位地层逐渐变老，油气沿基底不整合面、古近系—新近系储层向斜坡方向运移，构建了寒武系致密层作底板、奥陶系地层作储层、古近系泥岩作盖层的“潜山内幕底板遮挡的地层油藏”新模式。在这一油气成藏模式指导下，圈闭高部位应为潜山地层油藏富集区，油藏规模取决于圈闭幅度、底板的封堵性等（图 4-105 和图 4-106）。

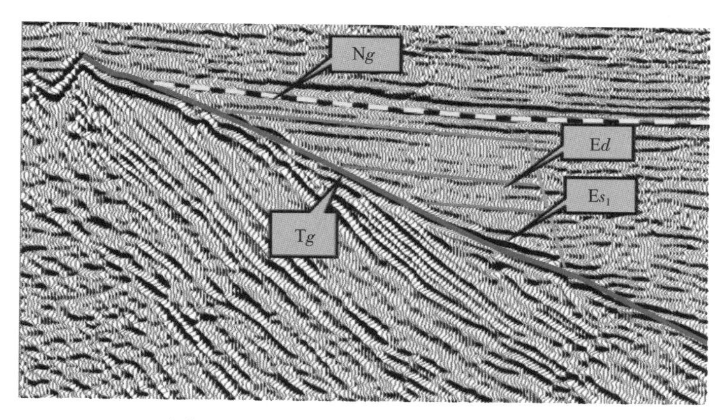

图 4-105　束鹿斜坡东西向地震剖面

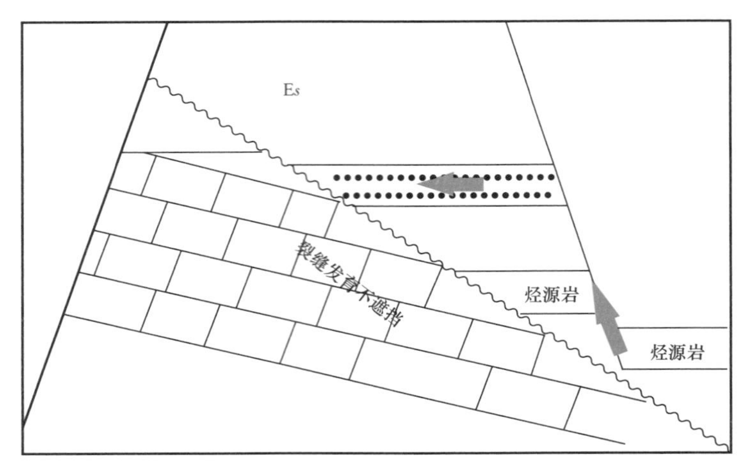

图 4-106 传统认识模式图

2）构建“地层超覆岩性油藏”新模式

束鹿凹陷西部斜坡带为超剥式斜坡，西部边缘的斜坡外带主要发育扇三角洲相、辫状河三角洲相和坡积相砂砾岩体，向上倾方向依次发生超覆、剥蚀，有利于地层油气藏的形成。斜坡带区域位于区域最高位置，油气沿断层、不整合面以及渗透性岩层向斜坡方向运移，古近系—新近系 Ng、Ed、Es 组砂泥岩互层形成良好的储盖组合，且逐渐超覆于基底之上，寒武系致密层或致密坡积砾岩阻挡油气向高部位运移，是良好的侧向遮挡条件，最终形成古近系—新近系储盖、基底致密岩层遮挡的地层超覆油藏模式（图 4-107）。钻遇潜山的 21 口探井中，20 口井在古近系—新近系见到油气显示，只有距离油源最远的最西侧晋 5 井全井无显示。表明古近系—新近系地层超覆岩性油藏具备成藏条件，具有较好的油气勘探潜力。在这一油气成藏模式指导下，古近系—新近系斜坡“腰部”地层应为油气富集主要区带。

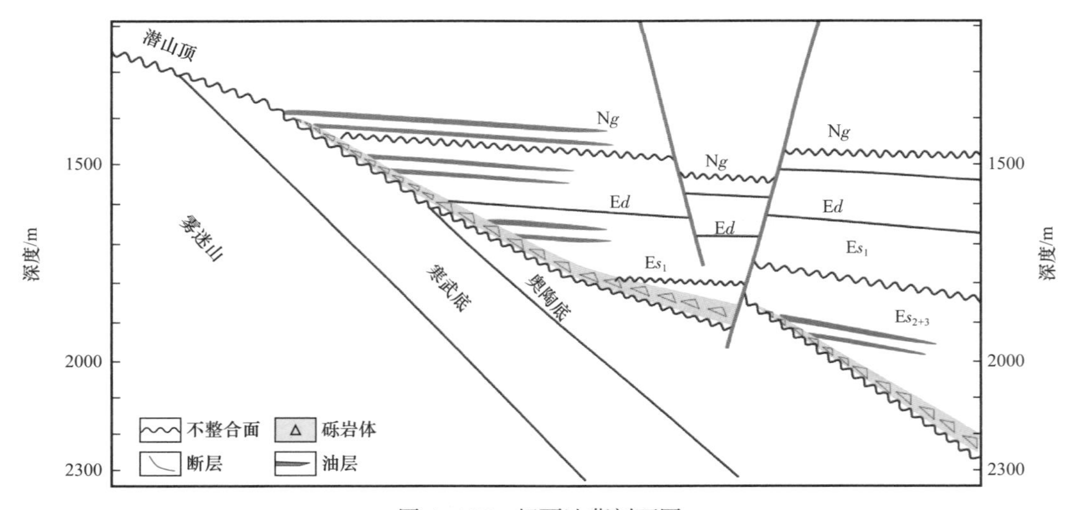

图 4-107 超覆油藏剖面图

3. 整体部署、多层兼探、挖掘全区超覆地层油藏潜力

1）落实地层超覆圈闭的方法

（1）等时切片确定超覆区域。

等时切片上能够很好地展示新、老地层的接触关系，因此在地震解释时，经常通过浏览等时切片，快速了解和掌握基岩的发育部位、沉积岩发育区域以及深大断裂的延伸方向等信息，也能够初步确定地层的超覆区域，为地震解释打好基础。图 4−108 是时间为 1.3s、1.6s 和 1.9s 的等时切片，通过色标调整能够清楚地显示沉积层与基岩地层的接触关系，判断超覆区域的边界。在时间切片上，沉积层的同相轴表现为条带状、团状或絮状，而基岩内部主要以杂乱反射结构或弱的平行线结构为主，与沉积层有明显的区别。在等时切片图上，可以明显地看出两种反射类型区：中部北部的大部分区域为团状、线状反射区，代表着正常沉积地层发育区，在研究区的北部还可以清晰地看到衡水断裂的延伸情况；东西两侧及南部为杂乱或平行线状反射区，代表着基岩发育区，其中西侧为宁晋凸起，平行线状结构区反映的是下古生代海相地层，杂乱反射区代表中生界残留地层。东侧的杂乱反射区域是新河凸起，反映的元古宇。西侧的边界线是地层向西的超覆尖灭线，由浅到深，超覆边界逐渐向深洼转移。东侧的边界线既是新河断裂位置，也是沉积层向东超覆尖灭的边界。东南的边界线则是雷家庄断层位置，也是地层超覆尖灭的边界线。

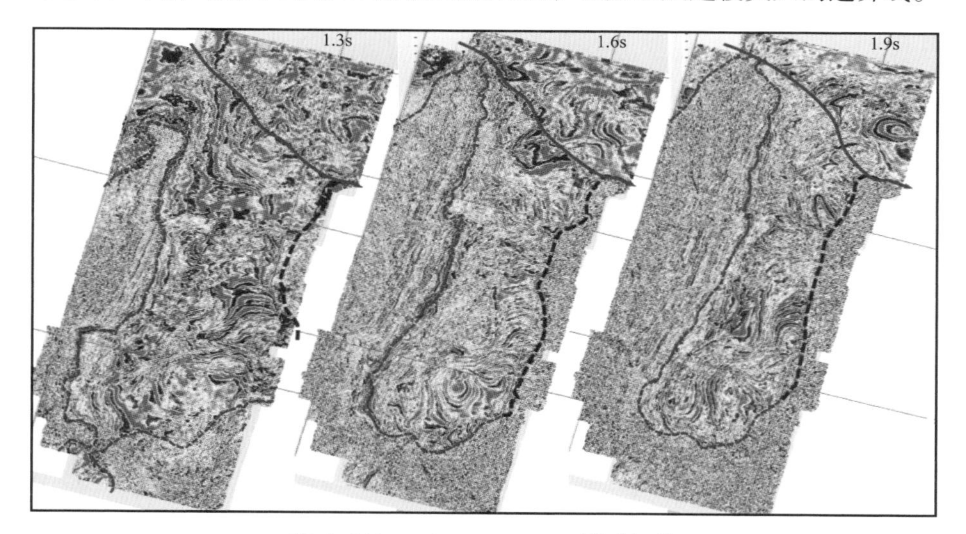

图 4−108　1.3s、1.6s、1.9s 等时切片

由深至浅超覆线位置逐渐扩大，连续观察等时切片，可以确定超覆区域，也能确定超覆线位置，超覆线排列的密集程度还能反映斜坡的倾斜程度。

（2）联井地层对比，落实地层缺失情况。

钻探西部斜坡带的探井较多，从钻井揭示情况看，越往高部位地层缺失情况越明显，通过联井地层对比能够初步判断地层超覆尖灭的大致位置，再通过井标定和地震地层对比，进一步落实超覆线位置。

图 4-109a 是斜坡中段的晋 36—晋 96—晋 6—晋 8 联井地层对比图，从图上看，从晋 8 井向晋 6 井、晋 96 井方向沙河街组和东营组地层逐渐减薄，再往西到晋 36 井时沙河街组地层超覆尖灭，东营组进一步减薄，由此推测沙河街组应该在晋 96 井与晋 36 井之间逐段超覆尖灭。图 4-109b 是斜坡南段的晋 24—晋 82—晋 84—晋古 25—晋 65 联井地层对比图，从图上看，从晋 65 井、晋古 25 井向晋 84 井方向沙二段、沙一段超覆尖灭。再由晋 84 井、晋 82 井向晋 24 井方向东营组超覆尖灭。从联井地层对比图上还可以看到，该区域的基岩以中生界变质岩为主，不发育下古生代海相地层，仅晋 84 井处存在坡积砾岩体且规模不大、向两侧尖灭。这些地质信息能够进一步指导地震地层对比和解释。

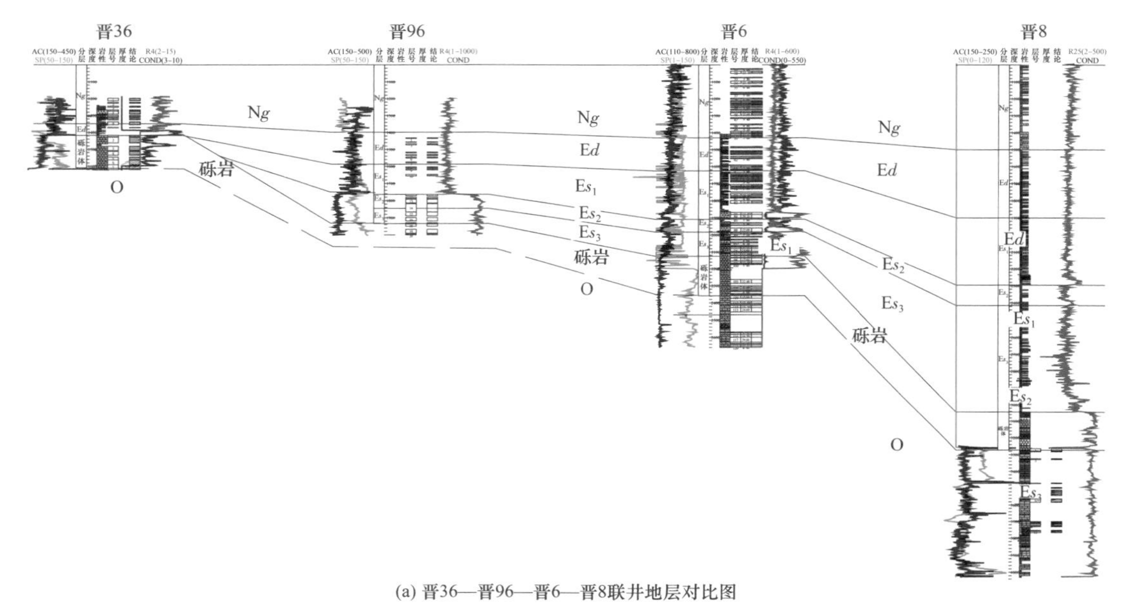

(a) 晋36—晋96—晋6—晋8联井地层对比图

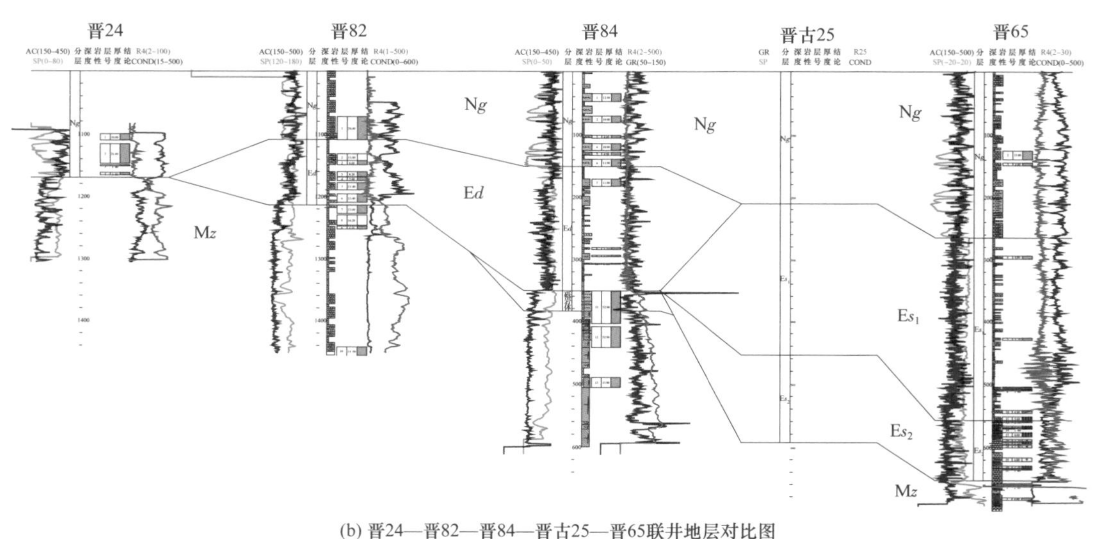

(b) 晋24—晋82—晋84—晋古25—晋65联井地层对比图

图 4-109 联井地层对比图

（3）地震地层对比解释准确落实超覆边界。

在地震解释过程中，依据地震反射特征、地层反射结构特征来确定沉积层与古地层之间的接触边界，本次解释以基岩顶面 Tg 或砾岩体顶界面为超覆底面，在界面之上对比解释沉积层，以地震反射同相轴超覆尖灭点的连线为超覆线，来进一步落实超覆边界位置。超覆地层主要是沙河街组、东营组以及馆陶组早期地层，在西部斜坡上以超覆尖灭为主，由东向西、由深至浅，地层逐步超覆尖灭于 Tg 或坡积砾岩体之上（图 4-110）。落实到各反射层的实际情况时，首先落实超覆特征明显的边界位置及超覆范围，然后在特征明显的层位参照下，依据地层的反射结构特征来确定超覆特征弱的边界。纵向上，先解释区域构造层的超覆边界，在此基础上再落实主要油层的超覆边界。

最后通过层拉平来检查超覆地层的对比解释结果是否合理可靠，反复检验和修改，最终准确确定各层的超覆线位置。

2）分析主控因素，精细成藏论证

（1）潜山内幕底板遮挡的地层油藏。

冀中坳陷是叠置在华北古生代地台之上的中—新生界断陷坳陷。中元古界长城系至中生界三叠系沉积时期，坳陷处于相对稳定的地台发育阶段，主要发育一套巨厚的海相碳酸盐岩夹碎屑岩沉积。在此期间发生多期次的垂直升降构造运动，造成多次沉积间断，使不同时期的地层出露，形成了多套溶蚀型储层。在此大的沉积背景下，束鹿凹陷受新生界断裂影响，其基岩隆升幅度大，潜山基底地层暴露时间长，侵蚀范围差异较大，从而造就了该区潜山储层的多样性。束鹿凹陷潜山发育下古生界寒武系白云岩储层和下古生界奥陶系海相石灰岩储层。白云岩储层以溶洞型储层为主，细小微裂缝发育；奥陶系石灰岩储层储集空间类型最为多样，在斜坡区外带以大洞缝型、微缝孔隙型和缝洞孔复合型储层为主，为潜山最优势储层。

束鹿凹陷斜坡区潜山的盖层一般为沙河街组，岩性较细，封盖条件较好，储盖组合条件较好。此外，斜坡区潜山内幕发育 3 套有效隔层，第一套是奥陶系亮甲山组底部厚 20～30m 的页岩与泥质灰岩；第二套是寒武系崮山组和长山组厚 110m 左右的石灰岩、页岩、泥质灰岩、泥质白云岩互层；第三套是寒武系徐庄组厚 20m 左右的页岩与泥质灰岩互层段。这 3 套隔层都具有较高的泥质含量，测井解释主要为高 GR 值，是区域分布稳定的致密层，可作为潜山油藏的盖层和底板层，与潜山储层相匹配形成有利的储盖组合。

当潜山奥陶系、寒武系削截于潜山顶面，与斜坡区潜山内幕发育的 3 套有效隔层形成的底板层相匹配时，可形成顶超削截楔状体地层潜山油藏，该类潜山油藏构造背景良好，是油气运聚指向区。其圈闭构造位置、圈闭大小、顶底板层封闭能力、供烃的途径、距离与方式等是油气成藏的关键控制因素。

（2）地层超覆岩性油藏。

束鹿凹陷西斜坡储层主要为扇三角洲成因的碳酸盐质角砾岩、辫状河三角洲成因的砂岩。其中，辫状河三角洲中砂体杂基含量低、分选较好、单个砂体的侧向连续性好，因此，砂体的储集性能相对较好；扇三角洲砂体离物源近、搬运距离短、分选差，储集

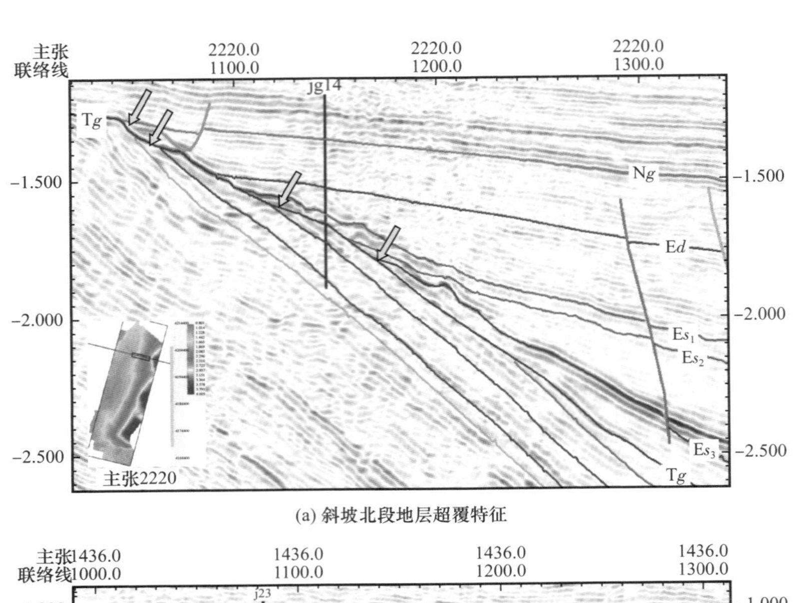

(a) 斜坡北段地层超覆特征

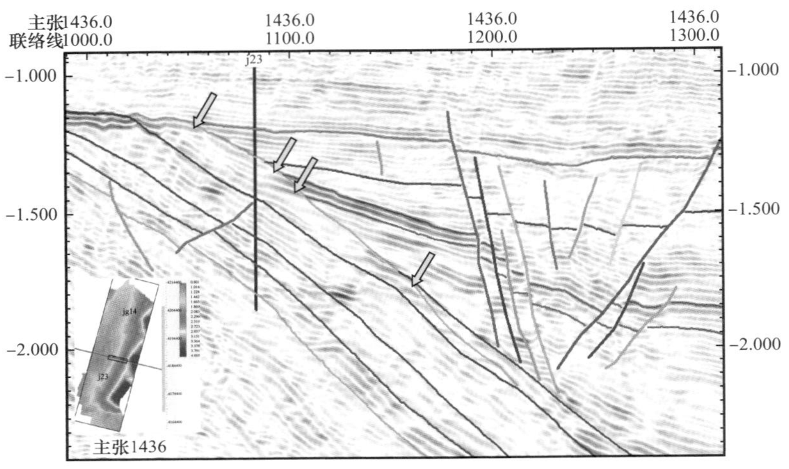

(b) 斜坡中段地层超覆特征

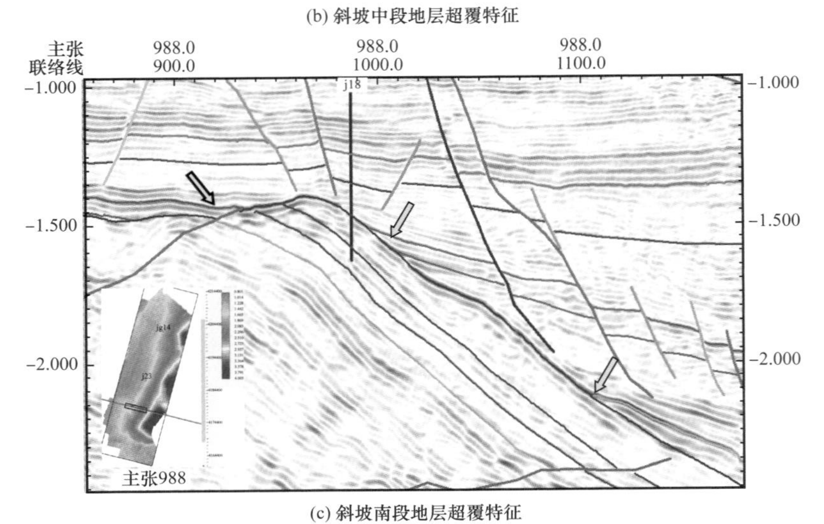

(c) 斜坡南段地层超覆特征

图 4-110 地层超覆特征

性能稍差。

受断层发育及沉积旋回的控制，束鹿凹陷古近系—新近系储盖配置关系较好，垂向上形成了四套储盖组合，分别是：① 沙二段—沙三段生储盖组合，属于自生自储组合，沙三段泥灰岩为烃源岩，沙二段—沙三段砂岩为储层，沙一段底部泥岩为盖层；② 沙一段储盖组合，沙三段泥灰岩和沙一段泥岩作为烃源岩，沙一段砂岩作为储层，沙一段泥岩作为盖层；③ 东营组储盖组合，沙三段泥灰岩作为烃源岩，东营组砂泥岩作为储层和盖层；④ 馆陶组储盖组合，沙三段泥灰岩作为烃源岩，馆陶组砂泥岩作为储层和盖层。

同时在东西向断层下切至油源层，斜坡出露的寒武系或斜坡潜山顶面沉积的致密坡积砾岩形成良好的侧向封堵条件，油气保存条件较好，是有利的“地层超覆岩性油藏”发育部位（图 4-111）。

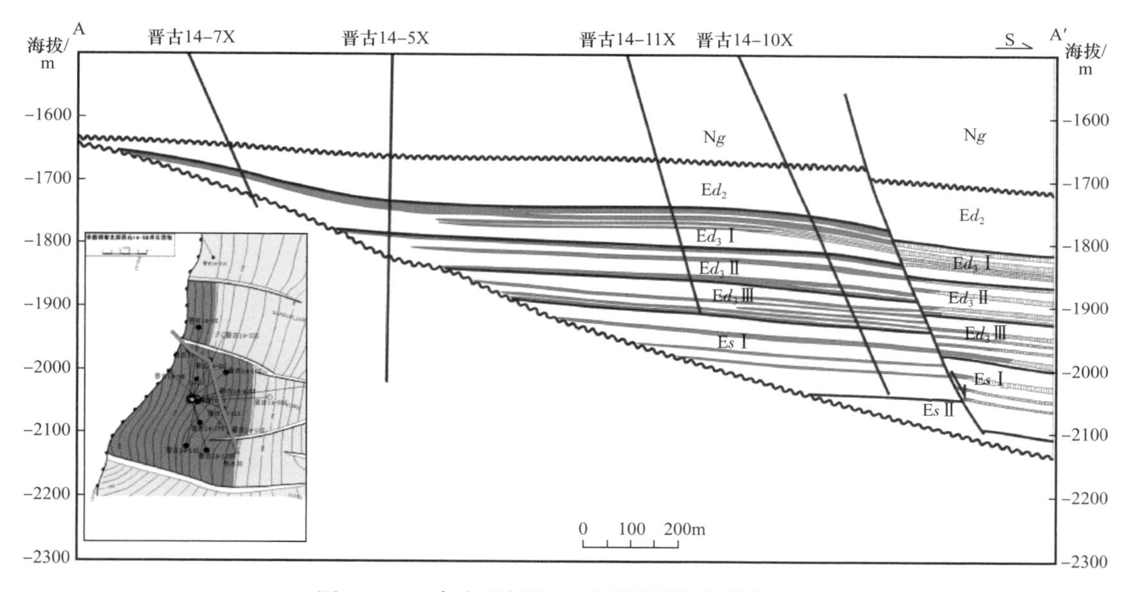

图 4-111 束鹿西斜坡地层超覆岩性油藏模式图

3）整体部署，分步实施

开展多轮次构造解释，精细刻画古近系—新近系地层超覆线，结合储层发育、储盖组合等成藏要素落实有利圈闭。按照新的成藏模式，兼顾潜山内幕地层和古近系—新近系，在斜坡带北、中、南地区甩开勘探，落实了一批地层超覆岩性圈闭群，发现有利目标 21 个，圈闭面积 40.9km^2，估算圈闭资源量 7800×10^{4}t。

按照整体部署、分步实施的整体勘探原则，根据束鹿凹陷斜坡带北部处于现今构造高部位，且已有油气显示；斜坡带中部邻近生油凹陷，油气富集；以及斜坡带南部距离油源凹陷远，油气富集程度差等地质条件和勘探现状，由北至南分步开展工作（图 4-112）。经历认识、实践、再认识的过程，逐步完善成藏模式。

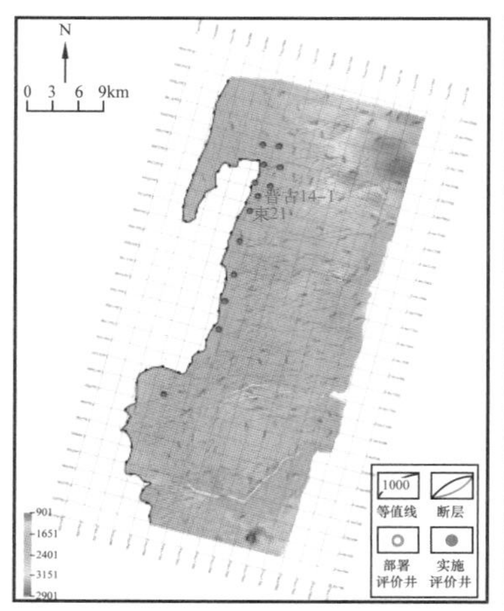

(a) 束鹿西斜坡坡外带Ng底评价部署图

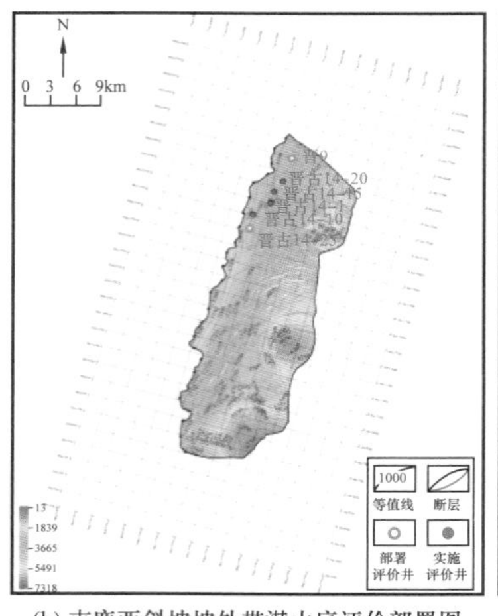

(b) 束鹿西斜坡坡外带潜山底评价部署图

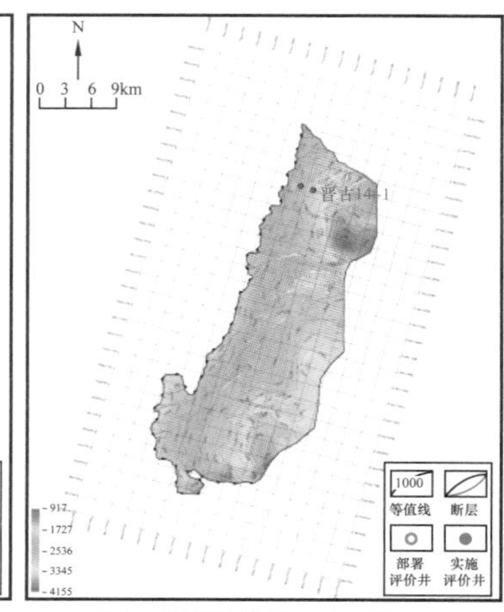

(c) 束鹿西斜坡坡外带Es_1底评价部署图

图 4-112　束鹿西斜坡地层超覆岩性油藏部署图

四、创新认识与实施成效

1. 创新认识

（1）斜坡带发育大量岩性、地层圈闭。斜坡带北段、台家庄构造带多期叠置分流河道砂体发育，是有利储层发育区。

（2）斜坡基底之上，发育多期“坡积砾岩”，其为致密遮挡层，在一定条件下可形成底板遮挡，为上覆古近系—新近系超覆油藏形成有效封堵。局部地区潜山内幕寒武系为致密地层，也具有一定封堵条件。

（3）构建潜山内幕和古近系—新近系地层超覆油藏模式。古近系—新近系地层超覆油藏模式是指寒武系出露地层及坡积砾岩为底板的“地层超覆岩性油藏”新模式，可以有效指导斜坡带油气勘探。

2. 实施成效

1）晋古 14 井区

以晋古 14 井区为例，剖析晋古 14 井区，晋古 14-5 断块地理位置位于河北省辛集市南智丘乡，构造位置位于束鹿斜坡带北段南小陈构造西翼，束鹿斜坡北段南接台家庄构造带，东面是南构造带，北邻衡水断裂，东南邻束鹿北洼槽，是油气运移聚集的有利指向区（图 4-113）。本区钻遇地层自上而下有第四系；新近系明化镇组、馆陶组；古近系东营组、沙河街组沙一段（分为上、下段）、沙二段、沙三段。其中东营组是该断块的主要目的层段。古近系—新近系东营组为河流相沉积，沉积厚度为 300m（图 4-114）。岩性以紫红色泥岩与浅灰色泥岩呈不等厚互层。与下伏沙河街组呈整合接触。束鹿斜坡北段构造带整体表现为西抬东倾的超覆单斜背景，发育一系列的东西向断层，各层构造具有继承性。

西部斜坡带为典型的构造—沉积型斜坡，古近系—新近系超覆在基底之上，紧邻生油洼槽，油源充足，具备形成地层超覆圈闭的地质背景。

按照“三重一整体”工作方法，重新认识油气成藏模式及富集规律，优选老井开展评价认识，晋古 14 井钻遇潜山地层，录井显示良好，但试油出水。根据构造解释结果可知，晋古 14 井区并非构造圈闭，也不具备断块山特征。由于当时试油技术的限制，分析认为试油不彻底，但良好的录井显示标志着该区仍具有一定油气勘探潜力。利用潜山内幕底板遮挡的地层油藏为指导，钻探晋古 14-1X 井获得成功，进一步证实了寒武系可作为底板隔层，打开潜山地层型油藏勘探新篇章。

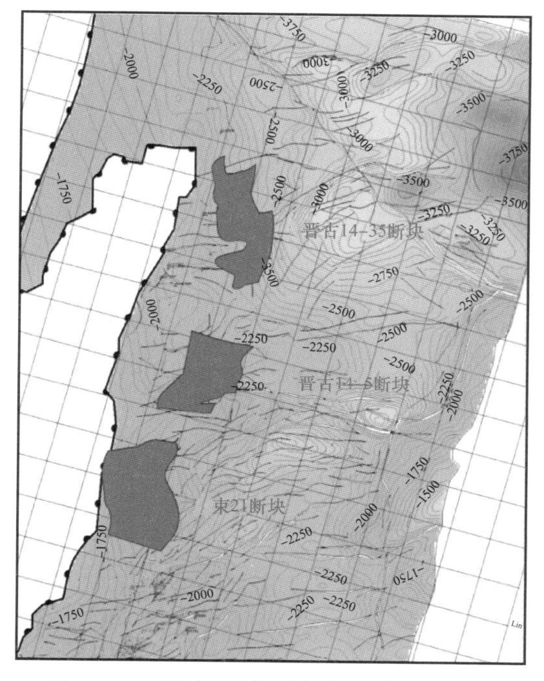

图 4-113　晋古 14 井区和束 21 井区平面位置图

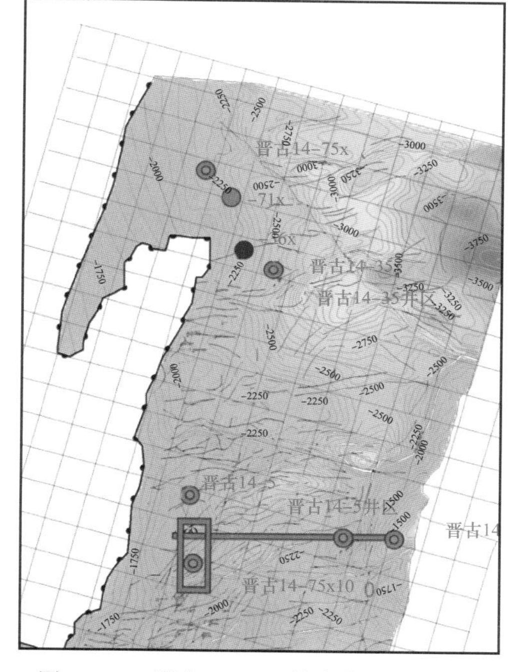

图 4-114　晋古 14-5 区块东营组顶面构造图

按照新的成藏模式，深化再认识再实践，部署晋古 14-5 井，钻探潜山，兼探古近系—新近系超覆岩性圈闭含油气情况，又获新突破。油层沿着斜坡高部位呈现叠瓦状分布，优选多靶点大斜度钻井方式开展纵向新层系评价，探边扩层，东营组呈现良好态势。“沿斜坡”部署钻探晋古 14-10X 井，Ed 钻遇油层 50.2m/11 层，证实斜坡带古近系—新近系油藏层层超覆在基底之上；向低部位新层系延伸评价，部署评价井晋古 14-55X 井，在沙二段、沙三段钻遇油层 59.4m，证实斜坡带古近系—新近系油藏层层超覆在基底之上，展示了超覆油藏不同含油层系良好评价增储前景；平面上向北甩开：部署评价井 2 口，晋古 14-35 井、晋古 14-75 井分别钻遇油层 34.8m、118.5m，Ed 组超覆油藏规模进一步扩大，并发现 Es_1 段油藏。而后在束鹿西斜坡北段深层 Es 继续进行进攻性评价，通过精细构造解释，分析潜力，在沙河街组落实 5 个超覆圈闭，继续沿西斜坡评价深层 Es_2、Es_3 油藏，优选出油井点晋古 33 井区作为首个目标区，部署评价井晋古 14-60X 井

（图 4-115）。对该井 Es_1、$Es_2$57 号、65 号层（7.7m/2 层）试油投产，均日产纯油 19.5t，晋古 14-60X 井的成功，证实束鹿斜坡北段中深层具有较大的评价潜力。整体部署开发井 8 口。预计新增石油地质储量 109×10^4t。

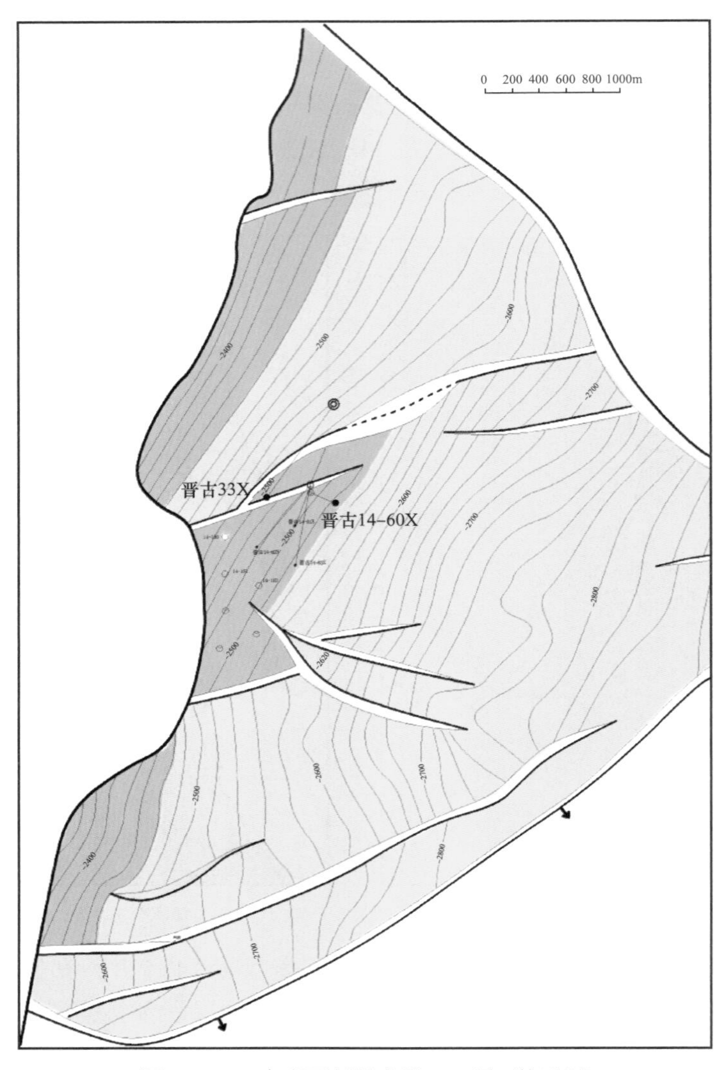

图 4-115　束鹿西斜坡北段 Es_2 顶面构造图

2）束 21 井区

束 21 断块地理位置位于河北省辛集市辛集镇，构造位置处于冀中坳陷束鹿凹陷西斜坡北段南小陈构造西南部（图 4-116）。本地区钻遇地层自上而下有：第四系平原组，新近系明化镇组、馆陶组，古近系东营组，以及潜山地层。束 21 断块位于束鹿凹陷北部西斜坡构造带上，受斜坡背景控制，发育少量近东西向的断层，地层向西侧高部位超覆。馆陶组发育辫状河沉积，物源主要来自西北方向。河床亚相占绝对主体，仅边部及局部区域存有河漫滩亚相，河床亚相又以心滩、河道充填为主，河漫亚相以泛滥平原微相为主。

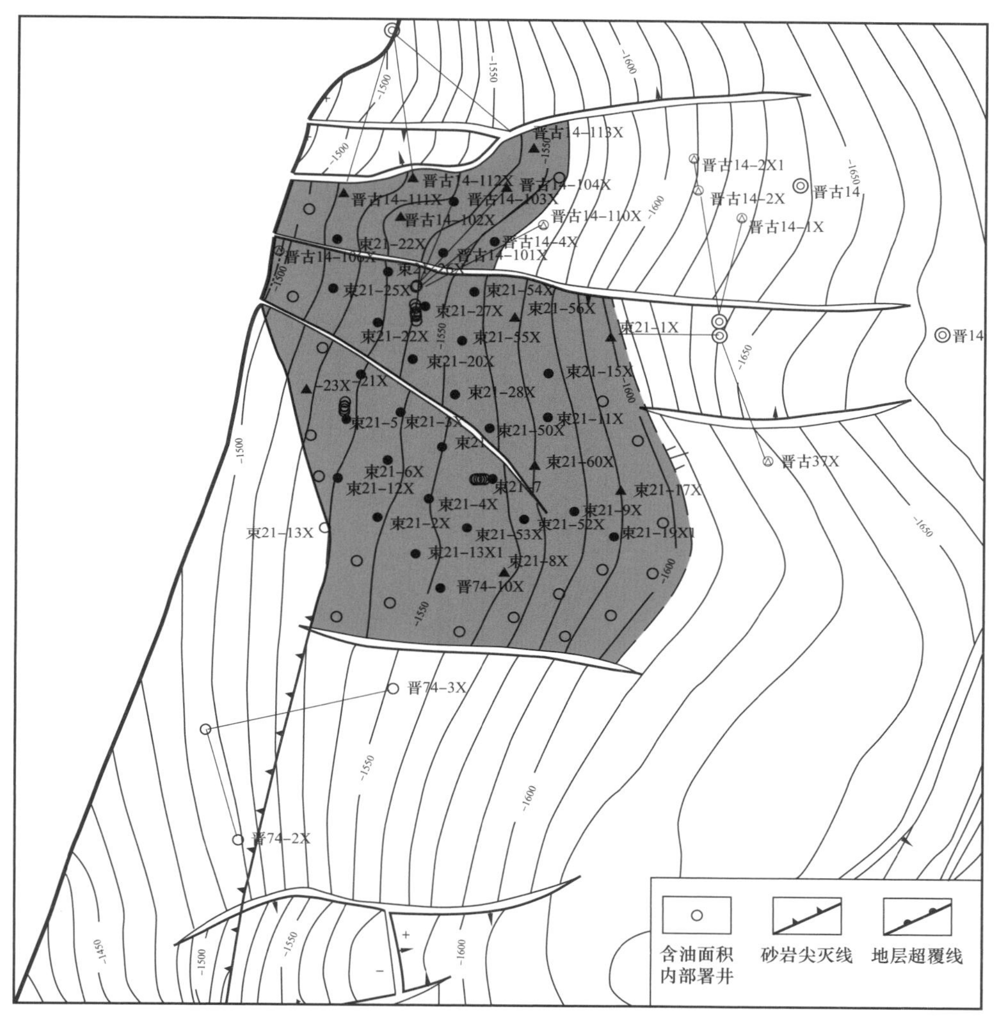

图 4-116　南小陈油田東 21 区块 NgⅢ油层组含油面积图

東 21 井钻探潜山失利，却在馆陶组试油获工业油流，试采日产量稳定在 3.5t。在“三重一整体”的研究带动下，受晋古 14-5 井区东营组地层超覆岩性油藏的启发，钻探了東 21-2X 井，钻遇油层 17.4m/5 层，目前日产油 14.6t，累计产油 4697t，馆陶组油藏评价获新突破。重新认识分析其成藏模式，与晋古 14-5 井区相同，构建该区馆陶组地层超覆油藏模式，并据此重新开展成藏条件研究。

東 21 断块主要含油层位为新近系馆陶组（图 4-117）。根据各层段岩性、电性、含油性以及沉积旋回特征，结合本区钻井情况，纵向上进一步细分为 NgⅠ、NgⅡ、Ng Ⅲ三个油层组，其中 Ng Ⅲ油层组为主力油层段，地层厚 7～31m，砂岩发育，砂地比 80% 以上，砂层横向对比关系好，纵向发育在馆陶组底部（图 4-118）。

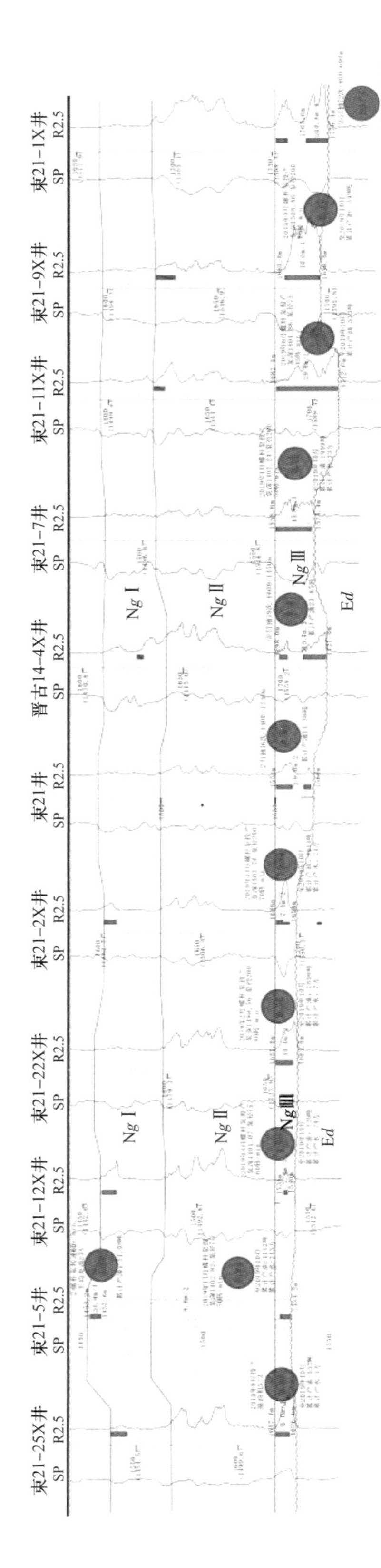

图 4-117 束 21-23X 井至束 21-1X 井油层对比图

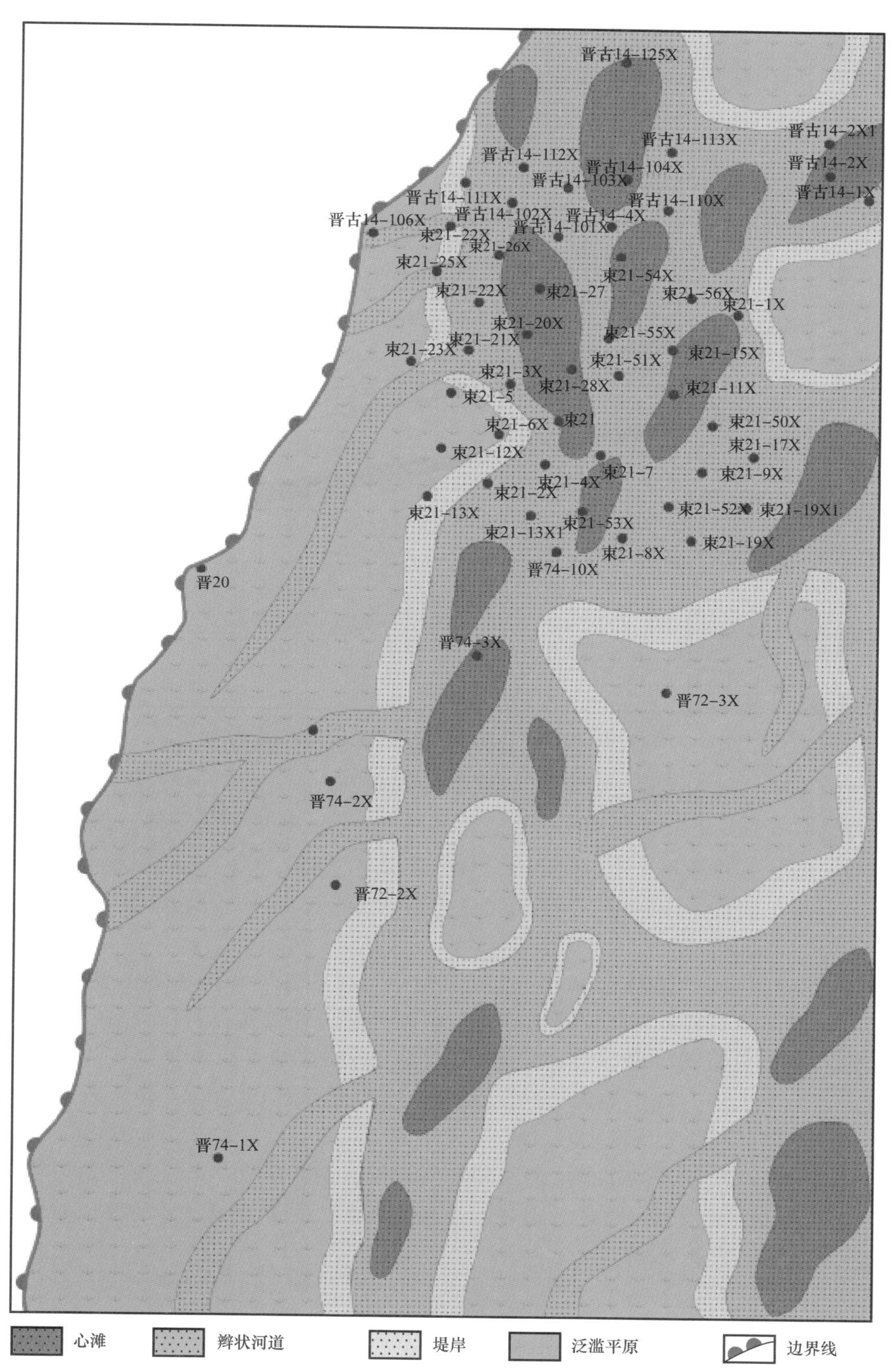

图 4-118 束 21 井区 NgⅢ亚段沉积微相平面图

束21断块油藏高部位由砂岩尖灭线遮挡，油层横向连通性较好，为一地层超覆岩性油藏。束21断块Ng Ⅲ油层组根据最低油层深度与水顶深度测井解释确定油水界面海拔−1606.3m，油层高点埋深1500m，油藏中部海拔−1553m，含油高度106m（图4−119）。

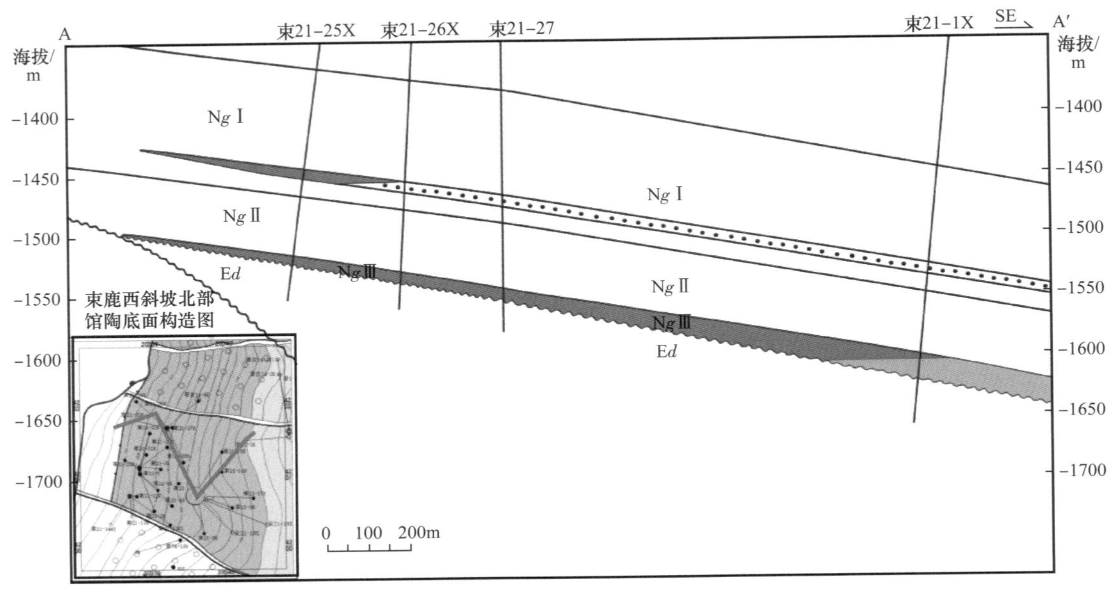

图4−119 束21−25X井至束21−1X井油藏剖面图

通过落实砂体展布范围，准确落实超覆线位置，论证并提出评价井位部署建议。整体部署评价井6口。据此控制油水边界、落实断层位置、探明岩性边界，打开束21井区馆陶组岩性油气藏勘探开发新局面，提交探明储量695.35×10^4t。馆陶组超覆油藏取得突破，一定程度上改变了馆陶组均为构造油藏的常规认识，对渤海湾盆地馆陶组超覆油藏具有借鉴和指导意义。

以“三重一整体”思路为指导，突破“构造”找油老思路，转变思想、创新思维，针对束鹿斜坡带地质特征构建成藏新模式。斜坡外带“地层超覆岩性油藏”新模式获得突破，深入剖析已发现油藏、构建束鹿斜坡北区满坡含油多层系复合连片新局面，整体部署、分步实施，实现了规模增储，新增探明含油面积12.8km^2，新增石油地质储量2037.3×10^4t。

在冀中地区首次创新构建地层油藏新模式评价并取得成功，验证了在斜坡带地区具备形成大型地层油藏、岩性油藏等隐蔽性油藏的潜力，对渤海湾盆地的其他斜坡带油气勘探具有重要的指导意义和启示。

第四节　阿南—哈南构造带油藏单元成因模式与整体再评价成效

一、区域基本概况

1. 基本概况

阿南—哈南构造带位于阿南凹陷，地理上属于内蒙古自治区锡林郭勒盟锡林浩特市，构造上属于二连盆地马尼特坳陷（图 4-120），东南紧邻苏尼特隆起，西北以贡尼—京特乌拉低凸起与阿北凹陷相隔，整体呈北东—南西向展布，凹陷面积约 2800km^2。

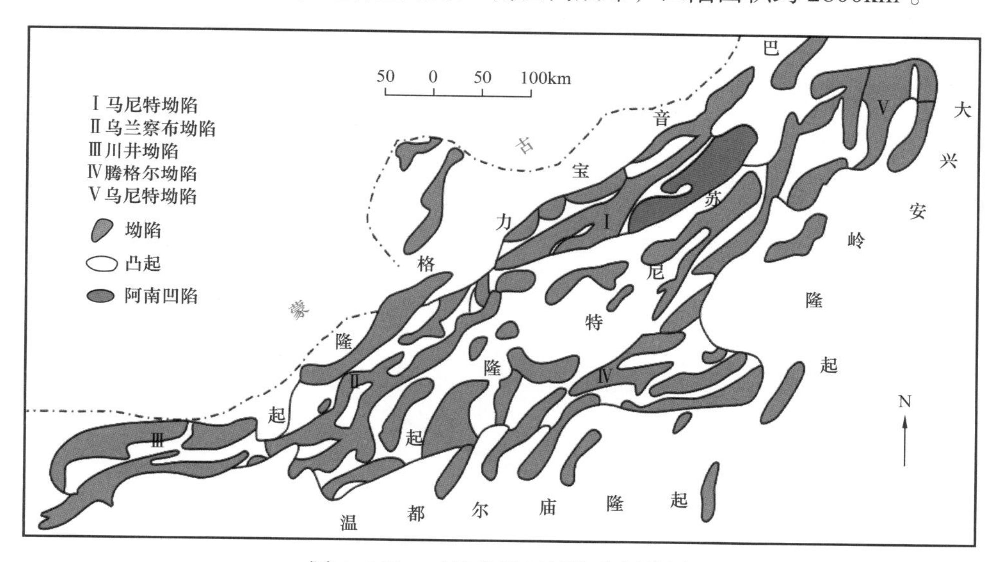

图 4-120　二连盆地区域构造划分图

2. 地质特征

1）地层特征

阿南—哈南地区基底为古生界火山岩。沉积地层自下而上为侏罗系火山碎屑岩、白垩系巴彦花群阿尔善组砂岩—泥岩、腾格尔组和赛汉塔拉组粉砂岩—泥岩、新生界第四系含砾黏土。

2）构造特征

阿南—哈南构造带主要由两大背斜构造（阿南背斜、哈南背斜）及环绕正向构造的洼槽区（阿南洼槽、哈东洼槽）构成（图 4-121），其中阿南背斜为较完整的长轴背斜构造，走向北东，受阿尔善断层控制，被多条北东向、近东西向断层复杂化，切割成若干个断块，是凹陷规模最大的继承性构造之一。哈南背斜位于阿尔善大断层下降盘，东、西两侧紧邻阿南凹陷的主力生油洼槽，构造主体是在古生界凝灰岩潜山的背景上继承性发育而成的披覆背斜。该构造受后期一系列断层切割而形成断块、断鼻等构造，从而有利于油气在此聚集成藏；同时受地层岩性变化的影响，有利于形成受构造及岩性双重控制的构造—岩性复合油气藏。

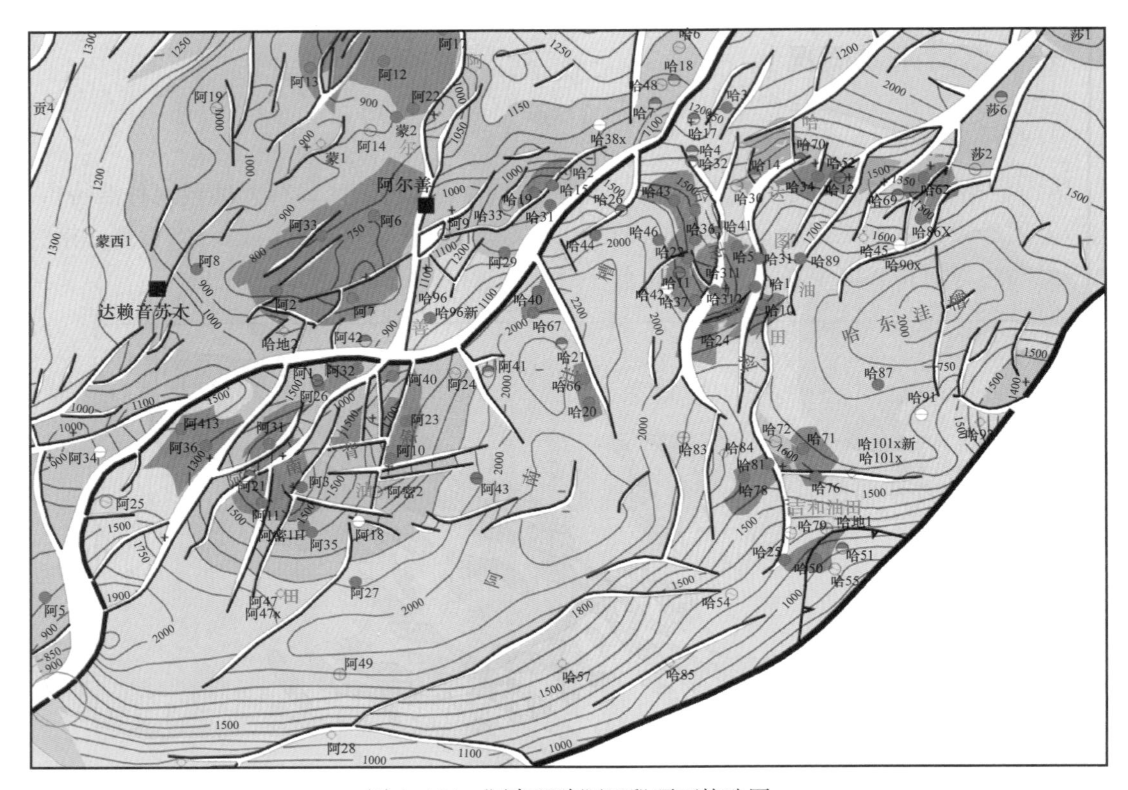

图 4-121　阿南凹陷阿四段顶面构造图

3）沉积与储层特征

该区储层主要有两种类型，白垩系巴彦花群的碎屑岩储层及古生界潜山凝灰岩储层。碎屑岩储层以辫状河三角洲、近岸水下扇、扇三角洲环境形成的砂岩、砂砾岩为主，砂岩以粒间溶孔为主要储集空间，砾岩以孔、洞、缝为主要储集空间，而潜山凝灰岩则以裂缝及孔、洞为主要储集空间。

砂岩储层物性在纵向上随地层的深度变化有明显变化，腾二段砂岩孔隙度为9.2%～23.6%，一般在20%左右，渗透率为1～80.6mD，平均19.2mD，储层以原生粒间孔为主，有少量次生溶孔，属中孔、中低渗储层；腾一段储层主要为砂砾岩、粗—中砂岩、粉砂岩，储集空间类型以孔隙型为主，岩石物性分析孔隙度平均22.4%，渗透率平均344.8mD，属中孔、中渗储层。

阿四段储层主要为砂岩、含砾砂岩、砂砾岩。储集空间以粒间孔为主，储集物性较好，孔隙度平均为16.2%，渗透率平均为44.3mD，为中孔低渗储层。

阿三段储层主要为砂砾岩、砾岩。岩石物性分析孔隙度平均为 18.4%，水平渗透率平均为 108.95mD，垂直渗透率平均为 37.91mD。小阿北阿三段储层为自碎碎屑岩、气孔杏仁状安山岩、致密块状安山岩、沉凝灰岩与砂砾岩等，平均孔隙度为 19.5%，渗透率为 11.3mD。

潜山凝灰岩储层裂缝十分发育，横向连通性好，虽然岩心分析孔隙度仅有 10%，渗透率小于 1mD，但从哈 1 井试油自喷获日产油 66.8t 来看，亦表明潜山凝灰岩储层以裂缝为主。

4）油层特征

该区为典型复式油气聚集带，含油层位在古生界、阿三段、阿四段、腾一段、腾二段五套地层中均有分布。油层纵向含油井段长，含油层系多，横向上叠合连片。

油藏原油性质为中质油，腾二段地面原油密度平均 0.900g/cm^3，50℃黏度平均 192.95mPa·s；阿三段、阿四段地面原油密度 0.877g/cm^3，50℃黏度平均 14.6mPa·s。古生界地面原油密度 0.878g/cm^3，黏度平均 422.5mPa·s。

5）成藏与油气分布特征

阿南凹陷油气藏按圈闭成因分类主要有：构造（背斜、断块、断鼻）油气藏、地层油气藏、岩性油气藏、复合油气藏。按储油岩性分类有：砂岩、砾岩、安山岩、凝灰岩。在目前已发现的油气藏中，以背斜、断块、断鼻等构造油气藏为主。

油气分布受主生烃洼漕控制，平面上油气主要环阿南主生油洼槽分布，具有厚砂区富油特点，构造背景为有利聚油条件，物性条件决定油气的富集程度。受生油层成熟门限深度及成熟层位控制，纵向上油气主要聚集在腾格尔组与阿尔善组不整合面附近。受主断裂控制，沿主洼槽分布的主断裂油气富集，形成复式油气富集带，阿尔善构造带为主要油气聚集带。受储层相带控制，优势砂体与有利构造配置的扇三角洲前缘和水下扇扇中部位油气富集高产。

3. 勘探开发历程

阿南凹陷先后经历了三个阶段的勘探开发，哈达图、阿尔善、吉和三个油田累计上交探明地质储量 9859.3×10^{4}t，大部分区块已投入开发，目前探明未动用区块仅剩哈 50、哈 62 两个断块，剩余地质储量 269.42×10^{4}t。

第一阶段（1981—1987 年），大型构造勘探，储量快速增长的高峰阶段：发现了小阿北、哈南、蒙古林、阿南背斜油田，探明储量 7976×10^{4}t。第二阶段（1988—2000 年），1988 年开始大规模投入开发，1990 年原油产量上百万吨，同时以构造勘探为主，兼顾构造岩性，勘探迎来第二个高峰期：在主要构造背景下，发现了布敦、夫特、吉和、哈东等油田，探明储量 1718×10^{4}t。第三阶段（2001—2017 年），以构造背景下的岩性油藏勘探为主，在善南斜坡、洼槽区、阿尔善断裂带多领域展开勘探，钻井 31 口，9 口有工业油流，未实现规模储量突破。

二、存在的主要问题

从阿南凹陷勘探开发历程及储量分布情况可以看出，目前大型正向构造勘探开发程度已较高，剩余潜力主要集中在洼槽区。而洼槽区工作长期未取得实质性进展，总体评价为找油的“不利区”，认为其难以形成规模油气藏，无工业价值。勘探开发面临着以下几个主要制约问题。

问题一：阿南洼槽区属于负向构造带，缺乏构造圈闭，主要成藏模式不明确，制约勘探开发有效推进。洼槽区由于无构造背景，可能存在的油藏其圈闭边界条件、形成机制、赋存状态、运聚机理、富集规律等均不明确，突破切入点的选择难度较大。

问题二：阿南洼槽区沉积演化规律认识不清，沉积相模式、相类型还存在争议，有利砂体分布规律不明确，导致勘探开发难度大。该区位于阿尔善断层下降盘，处于凹陷的沉降中心，是发育规模较小、连续性差的深水浊流沉积体？还是在物质供给充足背景下，形成广泛发育的大规模三角洲沉积体汇入洼槽区？沉积体系研究需要进一步给出明确答案。

问题三：阿南洼槽区中深层储层生产能力不落实，勘探开发风险大。阿南洼槽区作为低勘探程度区共钻有探井 11 口，由于储层埋藏深、物性差，均需压裂改造。早期哈 20 井等几口探井压投后产量较低，长期提捞生产效益较差，该区如何实现经济开发前景不明朗。

三、技术路线与主要做法

针对洼槽区存在的问题与挑战，近年来以富油区带整体再评价的工作思路，按照“三重一整体”为核心内容的工作方法和程序，在阿南凹陷低勘探程度区聚焦地层—岩性油藏，重新开展区带成藏地质条件研究。为解决洼槽区是否有好储层以及有利储层分布问题，重点突出沉积与储层再认识研究，提高沉积相、微相研究精度，明确沉积体系及其空间展布特征；为解决中深层单井产量低、经济效益差的问题，重点突出储层物性评价及产能研究，加大老井复查力度，深化油层认识，优化压裂工艺，寻找有利切入点重新试油落实产能；为解决成藏模式不明确问题，重点突出圈闭条件、成因机制再认识研究。在解剖已知油气藏基础上，分析油气藏类型与成藏控制因素，建立洼槽区地层—岩性油藏成藏模式。

为最终以区带为单元明确潜力类型及方向，油藏评价与产能建设整体部署，实现增储上产目标，主要开展以下几方面工作。

1. 滚动评价哈 34 断块，洼槽区发现地层剥蚀油藏模式

哈 34 断块位于阿南凹陷哈南潜山构造带布墩背斜上（图 4-122）。1998 年上交含油面积 $3.1km^2$，地质储量 352×10^4t。2002 年储量复算含油面积 $2.2km^2$，地质储量 179.27×10^4t。哈 34 断块 1998 年投入开发，单井初期试采效果较好，但不到一年，产量急剧下降，导致大部分井关井，而后长期低效开采。

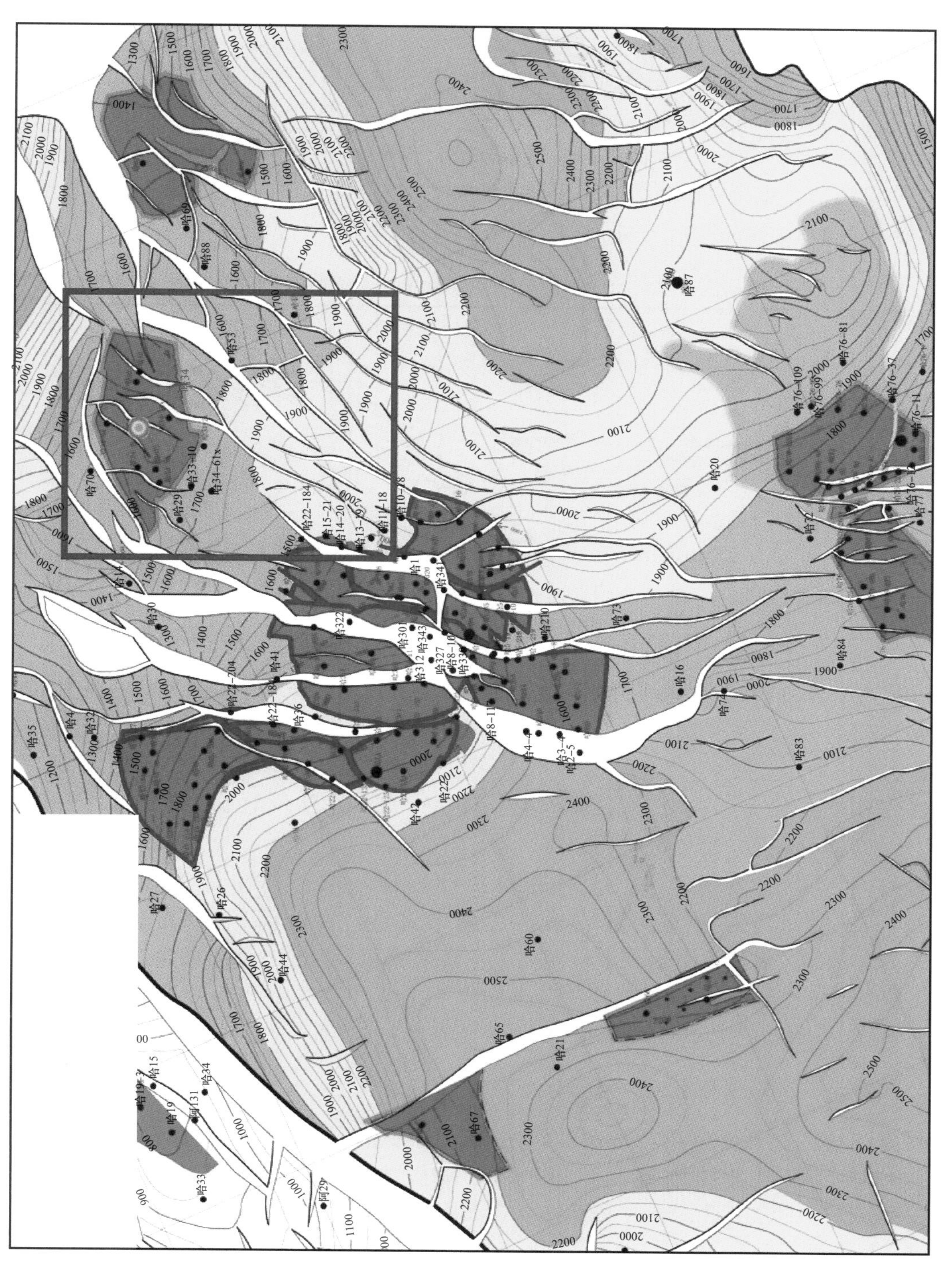

图 4-122　哈 34 断块位置图

通过地震分析发现地层由南至北存在明显的地层剥蚀现象，地层厚度呈南厚北薄的趋势。在对剥蚀面重新认识的基础上进行地质统层，重新确定层位对应关系，最终确定由南至北存在明显的地层剥蚀现象，并建立哈34断块地层岩性油藏模式（图4-123）。哈34主体阿四段上部细砂岩（K_1ba_4Ⅰ和K_1ba_4Ⅱ）有利储层被剥蚀较多，储层较薄，向南部构造低部位细砂岩储层逐渐增厚。

2010年10月，在哈34主体南部构造低部位针对细砂岩储层选取哈34-13井，进行大规模压裂改造，压后日产液25.9m^3，日产油9.6t，压后累计增产油2394t，增产效果显著，为后期的滚动扩边提供了产能依据。

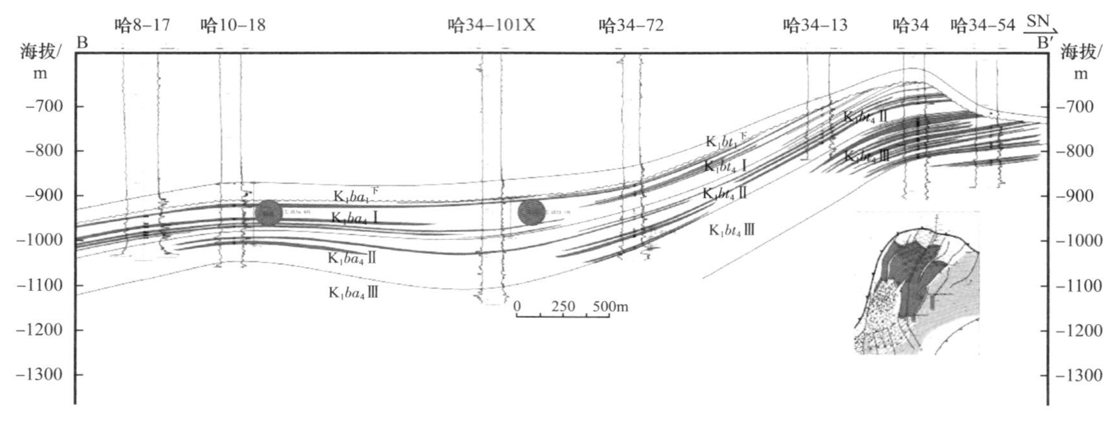

图4-123　哈8-17—哈34-54油藏剖面

2013年在哈34南部针对阿四段细砂岩储层，部署评价井哈34-20井，共钻遇Ⅰ类油层13.6m/7层，Ⅱ类油层23.4m/8层，压后试油12m^3。哈34-20井的成功钻探，为往南滚动扩边提供地质依据。

2013年至2019年，在哈34南部持续滚动建产，累计新钻井41口，其中油井30口，水井11口，累计新建产能4.05×10^4t。

通过几年持续滚动建产，哈34断块预计累计新增探明储量376.28×10^4t。其中K_1ba_4Ⅱ油层组为原上交储量滚动扩边新增储量，含油面积2.9km^2，地质储量168.5×10^4t；K_1ba_4Ⅰ油层组为新增探明储量，含油面积4.5km^2，地质储量207.7×10^4t；断块由建产前日产油14t，到最高峰日产油84t，目前日产油39t，上产效果显著，揭示出洼槽区地层—岩性油藏是下步评价建产研究重要潜力方向（图4-124）。

2. 效益开发难采储量区块，洼槽区储层条件认识深化

阿南洼槽区夹持于阿南、哈南油田之间，该区经历了30余年勘探开发工作，仅在“洼中隆”发现哈20油藏、哈40油藏，按构造油藏上报探明储量128.18×10^4t（图4-125）。其中已探明的哈20断块主要含油层位于阿四段，哈20井1994年压裂投产后，因产量低捞油生产，长期未投入开发。

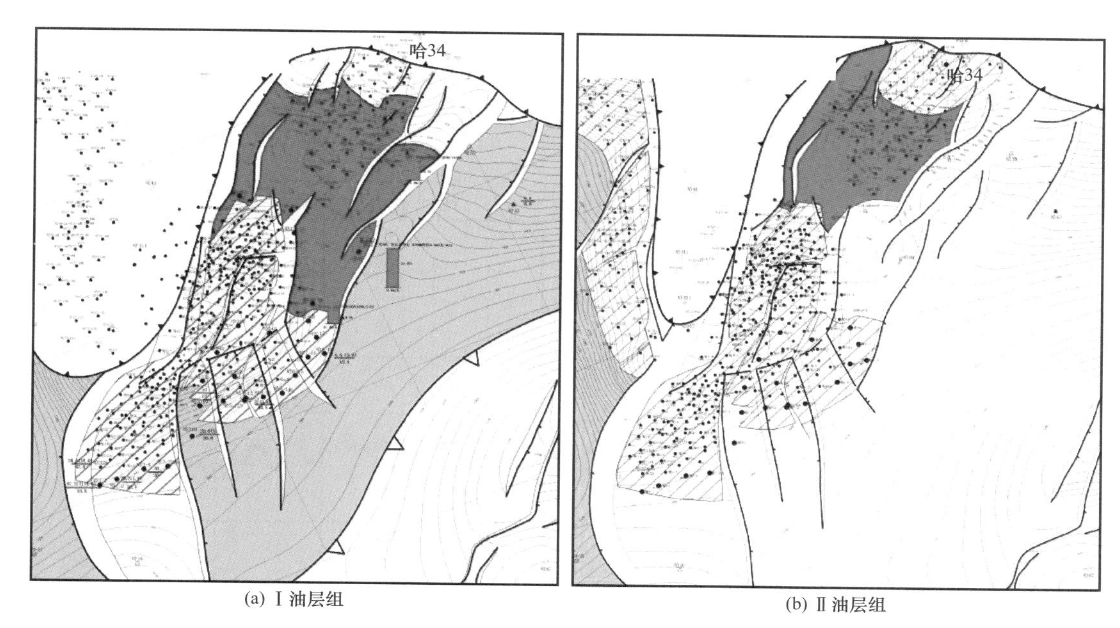

(a) Ⅰ油层组　(b) Ⅱ油层组

图 4-124　哈 34 断块阿四段Ⅰ、Ⅱ油层组含油面积图

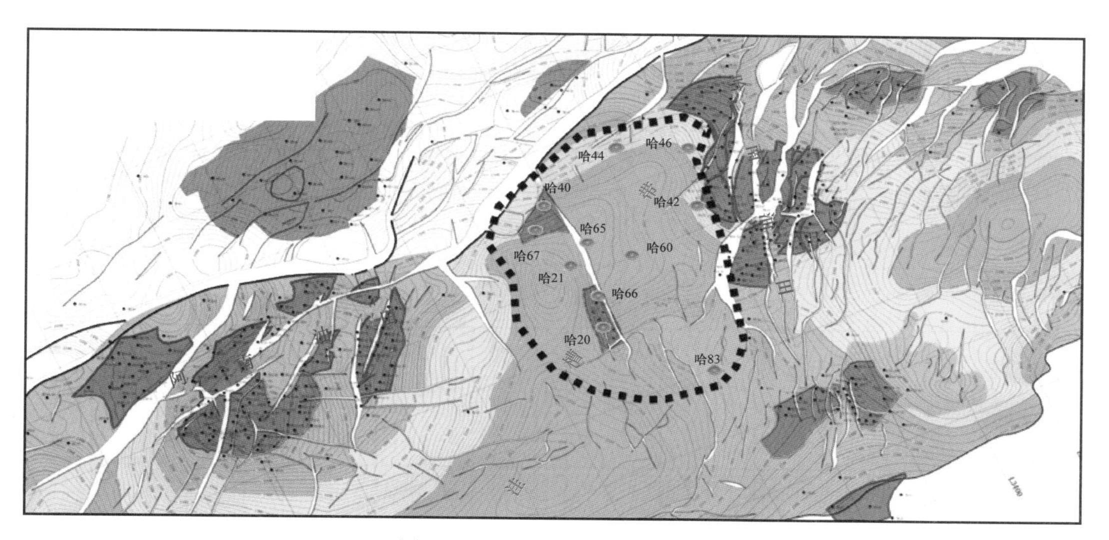

图 4-125　阿南洼槽区位置图

1）重新压裂试油，落实单井产能

2015 年以难采储量开发为契机，经复查评价后，对哈 20 井、哈 66 井两口井重新压裂（图 4-126），通过增加压裂规模，优化压裂方案设计，投产后日产油达到 6～8t，累计产油 6735～7820t，2 口老井重新压裂取得较好效果（图 4-127）。

在 2 口老井稳产一段时间后，2018 年开始了哈 20 断块首轮产能建设工作，部署 5 口开发井，平均钻遇Ⅰ类油层 26.5m/11 层，Ⅱ类油层 27.3m/7 层。平均单井初期日产油 8t，投产效果较好，突破难采储量区块产能关，揭示洼槽区存在具有建产潜力的优质

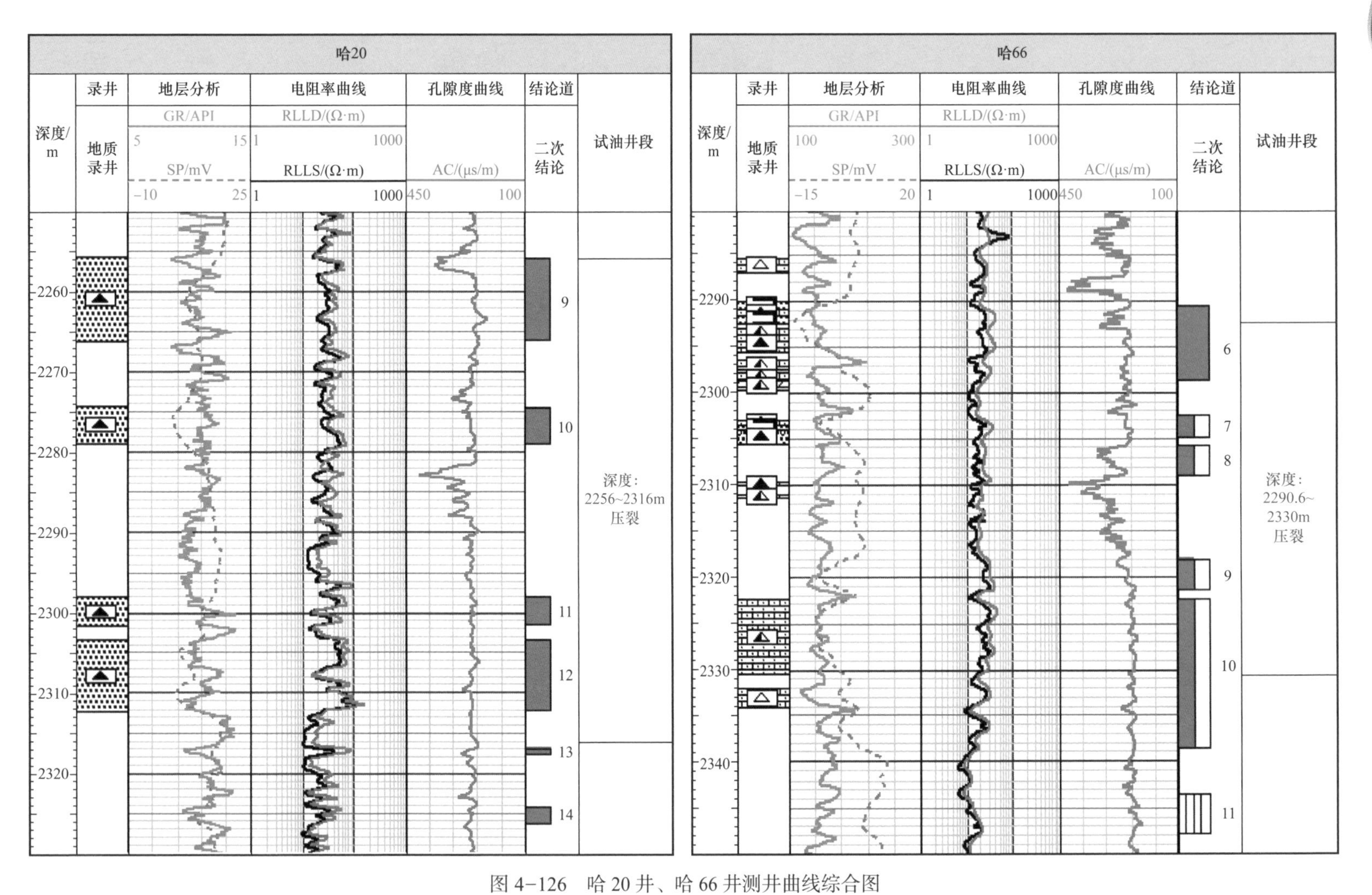

图 4-126 哈 20 井、哈 66 井测井曲线综合图

资源。在此基础上开展产能续建，共钻新井 18 口，建成产能 2.52×10^4t，断块累计产油 5.56×10^4t，使得难采区块实现效益开发。以此为线索开始抽丝剥茧，力求在哈 20 油藏周边洼槽区有更大的突破发现。

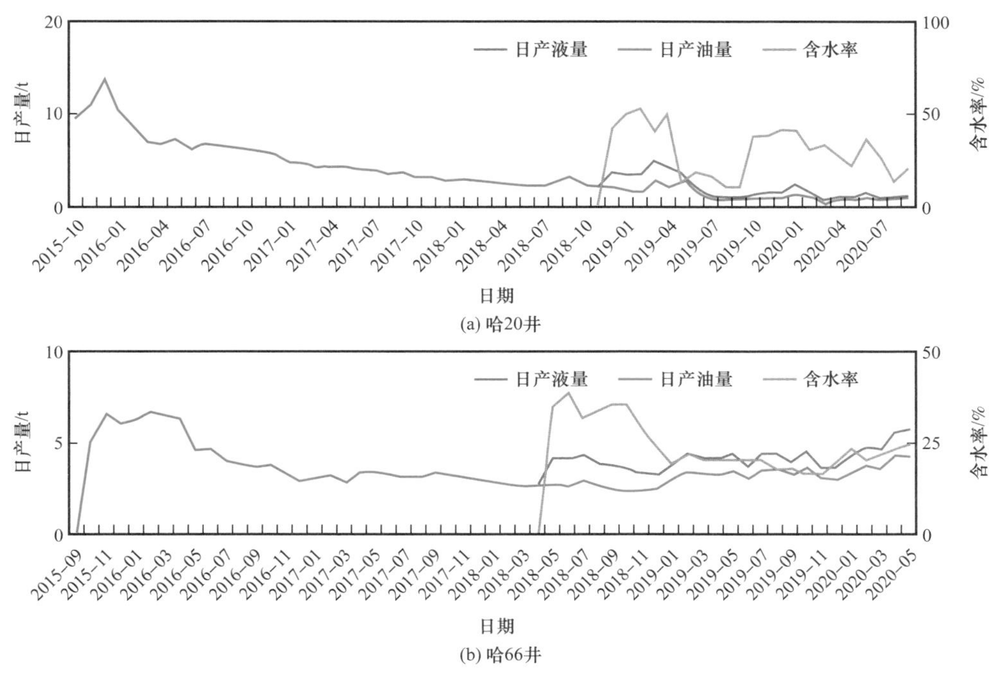

图 4-127　哈 20 井、哈 66 井生产曲线

2）开展沉积微相研究，明确储层分布状况

沉积储层方面评价工作早期一直认为哈 20 井区在阿四段沉积时期，物源来自北部，为滑塌形成的浊积扇沉积，而通过重新开展沉积微相研究，认为该区阿四段并未发现滑塌等典型沉积构造，反而发现一些牵引流沉积构造。地震相分析也见明显前积反射特征，符合辫状河三角洲前缘认识。沉积演化上阿一段沉积时期到腾二段沉积时期，东北方向物源一直是哈南地区主要物源，具有继承性，物源供给充足，且哈 20 东地区一直处于构造低部位，沉积物可容纳空间充足。综合分析认为洼槽区阿四段属于辫状河三角洲前缘沉积，物源来自北东方向，且沉积砂体顺物源方向朝洼槽带哈 20 井区逐渐变薄至尖灭，哈 20 东储层更为发育，是油气成藏有利区，这一认识上的转变为该区下步评价指明了方向（图 4-128）。

3. 创建地层—岩性油藏成藏模式，进攻性评价阿南洼槽取得重要突破

针对原来洼槽区成藏所面临的储层和圈闭两大主要问题，首先储层在通过哈 20 老井重新压裂试油成果和新井初步开发效果上看，埋深虽在 2000m 以下，但找到有利相带，仍然可以获得较好的产量。结合宏观物源方向来自北东，向洼槽区推进虽然构造位置更低，但储层厚度、物性不会比哈 20 断块差，是具备油气成藏基础的。

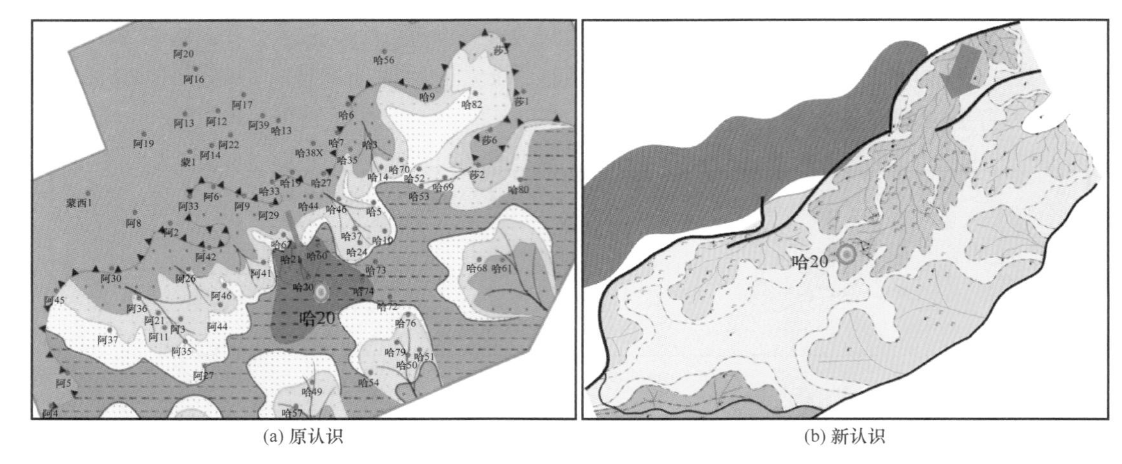

(a) 原认识　　　　(b) 新认识

图 4-128　阿南洼槽区阿四段新、老沉积相图

圈闭条件方面，洼槽区自身无构造圈闭，向东是构造斜坡，无断层遮挡，也难以形成有效构造圈闭。综合考虑洼槽周边已开发油藏特征，斜坡高部位哈 43 油藏下部是夫特块状砾岩油藏，其上的阿四段地层厚度已经非常薄，物性较差，从洼槽到哈 43 油藏地震上表现明显的“楔形特征”，地震上腾一下亚段和阿四段顶部是明显不整合面的剥蚀关系，阿四段下部地层有部分超覆在构造斜坡上，存在明显“上剥下超”的现象（图 4-129），分析认为阿四段上部地层被剥蚀，砾岩上覆阿四段即开发区实际上是阿四段中下部更老的地层。可能存在地层不整合油藏。在沉积相研究基础上结合地震地层剥蚀特征、地层接触关系等细分油层组精细对比，落实了主力油层组地层剥蚀边界及有利砂体分布范围。

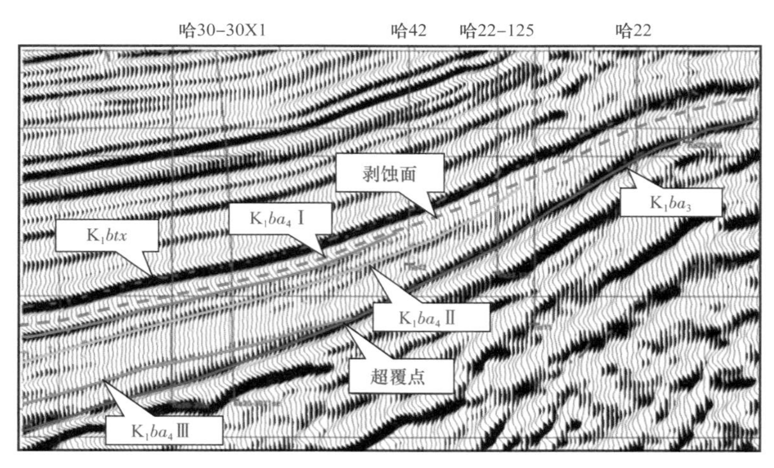

图 4-129　哈 42 井至哈 22 井方向地震剖面图

再由物源体系认识到侧向遮挡条件，洼槽西南部地层逐渐向哈 83 井附近抬升，储层逐渐减薄至尖灭，侧向由岩性边界控制了圈闭范围。通过沉积体系研究认为其与南部哈 78、哈 76 区块分别属于不同物源控制的朵叶体。

这样根据哈 20 井区开发生产情况，论证了储层有效性，通过与高部位哈 43 油藏剥蚀关系意识到洼槽区可能是地层不整合油藏，再由物源体系认识到侧向遮挡条件，构思出洼槽区地层岩性油藏西南部边界圈闭范围和规模。改变原来洼槽区地层连续沉积，上倾方向无遮挡，难以形成圈闭的认识（图 4-130）。认为北部地层遭受剥蚀，西南及东南方向受沉积控制岩性尖灭，共同作用可形成地层—岩性圈闭。其处于生油洼槽，周围均是成熟烃源岩，哈 20 井区东断层、不整合面与砂体配置，形成有效的油气疏导系统。砂体与烃源岩沟通，油气沿不整合面向上运移，遇地层剥蚀、砂体尖灭发生侧向封堵，构成地层—岩性油藏（图 4-131）。该成藏模式展现了洼槽区地层岩性油藏巨大的评价潜力，使沉寂多年“禁区”和“不利区”重现曙光。

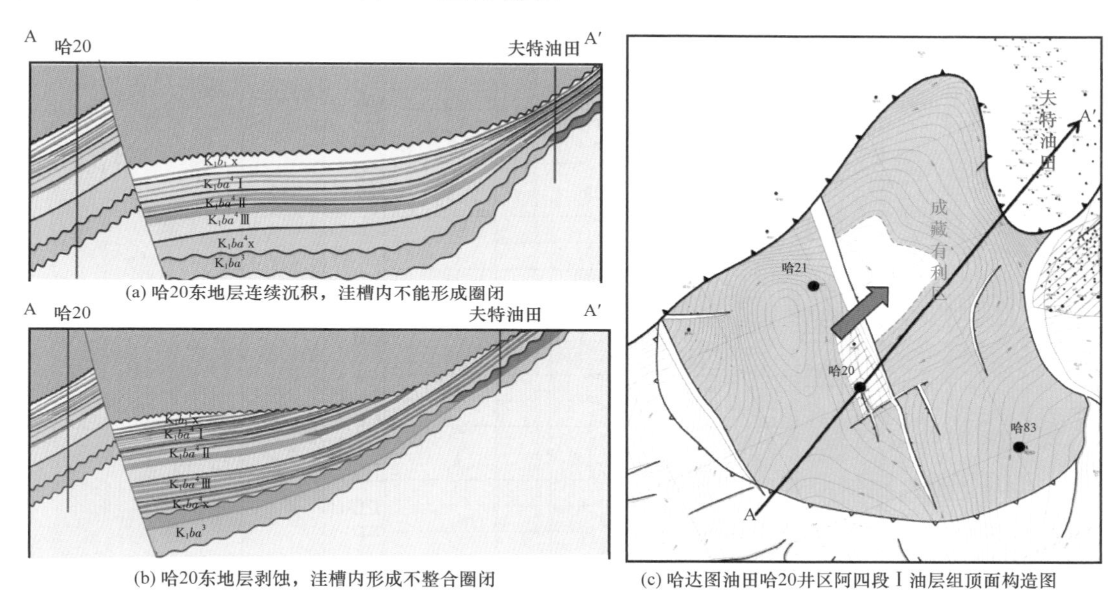

(a) 哈20东地层连续沉积，洼槽内不能形成圈闭

(b) 哈20东地层剥蚀，洼槽内形成不整合圈闭

(c) 哈达图油田哈20井区阿四段Ⅰ油层组顶面构造图

图 4-130　哈 20 圈闭类型认识变化

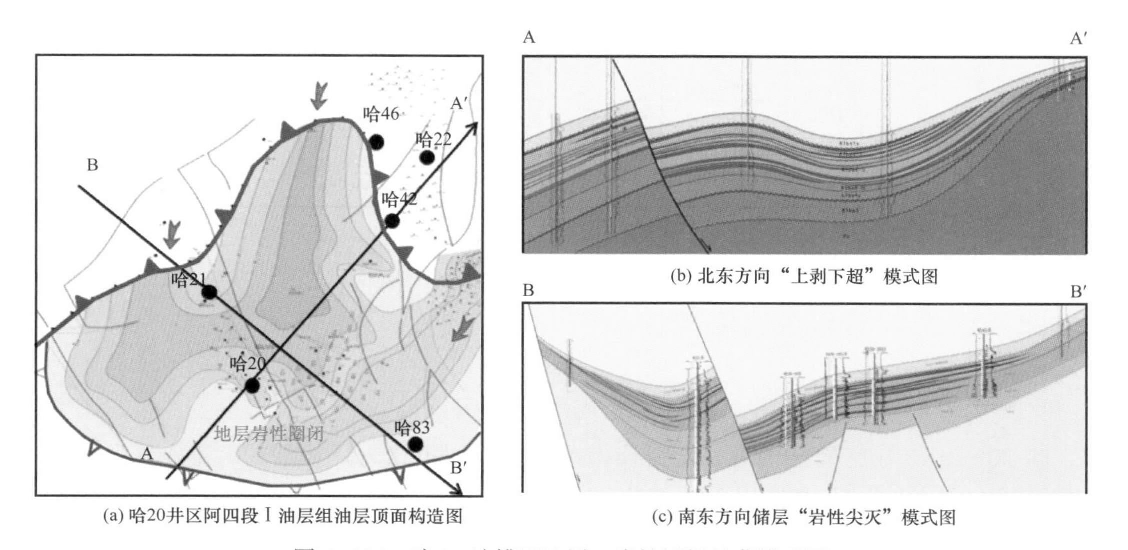

(a) 哈20井区阿四段Ⅰ油层组油层顶面构造图

(b) 北东方向“上剥下超”模式图

(c) 南东方向储层“岩性尖灭”模式图

图 4-131　哈 20 洼槽区地层—岩性圈闭油藏模式图

根据新认识、新模式在洼槽区中心部署了哈 20-10 井，储层发育但油层较薄，向高部位侧钻哈 20-10X2 井，该井阿四段解释Ⅰ类油层 21.6m/6 层，Ⅱ类油层 2m/1 层。投产后初期日产油稳定在 10t，累计产油 2660t，取得了洼槽区地层岩性油藏进攻性评价的突破，证实该区地层—岩性模式的正确性，在洼槽区发现了优质可动用资源（图 4-132）。

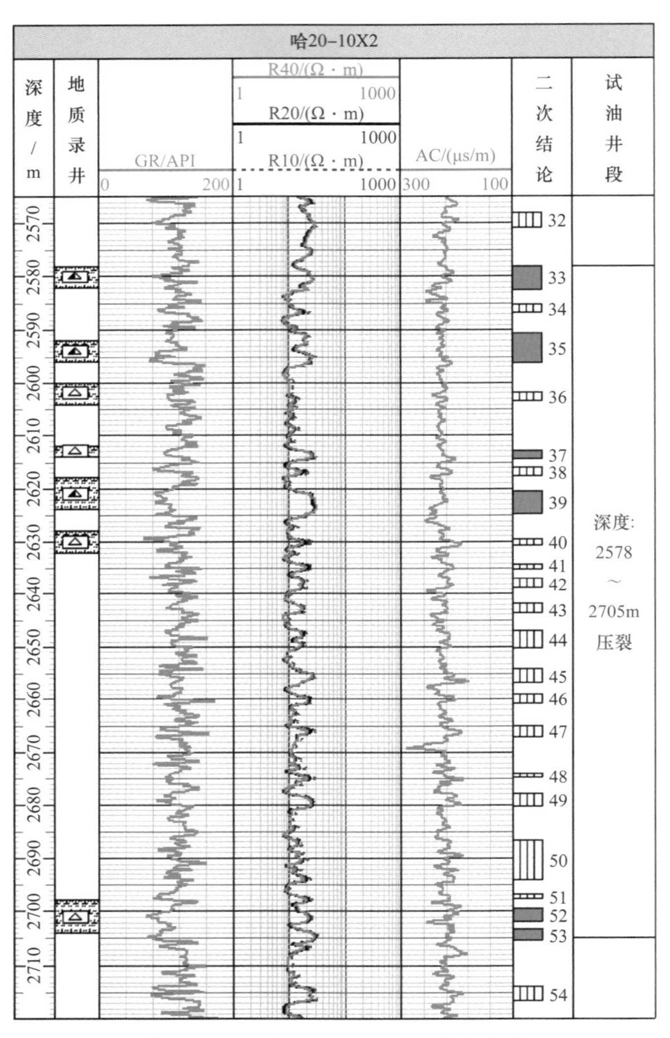

图 4-132　哈 20-10X2 井测井综合图

四、创新认识与实施成效

1. 创新认识

哈 20-10X2 井突破性发现，使得洼槽区这个一度被认为是找油的“不利区”实现了效益评价。油藏成因条件认识上的变化使得在老油田周边建立并发现了新的油藏模式和潜力类型。打破了传统地质观点认为洼槽区埋藏深，物性差，储层不发育，不能规模成藏的固有思维束缚。

实践证明对于富油凹陷来讲，油源比较充足，只要沉积储层发育，“相构配置”合理，在盆地任何部位都能形成“圈闭”，进而形成油藏。在高勘探阶段凹陷“洼槽区”寻找岩性油藏、地层油藏等隐蔽性油藏将成为新一轮储量增长点。

2. 实施成效

在“新认识、新模式”指导下，阿南洼槽区持续开展进攻性评价，整体构建地层—岩性油藏分布模式，按整体部署分步实施的原则，在洼槽的不同部位，整体部署评价井 11 口，完钻评价井 8 口。平均单井钻遇油层 20.4m，每口井都取得很好的油气发现（图 4-133），新增预测石油地质储量 5288×10^4t，在哈 20、哈 34、阿 10-70 等井区基本探明石油地质储量 1180×10^4t；截至目前已完钻开发井 72 口，建成产能 8.8×10^4t，增储建产成果持续扩大，整体呈现“满凹含油”态势。

其中哈 20-20X1 井、哈 20-30X1 井、哈 20-50 井分别为落实哈 20 断层下降盘地层—岩性油藏北部、东部以及南部剥蚀边界及储层分布范围的 3 口评价井，试油均获工业油流。围绕哈 20-10 井区评价建产相结合，部署产能井位 20 口，已完钻 4 口，平均解释油层 22.6m/9 层，差油层 10.2m/5 层。根据认识需要，目前正对油藏不同部位开发井进行错层生产，以进一步落实液性，获得相关地层、油层参数，明确油水边界位置，为下步整体开发动用提供依据。同时向哈 20-10X2 井东断层下降盘部署评价井 1 口，以落实地层—岩性圈闭东部含油性，目前待钻。下降盘阿四段预计整体新增探明石油地质储量 354×10^4t。

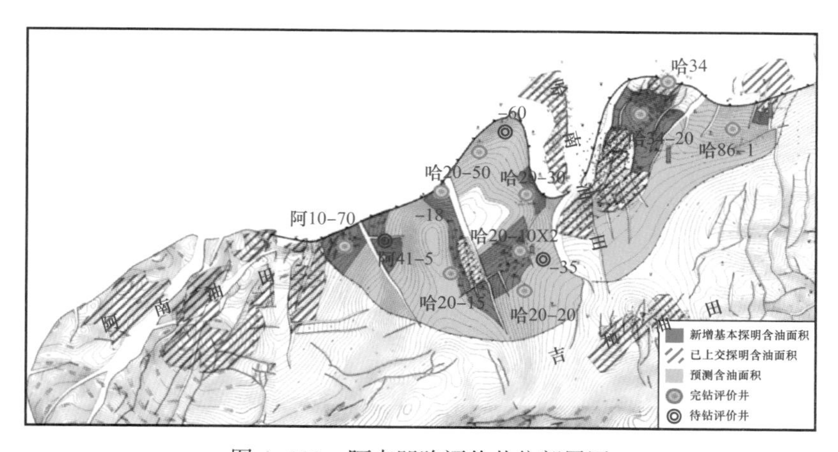

图 4-133　阿南凹陷评价井位部署图

围绕哈 20 上升盘持续开展评价建产一体化工作，在新钻井对油藏资料进一步补充完善下，精细解剖油藏，深化地质认识。通过钻井及试油生产证实，哈 20 断块储层变化较快、油藏存在多套油水系统，并非简单的构造油藏，其分布受构造及沉积微相双重控制，油层厚度由高部位向低部位递减，含油面积从 K_1ba_4 Ⅰ油层组到 K_1ba_4 Ⅲ油层组逐渐变小。阿四段各油层组有不同油水界面，为构造—岩性复合油藏。

在断块西构造低部位部署的哈 20-15X 井钻遇油层 9.5m，K_1ba_4 Ⅰ油层组在 2410m 解释油层，哈 20 断块油藏规模进一步扩大，预计新增探明储量 137×10^4t，进一步向“更洼”处扩大含油范围。

同时在断块南部部署实施的哈 20-12 井落实了哈 20 南断块含油气性，投产日产油稳定在 25t 以上，获高产工业油流。

继而向哈 20 油藏北部按照“顶剥底超”模式，评价哈 40 井区阿四段含油气规模及地层超覆岩性体含油气性，部署哈 20-18 井，该井二次解释油层 40.8m/14 层，差油层 54.2m/20 层，于阿四下亚段发现新油层并促成了上升盘哈 20—哈 40 断块含油连片。

哈 20 上升盘原上交储量 128.18×10^4t，通过整体实施后重新计算石油地质储量 324×10^4t，新增探明地质储量 195.8×10^4t。

在洼槽西阿 10-70 断块，推广应用构建岩性油藏模式，共新钻井 6 口，平均解释油层 28m/12 层，差油层 12.4m/5 层；初期平均日产油 13.6t，累计产油 2.02×10^4t，预计新增探明石油地质储量 352×10^4t。

从哈南—布墩构造到哈 20 洼槽区，再到洼槽西—阿南构造，阿南凹陷整体呈现“满洼含油”态势，资源优质可动用。

阿南洼槽区地层—岩性油藏评价的成功，打破洼槽区难以规模成藏的固有认识，展示了富油凹陷具有“满凹含油”的态势，说明在高勘探程度的老油田，洼槽区是寻找地层、岩性油藏的重要方向。该区的成功做法对冀中、二连地区其他洼槽，乃至国内其他油气盆地洼槽区勘探开发有着很强的借鉴意义。

第五章　冀中坳陷深化勘探开发潜力与方向

世界上主要油气生产国，都高度重视“老区”的稳产和发展，近半个多世纪来80%的新增可采储量仍来自“老区”。当前世人瞩目的非常规油气主要产地也在“老区”里，表明老区的油气资源潜力还很大。油气田产量自然递减是客观规律，需高度重视“老区”的稳产与发展，为了减缓递减，保持一个油区（盆地或盆地群）的稳产和上产，需要持续开拓新领域、探明新储量、建设新产能，这也是老区富油带实现新发现的必由之路。

实践是认识的源泉，理论是认识的升华。复式含油气盆地由于复杂的地质特征及成藏条件，需要在“认识、实践，再认识、再实践”的过程中不断深化认识，对油气的生成、油气藏的形成、油气分布与富集的规律性进行总结提炼和升华，从而形成正确的知识体系。通过在富油区带整体再评价的实践，形成了油藏单元分析方法、高勘探程度阶段地层岩性油藏精细评价技术等新方法、新技术，“十二五”以来在老区带取得了规模增储建产的良好效益，证明老探区还有丰富的资源潜力。这里以冀中坳陷为例，通过富油区带整体再评价，实现了规模资源的新发现，需要对老区资源潜力重新开展分析、评价，为深化老区的增储建产提供依据。

第一节　冀中坳陷老区剩余资源潜力再认识

一、资源量再评价方法

基于不同的找油理论或不同的着眼点，对一个勘探地区的石油资源量估算有不同的计算方法。目前国内外石油资源量的估算方法有体积法、地球化学法、勘探效果分析法三大类，共几十种方法。但是任何一个含油区中的一个局部地质单元的石油资源量计算公式，从数学上都可以归结为一些地质参数与经验系数的连乘，而总的石油资源量计算公式都可归结为局部资源量的累加。下面采用类比法与成因法对资源量进行评估。

1. 类比法

地质类比法的基本原理是“相似类比”思想，通过刻度区中已经确定的地质因素，来确定预测区中未知的地质因素，从而实现由未知到已知的过程。该类方法是将低探区和未探区石油地质与成藏条件和与之相近或相似的高勘探成熟区进行类比，并从比较中确定研究区资源总量的方法。类比法使用的前提条件是有充分或具备客观统计学意义的数据积累的成熟勘探区，以支持类比结果的获得。类比的出发点认为，类比区之间会有大致相同的含油气丰度。因此通过评价区与类比区的油气地质条件的异同，可以确定评价区的含油气丰度，进而可以预测评价区的油气资源潜力。本方法的应用有两个前提：一是预测区的成油气地质条件基本清楚；二是类比刻度区已进行过系统的油气资源评价，且已发现油气田成油气藏。

类比法的基本评价流程如下：

（1）类比刻度区的确定与类比刻度区的成油地质条件分析；

（2）预测区地质条件的分析确定类比参数及标准；

（3）进行刻度区与预测区间的地质类比；

（4）确定预测区的油气资源丰度；

（5）预测区的油气资源量计算。

2. 成因法

成因法是依据石油天然气的成因机理和含油气沉积盆地理论，预测盆地或含油气系统中的油气资源量及勘探潜力的资源评价方法。20 世纪 70 年代以来，随着我国在有机地化分析技术、烃源岩评价技术和计算机反演技术等基础研究学科的飞速发展，这种方法从评价层次和精度上较过去发生了质的变化，主要标志是生、排烃量计算和研究内容由间接到直接，由定性到定量，由静态到动态，由单因素到多因素，由手工操作到计算机程序处理转变。因而在历次油气资源评价中成因法被广泛应用，并取得显著的成效，成为具有我国特色的油气资源评价基本方法之一。

生烃潜力法的理论基础是物质平衡法，即烃源岩中的有机质在生、排烃的前后质量不变，依照烃源岩的生烃潜力在沉积剖面上的变化规律来研究烃源岩生排烃特征的一种方法。烃源岩的生烃潜力由以下三部分组成：（1）尚未转化成烃类的干酪根或残余有机质；（2）已生成并残留于烃源岩中的烃类；（3）已排出烃源岩的烃类。在烃源岩的演化过程中，当烃源岩中生成的烃类没有满足自身的各种残留之前，它的生烃潜力保持不变，而使烃源岩的生烃潜力减小的唯一原因就是烃源岩的排烃作用。

二、关键参数

1. 类比法

根据饶阳凹陷和束鹿凹陷油气富集特点、未来勘探的主要领域和油气藏类型，选择蠡县斜坡、大王庄和束鹿西斜坡作为本次油气资源评价的重点类比刻度区。对刻度区采用体积法对资源量进行评估。公式为：

$$N=100A\times h\times \phi_e(1-S_{wi})\rho_o/B_{oi} \tag{5-1}$$

式中 A——含油面积，km^2；

h——有效厚度，m；

ϕ_e——有效孔隙度；

$1-S_{wi}$——原始含油饱和度；

ρ_o——地面脱气原油密度，kg/m^3；

B_{oi}——原油体积系数；

N——原油地质储量，10^4t。

参数研究是资源量估算的核心部分，参数的数量以及研究工作的质量直接决定着参数取值的准确性，也影响着资源量的可信程度。从公式（5-1）可以看出，面积是一个固定参数，有效厚度、有效孔隙度、原始含油饱和度等是不确定的参数。对于不确定的参数，要根据收集到的大量刻度区的参数进行分析，并用蒙特卡罗法建立数学分布模型得到变量参数分布函数。将饶阳凹陷与束鹿地区沙一段—沙三段三个层位有效孔隙度和含油饱和度数据作为原始数据，饶阳凹陷中有效储层厚度采用三角分布特征，束鹿凹陷中有效储层厚度采用正态分布，原油密度取值为 0.9g/cm^3，原油体积系数取值为 1.2，根据以上参数分布类型拟合每个参数的分布曲线（图 5-1 和图 5-2）。

定义 K 为资源量丰度，单位为 t/km^3，见式（5-2），则资源量计算公式见式（5-3）。

$$K=\phi_e(1-S_{wi})\rho_o/B_{oi} \tag{5-2}$$

$$N=A\times h\times K \tag{5-3}$$

在应用油藏单元分析方法后，蠡县斜坡新增含油面积 30.11km^2，大王庄地区新增含油面积 41.6km^2，束鹿西斜坡新增含油面积 1.03km^2。现含油面积与原含油面积的比值为含油面积增加系数，将此系数应用到全区完成此次饶阳凹陷与束鹿凹陷资源评价（表 5-1）。华北油田第四次资源评价结果得到饶阳凹陷和束鹿凹陷资源量分别为 14.32×10^8t 和 0.86×10^8t。进行体积类比后即应用油藏单元分析方法后，由于含油面积大大增加，现饶阳凹陷和束鹿凹陷资源量分别为 21.48×10^8t 和 0.95×10^8t。

表 5-1　刻度区含油面积变化表

刻度区	原含油面积 / km^2	现含油面积 / km^2	含油面积增加量 / km^2	增加系数
大王庄	51.56	93.16	41.60	1.81
蠡县斜坡	148.46	178.57	30.11	1.20
束鹿西斜坡	9.50	10.53	1.03	1.11

2. 成因法

烃源岩的热解参数中，S_1 代表残留烃量，是指热解温度在 300℃下检测的单位质量生油岩中的液态烃含量；S_2 代表裂解烃量，是指热解温度在 300～600℃下检测的单位质量生油岩中被加热而裂解的烃产量。一些学者采用一个综合热解参数——生烃潜力指数（HGP——hydrocarbon generation potential），即［（S_1+S_2）/TOC］×100 来表征烃源岩的生烃潜力。当烃源岩的生烃潜力指数在演化过程中开始减小的时候，表明有烃类大量排出，而开始减小时的埋深条件代表了烃源岩的排烃门限。没有油气排出时烃源岩的生烃

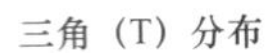

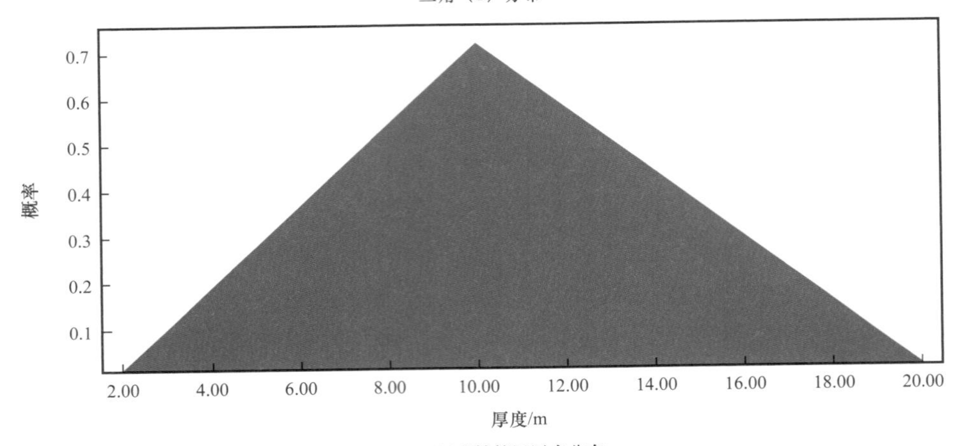

(a)有效储层厚度分布

Weibull（W）分布

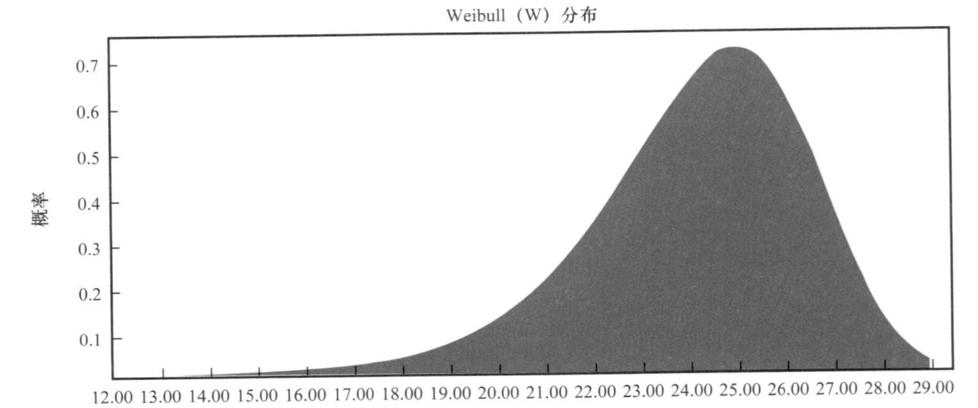

(b)有效孔隙度分布

Weibull（W）分布

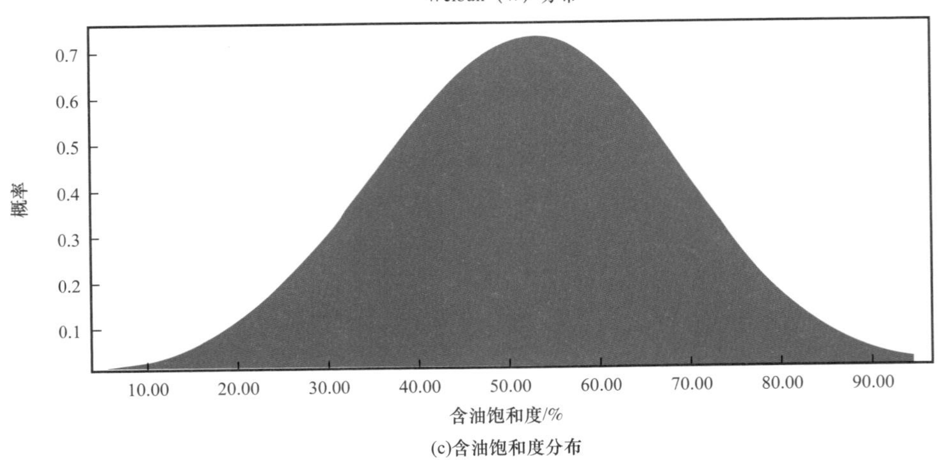

(c)含油饱和度分布

图 5-1 饶阳凹陷模式图

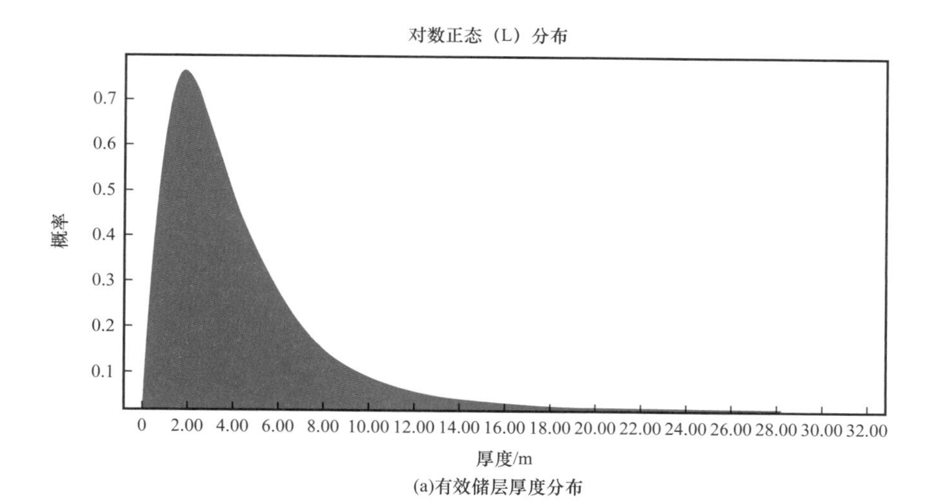

(a)有效储层厚度分布

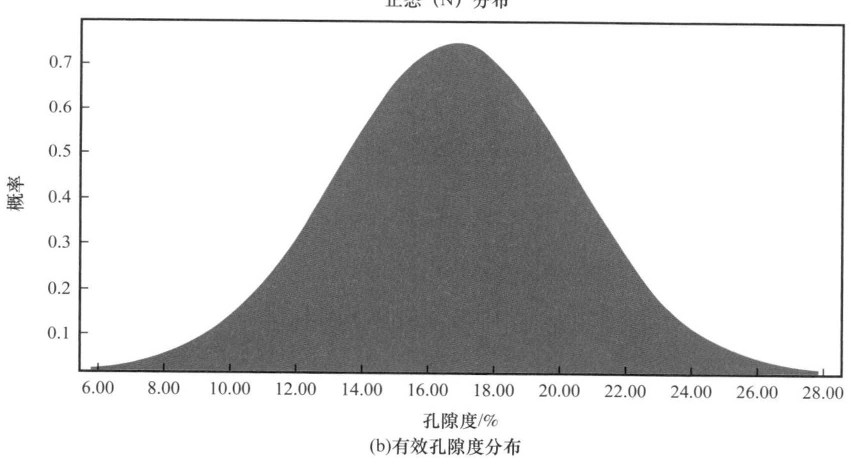

(b)有效孔隙度分布

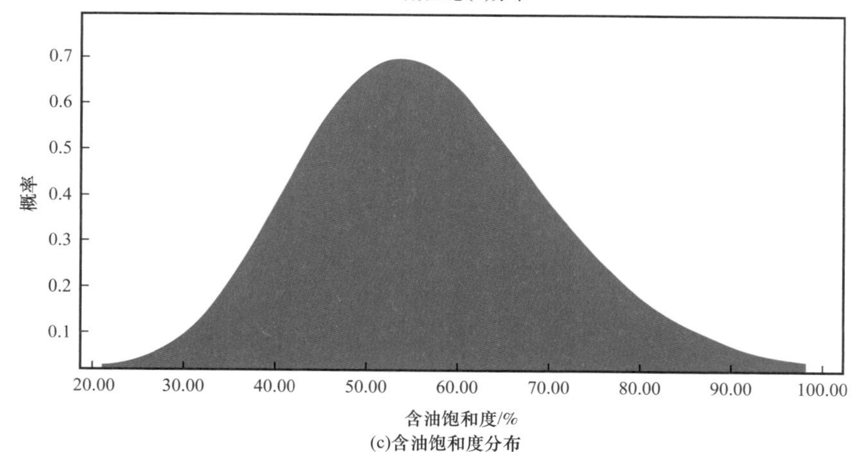

(c)含油饱和度分布

图 5-2　束鹿凹陷模式图

潜力指数为原始生烃潜力（PGP_o），在这种情况下，原始生烃潜力（PGP_o）就同时代表了烃源岩的生烃潜力和残留烃潜力；当油气排出后，生烃潜力指数逐渐减小，称此时的生烃潜力指数为剩余生烃潜力（PGP_r），剩余生烃潜力（PGP_r）代表的是烃源岩剩余的生烃潜力，而不是原始生烃潜力。因此，有必要确定烃源岩的原始生烃潜力指数（PGP_o）：

$$k=\frac{1-0.83\left(PGP_r\right)/1000}{1-0.83\left(PGP^0\right)/1000} \tag{5-4}$$

$$PGP_o=k\left(PGP^0\right) \tag{5-5}$$

式中 0.83——烃类中的平均碳含量；

k——校正系数；

PGP_r——残留生烃潜力指数，mg/g（HC/TOC）；

PGP^0——排烃门限对应的生烃潜力指数，mg/g（HC/TOC）；

PGP_o——原始生烃潜力指数，mg/g（HC/TOC）。

烃源岩原始生烃潜力指数与剩余生烃潜力指数的差值为排烃率（q_e），即烃源岩达到排烃门限后单位有机碳排出的烃量[mg/g（HC/TOC）]。烃源岩的原始生烃潜力指数为生烃率（q_g），是烃源岩单位有机碳可以生成的烃量[mg/g（HC/TOC）]。烃源岩的排烃率与原始生烃率的比值为排烃效率（单位：%）。在烃源岩的生烃潜力指数演化剖面上，当镜质组反射率 R_o 每增加 0.1% 时，生烃率和排烃率的变化值为生烃速率和排烃速率。烃类的残留烃率就反映了烃源岩残留烃的能力。烃源岩在地质热演化史过程中，Q_e 代表了烃源岩累计排出的烃量（单位：t），Q_r 代表了烃源岩中的残留烃量（单位：t），Q_g 则代表了烃源岩的生烃量（单位：t）。建立了烃源岩的生排烃模式后，就可以利用公式（5-6）至公式（5-11）计算烃源岩的生排烃强度与生排烃量。

$$q_g(VR)=(PGP_o)(VR) \tag{5-6}$$

$$q_e(VR)=(PGP_o)(VR)-(PGP_r)(VR) \tag{5-7}$$

$$G_p=\int_{VR_1}^{VR}10^{-3}q_g\left(VR\right)H\rho TOC\left(VR\right)d\left(VR\right) \tag{5-8}$$

$$E_p=\int_{VR_2}^{VR}10^{-3}q_e\left(VR\right)H\rho TOC\left(VR\right)d\left(VR\right) \tag{5-9}$$

$$Q_g=\int_{VR_1}^{VR}10^{-13}q_g\left(VR\right)HA\rho TOC\left(VR\right)d\left(VR\right) \tag{5-10}$$

$$Q_e=\int_{VR_2}^{VR}10^{-13}q_e\left(VR\right)HA\rho TOC\left(VR\right)d\left(VR\right) \tag{5-11}$$

式中 q_g——生烃率，mg/g（HC/TOC）；

q_e——排烃率，mg/g（HC/TOC）；

PGP_o——原始生烃潜力指数，mg/g（HC/TOC）；

PGP_r——残留生烃潜力指数，mg/g（HC/TOC）；

G_p——生烃强度，$10^4t/km^2$；

E_p——排烃强度，$10^4t/km^2$；

Q_g——生烃量，10^8t；

Q_e——排烃量，10^8t；

VR—镜质组反射率，%；

VR_1——生烃门限，%；

VR_2——排烃门限，%；

ρ——烃源岩体积密度，g/cm^3；

TOC——总有机碳含量，%；

H——烃源岩厚度，m；

A——烃源岩面积，m^2。

此处以饶阳凹陷沙一段为例，首先建立烃源岩生排烃模式（图 5−3）。

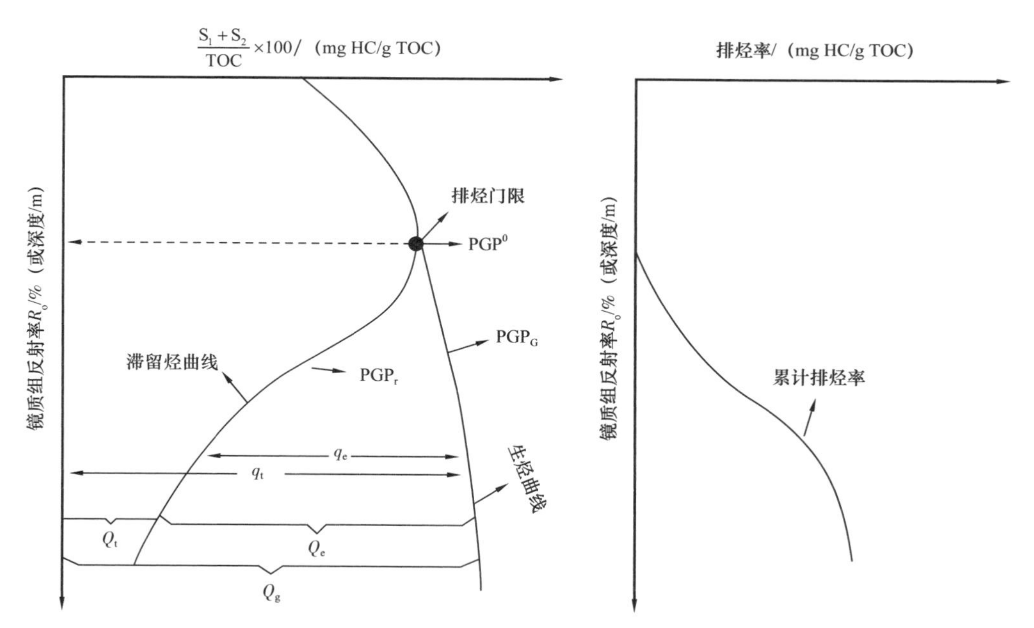

图 5−3　烃源岩生排烃概念模型图

饶阳凹陷沙一段排烃门限为 0.56%R_o，在此基础上利用式（5−11）得到生排烃强度（图 5−4 至图 5−6）与生排烃量，沙一段烃源岩排烃量为 9.64×10^8t。

依次对饶阳凹陷和束鹿凹陷不同层位烃源岩进行研究，得到饶阳凹陷与束鹿凹陷总资源量分别为 22.62×10^8t 和 1.38×10^8t。由于本方法依赖于热解参数的丰富性与准确性，故存在一定误差。

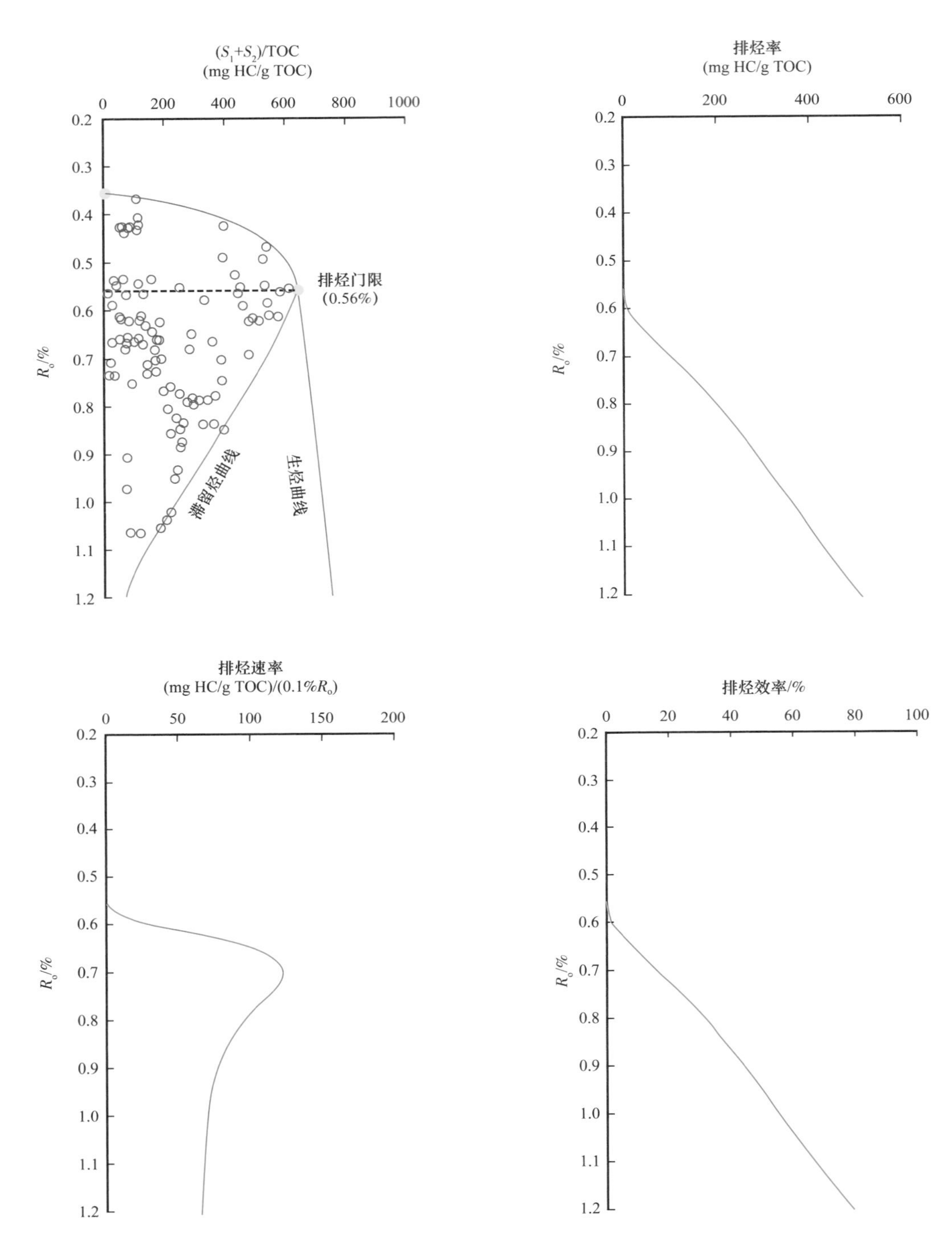

图 5-4　饶阳凹陷沙一段烃源岩生排烃模式图

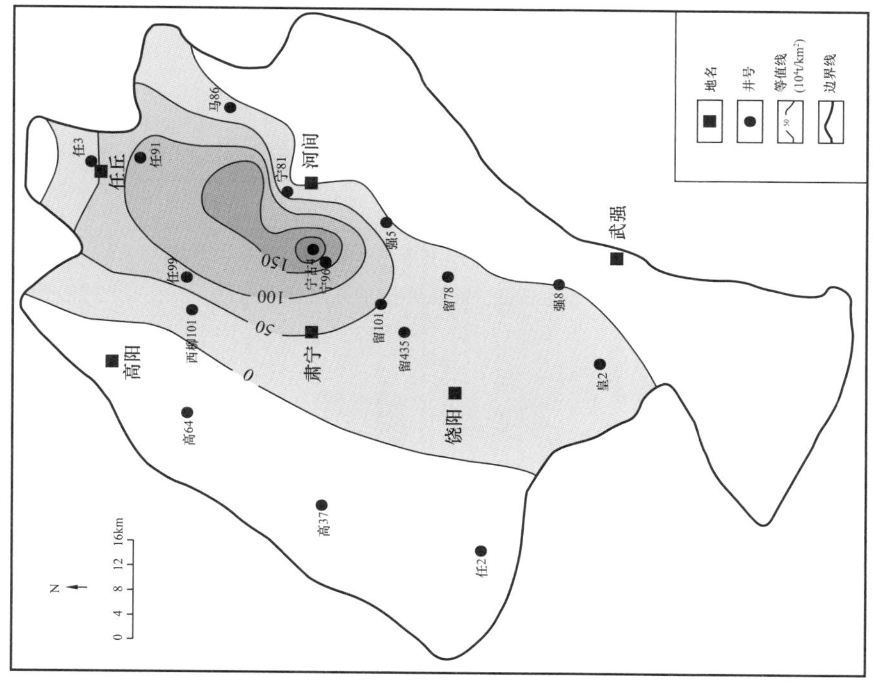

图 5-5　饶阳凹陷沙一段烃源岩生烃强度等值线图

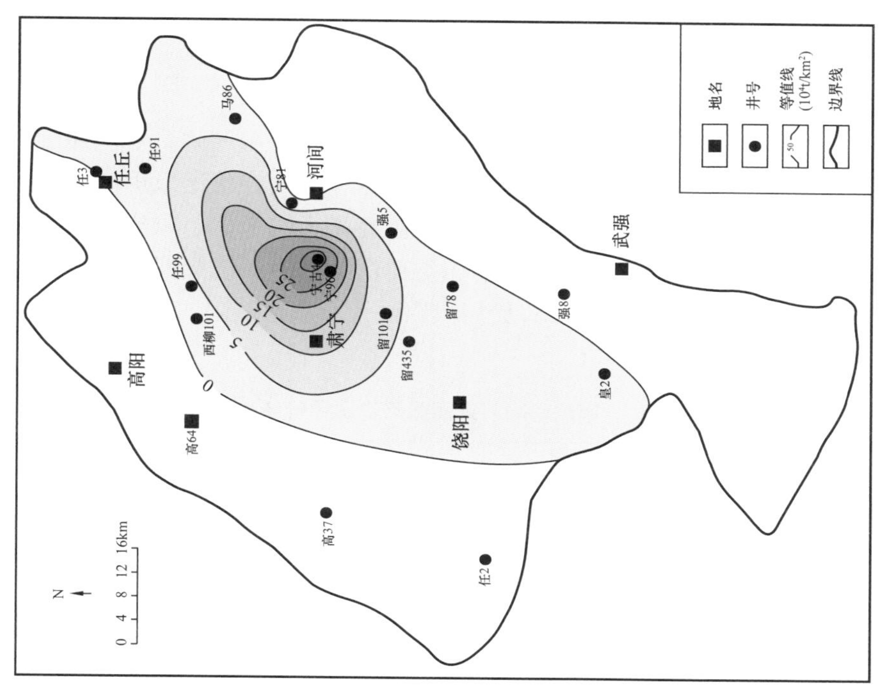

图 5-6　饶阳凹陷沙一段烃源岩排烃强度等值线图

三、评价结果

本次资源评价结果见表 5-2，其中盆地模拟法和类比法数据来源于华北油田第四次资源评价。

在体积类比法中由于刻度区大王庄与蠡县斜坡均属于饶阳凹陷，本次评价取其增加系数平均值进行计算，另外，由于缺少厚度增加数据，此次评价结果可能偏小。利用成因法（生烃潜力法）计算资源量较大，原因在于生烃潜力法考虑了未成熟生物气与高成熟油气。在图 5-7、图 5-8 中可以看出，使用类比法计算后，饶阳凹陷与束鹿凹陷资源量分别增加了 7.17×10^8t 和 0.09×10^8t；使用成因法计算后，饶阳凹陷与束鹿凹陷资源量分别增加了 8.31×10^8t 和 0.52×10^8t。

表 5-2　饶阳凹陷与束鹿凹陷资源评价结果　　单位：10^8t

凹陷	第四次资源评价		本次资源评价	
	盆地模拟法	类比法	成因法	类比法（油藏单元分析后）
饶阳凹陷	15.68	12.95	22.62	21.48
束鹿凹陷	0.83	0.89	1.38	0.95

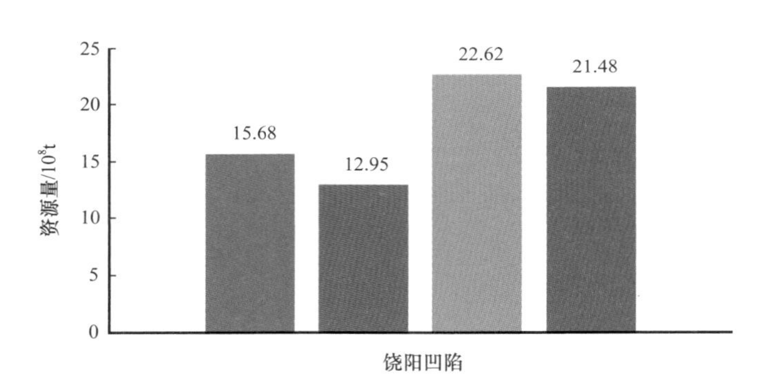

图 5-7　饶阳凹陷资源评价结果对比图

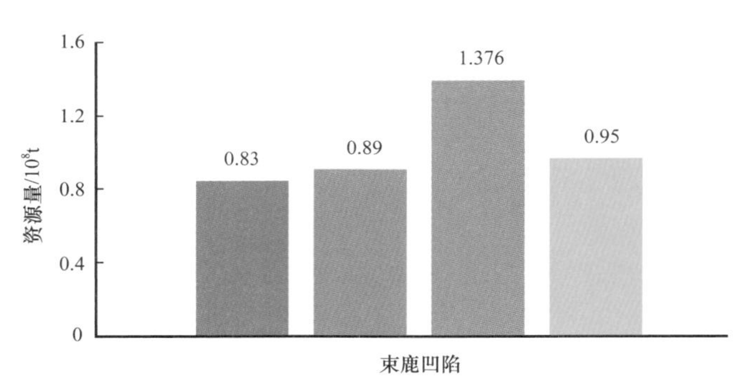

图 5-8　束鹿凹陷资源评价结果对比图

研究表明，老油区应用油藏单元分析方法实现了复式油气藏成藏理论新认识，经过整体再评价实现了探明储量的显著增加，对资源的重新认识就有了重要意义。通过对饶阳凹陷、束鹿凹陷的资源重新认识，实现了资源量的变化，进一步认识了剩余资源的潜力，为进一步深化老区的勘探开发提供了依据。

第二节　冀中坳陷深化勘探开发的主要方向

“源控论”指出油藏（田）的形成和分布受其供烃的烃源岩密切控制[54]，胡朝元通过对 200 个地区和成油系统的油气运移距离的统计分析发现：93.5% 的地区或含油气系统，油气的运移距离都小于 100km，而运移距离小于 70km 的比例接近 85%[55]。庞雄奇等研究认为，大油气田大都分布在有效烃源灶之内或周边 100km 的范围内，其中大油田距离烃源灶的中心不超过 50km[56]。结合富油区带整体再评价实践成果，以及复式油气藏成藏理论新认识，根据老区资源量的重新评价及剩余资源潜力分析，深化勘探开发的方向主要聚焦三个方向，即地层岩性油气藏领域、低勘探程度区领域、低勘探程度层系领域。

一、地层岩性油气藏领域

冀中坳陷以复式油气聚集为特征，以往在这一理论指导下发现并开发了一系列复式油气藏，但大多以构造油藏来认识和上报探明储量，例如图 5-9 为饶阳凹陷大王庄构造带留 485 沙一上亚段的构造油藏。通过对该油藏开发后的精细解剖，发现该油藏是由一系列不同油藏单元构成的复式油藏。开发资料证实其与原探明储量的油藏认识差异较大，由原来单一油藏的认识变为多藏伴生的复式油藏、含油断块内构造油藏和岩性油藏共存。且岩性油藏、构造—岩性油藏是主要油藏发育模式（图 5-10），构造油藏单元只占 4.5%，而构造—岩性油藏、岩性油藏单元占 95.5%。同样根据冀中坳陷的岔河集油田岔 71 断块解剖结果：划分主力油藏单元 86 个，含油特征受沉积微相、物性差异等因素控制，主要形成了岩性油藏、构造—岩性油藏为主的成藏模式；对榆科油田解剖分析认为，各单元含油分布受沉积控制作用强，储层分布和砂体尖灭是油藏分布和富集的主要控制因素，岩性油藏、构造—岩性油藏个数占 75%，储量占比 62%，是主要油藏类型。表明老区带岩性油藏十分发育，利用“相构配置、满盆成藏”的地层岩性一般成因模式，结合解剖已知老油藏及相控储层反演预测的技术方法，老探区还存在大量的地层岩性圈闭，增储上产潜力大，是进一步深化勘探开发的主要方向。

微相形态（相展布）与构造背景叠合构成了岩性圈闭（形成模式），是地层岩性油藏形成的一般模式，为有效发现岩性油藏奠定了基础，有力支撑了富油区带新一轮地层岩性油气藏的精细勘探开发，其意义重大。

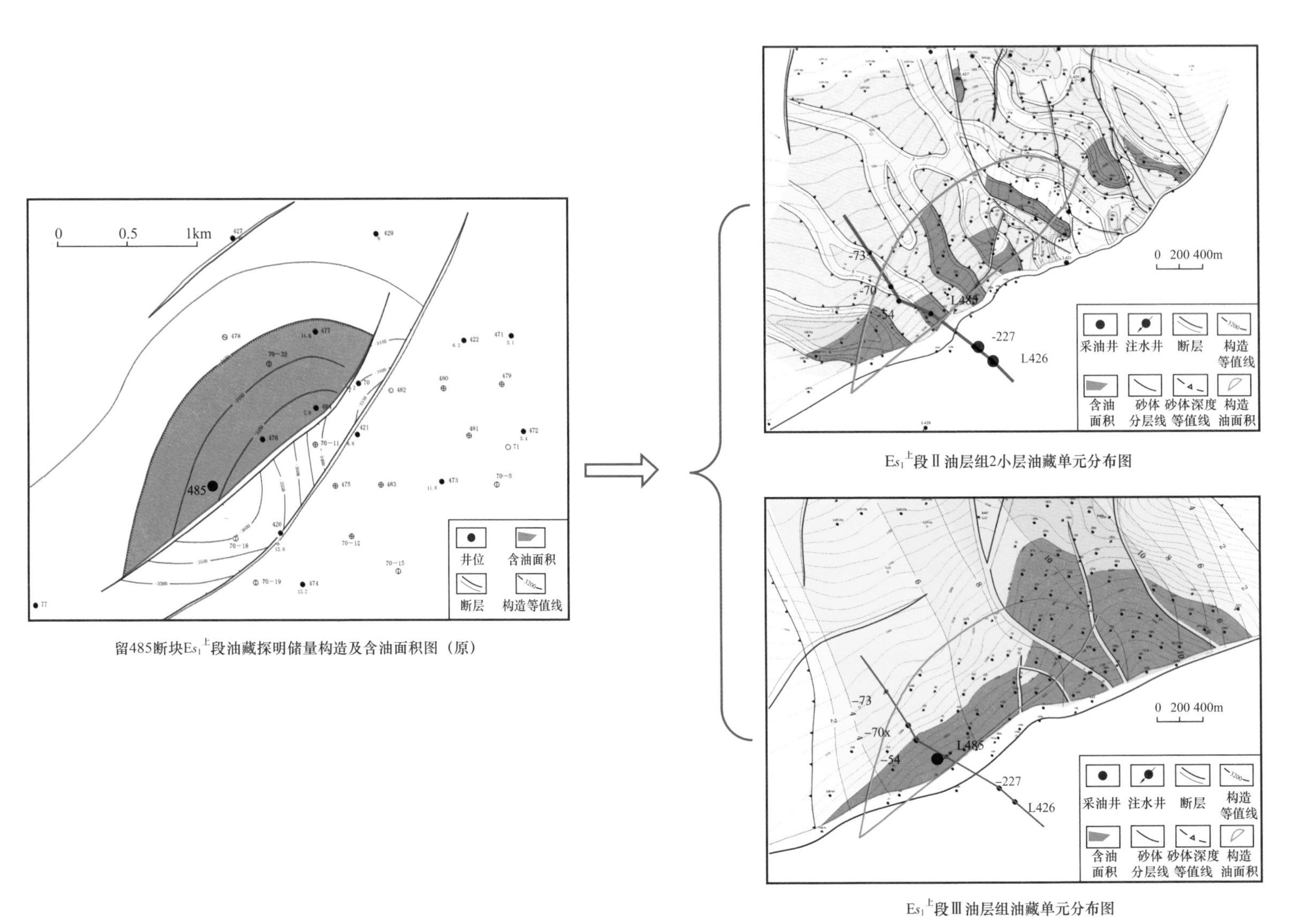

图 5-9 大王庄油田留 485 断块沙一上亚段油藏解剖前、后油藏单元分布图

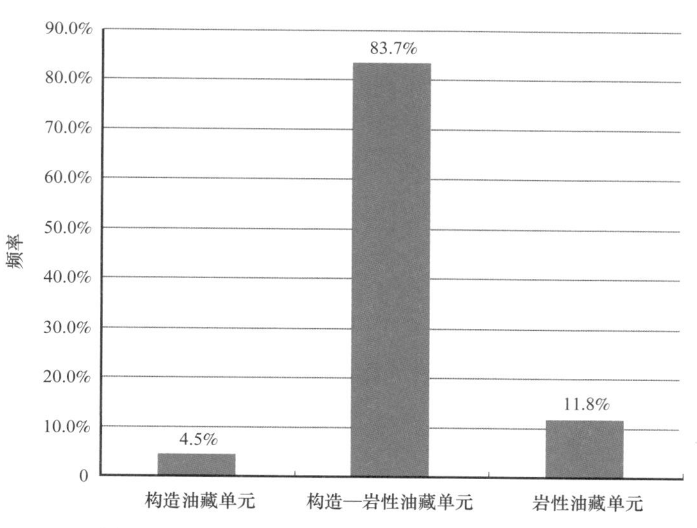

图 5-10　留 485 区块油藏单元类型分布直方图

在饶阳凹陷马西—八里庄构造带，结合精细构造解释，受复杂断层切割形成了一系列墙角断块，经过多轮次地震精细解释，断块构造钻探程度极高，钻探效果也不理想，只发现了在间 9、间 12 等几个断块油藏，勘探开发难于继续深化。经过精细沉积微相刻画，在马西断层下降盘东营组形成了多个浅水三角洲、分流河道砂体。分流河道宽 500～900m，间湾发育，为岩性圈闭的发现、落实提供了依据。

在构造精细解释与沉积微相研究的基础上，间 9—间 12 构造—岩性圈闭形成条件主要是构造与沉积砂体有利配置的结果（图 5-11），依据物源来自东部的沉积微相与构造走

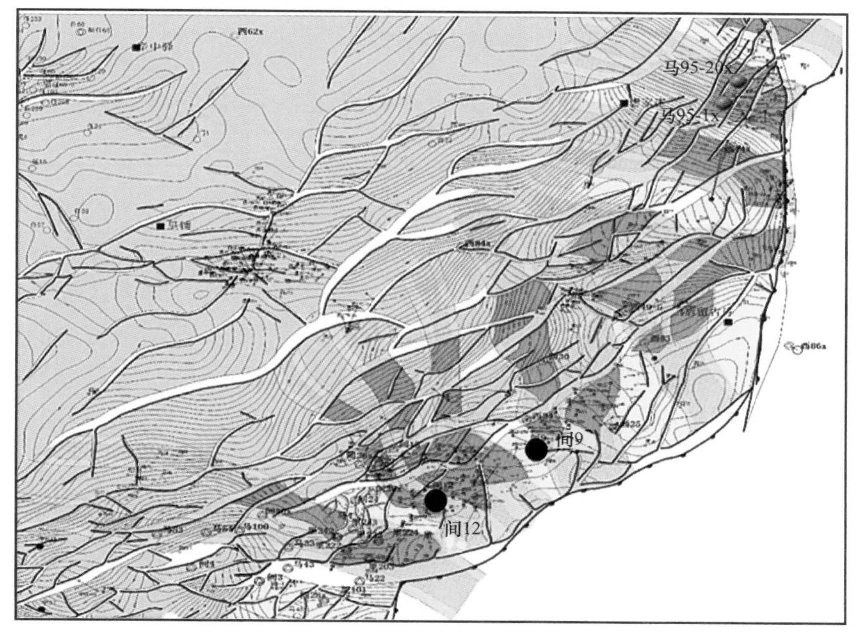

图 5-11　马西—八里庄地区 Ed_3 I 油层组岩性圈闭分布图

向斜交匹配、南北断层遮挡形成的构造—岩性圈闭模式，马西断层下降盘形成了一系列河道砂构造—岩性圈闭，目前已发现岩性圈闭 28 个，预测资源超过 1000×10^4t，2017—2019 年在马西—八里庄—南马庄地区整体共部署井位 22 个，单井平均钻遇油层 12m，新井单井日产油 5.76～13t，取得良好的勘探开发效益，有利地开拓了地层岩性油藏的找油领域。

在霸县凹陷文安斜坡，通过解剖文 20 断块等已知油藏，在划分油藏单元的基础上，利用相构配置的岩性圈闭形成模式，在文 20 油藏与文 49 油藏之间的非构造圈闭区，构建了岩性圈闭新模式（图 5-12），实现了文安斜坡文 49-30X 岩性油藏的新发现。部署钻探的文 49-30X 井在 Ed_3-Es_1 上测井解释油层 27.2m/6 层，差油层 14m/4 层，油水同层 11m/3 层，试油获日产油 15t，表明在斜坡非构造圈闭区岩性油藏取得了新突破，为文安斜坡进一步精细勘探评价岩性油藏指明了新方向。

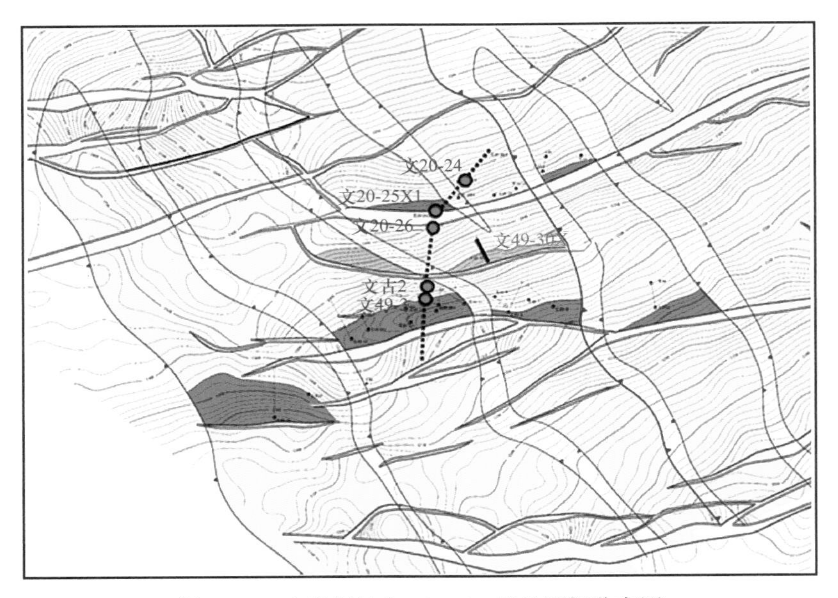

图 5-12　文安斜坡文 49-30X 岩性圈闭分布图

地层岩性油藏因其具有一定的隐蔽性，勘探评价的难度较大，但在一个探区进入勘探的中后期后，随着技术的不断进步、方法的不断完善和提高，对老区油气藏形成条件和分布规律在认识上也在不断深化，地层岩性等隐蔽性油藏在石油勘探中的地位亦日趋重要。世界上一些主要产油国的勘探历程表明，地层岩性等隐蔽油藏虽然勘探难度较大，但在复式含油气盆地中所占储量比例却很大，与构造油藏相比，最高可达 1 ∶ 1。综合分析，老探区还存在大量的地层岩性圈闭，增储上产潜力大，是进一步深化勘探开发的主要领域。

二、低勘探层系领域

老区富油带一般主力含油气层系勘探程度高，而非主力含油层系勘探程度比较低。

这些层系勘探程度低的主要原因是构造圈闭不发育、储层不太发育或储层物性差、变化大，以往发现的油藏少，勘探开发程度低。例如饶阳凹陷大王庄油田，主力含油层系为东营组、沙一上亚段，其探明储量占油田探明储量的90%以上；而其下部的沙一下亚段只在留77井区具有探明储量70×10^4t。但区域上钻遇沙一下亚段的井185口，油气显示普遍，试油67口井，大多为低产或干层，储层物性差。但由于储层物性较差，加之工作重点均放在了主力层系Ed_3—$Es_1{}^{上}$，导致对中深层的关注度以及研究力度比较滞后，勘探程度较低。

通过统计分析，在大王庄构造主体大部分井储层物性较好，试油产量高，具有一定的自然产能。而在翼部大部分井点储层物性较差，试油低产，但通过储层改造，中深层可获经济产量，增储潜力巨大。留69-1X井压前日产油3t，压后20.7t，留69-11X井压前日产油4t，压后14.3t。

在地质认识的基础上，结合单井试油试采资料，分析不同测井响应特征，细分层系，针对大王庄中深层沙一下亚段制作油水层测井图版。电阻率大于10Ω·m，声波大于230μs/m，孔隙度大于11%，渗透率大于0.8mD，储层改造有望获工业油流。以重建的测井解释标准，在大王庄潜力区初步筛选出20口老井进行储层压裂改造，重新评价沙一下亚段的含油潜力；在此基础上优选有潜力的砂层开展重新压裂试油。优选了留93井、留62-51井、留492井等井，对原来取得低产的储层实施压裂试油，留93井、留69-10井等多口井压裂后获得工业油流，试油、试采取得了良好成效（表5-3）。

表5-3　留93井、留62-51井、留492井压裂、试采成果数据表

井名	措施日期	措施前日产量		措施后初期日产量		2018年年底日产量		措施累计增量	
		日产油/t	日产水/m^3	日产油/t	日产水/m^3	日产油/t	日产水/m^3	累计增油/t	累计增水/m^3
留93	2017-3	0.48	21.52	12.42	9.92	8.97	8.89	3632	4898
留62-51	2017-2	0.97	1.16	8.80	11.00	5.80	4.99	3331	3480
留492	2018-6	0.94	2.60	12.95	10.05	8.98	8.02	380	400

分析表明，大王庄构造带沙一下亚段也具有形成具有开发价值油气聚集的有利条件。结合富油区带整体再评价研究，通过储层分布特征综合评价分析，认识到沙一下亚段具有油气在“甜点区”富集的特点，重新建立了沙一下亚段岩性油藏的成藏模式（图5-13），为深化老区低勘探程度层系的精细评价提供了依据。通过有利区优选及评价钻探，中深层实现了规模增储，新增含油面积25km^2，石油地质储量2109×10^4t，取得了良好的增储成效。在富油区带的非主力、低勘探程度层系仍然具有较大的资源潜力，是老探区深化勘探开发的新领域。

在束鹿凹陷荆丘油田的晋45断块，1984年$Es_3{}^{上}$报探明含油面积3.71km^2，地质储量713.11×10^4t，是一个开发多年的老油藏，经历了投产产量上升、高产稳产、产量快速递减、产量缓慢递减四个阶段，目前油藏已处于高含水开发后期，地质储量采出程度已达45% 以上。

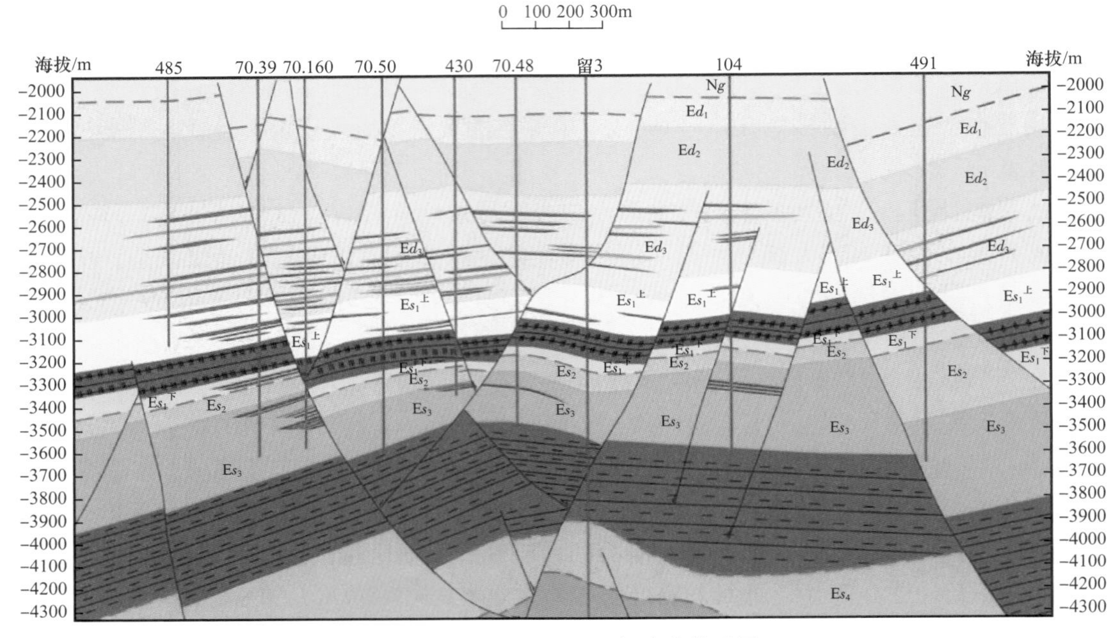

图 5-13　大王庄油田油气成藏模式图

通过对束鹿凹陷整体再评价研究与认识，Es_2 作为非主力层，研究与认识程度较低，但构造形态与 Es_3 相似，为轴向近于东西向的鼻状构造。研究认为，沙二段在晋 45-69 井获日产 12t 工业油流，地层厚度变化幅度相对较大，在 260～340m 范围内。但 Es_2 共有完钻井 126 口，通过重新认识成藏条件、重新构建成藏模式及含油富集规律的认识，把 Es_2 作为一套新层系重点研究，首先是老井测井油层复查和试油，实现了油层厚度大大增加，平均单井发现 I 类油层 14.5m。其次是开展评价钻探，利用水平井技术评价其产能，取得了成功，实现新增探明石油地质储量 407×10^4t，已开发井初期平均单井日产油 7.2t，具有独立的油水系统，具备开发的条件。

由此表明，老油区低勘探层系领域，包括深层、新近系浅层等，在老油田上下找新油田，增储潜力较大，是深化勘探开发的有利方向。

三、老区低勘探程度区领域

在冀中坳陷富油区带整体再评价的实践中，通过重新开展成藏条件研究，结合解剖已知油藏，开展油藏单元分布规律的再认识，构建了“相构配置，满盆成藏”的地层岩性油藏的一般成因模式。就是说沉积体系自身岩相岩性变化是地层岩性圈闭形成的内在因素，砂体分布、储盖组合有其特定的形式和内在分布规律；沉积微相与构造背景合理配置是形成地层岩性圈闭的基本样式。这种成因模式代表了各种类型地层岩性油气藏中存在的通用模式，揭示了各类地层岩性油藏形成、分布、形态等特定的内在规律，具有普遍性、通用性。

通过成因模式的建立，表明地层岩性油气藏的成藏模式受沉积相和构造背景共同控制，这种配置关系不受构造类型和部位控制，分布更加广泛，可在盆地不同位置形成油气成藏与富集，不管在盆地的任何部位，沉积微相与构造背景合理配置，就有可能形成岩性圈闭、构造—岩性圈闭，遇合适的运聚条件就可形成岩性油藏、构造—岩性油藏。大大拓展了老区找油空间，为洼槽区、构造翼部、斜坡低部位等低勘探程度区寻找地层岩性油藏提供了理论依据和勘探方法，可有效指导富油凹陷低勘探程度区地层岩性油藏的发现，是老区深化勘探开发、增储上产的有利方向。

冀中坳陷是一个勘探开发 40 余年的老区，但勘探开发程度在凹陷内各二级构造带差异都较大，一般在洼槽区、正向构造带的翼部、二级构造带过渡区等勘探程度比较低。这些部位同样位于富油凹陷内，构造圈闭明显不发育。由于其油源条件好，只要有储层发育就可形成油气聚集，是成熟探区深化勘探开发的有利方向。整体再评价实践表明，在马西洼槽、束鹿洼槽、霸县洼槽、衡水断层下降盘、大兴断层下降盘等洼槽区；蠡县斜坡、文安斜坡、束鹿斜坡、牛北斜坡等斜坡带中低部位；留西与留楚构造带间、留楚构造带南部的皇甫村地区、柳泉与河西务构造带间等复杂断块油气聚集带间；以及各含油构造带的深层致密油气领域等，勘探程度和认识程度比较低，但受沉积微相与构造背景合理配置，都具有油气成藏与富集的有利条件，是深化勘探评价实现增储建产的有利方向。

参考文献

［1］Kingston D R，Dishroon C P，Williams P A，等．油气集聚和全球盆地分类［J］．海洋地质译丛，1984（6）：63–68.

［2］康玉柱．全球主要盆地油气分布规律［J］．中国工程科学，2014，16（8）：2，14–25.

［3］谢大庆，郑孟林，蒋华山，等．塔里木盆地沙雅隆起形成演化与油气分布规律［J］．大地构造与成矿学，2013，37（3）：398–409.

［4］贾存善．塔里木盆地沙雅隆起油气成因及运移方向研究［D］．北京：中国矿业大学（北京），2012.

［5］李国玉，金之钧．新编世界含油气盆地图集［M］．北京：石油工业出版社，2005.

［6］席勤，余和中，顾乔元，等．塔里木盆地阿瓦提凹陷主力烃源岩探讨及油源对比［J］．大庆石油地质与开发，2016，35（1）：12–18.

［7］王飞宇，张宝民，张水昌，等．塔里木盆地下古生界海相烃源岩两种形成展布模式（摘要）［J］．海相油气地质，2000（Z1）：28.

［8］康玉柱．世界油气资源潜力及中国海外油气发展战略思考［J］．天然气工业，2013，33（3）：1–4.

［9］胡阳，刘惠民，郝雪峰．断陷盆地陡坡带砂砾岩油气分布有序性及富集差异性——以东营凹陷为例［J］．地质论评，2021，67（S1）：95–96.

［10］贺正军，张光亚，王兆明，等．俄罗斯远东北萨哈林盆地油气分布及成藏主控因素［J］．地学前缘，2015，22（1）：291–300.

［11］袁峰，蔡文杰，尹倩倩，等．走滑运动—三角洲的耦合控藏——以俄罗斯北萨哈林盆地为例［J］．海洋地质前沿，2019，35（5）：11–20.

［12］白国平，殷进垠．中亚卡拉库姆盆地油气分布特征与成藏模式［J］．古地理学报，2007，9（3）：293–301.

［13］卫平生，郭彦如，张景廉，等．古隆起与大气田的关系——中国西部克拉通盆地与中亚卡拉库姆盆地天然气地质比较研究之一［J］．天然气地球科学，1998（5）：1–9.

［14］马德龙，何登发，袁剑英，等．准噶尔盆地南缘前陆冲断带深层地质结构及对油气藏的控制作用：以霍尔果斯—玛纳斯—吐谷鲁褶皱冲断带为例［J］．地学前缘，2019，26（1）：165–177.

［15］童晓光，张湘宁．跨国油气勘探开发国际研讨会论文集［M］．北京：石油工业出版社，2006.

［16］Xie G B，Qin L M，Zhang Z H，et al. Fluid inclusions and oil charge history in the reservoirs of the Yongjin oilfield in central Junggar Basin［J］. Chinese Journal of Geochemistry，2013，32（1）.

［17］徐兴友，孔祥星，郭春清，等．准噶尔盆地腹地董1井和成1井的油源分析及其地质意义［C］//中国地质学会石油地质专业委员会．第十届全国有机地球化学学术会议论文摘要汇编．北京：中国地质学会，2005：2.

［18］王洪浩，李江海，潘相茹，等．库车前陆冲断带西部却勒盐推覆体变形特征分析［J］．中国地质，2017，44（1）：177–187.

［19］崔海峰，郑多明．英买力—牙哈地区复式油气藏油气分布规律［J］．石油地球物理勘探，2009，44（4）：382，445–450，528.

［20］赵贤正，夏义平，潘良云，等．酒泉盆地南缘山前冲断带构造特征与油气勘探方向［J］．石油地球

物理勘探，2004（2）：124–125，222–227，248.

［21］蔚远江，杨涛，郭彬程，等．中国前陆冲断带油气勘探、理论与技术主要进展和展望［J］．地质学报，2019，93（3）：545–564.

［22］漆家福，张一伟，陆克政，等．渤海湾新生代裂陷盆地的伸展模式及其动力学过程［J］．石油实验地质，1995，17（4）：316–323.

［23］高长海，查明，赵贤正，等．渤海湾盆地冀中坳陷深层古潜山油气成藏模式及其主控因素［J］．天然气工业，2017，37（4）：52–59.

［24］陶明华，彭维松，崔俊峰，等．冀中地区的侏罗系［J］．地层学杂志，2003（1）：33–40.

［25］刘泽容，王志成．燕山地区的构造运动问题［J］．华东石油学院学报，1979（1）：67–87，138–139.

［26］梁狄刚，曾宪章，王雪平，等．冀中坳陷油气的生成［M］．北京：石油工业出版社，2001.

［27］王建，王权，师玉雷，等．冀中坳陷霸县凹陷古近系超深层油气成因分析［J］．天然气地球科学，2015，26（1）：21–27.

［28］刘华，蒋有录，徐昊清，等．冀中坳陷新近系油气成藏机理与成藏模式［J］．石油学报，2011，32（6）：928–936.

［29］侯凤香，董雄英，吴立军，等．冀中坳陷马西洼槽异常高压与油气成藏［J］．天然气地球科学，2012，23（4）：707–712.

［30］操应长，张会娜，葸克来，等．饶阳凹陷南部古近系中深层有效储层物性下限及控制因素［J］．吉林大学学报（地球科学版），2015，45（6）：1567–1579.

［31］赵树栋，杨培山，柏松章．华北油田开发实践与认识［M］．北京：石油工业出版社，2003.

［32］王元基，尚尔杰，李正文，等．富油气区带整体再评价工作方法与实践［M］．北京：石油工业出版社，2015.

［33］梁星如，曾波．老区复杂断块油藏整体再评价的方法与成效——以冀中坳陷岔河集油田为例［J］．复杂油气田，2014，23（1）：10–12.

［34］柳广弟．石油地质学［M］．北京：石油工业出版社，2009.

［35］Tissot B P，Welte D H. Petroleum Formation and Occurance：A New Approach to Oil and Gas Exploration［M］. Springer，1978.

［36］Hearn C L，Ebanks W J，Tye R S，et al. Geological Factors Influencing Reservoir Performance of the Hartzog Draw Field，Wyoming［J］. Journal of Petroleum Technology，1984，36（8）：1335–1344.

［37］Ebanks W J，Scheihing M H，Atkinson C D. Flow units for reservoir characterization. In：Morton–Thompson，D.，Woods，A.M.（Eds.），Development Geology Reference Manual. Methods in Exploration Series，vol. 10. American Association of Petroleum Geologists，Tulsa，OK，1992，pp. 282–284Geologic Controls on Reservoir Quality.

［38］Slatt R M，Hopkins G L. Scaling geologic reservoir description to engineering needs. J. Petrol. Technol，1991，202–210.

［39］Slatt R M，Phillips S，Boak J M，et al. Scales of geologic heterogeneity of a deep–water sand giant oil field, Long Beach Unit, Wilmington Field, California. In：Rhodes, E.G., Moslow, T.F.（Eds.）, Marine Clastic Reservoirs, Examples and Analogs. Springer−Verlag, New York, 1993, 263–292.

［40］胡见义，徐树宝，童晓光．渤海湾盆地复式油气聚集区（带）的形成和分布［J］．石油勘探与开发，1986（1）：1−8.

［41］李德生．渤海湾含油气盆地的地质构造特征［J］．石油学报，1980，1（1）：6−20.

［42］李德生．渤海湾含油气盆地的地质构造特征与油气分布规律［J］．海洋地质研究，1981（1）：15−19.

［43］赵文智，张光亚，汪泽成．复合含油气系统的提出及其在叠合盆地油气资源预测中的作用［J］．地学前缘，2005，12（4）：458−467.

［44］林承焰，谭丽娟，于翠玲．论油气分布的不均一性（Ⅰ）—非均质控油理论的由来［J］．岩性油气藏，2007，19（2）：16−21.

［45］薛永安，邓运华，王德英，等．蓬莱193特大型油田成藏条件及勘探开发关键技术［J］．石油学报，2019，40（9）：1125−1146.

［46］庞雄奇，陈冬霞，李丕龙，等．隐蔽油气藏资源潜力预测方法探讨与初步应用［J］．石油与天然气地质，2004，25（4）：370−376.

［47］陶士振，袁选俊，侯连华，等．大型地层岩性油气田（区）形成与分布规律［J］．天然气地球科学，2017，28（11）：7−18.

［48］蒲秀刚，赵贤正，李勇，等．黄骅坳陷新近系古河道恢复及油气地质意义［J］．石油学报，2018，39（2）：163−171.

［49］张厚福，方朝亮，高先志，等．石油地质学［M］．北京：石油工业出版社.1999.

［50］张文昭．中国陆相盆地油气藏类型及复式油气聚集区油藏藏序列［J］．大庆石油地质与开发，1989（4）：5−18.

［51］贾承造，赵文智，邹才能，等．地层岩性油气藏勘探研究的两项核心技术［J］．石油勘探与开发，2004，31（3）：3−9.

［52］王捷．关于复式油气田［J］．复式油气田，1996，1（1）：1−3.

［53］何登发，李德生，童晓光．中国多旋回叠合盆地立体勘探理论［J］．石油学报，2010，31（5）：695−709.

［54］胡朝元．生油区控制油气田分布——中国东部陆相盆地进行区域勘探的有效理论［J］．石油学报，1982（2）：9−13.

［55］胡朝元．“源控论”适用范围量化分析［J］．天然气工业，2005（10）：25−27.

［56］庞雄奇，李丕龙，金之钧，等．油气成藏门限研究及其在济阳坳陷中的应用［J］．石油与天然气地质，2003（3）：204−209.

［57］吕传炳，付亮亮，郑元超，等．断陷盆地油藏单元分析方法及勘探意义［J］．石油学报，2020，41（2）：163−178.